온더무브

On The Move

Oliver Sacks

온더무브

On The Move

올리버 색스 자서전

◆

이민아 옮김

"인생은 앞을 향해 살아가야 하지만
이해하기 위해서는 뒤돌아봐야 한다."

키르케고르

빌리에게 이 책을 바칩니다.

차례

온 더 무브

어릴 적 2차 세계대전 중에 기숙학교로 보내진 나는 무력하게 갇혀 있다는 느낌에 움직임과 힘을, 마음껏 움직여 다닐 수 있는 초자연적인 힘을 갈망했다. 그나마 잠깐이라도 이 힘을 느낄 수 있는 순간은 하늘을 나는 꿈을 꿀 때와 학교 근처 시골 마을에서 말을 탈 때뿐이었다. 나는 말의 힘과 유연함을 사랑했다. 녀석의 사뿐하고 경쾌한 움직임, 그 따스한 체온과 들큼한 건초 냄새는 지금까지 생생하다.

내가 무엇보다 사랑한 것은 모터사이클이었다. 전쟁 전 아버지는 큼지막한 수랭식 엔진에 우렁찬 배기음을 토하는 스콧플라잉스쿼럴 한 대를 갖고 있었는데, 내가 원한 것도 그런 강력한 놈이었다. 내게 모터사이클과 비행기, 말의 이미지는 라이더와 카우보이, 파일럿의 이미지가 그러하듯 하나였다. 나는 그들에 대해 강력한 탈것을 위태롭지만 보란 듯이 의기양양하게 조종하는 이들로 상상하곤 했다. 이 소년다운 상상은 서부영화며 스피트파이어와 허리케인 전투기를 탄 파일럿들이 목숨 걸고 공중전을 벌이는 영화를 보면서 커나갔다. 두툼한 항공재킷이 파일럿을 보호해준다면, 라이더에게는 가죽재킷과 헬멧이 있었다.

열 살 때인 1943년 런던으로 돌아온 나는 거실 창가 자리에 앉아 질주해 지나가는 모터사이클을 구경하면서 모델명 알아맞히기 놀이를 즐겼다(전쟁이 끝나 연료 구하기가 쉬워진 뒤에는 모터사이클이 훨씬 많아졌다). 내가 맞힐 수 있는 모델만 십여 종이 넘었다. ASJ, 트라이엄프, BSA, 노턴, 매치리스, 빈센트, 벨로세트, 에이리얼, 선빔은 물론 BMW나 인디언 같은 희귀한 외국 바이크들까지.

십대 시절에는 마음 맞는 한 사촌과 수시로 크리스탈팰리스로 가서 모터사이클 경주를 구경하곤 했다. 또 흔히 지나는 차를 얻어 타고 스노도니아(웨일스 북부 지역과 그곳에 위치한 국립공원 — 옮긴이)로 가서 등산을 하거나 레이크디스트릭트(잉글랜드 북서부의 호수가 많은 고지대 관광지 — 옮긴이)로 가서 헤엄치고 놀았는데, 가끔은 모터사이클을 얻어 타기도 했다. 모터사이클 뒷자리에 앉으면 전율이 일면서 언젠가 매끈하게 빠진 강력한 모터사이클을 손에 넣는 몽상에 빠져들었다.

나의 첫 모터사이클은 열여덟 살에 구입한 소박한 2기통 엔진짜리 중고 BSA 밴텀으로 알고 보니 브레이크에 결함이 있었다. 리젠츠공원으로 첫 운전을 나갔는데 어쩌면 목숨을 건진 것만도 천만다행이었는지 모른다. 전속력으로 달리던 중 스로틀 밸브가 막히는 바람에 브레이크가 듣지 않아 제동은커녕 감속도 되지 않았기 때문이다. 나는 그 멈출 길 없는 모터사이클에 앉은 채 리젠츠공원을 둘러싼 도로를 하염없이 돌았다. 행인이 보이면 경적을 울리거나 비키라고 소리쳤지만, 두세 바퀴 돌고 나니 다들 알아서 비켜주면서 내가 옆을 지날 때마다 힘내라고 환성을 보냈다. 연료가 떨어지면 멈추겠거니 생각하는 수밖에 없었고, 결국 공원을 열두 바퀴나 돈 끝에 엔진이 털털거리다 퍼져버렸다.

어머니는 애당초 내가 모터사이클을 산다는 데 극구 반대했다. 어머니야 그러려니 했지만 아버지마저 반대하는 것은 이해하기 어려웠다. 당신도 모터사이클깨나 즐기던 분 아니던가. 부모님은 내가 모터사이클 사는 것을 말릴 셈으로 차를 한 대 사주었다. 시속 65킬로미터가 나올까 말까 하는 1934년식 스탠더드였다. 이 차가 갈수록 싫어져 어느 날 충동적으로 팔아치우고는 그 돈으로 밴텀을 샀었다. 이제 부모님에게 작고 약한 자동차나 모터사이클은 문제가 터졌을 때 벗어날 힘이 없으므로 위험하며, 따라서 더 크고 더 강력한 모터사이클이 훨씬 더 안전하다는 것을 설명해야 했다. 두 분은 마지못해 내 주장에 동의하고 노턴 한 대 값을 대주었다.

나의 첫 노턴은 250cc짜리로 두 번 사고를 모면했다. 첫 사고는 빨간불 신호가 들어왔는데 너무 빨리 달리다가 일어났다. 안전하게 멈추거나 돌릴 방도가 없으니 계속 달려서 맞은편에서 오는 두 차선의 차량들 사이를 어떻게든 (기적적으로) 지나갈 수밖에 없다고 판단했다. 반응은 1분 뒤에 찾아왔다. 나는 그대로 한 블록을 더 달린 뒤 갓길에다 바이크를 세우고는 기절했다.

두번째 사고는 한밤중 폭우 속에서 구불구불한 시골길을 달리다가 일어났다. 반대 차선에서 달려오던 자동차가 전조등을 줄이지 않는 바람에 순간 눈이 먼 것이다. 이러다 정면충돌하겠다 싶었지만 마지막 순간에 바이크에서 내렸다(목숨을 구할 수도 있는 반면 죽을 수도 있는 위험천만한 대처였는데 이렇게 쓰고 보니 가볍게만 느껴진다). 노턴은 한쪽으로 가게 놔버리고(차와 부딪치지는 않았으나 박살이 났다) 나는 반대 방향으로 뒹굴었다. 천만다행으로 헬멧과 부츠, 장갑을 착용했을 뿐 아니라 위아래로 가죽옷을 입은 덕분에 빗길에서 20미터가량 미끄러졌는데도 생채기 하나 나지 않았다.

부모님은 충격은 받았지만 내가 사지 멀쩡하게 돌아온 것만으로 몹시 기뻐했고, 내가 더 힘 좋은 놈으로 다시 사겠다고 하자 희한하게도 별로 반대하지 않았다. 그 무렵 나는 옥스퍼드대학교를 졸업하고 버밍엄(퀸엘리자베스병원 — 옮긴이)으로 옮겨 갈 참이었다. 그곳에서 1960년 상반기 6개월 과정의 외과 수련의house surgeon 자리를 구했다(새로 자격증을 받은 모든 의사는 1년 동안 병원에서 훈련을 받는데, 첫 6개월은 'house surgeon'으로 외과 수술 경험을 쌓으며 다음 6개월은 'physician'으로 일반 의료 경험을 쌓는다 — 옮긴이). 나는 버밍엄과 런던 사이에 새로 개통된 M1 고속도로와 빠른 모터사이클만 있으면 주말마다 집에 올 수 있을 것이라고 조심스레 운을 띄웠다. 당시는 고속도로 속도제한이 없어서 한 시간 남짓이면 집에 돌아올 수 있었다.

버밍엄에서 나는 한 모터사이클 그룹을 만나, 열정을 공유하는 어떤 집단의 일원이 되는 기쁨을 맛보았다. 그전까지는 줄곧 고독한 라이더였다. 버밍엄 일대는 본래 경관이 거의 보존되어 있었기에 스트래트퍼드온에이번까지 바이크를 타고 나가 그 시간대에 하는 아무 셰익스피어 연극이나 보는 일은 특별한 즐거움이었다.

1960년 6월, 매년 맨 섬에서 열리는 굉장한 '투어리스트 트로피' 모터사이클 경주 대회를 보러 갔다. 구급대 완장을 하나 구해 피트pit(자동차 경주 도중 급유, 타이어 교체 등을 하는 곳 — 옮긴이)로 들어갈 수 있었고, 덕분에 출전 선수들을 직접 볼 수 있었다. 나는 꼼꼼하게 메모를 하면서 맨 섬을 무대로 하는 모터사이클 경주 소설을 쓰려는 계획을 세웠다. 방대한 분량의 조사를 했으나 그 이상의 진척은 없었다.♦

◆

런던을 에두르는 북부순환로North Circular Road도 1950년대에는 속도제한이 없어 속도광들이 몰려드는 곳이었다. 에이스라는 유명한 카페가 있었는데 빠른 머신을 소유한 모터사이클 라이더들의 아지트 같은 곳이었다. '100마일(시속 약 160킬로미터) 끊기'가 골수 폭주족의 일원이 되기 위한 최소 기준이었다.

성능을 조금 높이고 배기장치를 포함해 무게 나가는 부품을 줄이고 고옥탄가 연료를 쓰면 그 시절에도 '100마일 끊기'는 얼마든지 가능했다. 그보다 더 험난한 도전은 '샛길 폭주'였는데 그 카페에 들어서는 순간 여기에 도전할 각오를 해야 했다. 하지만 '담력 겨루기 역주행'은 환영받지 못했다. 북부순환로는 그 시절조차 가끔 정체가 일어날 정도로 차량이 많았다.

나는 역주행에는 한 번도 나선 적이 없지만 약간의 도로 경주는 즐겼다. 내 600cc'도미'(노턴 도미네이터Norton Dominator의 애칭 — 옮긴이)는 마력을 약간 키웠지만 에이스 카페의 골수 그룹이 환장하던 1000cc 빈센트에는 비할 바가 못 됐다. 빈센트를 한 번 타보기는 했는데 내게는 엄청 불안정하게 느껴졌다. 낮은 속도에서는 특히나 심해 '이불처럼 편안한' 차체와 어떤 속도에서든 근사한 안정감을 선사하던 내 노턴과는 딴판이었다(노턴 차체에다 빈센트 엔진을 달면 어떨까 싶었는데, 그런 '노빈'이

◆ 당시 일기장에는 (모터사이클 소설을 포함해) 다섯 편의 소설과 화학적 유년기(뒤에서 언급하는《엉클 텅스텐》의 부제에서 사용한 표현이다.《엉클 텅스텐》은 어린 시절 색스의 과학에 대한 열정과 로버트 보일에서 닐스 보어까지 약 200년간 화학의 역사를 담고 있다 — 옮긴이)에 대한 회고록을 쓰겠노라는 의지가 드러나 있다. 소설은 쓰지 못했지만 45년 뒤 회고록을 썼는데 바로《엉클 텅스텐Uncle Tungsten: Memories of a Chemical Boyhood》(2001; 바다출판사, 2015)이다.

제작된 적 있었다는 사실을 몇 해 뒤 알게 되었다). 속도제한이 도입되자 '100마일 끊기'에 나서는 사람들이 사라졌고, 재미도 끝났다. 에이스 역시 더는 예전의 에이스가 아니었다.

열두 살 때 한 통찰력 있는 교사가 생활기록부에 "색스는 멀리 갈 것이다. 너무 멀리 가지만 않는다면"이라고 적었는데 그 염려가 그리 틀리진 않았다. 어렸을 때 화학실험을 한답시고 집 안이 유독 가스로 가득 차도록 '너무 가곤' 했어도 다행히 집을 홀랑 태워먹지는 않았다.

나는 스키를 좋아해서 열여섯 살 때 학교에서 단체로 오스트리아에 활강 스키를 타러 갔다. 이듬해에는 혼자서 텔레마르크(노르웨이 남부에 위치한 주로서 속도 중심인 알파인 스키와 장거리나 점프 중심인 노르딕 스키 기술을 혼합한 '텔레마르크 스키' 기술의 발원지 — 옮긴이)로 크로스컨트리 스키를 타러 갔다. 크로스컨트리를 잘 끝낸 뒤 여객선을 타고 잉글랜드로 돌아오는 길에 면세점에서 아쿠아비트Aquavit(스칸디나비아 반도에서 생산되는 전통 증류주 — 옮긴이) 2리터를 사서 노르웨이 세관을 통과했다. 노르웨이 세관원들은 술은 얼마든지 들고 타도 되지만 (그들이 알려주기를) 잉글랜드로는 한 병만 갖고 들어갈 수 있다고 했다. 영국 세관이 한 병은 압수할 거라고. 나는 두 병을 옆구리에 끼고서 배에 타 상갑판으로 올라갔다. 쨍하게 추운 날이었지만 스키복을 든든하게 챙겨 입은 터라 문제 될 것 없었다. 다른 승객들은 전부 안에 들어가 있어서 상갑판 전체가 내 차지였다.

읽을 책(당시 나는《율리시스Ulysses》를 아주 더디 읽고 있었다)에 목 축일 아쿠아비트까지, 더이상 바랄 것 없었다. 게다가 속 덥히는 데 알코올만 한 게 또 있으랴. 최면이라도 걸 듯 잔잔하게 흔들리는 배에 몸을 맡긴 채 아쿠아비트를 한 모금씩 홀짝거리며 상갑판에 앉아 책에 열중했다. 그러다 어느 순간 그렇게 홀짝거린 것이 반 병 가까이 되는 것을 보고는 깜짝 놀랐다. 하지만 취기가 전혀 느껴지지 않아 계속 책을 읽으며 이제 절반이 빈 병을 거꾸로 세워가며 남은 술을 마저 홀짝였다. 배가 부두로 들어서자 소스라치게 놀랐다. 얼마나 《율리시스》에 빠져들었던지 시간이 흐르는 줄도 몰랐다. 술병은 깨끗이 비었고 여전히 취기는 느껴지지 않았다. 병에 "100프루프proof"(약 57도 — 옮긴이)라고 표시돼 있었지만 실제로는 훨씬 약한가 보다 생각했다. 아무 문제도 못 느꼈다. 자리에서 일어났다가 그대로 고꾸라질 때까지는. 배가 갑자기 기우는 줄 알고 얼마나 놀랐던지…. 나는 벌떡 일어났다가 바로 다시 쓰러지고 말았다.

그제야 내가 취했다는 걸 깨닫기 시작했다. 그것도 아주 심하게. 술이 나머지 머리는 말짱히 놔두고 소뇌로 직행한 듯했다. 승객이 다 내렸는지 확인하던 승무원이 스키 지팡이에 의지해 건느라 안간힘 쓰는 나를 보고는 조수를 불러 한쪽씩 부축해 하선을 도와주었다. 심하게 비틀대면서 사람들의 (우스워 죽겠다는) 시선을 끌긴 했으나, 두 병을 들고 나와 한 병만 들고 입국함으로써 체제를 골탕 먹였다는 승리감에 도취했다. 나한테서 나머지 한 병을 찾아내지 못해 영국 세관이 아주 안달 났겠지, 상상하면서.

1951년은 일도 많고 어떤 면에서는 탈도 많은 한 해였다. 내 삶에 늘 함께했던 버디 이모가 3월에 돌아가셨다. 버디 이모는 내가 태어났을 때부터 우리와 함께 살았고, 우리 모두를 조건 없이 사랑했다(버디 이모는 작은 몸집에 지능이 낮았는데 어머니의 자매들 중 유일하게 그런 장애가 있었다. 어린 시절 이모에게 무슨 일이 있었는지는 확실하지 않지만, 유아기에 머리를 다쳤다는 이야기도 있고 선천성 갑상선 결핍이라는 말도 있었다. 그런 건 아무래도 상관없었다. 우리에게 버디 이모는 그냥 버디 이모, 우리 가족에게 없어서는 안 될 존재였으니까). 나는 버디 이모의 죽음에 크게 상심했고 이모가 내 인생에, 우리 모두의 삶에 얼마나 깊이 들어와 있었는지를 돌아가시고 나서야 깨달았다. 몇 달 전 내가 옥스퍼드대학교에서 장학금을 받았을 때(올리버 색스는 1951년 옥스퍼드대학교 퀸스칼리지The Queen's College에 입학했다 — 옮긴이) 그 전보를 전해주면서 꼭 껴안고 축하한다고 말해준 것도 버디 이모였다. 그러면서 또 이모는 눈물을 흘렸다. 그것이 자신의 막내 조카가 집을 떠난다는 뜻임을 알았던 것이다.

늦여름이면 나는 옥스퍼드로 갈 예정이었다. 갓 열여덟이 된 내게 아버지가 남자 대 남자로, 아버지 대 아들로 진지하게 이야기를 해 볼 때가 되었다고 판단한 모양이었다. 우리는 용돈이며 비용에 대해 이야기했다. 큰 문제는 아니었다. 나는 상당히 짠돌이였고 유일한 사치는 책이었으니까. 그러고는 아버지가 정말로 우려하는 문제로 넘어갔다.

"여자 친구가 많은 것 같지는 않더구나." 아버지가 말했다. "여자애들 좋아하지 않니?"

"여자애들, 괜찮죠." 나는 대화가 여기서 끝나기를 바라며 대답했다.

"혹시 남자애들을 선호하니?" 아버지는 물고 늘어졌다.

"네, 그래요. 하지만 그냥 느낌뿐이에요. 뭔가를 '해본' 적은 없어요." 그러고는 두려운 마음으로 덧붙였다. "엄마한테는 말씀하지 마세요. 받아들이지 못하실 거예요."

하지만 아버지는 말했다. 다음 날 아침 어머니가 격노한 얼굴로 내려왔다. 한 번도 본 적 없는 얼굴이었다.

"가증스럽구나." 어머니가 말했다. "너는 태어나지 말았어야 해."

어머니는 그대로 방을 나갔고 며칠 동안 나에게 한마디도 걸지 않았다. 다시 말을 시작했을 때도 당신이 한 말에 대한 언급은 없었다(다시는 이 일 자체를 거론하지 않았다). 어머니와 나 사이는 예전 같지 않았다. 모든 면에서 그토록 열린 마음으로 나를 지지해주던 어머니였지만 이 문제에서만큼은 가혹하고 완고했다. 아버지처럼 《성경》을 즐겨 읽던 어머니는 〈시편〉과 〈아가雅歌〉를 좋아했지만 〈레위기〉의 무시무시한 구절에 사로잡힌 듯했다. "너는 여자와 동침함 같이 남자와 동침하지 말라. 이는 가증한 일이니라."

부모님이 의사라서 집에는 의학 서적이 많았고 그중에는 '성병리학sexual pathology'에 관한 책도 여러 권 있었다. 나는 열두 살 무렵 크라프트에빙(1840~1902, 성적 정신병질 연구로 유명한 독일의 신경정신과 의사이자 성과학자. '사디즘' '마조히즘'이란 말을 처음 사용했다 — 옮긴이), 마그누스 히르슈펠트(1868~1935, 동성애와 트랜스젠더를 최초로 구분한 독일의 성과학자 — 옮긴이), 해브록 엘리스(1859~1939, 영국의 의사이자 선구적 성심리학자 — 옮긴이)의 저작을 파고들었다. 그러나 내 정체성이 하나의 명칭이나 진단으로 요약될 수 있는 어떤 '이상'이라고는 생각하기 힘들었다. 학교 친구들은 내가 '다르다'는 것을 알았다. 그것도 단지 막판에는 애무와 키스로 끝나곤 하는 파티를 매번 마다했기 때문에 그렇게 여겼을 뿐이었다.

처음에는 화학에, 그다음엔 생물학에 빠져 지내던 나는 내 주위에서(또는 내 안에서) 벌어지는 일을 잘 알아차리지 못했고, 학교에서 누군가에게 반해본 적도 없었다(층계참에 서 있던, 두 아들을 뱀으로부터 구하려는 라오콘의 아름다운 근육질 나체상의 등신대 복제 조각상을 보고 흥분한 적은 있었지만). 나는 동성애를 머릿속에 떠올리기만 해도 공포에 질리는 사람이 있다는 것을 알고 있었다. 어머니 역시 그런 경우가 아닐까 생각했고, 그래서 아버지에게 "엄마한테는 말씀하지 마세요. 받아들이지 못하실 거예요"라고 말했던 것이다. 어쩌면 아버지한테도 말하지 않는 편이 나았을지 모른다. 결국 내 성 정체성은 남이 상관하고 말고 할 문제가 아니고, 비밀은 아니지만 그렇다고 떠들고 다닐 일도 아니지 않은가. 나와 가장 가까운 친구 에릭 콘과 조너선 밀러는 그 사실을 알고 있었지만 우리는 이 주제를 거의 언급하지 않았다. 조너선은 나를 '무성애자'로 여긴다고 말했다.

우리 모두는 자신이 받은 교육과 자신이 속한 사회의 문화, 자신이 사는 시대의 산물이다. 그랬기에 나는 어머니가 1890년대에 태어났고 정통파 유대교 교육을 받았으며, 1950년대의 잉글랜드는 동성애를 변태 취급할 뿐 아니라 범죄행위로 여긴다는 사실을 끊임없이 상기해야 했다. 또 섹스가 (정치와 종교처럼) 다른 면에서는 다 점잖고 합리적인 사람들이 극심하게 불합리한 감정을 품을 수 있는 분야라는 사실도 기억해야 했다. 어머니는 내게 잔인하게 굴려고 했던 것도 아니고 내가 죽어버리기를 바란 것도 아니었다. 어머니는 순간 욱했던 것이고, 지금 느끼는 것이지만 아마 내게 했던 말을 후회하거나 어쩌면 당신 마음속 내밀한 구석에 친 칸막이 속에 넣어 닫아버렸을 것이다.

그러나 어머니의 말은 나의 내면에 죄의식으로 주입되어, 거의 평생 나를 따라다니면서 자유와 환희로 가득해야 했을 성적 표현을 억제하는 데 지대한 역할을 했다.

형 데이비드와 형수 릴리는 내게 성 경험이 없는 것이 수줍음 많은 성격 탓이라고 여겨 좋은 여자가, 나아가서는 좋은 섹스 한 번이 나를 바로잡아줄 수 있을 것이라고 생각했다. 형네 부부는 옥스퍼드대학교 첫 학기가 끝난 1951년 크리스마스 즈음에 나를 파리로 데려갔다. (루브르, 노트르담, 에펠탑 등지의) 관광과 더불어 섹스란 어떤 것인지를 나의 눈높이에 맞추어 노련하고 끈기 있게 가르쳐줄 친절한 창녀를 만나게 해주려는 의도였다.

적당한 나이와 성격을 갖춘 창녀가 선발되었고(형과 형수가 먼저 면접을 하고 상황을 설명했다) 그런 다음 내가 방으로 들어갔다. 나는 잔뜩 겁을 집어먹어 음경이 축 늘어져버렸고 고환은 움츠러들다 못해 배안으로 파고들 판이었다.

한 이모와 닮은 그 창녀는 스윽 훑어보고는 한눈에 상황을 파악했다. 그러고는 상당히 유창한 영어(선발 요건의 하나)로 이렇게 말했다. "걱정 말아요. 대신 맛난 차나 한잔하죠." 그녀는 다과를 내놓고 주전자를 올리면서 어떤 차를 좋아하는지 물었다. "랍상Lapsang이요." 내가 말했다. "연기를 쐰 향이 좋아요." 이때쯤 나는 목소리와 자신감을 회복해 편안하게 수다를 떨며 훈증향 나는 차를 마셨다.

반시간 동안 있다가 나왔다. 형과 형수는 밖에서 기대에 부푼 채 기다리고 있었다. "어땠어, 올리버?" 형이 물었다. "근사했어." 나는 턱수염에 묻은 과자 부스러기를 훔치며 대답했다.

열네 살이 되었을 무렵 집안에서는 다들 내가 의사가 되리라고 '알고' 있었다. 어머니와 아버지 두 분 다 의사였고 두 형도 의사였으니까.

하지만 나는 내가 정말로 의사가 되고 싶은지 확신이 들지 않았다. 화학자가 되겠다는 포부는 더이상 펼칠 수 없었다. 화학 자체가 내가 그토록 사랑했던 18세기와 19세기 무기화학을 훌쩍 뛰어넘어 발전해버렸기 때문이다. 열네다섯 살 때는 학교 생물 선생님과 스타인벡의 《통조림공장 골목Cannery Row》(1945; 문학동네, 2008)에 감화받아 해양생물학자가 되고 싶었다.

옥스퍼드대학교에서 장학금을 받자 나는 선택의 기로에 섰다. 동물학을 밀고 나가야 할까, 아니면 의예과 학생이 되어 해부학과 생화학, 생리학을 공부해야 할까? 나를 특히 매혹시킨 것은 감각기관의 생리학이었다. 우리는 어떻게 색과 입체감과 움직임을 보는가? 어떻게 어떤 것을 알아보는가? 우리는 어떻게 이 세계를 시각적으로 이해하는가? 나는 시각편두통을 겪으면서 일찌감치 이런 의문을 품어왔다. 눈부신 지그재그 모양이 나타나는 전조aura 증상 말고도 편두통이 일어나는 동안 색이나 입체감이나 움직임을 지각하는 능력을 상실했고, 심지어 어떤 것을 알아보는 능력까지 상실했기 때문이다. 시력이 내 눈 앞에서 파괴되고 해체되었다가는 바로 몇 분 만에 재형성되고 복원되는 현상은 몹시 무서웠지만 또 무척이나 흥미로웠다.

집에 꾸며놓은 자그마한 화학실험실은 사진 암실을 만들면서 두 배로 확장됐다. 나는 특히 색과 입체사진에 탐닉하면서 뇌가 어떻게 색과 입체감을 구성하는지 궁금해졌다. 나는 화학을 좋아한 만큼 해양생물학을 좋아했지만, 이제는 사람의 뇌가 어떻게 작동하는지를 이해하고 싶었다.

◆

똑똑하다는 소리를 듣기는 했지만, 그럼에도 나는 지적인 자신감을 느껴본 적은 없었다. 가장 가까운 동창 친구인 조너선 밀러와 에릭 콘처럼 나도 과학과 문학에 사로잡혀 지냈다. 조너선과 에릭의 지성에 경탄하면서 왜 얘들이 나랑 어울려 다닐까 싶었지만 아무튼 우리는 모두 대학교에서 장학금을 받았다. 그리고 나는 곧 곤경에 처했다.

옥스퍼드대학교에서는 입학할 때 '예비시험'을 본다. 이미 공모장학금(누구라도 신청할 수 있는 장학금)을 받았기에 하나의 요식행위인 줄로만 여겼다. 그러나 나는 예비시험에 떨어졌고 2차 시험을 봤지만 또 떨어졌다. 세 번째 시험마저 떨어지자 교무처장인 존스 씨가 나를 따로 불렀다. "자네, 장학금 논문은 멋지게 써놓고 이 멍청한 시험은 왜 자꾸 떨어지는 건가?" 모르겠다고 하자 그가 말했다. "자, 이번이 마지막 기회일세." 나는 네 번째 시험을 보고서야 어렵사리 합격했다.

에릭과 조너선과 함께한 세인트폴고등학교 시절에는 예술과 과학을 함께 즐기기가 수월해 문학회 회장을 맡는 동시에 야외자연연구회 간사로 활동했다. 옥스퍼드대학교에서는 그러기가 쉽지 않았다. 해부학교실과 과학실험실, 래드클리프과학도서관은 강의실과 칼리지에서 멀찍이 떨어진 사우스파크스 로드에 전부 모여 있었다. 과학이나 의예과 전공 학생들과 나머지 학과 학생들은 거리상으로든 관계상으로든 분리되어 있었다.

첫 학기부터 이 분리를 절절히 느꼈다. 우리는 에세이를 써서 지도교수에게 제출해야 했는데, 그러자면 래드클리프과학도서관에 몇 시간씩 틀어박혀 자료와 논문을 읽고 가장 중요해 보이는 것을 추려내어 흥미로우면서도 남과는 다른 방식으로 발표해야 했다. 엄청난 시간을 들여 신경생리학을 공부하는 일은 재미있었고 심지어 짜릿하기까지 했다. 새로운 세계가 활짝 펼쳐지는 듯했다. 그러나 갈수록 내 인생에서 무언가가 빠져 있다는 생각이 강해졌다. 나는 메이너드 케인스의 《전기 에세이집Essays in Biography》을 제외하고 일반교양서는 거의 읽지 않았는데, 나 자신의 '전기 에세이집'을 쓰고 싶었다. 단, 의학적으로 약간 비틀어서. 흔치 않은 결함이나 장점을 지닌 개인들을 다루되 그런 특성이 그들 삶에 미친 영향을 보여주는, 요컨대 임상적 전기 말하자면 일종의 병례사case history를.

나의 첫 번째(이자 궁극적으로는 유일한) 대상은 시어도어 후크였는데, 빅토리아시대 초기의 위대한 재담가 시드니 스미스의 전기를 읽다가 만난 이름이었다. 후크 또한 위대한 재담가이자 이야기꾼으로 시드니 스미스보다 10~20년 앞선 시기 사람이었다. 후크는 또 필적할 이 없는 작곡 능력의 소유자였다. 피아노 앞에 앉아 즉흥적으로 모든 파트를 불러가며 작곡한 오페라가 500곡이 넘었다고 한다. 그의 오페라는 놀랍고 아름답고 덧없는, 한순간 피었다 지는 꽃이었다. 앉은자리에서 즉흥적으로 연주하고 나면 두 번 다시 연주하지 않고 악보 한 장 남기지 않아 금방 잊혀버렸으니 말이다. 후크의 천재적인 즉흥연주에 대한 묘사를 읽으며 전율했다. 대체 어떤 유형의 뇌가 이런 일을 허락한단 말인가.

나는 후크에 관한 것은 닥치는 대로 찾아 읽기 시작했고 그의 저작도 몇 권 찾아 읽었다. 그런데 그 책들은 이상하게도 지루하고 부자연스러워서, 걷잡을 수 없이 흘러넘치는 섬광과 같았다는 그의 창조적인 즉흥연주에 대한 묘사와 너무 달랐다. 후크에 대해 꽤나 파고들어 1학기 말에는 그에 관한 에세이를 썼는데, 풀스캡판foolscap(가로 203밀리미터, 세로 330밀리미터짜리 종이 — 옮긴이) 6쪽에 빽빽하게 타이핑한 총 4,000~5,000단어 분량의 에세이였다.

최근 당시에 쓴 다른 글들이 함께 들어 있는 어떤 상자에서 이 에세이를 발견했는데, 읽노라니 그 달변, 박식함, 오만함, 허세에 입이 떡 벌어졌다. 내가 쓴 글 같지 않았다. 통째로 베꼈을까? 아니면 대여섯 개 출처에서 가져다 짜깁기했을까? 아니면 설마 정말 내가 썼을까? 열여덟 풋내기라는 사실을 무마하고자 그런 대가연하는 학자풍 필치를 휘두른 걸까?

후크에 관한 글은 여흥이었다. 나머지 대부분은 매주 지도교수에게 제출하는 생리학 주제 에세이였다. 청각을 주제로 받았을 때는 너무 신이 나서 독서와 생각에 몰두하는 바람에 정작 에세이를 쓸 시간이 없었다. 결국 발표 당일 빈 종이 한 뭉치를 들고 와 넘기면서 보고 읽는 척하며 청각에 관해 '썰'을 풀어나갔다. 어느 순간 카터(퀸스칼리지의 내 지도교수 C. W. 카터 박사)가 발표를 중단시켰다.

"방금 부분이 잘 이해가 되지 않는데 다시 읽어주겠나?" 조금 긴장했지만 방금 말한 두 문장을 반복했다. 카터는 아리송한 표정이었다. "좀 볼 수 있나?" 나는 카터에게 빈 종이 뭉치를 건넸다. "놀랍군, 색스 군." 카터가 말했다. "대단히 놀라워. 하지만 앞으로 에세이는 글로 작성해주면 좋겠네."

◆

옥스퍼드대학교 학생은 래드클리프과학도서관만이 아니라 보들리언도서관도 이용할 수 있었는데, 개관 연도가 1602년으로 거슬러 올라가는 멋진 종합도서관이다. 지금은 까마득히 잊힌 후크의 저작을 우연히 접한 것도 그곳이었다. 대영박물관도서관을 제외하면 내가 필요한 자료를 찾을 수 있는 곳은 보들리언도서관뿐이었고, 그곳의 평온한 분위기는 글쓰기에 더할 나위 없이 적합했다.

그러나 내가 옥스퍼드대학교에서 가장 좋아한 도서관은 우리 퀸스칼리지에 있는 도서관이었다. 웅장한 도서관 건물은 크리스토퍼 렌이 설계했다는데, 그 아래쪽에는 난방관과 서가가 얽히고설킨 미로 속에 방대한 소장물이 보관되어 있었다.

고판본 서적을 직접 손으로 만져보는 것은 색다른 경험이었다. 그중에서 삽화가 풍부한 콘라트 게스너(1516~1565, 스위스의 박물학자·서지학자 — 옮긴이)의 《동물지Historiae animalium》(알브레히트 뒤러의 유명한 코뿔소 소묘가 이 책에 실려 있었다)와 루이 아가시(1807~1873, 스위스 태생의 미국 동물학자·지질학자 — 옮긴이)의 4권짜리 화석 어류 연구서에 특히 매료되었다. 다윈의 저작 전권의 초판본을 본 곳도, 토머스 브라운(1605~1682, 영국의 의사·저술가 — 옮긴이)의 전작(그의《의사의 종교Religio Medici》《호장론壺葬論, Hydriotaphia》《키루스의 정원The Garden of Cyrus》)과 사랑에 빠진 곳도 이 도서관이었다. 더러는 터무니없어 보이는 것도 있었지만, 그 언어는 얼마나 장엄하던지! 브라운의 과장된 고전어가 지나치다 싶을 때면 예리하고 저돌적인 스위프트로 갈아타면 되었다. 물론 그의 작품들 역시 초판본이 모두 소장돼 있었다. 부모님이 좋아한 19세기 저작들이 나의 성장 배경이었다면 새뮤얼 존슨에서 데이비드 흄, 에드워드 기번, 알렉산더 포프에 이르는 17·18세기 거장들의 세계로 입문시켜준 것은 퀸스칼리지 도서관의 지하 서고였다. 그곳에서는 이들의 모든 저작을 언제든 읽을 수 있었다. 희귀서 구역에 특별히 자물쇠로 잠가 보관한 것이 아니라 언제든 뽑아 읽을 수 있는 일반 서가에 다른 책들하고 나란히 꽂혀 있었다. 나는 그 책들을 톺아 보면서 어쩌면 이 책들이 처음 출간된 날부터 줄곧 이 자리에 있었던 것은 아닐까 하고 생각에 잠기곤 했다. 내가 역사와 모국어의 진정한 가치를 처음으로 배운 곳이 바로 그곳 퀸스칼리지의 지하 서고였다.

◆

외과 의사이자 해부학자인 어머니는 내가 너무 칠칠맞지 못해 당신의 뒤를 잇기가 어렵다는 것은 인정했지만, 적어도 해부학에서만큼은 뛰어나게 해내기를 기대했다. 해부학 수업은 인체 해부와 강의로 이루어졌고 2년 뒤 최종 해부학 시험을 치러야 했다. 시험 결과가 벽에 나붙어서 가보니 뒤에서 1등이었다. 어머니가 어떻게 나올지 무서워 술부터 몇 잔 해야 되겠다 판단했다. 브로드 스트리트에 있는 단골 술집 화이트호스로 가서 (대부분의 맥주보다 강하면서 더 저렴한) 사과주를 너덧 파인트 마셨다.

거나하게 취해 화이트호스에서 나오는데 뻔뻔하기 짝이 없는 정신 나간 생각이 떠올랐다. 해부학 최종 시험의 참담한 성적을 학교에서 주는 아주 명성 높은 상(인체해부학 시어도어 윌리엄스 장학금Theodore Williams Scholarship in Human Anatomy)으로 벌충해보겠노라고. 시험은 이미 시작된 뒤였지만 술김에 과감해진 나는 비틀걸음으로 강의실로 들어가 빈 책상을 골라 앉아 시험지를 바라보았다.

풀어야 하는 문제는 7개 문항이었다. 나는 한 문제("구조적 차이가 기능적 차이를 수반하는가?")에 달려들어 이 주제로 논지에 살이 될 성싶은 것이라면 동물학 지식, 식물학 지식 가리지 않고 총동원하여 두 시간을 쉬지 않고 적어 내려갔다. 시험 시간이 끝나려면 아직 한 시간이 남아 있었지만 나머지 여섯 문제는 거들떠보지도 않고 그대로 자리를 떴다.

시험 결과는 그 주말 〈타임스The Times〉에 실렸다. 수상자는 나, 올리버 울프 색스였다. 모두가 놀라서 입을 다물지 못했다. 해부학 최종 시험에서 꼴찌를 한 사람이 대체 무슨 수로 시어도어 윌리엄스 상을 받을 수 있었다는 거야? 나는 별로 놀라지 않았다. 그건 옥스퍼드 대학교 예비시험에서 일어났던 일의 재판 같은 상황이었다. 다만 거꾸로였을 뿐. 나는 '예-아니요'를 묻는 지식 시험에는 형편없었지만 에세이라면 물 만난 고기였다.

시어도어 윌리엄스 상에는 부상으로 상금 50파운드가 따라왔다. 50파운드라니! 그렇게 큰돈이 한목에 생긴 것은 난생처음이었다. 이번에는 화이트호스로 가지 않고 (그 술집 옆에 있는) 블랙웰서점으로 가서 44파운드를 주고 12권짜리 《옥스퍼드 영어사전Oxford English Dictionary》을 구입했다. 내게는 세상에서 가장 멋진, 그 무엇보다 갖고 싶었던 책이었다. 나는 의학부 시절 내내 이 사전을 통독했고, 지금까지도 이따금씩 책꽂이에서 한 권을 뽑아들고 잠자리로 가곤 한다.

◆

옥스퍼드대학교에서 가장 가깝게 지낸 친구는 칼먼 코언이라는 젊은 수리논리학자로 로즈 장학생이었다. 논리학자를 만난 것은 처음이었는데 칼먼의 지적 몰입력이 내게는 놀랍기만 했다. 그는 문제 하나를 파고들면 쉼 없이 몇 주씩 밀고 나갈 수 있는 것 같았다. 머릿속에 떠오르는 생각이 어떤 것이건 상관없이 사고하는 행위 자체가 그를 흥분시키는 듯했다.

우리는 서로 그렇게 다를 수가 없는 사람들인데도 죽이 아주 잘 맞았다. 칼먼은 엉뚱하게 뻗어나가기 일쑤인 나의 연상 능력에 매료되었고, 나는 고도의 집중력을 보여주는 그의 정신에 매료되었다. 나는 칼먼을 통해 수리논리학의 거장인 힐베르트(1862~1943, 독일의 수학자 — 옮긴이)와 브라우어르 (1881~1966, 네덜란드의 수학자·철학자 — 옮긴이)를 만났고, 칼먼은 내게서 다윈을 비롯한 19세기의 위대한 자연주의자들을 소개받았다.

우리는 과학은 발견이고 예술은 발명이라 생각하지만, 왠지는 몰라도 불가사의하게 과학과 예술 둘 다인, 수학이라는 '제3의 세계'가 있지 않은가? 수(예컨대 소수素數)는 플라톤의 초시간적 세계에 존재하는 것인가? 아니면 아리스토텔레스가 생각한 것처럼 발명되었는가? 파이 같은 무리수는 어떻게 생각해야 하는가? 또는 -2의 제곱근 같은 허수虛數는? 이런 질문들이 내게는 결실이 없어도 그만인 연습이었지만 칼먼에게는 거의 생사가 걸린 문제였다. 칼먼은 브라우어르의 플라톤적 직관주의와 힐베르트의 아리스토텔레스적 형식주의라는, 판이하나 수학적 실재를 상호 보완하는 두 학설을 어떻게든 조화시키고 싶어했다.

부모님은 내가 칼먼 이야기를 꺼내자마자 멀리 떠나온 집이 얼마나 그립겠냐면서 언제 한번 주말에 런던 우리 집으로 와서 집밥을 먹으면서 편히 쉬다 가라고 초대했다. 부모님은 칼먼과 만남을 즐거워했지만, 어머니는 다음 날 아침 칼먼의 침대보가 잉크 글씨로 빼곡한 것을 보고 분개했다. 내가 칼먼은 천재고, 새로운 수리논리학 이론을 세우느라(이 부분은 조금 과장했지만) 그랬던 것이라고 설명하자 분노는 경외감으로 바뀌었다. 그리고 혹시라도 칼먼이 나중에 그 전개 과정을 복기하고 싶어할지 모르니 지워지지 않도록 침대보는 세탁하지 말고 놔두자고 했다. 어머니는 그 침대보를 당신이 아는 유일한 수학자인 케임브리지대학교의 전 수석 졸업자(이자 열렬한 시온주의자)인 셀리그 브로데츠키에게 자랑스럽게 보여주기까지 했다.

칼먼은 미국 오리건 주의 리드대학교를 나왔다. 칼먼은 그곳이 우수한 학생들로 유명한 대학이며, 자신의 졸업 성적이 다년간 최고 자리를 지켰다고 했다. 그는 이 말을 날씨 이야기하듯 무덤덤하게 말했다. 그냥 사실이 그렇다고. 칼먼은 내 정신세계가 비논리적이고 무질서하다는 걸 확실히 보고서도 나 역시 똑똑한 사람이라고 생각하는 듯했다. 그는 똑똑한 사람은 똑똑한 사람과 결혼해 똑똑한 아이를 낳아야 한다고 믿었고, 이런 신념 아래 미국에서 온 또다른 로즈 장학생인 라엘 진 아이작을 내게 소개해주었다. 아이작은 자기를 내세우지 않는 조용한 여성이었지만 (칼먼이 말한 대로) 다이아몬드처럼 예리해 저녁을 먹는 내내 고도로 추상적인 대화를 나누었다. 우리는 좋은 마음으로 헤어졌지만 두 번 다시 만나지 않았고, 칼먼도 다시는 내게 짝을 찾아주려 들지 않았다.

1952년 여름, 첫 방학을 맞아 칼먼과 나는 히치하이킹으로 프랑스를 거쳐 독일로 여행을 떠났다. 잠은 유스호스텔에서 잤다. 그러다 어디선가 머릿니를 얻는 바람에 둘 다 삭발을 해야 했다. 상당히 고상한 퀸스칼리지 친구 게르하르트 진츠하이머의 초대를 받아 잠시 들렀다. 그는 슈바르츠발트의 티티제 호숫가 집에서 부모님과 여름방학을 보내고 있었다. 칼먼과 내가 이 옮은 사연을 듣고 까까머리에 지저분한 꼬락서니로 도착하자 게르하르트의 부모님은 둘 다 당장 목욕하고 옷은 훈증 소독하라고 명령했다. 고상한 게르하르트네서 어색한 채로 잠시 묵은 우리는 오스트리아 빈(우리는 그 빈이 영화 〈제3의 사나이The Third Man〉의 빈과 거의 흡사하다고 느꼈다)으로 갔고, 거기서 인류에게 알려진 주류란 주류는 있는 대로 다 시음했다.

◆

심리학 전공은 아니었지만 나는 가끔씩 심리학과 강의를 들었다. 그때 안식년을 맞아 미국 코넬대학교에서 옥스퍼드대학교로 온 대담한 시각심리학 실험가이자 이론가인 J. J. 깁슨을 만났다. 첫 저서 《시각세계의 지각The Perception of the Visual World》을 갓 세상에 내놓은 그는, 우리에게 원래는 정상으로 보이는 것이 (한쪽 눈 또는 양쪽 눈에 갖다 대면) 반전되는 특수안경을 맘껏 실험해보라고 했다. 거꾸로 뒤집힌 세계만큼 기이해 보이는 것은 없었지만 며칠 가지 않아 뇌가 이 반전에 적응하여 새로운 시각세계가 형성되었다(그러다 안경만 벗으면 다시 뒤집어졌지만).

착시도 내게는 매력적인 현상이었다. 이 현상은 지적인 이해, 통찰, 심지어 상식조차 지각 작용의 왜곡 앞에서는 무기력하다는 사실을 보여주었다. 깁슨의 반전 안경이 시지각 왜곡을 바로잡을 수 있는 의식의 힘을 보여주었다면, 착시는 지각 작용의 왜곡은 의식의 힘으로 바로잡을 수 없음을 보여주었다.

리처드 셀리그. 예순 해가 지났건만 1953년 옥스퍼드대학교 모들린칼리지Magdalen College 앞에서 처음 본 그날 그의 얼굴, 그의 거동, 사자와 같은 늠름한 자태가 지금 이 순간도 그때처럼 생생히 떠오른다. 아마 먼저 말을 건 쪽은 리처드였을 것이다. 내가 원체 수줍음을 많이 타는 성격이라 누구에게든 먼저 말을 건넨 적이 없는 데다 리처드의 압도적인 아름다움이 나를 더욱 수줍게 만들었다. 첫 대화에서 리처드가 로즈 장학생이자 시인이며, 온갖 허드렛일을 하면서 미국 전역을 돌아다녔다는 것을 알았다. (리처드는 스물넷, 나는 스물이었지만) 나이 차를 감안하더라도 그는 나를 포함해 고등학교 졸업하고 사회경험 없이 곧바로 대학에 진학한 대다수 학부생들과 비교하기 어려울 정도로 세상물정에 빠삭했다. 리처드도 내게서 뭔가 흥미로운 점을 발견했는지 우리는 금세 친구가 되었다. 아니, 그 이상이었다. 나는 리처드에게 홀딱 반했다. 태어나 처음으로 사랑에 빠진 것이다.

그의 얼굴, 그의 몸, 그의 정신, 그의 시, 그의 모든 것에 빠져들었다. 리처드는 이따금 막 완성한 시를 가져와 보여주었고, 그러면 나는 답례로 내가 쓴 생리학 에세이 몇 편을 주었다. 리처드에게 반한 것은 나 하나만이 아니었다. 내가 알기로는 그랬다. 남자도 있었고 여자도 있었고, 많았다. 보는 이를 압도하는 아름다움, 엄청난 재능, 활기와 삶을 향한 사랑으로 넘치는 사람이었으니 당연했다. 그는 자신에 대해 숨김없이 말해주었다. 시인 시어도어 레트키의 문하생 생활, 많은 화가들과 나눈 친분, 화가로 한 해를 보내다 타고난 재능이 뭐가 되었건 자신의 진짜 열정은 시라는 사실을 깨달았다는 이야기 등. 그는 시의 이미지, 단어, 구절 따위를 몇 달 동안 마음속에 품고 다니면서 의식적으로 무의식적으로 갈고 다듬다보면 완성된 시로 태어나거나 버려진다고 했다. 《인카운터Encounter》《타임스 리터러리 서플먼트The Times Literary Supplement》《아이시스Isis》《그랜타Granta》 같은 문예지에 시가 실렸고 스티븐 스펜더에게서 아낌없는 후원을 받았다. 나는 리처드가 이미 천재거나 조만간 천재가 될 거라고 생각했다.

우리는 시와 과학을 주제로 이야기를 나누며 오랜 시간 함께 걷곤 했다. 리처드는 화학과 생물학에 관해 열변을 토하는 내 이야기 듣는 걸 좋아했고, 그러는 동안에는 나도 수줍음이 싹 가셨다. 리처드를 사랑하고 있다는 것은 알았지만 그 마음을 인정하기가 두려웠다. "가증스럽구나"라는 어머니의 말이 나를 있는 그대로 표현하지 못하게 짓눌렀다. 그러나 누군가와 신비롭고 경이로운 사랑을 한다는 것, 리처드 같은 사람을 사랑한다는 것은 내 기쁨과 자부심의 원천이었다. 어느 날 참으로 떨리는 마음으로, 어떤 반응을 보일지는 알 수 없었지만, 리처드에게 사랑한다고 털어놓았다. 리처드는 꼭 안아주고는 내 어깨를 붙잡고 말했다. "알고 있어. 나는 그런 쪽이 아니지만 네 사랑을 고맙게 생각해. 그리고 나도 널 사랑해. 내 식으로." 퇴짜 맞았다는 기분도, 실연당했다는 느낌도 들지 않았다. 리처드는 내가 상처받지 않도록 최대한 조심스럽게 자신의 마음을 들려준 것이다. 우리의 우정은 지속되었고, 더구나 내가 힘겹고 부질없는 갈망을 접어버렸기에 어떤 면에서 관계는 더 편안해졌다.

우리가 어쩌면 평생 친구가 될 수 있겠다고 생각했고, 아마 리처드 역시 그랬을 것이다. 그러던 어느 날 리처드가 불안한 얼굴로 내 셋방에 찾아왔다. 사타구니 한쪽에 종기 같은 게 생겼는데, 처음에는 사라지겠거니 싶어 신경 쓰지 않았지만 갈수록 커져서 이제는 불편하다는 얘기였다. 의예과 학생이니 한번 살펴봐줄 수 있겠느냐고 물었다. 바지와 속옷을 내리자 왼쪽 사타구니에 달걀 크기의 종양이 보였다. 자리가 잡혀 있었고 만져보니 단단했다. 암이라는 생각이 바로 떠올랐다. 리처드에게 말했다. "병원에 가봐야 해. 조직검사가 필요할지도 몰

라. 지체하지 말고 가야 돼."

림프샘 생체조직검사 결과 림프육종이며 2년을 넘기지 못할 것이라는 진단이 나왔다. 리처드는 이 이야기를 전한 뒤로 나와 연락을 끊었다. 종양의 심각성을 처음 알아본 사람이 나였으니 아마 내가 죽음의 상징이나 저승사자로 보였으리라.

그는 자신에게 주어진 시간 동안 할 수 있는 최선을 다해 제대로 된 인생을 살기로 마음먹었다. 아일랜드 출신의 하프 연주자이자 소프라노 가수인 메리 오하라와 결혼해 함께 뉴욕으로 갔고, 15개월 뒤 그곳에서 세상을 떴다. 그가 남긴 뛰어난 시 상당수가 이 마지막 시기에 탄생했다.

옥스퍼드대학교에서는 3학년이 끝나면 최종시험을 치른다. 나는 학교에 계속 남아 연구를 이어가기로 했다. 동기생 대다수가 떠나고 나니 옥스퍼드에 들어온 뒤로 처음 혼자가 되었다.

시어도어 윌리엄스 장학금을 수상한 뒤 해부학과에서 연구원 제의를 해 왔지만 거절했다. 내가 그토록 우러러보던, 걸출하면서도 사람 좋기로 유명한 윌프리드 르 그로스 클라크(1895~1971, 영국의 해부학자·고인류학자 — 옮긴이)가 바로 해부학 교수였는데도 말이다.

르 그로스 클라크는 진화론의 관점에서 인체해부학의 모든 것을 보여준 훌륭한 교사였으며, 필트다운 사기극(1912년 잉글랜드 이스트서식스 주 필트다운Piltdown 고고학 유적지에서 발견되어 가장 오래된 현생인류라는 이름을 얻었던 에오안트로푸스 도스니Eoanthropus dawsoni가 조작된 화석임이 밝혀진 사건 — 옮긴이)을 폭로하는 데 중요한 역할을 하면서 명성을 얻었다. 그럼에도 그의 제안을 거절한 것은 영양학과 조교수 H. M. 싱클레어의 생동감 넘치는 의학사 강의에 매료되었기 때문이다.

나는 원래부터 역사를 좋아했고, 또 화학실험에 빠져 지내던 어린 시절에도 화학자들의 생애와 성격에 대해, 새로운 발견이나 학설을 낳은 논쟁이나 갈등에 대해 알고 싶은 것이 많았다. 인간의 모험심이 화학이라는 영역을 발전시킨 과정을 알고 싶었다. 그런데 이번에는 싱클레어의 생리학사 강의를 들으면서 생리학자들이 품었던 생각, 그들의 개성과 성격에 대한 호기심이 고개를 든 것이다.

친구들은 물론 퀸스칼리지의 지도교수마저 이 결정은 실수인 것 같다고 충고하며 말렸다. 싱클레어에 대한 소문을 듣긴 했지만 구체적인 내용은 없이 그저 사람이 '별나다'거나 학교 안에서 좀 고립된 편이라는 촌평뿐이었다. 학교가 그의 연구소를 폐쇄하려 한다는 소문도 있었지만, 그런 정도 이야기에 단념할 내가 아니었다.

영양학연구소Laboratory of Human Nutrition에 들어가자마자 내가 오판했다는 사실이 분명해졌다.

싱클레어는 적어도 역사에 관해서는 방대한 지식의 소유자였고, 내가 겨우 어렴풋이 들어본 것을 어떤 식으로 접근해야 할지 지침을 제시해주었다. 이른바 '제이크 마비'는 금주법 시대(음료용 알코올의 제조와 판매를 금지한 미국 수정 헌법 제18조가 비준된 1920부터 폐지된 1933년까지의 기간—옮긴이)에 합법적 형태의 알코올을 구하지 못해 '제이크'라는 은어로 통하던 자메이카생강의 고농도 알코올 추출물에 의존했던 술꾼들이 겪은 신경장애를 가리킨다. 당시 제이크는 일종의 '신경강장제'로 어디서든 구할 수 있었는데, 남용될 소지가 다분해지자 미국 정부는 여기에 맛이 아주 고약한 가소제 성분인 인산트라이오소크레실(이하 TOCP)을 섞어 넣게 했다. 그러나 이것으로는 술꾼들을 물리칠 수 없었고, 얼마 지나지 않아 TOCP가 작용은 더디나 실은 아주 심각한 신경독소라는 사실이 드러났다.

이 사실이 밝혀진 무렵에는 이미 5만 명이 넘는 미국인에게 광범위하고 때때로 회복 불가능한 상태의 신경손상이 나타났다. 이런 사람들은 사지 마비 증상이 생겨 이 장애 특유의 아주 기묘한 걸음걸이를 보였는데 이를 '제이크 걸음걸이'라고 불렀다.

TOCP가 정확히 어떻게 신경손상을 유발하는지는 여전히 밝혀지지 않았지만 특히 신경 수초髓鞘, myelin에 영향을 미친다는 학설이 일부 제기되었다. 싱클레어는 아직 이 신경중독 해독제가 나오지 않았다면서, 이 질환의 동물 모형을 개발할 수 있겠느냐고 나를 부추겼다. 무척추동물을 사랑하는 나는 즉각 지렁이를 떠올렸다. 지렁이에게는 거대한 수초 신경섬유가 있는데 다치거나 위협당할 때 순식간에 몸을 마는 능력을 관장한다. 지렁이의 신경섬유는 관찰이 쉬운 편이고 필요한 대로 얼마든지 찾을 수 있다는 이점이 있었다. 남은 것은 닭과 개구리한테 간식으로 주면 되겠고.

한차례 내 프로젝트에 대해 논의한 뒤 싱클레어는 서가가 가지런히 늘어선 자신의 연구실에 틀어박히더니 두문불출하는 바람에 도저히 만날 수가 없었다. 나만이 아니라 영양학연구소의 다른 사람들도 마찬가지였다. 고참 연구원들은 얼씨구나 하고 자기 연구에 열중했지만 이제 초짜인 나는 사정이 달라 조언과 지도가 절실히 필요했다. 싱클레어를 만나보려고 예닐곱 차례 시도해보고 나서야 가망 없는 짓임을 깨달았다.

실험은 시작부터 삐거덕거렸다. TOCP의 강도가 어느 정도여야 하는지, 어떤 매체를 통해 주어야 하는지, 쓴맛을 숨기기 위한 당의가 필요한지 아닌지, 아무것도 아는 것이 없었다. 지렁이들과 개구리들은 처음에는 내가 혼합한 TOCP 별미를 거부했다. 닭들은 뭐든 가리지 않고 먹어치우는 것이 밉살스러울 정도였다. 아무거나 집어삼키고 걸핏하면 쪼아대고 시끄럽게 꼬꼬댁댔지만 갈수록 정이 들어서 녀석들의 소음과 활기가 자랑스럽게 느껴졌고, 한 녀석 한 녀석의 습관과 개성이 눈에 들어왔다. 몇 주 만에 TOCP의 효과가 나타났다. 닭들이 다리 힘을 잃기 시작한 것이다. 이 시점에 나는 TOCP가 신경가스(신경전달물질 아세틸콜린의 작용을 방해한다)와 비슷한 작용을 할지 모른다는 생각에 준마비 증상을 보이는 닭들 중 절반에게 해독제로 항콜린제를 줘보았다. 그런데 용량을 잘못 산정해 전부 죽어버렸다. 해독제를 먹이지 않은 암탉들은 갈수록 쇠약해졌는데 지켜보기 고통스러운 광경이었다. 결국 내가 가장 아끼던 암탉(이름은 없이 번호로 4304번이었다)이, 다른 닭들과는 달리 순하고 살갑던 녀석이 다리가 마비된 채 바닥에 널브러져 애처롭게 신음하는 모습을 지켜본 것이 나의 그리고 이 실험의 결말이었다. (클로로포름을 써서) 녀석의 명을 끊으면서, 사람 TOCP 환자 부검에서 확인된 것과 마찬가지로 말초신경과 척수 축삭軸索, axon의 수초가 손상된 것을 확인했다.

또 TOCP가 순간적으로 몸을 마는 지렁이의 반사신경은 손상시켰지만 다른 운동에는 영향을 미치지 않았다는 사실, 수초 신경섬유는 손상됐으나 무수초 신경섬유에는 영향을 미치지 않았다는 사실도 발견했다. 하지만 이 연구 전체는 실패했다고 느꼈고, 실험과학자가 될 생각은 해서는 안 되겠다 싶었다. 나는 사적인 감정을 그대로 담아 실험 과정을 적나라하게 묘사한 보고서를 작성했는데 이 비참한 일화를 내 의식 속에서 내보내려는 안간힘이었다.

이 일로 우울해지고 친구들이 모두 대학을 떠나 외톨이가 된 나는 고요하나 알 수 없는 불안한 절망 속으로 가라앉았다. 몸을 움직여 운동하는 것 말고는 어디에서도 위안을 얻을 수 없어 저녁마다 나가서 아이시스 강(옥스퍼드 시를 지나는 템스 강의 일부를 따로 일컫는 명칭 — 옮긴이)을 따라 난 강변길을 달렸다. 한두 시간 달리고 나서는 물속에 뛰어들어 수영하고는 젖은 채로 약간의 냉기를 느끼며 다시 달려서 크라이스트처치 맞은편 나의 누추한 셋방으로 돌아왔다. 차게 식은 저녁을 허겁지겁 먹고는(닭고기는 이제 먹을 수 없었다) 밤이 깊도록 글을 썼다. 미친 듯이 써내려간 이 시기의 글들은 ("밤술Nightcap"이라는 제목을 붙였는데) 살아남기 위한 처방 조금, 살아가야 할 이유 조금 따위를 버무린 형편없는 잡탕 철학이었다.

싱클레어 밑에서 일하는 것을 말리려고 애썼던 퀸스칼리지의 지도교수가 내 상태를 알아차리고는 부모님에게 우려를 전했다(이때는 그가 나라는 제자가 있다는 것 자체를 알겠나 싶었던 터라 놀라기도 했지만 한편으로는 든든했다). 부모님은 내가 옥스퍼드에서 벗어나 사람들과 어울리고 새벽부터 해질 때까지 고된 육체 활동으로 힘을 되찾을 만한 공동체에 들어갈 필요가 있겠다고 판단했다. 두 분이 이에 적합한 답안으로 찾은 곳이 키부츠였다. 신앙심도 시온주의 정서도 없는 나였지만 이 제안은 마음에 들었다. 그리하여 이스라엘 북부 하이파 시에서 가까운 '앵글로색슨계' 키부츠인 에인하쇼페트Ein HaShofet로 떠났다. 이 키부츠에서는 영어를 쓸 수 있었다. 히브리어로 유창하게 말할 정도가 되면 더 바람직하겠지만.

1955년 여름은 키부츠에서 보냈다. 여기서는 묘목장이나 양계장, 둘 중 하나를 선택해야 했다. 닭에는 공포가 생긴 터라 묘목장을 택했다. 우리는 해 뜨기 전에 기상해 대규모 단체 식사를 하고 작업장으로 나갔다.

아침식사를 포함해 매 끼니마다 엄청나게 큰 다진 간 요리가 나오는 것이 무척 신기했다. 키부츠에 소는 한 마리도 없는데 닭만으로 어떻게 우리가 매일 먹는 수십 킬로그램 분량의 간이 나오는지 알 수 가 없었다. 내가 영문을 묻자 폭소가 터졌다. 그러면서 하는 말이, 내가 간이라고 생각한 것은 가지를 다진 것으로 잉글랜드에서는 맛보지 못했을 거라고.

모든 사람과 사이좋게, 적어도 말은 트고 지냈지만 누구와도 가까워지지는 않았다. 키부츠는 모두가 가족이었다. 아니 차라리 모든 부모가 모두의 자녀를 돌보는 하나의 초대형 가족이라고 해야 할까. 나는 이스라엘에서 삶을 꾸릴 의사가 없는(내 사촌들 다수는 그럴 계획이었지만) 유일한 사람이었다. 잡담에 능하지 않은 데다 첫 두 달 동안에는 울판ulpan(히브리어 교육기관 — 옮긴이)의 집중 수업에도 히브리어가 좀처럼 늘지 않았다. 그런데 10주째에 갑자기 히브리어 구문이 들리기 시작하고 입이 트였다. 고된 육체노동과 사려 깊고 친화력 높은 사람들과 함께하는 환경은 싱클레어의 연구실에서 보낸 외롭고 괴로웠던, 혼자 생각으로 머리가 터질 것 같았던 몇 달에 대한 진통제가 되어주었다.

몸에서도 엄청난 효과가 나타났다. 키부츠로 갈 때는 창백하고 건강치 못한 113킬로그램이었지만, 3개월 뒤 돌아올 때는 체중이 30킬로그램 가까이 빠졌고 겉보기만이 아니라 몸 상태도 한결 편안하게 느껴졌다.

키부츠를 나와서는 이상주의자들이 세운 이 적진에 포위된 신생국가가 어떤 곳인지 느껴보기 위해 몇 주간 이스라엘의 다른 지역을 여행했다(이스라엘은 1948년 영국으로부터 독립했다 — 옮긴이). 유월절 의식 때면 출애굽의 역사를 환기하면서 "내년에는 예루살렘에서"라고 말해왔는데, 이제 솔로몬이 그리스도가 오기 1,000년 전에 성전을 세웠던 그 도시를 직접 보게 된 것이다. 하지만 이 시기에는 예루살렘이 분리

되어 구시가에는 들어갈 수 없었다(1948년 이스라엘이 건국되면서 이스라엘령인 서예루살렘과 요르단령인 동예루살렘으로 분리되었다가 1967년 제3차 중동전쟁에서 이스라엘이 동예루살렘을 강제 점령한 후 지금까지 이어지고 있다 — 옮긴이).

다른 지역들도 둘러보았다. 하이파의 오래된 항구는 무척 좋았다. 텔아비브에 들렀고, 솔로몬 왕의 광산이라는 설이 있는 네게브의 구리 광산을 찾았다. 책에서 유대교 신비주의인 카발라Kabbalah에 대해 읽으면서 특히 카발라의 우주기원론에 매료된 적이 있었기에 제파트를 일종의 첫 성지순례 여행지로 잡았다. 그곳은 16세기에 위대한 랍비이자 신비주의자인 이삭 루리아가 살며 가르쳤던 도시였다.

다음으로 진짜 목적지인 홍해로 향했다. 이스라엘 최남단 에일라트는 이 당시 천막과 판잣집뿐인 주민 몇백 명의 작은 마을에 지나지 않았다(지금은 인구 5만 명에 화려한 해안 호텔이 즐비한 도시가 되었다). 거의 하루 온종일 스노클링을 했고 난생처음 스쿠버다이빙도 경험했다. 당시에는 스쿠버다이빙이 아직 초기 단계였지만, 몇 해 뒤 내가 캘리포니아에서 스쿠버다이빙 자격증을 딸 무렵에는 많이 현대화되어 하기가 훨씬 편리해졌다.

나는 다시 고민에 빠졌다. 처음 옥스퍼드대학교에 들어갔을 때 고민했던 것처럼. 내가 정말로 의사가 되고 싶은 걸까? 신경생리학에는 무척 흥미가 생겼지만 해양생물학도 좋았고, 그중에서도 해양 무척추동물이 너무 좋았다. 무척추동물의 신경생리학, 특히나 무척추동물계의 천재들인 두족류♦의 신경계와 습성을 연구한다면 어쩌면 이 둘을 결합하는 것이 가능하지 않을까?

마음 한편에서는 에일라트에서 여생을 보내며 수영과 스노클링, 스쿠버다이빙을 즐기면서 해양생물과 무척추동물 신경생리학을 연구하고 싶다는 생각이 들었다. 그런데 부모님이 조급증을 냈다. 이스라엘에서 충분히 빈둥거렸고 그 정도면 '치료'가 되었을 테니 이제 의학으로 복귀해 런던에서 환자 진료를 보며 임상 일을 시작할 때가 되지 않았느냐면서. 내게는 한 가지 할 일이(그전까지는 생각도 할 수 없었던 그 무엇이) 더 남아 있었다. 생각해보니 내 나이 스물두 살이고, 잘생겼고, 보기 좋게 그을린 탄탄한 몸매에, 아직 숫총각이었다.

암스테르담에는 에릭하고 두 번 가봤다. 우리는 그곳의 박물관들과 콘세르트헤바우Concertgebouw(내가 벤저민 브리튼의 오페라 〈피터 그라임스Peter Grimes〉를 네덜란드어로 처음 들은 곳이 바로 여기다)를 좋아했다. 또 운하를 따라 늘어선 높다란 계단식 박공지붕 집들, 유서 깊은 식물원, 17세기에 지어진 아름다운 포르투갈 유대교 회당, 렘브란트 광장과 그곳의 야외 카페들, 길거리에 서서 먹던 신선한 청어절임, 도시 전반에 배어 있는 특유의 온정적이고 개방적인 분위기를 좋아했다.

하지만 이제 막 홍해에서 심신을 충전하고 나온 나는 암스테르담에 혼자 가기로, 거기 가서 나를 잊어버리기로, 무엇보다 동정을 잃어버리기로 작정했다. 근데 이걸 어떻게 시작하지? 이 과목엔 교과서도 없는데 말이야. 숫기 없는 성격과 불안한 마음, 전두엽의 왕성한 기억력과 사고력을 가라앉히려면 술 몇 잔은 들이켜야 할 것 같았다.

기차역 근처 바르무스스트라트라는 거리에 분위기 좋은 술집이

♦ 1949년에 내가 치렀던 수학능력Higher School Certificate 시험에서 동물학 시험관을 맡았던 사람이 오징어의 거대한 축삭을 발견한 위대한 동물학자 J. Z. 영(1907~1997)이었다. 바로 이 거대 축삭 연구 덕분에 몇 년 뒤 우리는 신경전도검사의 전기와 화학 신호 전달 작용에 대해 처음으로 제대로 이해할 수 있게 되었다. 영은 해마다 여름이면 나폴리에 가서 문어의 뇌와 습성을 연구하며 보냈다. 나는 옥스퍼드대학교 동기인 스튜어트 서덜랜드처럼 영의 연구팀에 들어가면 어떨까 고심했다.

하나 있었는데, 에릭과 한잔하러 자주 갔던 곳이다. 이번에는 홀로 퍼마셨다(술의 힘을 빌려서 내는 용기Dutch courage에는 네덜란드 진Dutch gin이 제격이다). 바의 초점이 들어왔다 나갔다 하고 술집 소음이 커졌다 사그라들었다 할 때까지 마셨다. 앉아 마실 때는 몰랐는데 일어나니 다리가 휘청거렸다. 얼마나 휘청거렸던지 바텐더가 "흐누흐genoeg! 그만하면 충분해요!" 하더니 호텔로 갈 수 있는지, 도움이 필요한지 물었다. 나는 아니라고, 호텔은 바로 길 건너라고 말하고는 비틀거리며 나왔다.

필름이 끊겼던가 보다. 다음 날 깨어보니 내 침대가 아닌 다른 사람 침대에 누워 있었다. 커피 내리는 친근한 냄새가 나더니 집주인이자 내 구원자가 잠옷가운 차림으로 양손에 커피를 한 잔씩 나눠들고 나타났다.

내가 만취해 도랑에 누워 있기에 자기 집으로 데려왔다고… 그리고 나를 따먹었다고 했다. "좋았어?" 내가 물었다. "응." 아주 좋았다고 했다. 내가 너무 취해 함께 즐기지 못한 것이 유감이라고 했다.

우리는 아침을 먹으면서 이야기를 이어갔다. 섹스에 대한 나의 두려움과 심리적 억압, 동성애 성교를 범죄로 간주하는 잉글랜드의 험악하고 위험한 분위기에 대해서. 그는 암스테르담은 사뭇 다르다고 했다. 서로 합의한 성인 간의 동성애 성교는 일반적으로 인정되며 불법이 아니라고, 여기 사람들한테는 비난받을 일도 병적인 행위도 아니라고. 암스테르담에는 다른 게이(나는 그전까지 'gay'라는 말을 이런 맥락에서 사용하는 것을 한 번도 들어본 적이 없었다) 사람들과 만날 수 있는 술집과 카페, 클럽이 많다고. 원한다면 나를 그런 곳으로 데려다주겠다고. 아니면 그냥 혼자 갈 수 있도록 이름과 위치를 알려주겠다고 했다.

그러더니 갑자기 진지해져서 말했다. "술에 취해 필름 끊기고 도랑에 눕고 그럴 필요 없어. 너무 슬프잖아. 위험하기까지 하다고. 다시는 그러지 않으면 좋겠어."

그와 이야기를 나누면서 나는 큰 짐을 내려놓은 듯한 안도감에 울음이 나왔다. 무엇보다 나를 짓누르던 자책감을 던 듯했고, 적어도 마음은 한결 가벼워졌다.

1956년, 옥스퍼드대학교에서 보낸 4년과 이스라엘과 네덜란드로 떠났던 모험이 끝난 뒤 나는 다시 집으로 들어가 의대생으로서 공부를 시작했다. 그 30여 개월 동안 약학과, 일반외과, 정형외과, 소아과, 신경과, 정신과, 피부과, 감염질환과, 그리고 GI, GU, ENT, OB/GYN(소화기내과, 비뇨생식기과, 이비인후과, 산과/부인과 — 옮긴이) 같은 약자로만 표시되는 다른 전공 부서를 깡그리 돌았다.

놀랍게도 (어머니는 기뻐하셨지만) 나는 산과에 특별한 애정을 느꼈다. 그 시절에는 아기를 가정에서 분만했다(나를 포함해 우리 형제들 모두 집에서 태어났다). 출산은 주로 산파 손으로 이루어졌고 우리 의대생들은 산파를 보조하는 역할을 맡았다. 전화가 울리면(종종 오밤중에 울렸다) 병원 교환원이 내게 이름과 주소를 건네주며 이따금씩 한마디 덧붙였다. "서둘러요!"

산파와 내가 각기 자전거로 산모 집에 모이면 침실이나 간혹 부엌으로 갔다. 때로는 식탁에서 분만하는 것이 더 수월할 경우도 있었다. 남편과 가족은 옆방에서 귀를 쫑긋 세우고 아기의 첫 울음소리를 기다렸다. 이 모든 순간들이 나를 흥분시키는 인간 드라마였다. 그것은 어떻게 보면 사실 병원 일이 아니었지만, 우리가 병원 밖에서 어떤 역할을 할 수 있는, 진짜로 뭔가를 할 수 있는 유일한 기회였다.

의대생이 되자 강의나 정규수업에 지나치게 치일 일이 없었다. 실질적인 가르침은 환자의 머리맡에서 이루어졌고, 실질적인 공부는 환자의 말을 귀 기울여 듣고 그로부터 '현재 질환의 역사'를 알아내고 세부 사항을 채울 정확한 질문을 던지는 것이었다. 우리는 눈과 귀를 크게 뜨고 열고, 손으로 만져 느끼고, 냄새도 맡아야 한다고 배웠다. 심장박동을 듣고 가슴을 타진하고 복부를 만져보거나 또다른 식으로 신체 접촉을 하는 것 역시 환자의 이야기를 듣고 이야기를 나누는 것 못지않게 중요한 일이었다. 이로써 일종의 접촉을 통한 깊은 유대감이 형성될 수 있었기 때문이다. 예컨대 의사의 손 자체가 하나의 치료 기구가 되는 셈이었다.

◆

1958년 12월 13일에 자격증을 받고 나자 2주간 비는 기간이 생겼다. 미들섹스병원에서 할 인턴 과정internship◆이 1월 1일에 시작되기 때문이었다. 내가 의사가 되다니, 이것을 결국 해내다니. 나는 흥분됐고 또 놀라웠다(내가 해내리라고는 전혀 생각하지 못했는데, 지금도 가끔 영원히 학생 신분에서 벗어나지 못한 채 끝도 없이 맴도는 꿈을 꾼다). 흥분되기는 했지만 겁도 났다. 내가 모든 걸 망치고 놀림거리가 될 것이며, 아무것도 맡기지 못할 위험한 돌팔이 취급을 받을 것이라고 확신했다. 해서 미들섹스병원에서 인턴을 시작하기 전에 임시 인턴을 해보면 자신감과 실력을 쌓는 데 도움이 되리라고 생각해 런던 중심부에서 20킬로미터가량 떨어진 세인트올번스 시의 한 병원에서 자리를 구했다. 어머니가 전쟁 때 응급실 외과의로 일했던 곳이었다.

◆ '인턴십'은 미국에서 쓰는 말이고 영국에서는 '하우스잡house job'이라고 부른다. 영국에서 인턴intern은 '하우스맨houseman', 레지던트resident는 '레지스트라registrar'라고 부른다.

첫날 새벽 1시에 호출이 왔다. 기관지염으로 들어온 아기였다. 황급히 병동으로 내려가 나의 첫 환자를 진찰했다. 생후 4개월 된 남아였다. 입술 주위가 시퍼렇고 고열에 숨이 가쁘고 숨 쉴 때 쌕쌕거리는 소리가 났다. 우리(수간호사와 나)가 이 아기를 구할 수 있을까? 희망이 있을까? 수간호사는 벌벌 떠는 나를 보고는 필요한 도움과 지침을 주었다. 아기 이름이 딘 호프Dean Hope였는데, 말도 안 되는 미신같이 들리겠지만 우리는 이것을 길조로 받아들였다. '희망'이라는 이름이 이 아기의 운명에 서광이 되어줄지 모른다고 말이다. 우리는 밤새 치료에 매달렸고, 겨울 새벽의 창백한 잿빛 동이 터올 때 딘은 위험에서 벗어났다.

◆

1월 1일, 미들섹스병원 근무를 시작했다. 미들섹스병원은 '바츠Barts'(세인트바살러뮤병원St Bartholomew's Hospital은 그 기원이 12세기로 거슬러 올라가는 유서 깊은 병원으로, 둘째형 데이비드가 바츠의 의대생이었다) 같은 오랜 역사는 없어도 대단히 명성 높은 병원이었다. 상대적으로 최근인 1745년에 설립된 미들섹스종합병원은 1920년대 말부터 그 시절 치고는 현대식인 건물을 써왔다. 큰형 마커스가 바로 미들섹스병원에서 훈련받았고 이제 내가 큰형의 발자취를 따르게 되었다.

인턴 기간 첫 6개월은 미들섹스병원의 일반 병동에서 하고 다음 6개월은 신경과 병동에서 했다. 신경과에서 내 지도교수는 마이클 크레머와 로저 질리어트였는데, 두 사람 다 뛰어난 의사였으나 서로 우스꽝스러우리만치 어울리지 않는 한 쌍이었다.

크레머는 친절하고 상냥하고 예의 바른 사람이었다. 그는 웃을 때면 입매가 살짝 묘하게 비틀어졌는데 세상을 비웃는 습관에서 비롯된 것인지 안면신경마비Bell's palsy의 후유증인지는 알 수 없었다. 그는 있는 시간이란 시간은 다 자신이 맡은 인턴들과 환자들한테 바치는 듯했다.

질리어트는 가까이하기 어려운 사람이었다. 날카롭고 성질 급하고 날 서 있고 성마르고 (가끔 내가 느끼기에는) 언제라도 폭발할 분노를 꾹꾹 눌러 참고 있는 듯한 분위기였다. 우리 인턴들은 단추 하나만 풀려 있어도 그가 격분해 펄펄 날뛸지 모른다고 느꼈다. 두툼하고 사납고 칠흑같이 새까만 눈썹은 우리 신참들에게는 공포의 대상이었다. 당시 임용된 지 얼마 안 됐던 질리어트는 여전히 삼십대로 잉글랜드 최연소 전문의 중 한 사람이었다.♦ 나이는 젊지만 그렇다고 덜 무섭기는커녕 오히려 한층 더 위협적으로 느껴졌다. 전쟁 중에 세운 걸출한 무훈으로 전공십자훈장을 받은 그에게는 군인다운 행동거지가 상당히 많이 남아 있었다. 나는 질리어트가 정말로 무서웠고, 어쩌다 나한테 질문이라도 하면 공포로 마비가 올 지경이었다. 그의 인턴들 대다수가 나와 비슷한 반응을 보였다는 사실은 나중에 가서 알았다.

크레머와 질리어트는 환자를 진찰할 때도 접근법이 판이했다. 질리어트는 모든 단계를 정해진 절차에 따라 이행했다. (절대 빼놓는 법 없었던) 뇌신경, 운동계, 감각계 등을 정해진 순서에 따라 검사했고 여기서 절대 벗어나는 경우가 없었다. 그는 동공확장이 되었건 근섬유속성연축筋纖維束性攣縮, fasciculation(근육섬유가 빠르게 오그라들었다 풀렸다 하는 현상 — 옮긴이)이 되었건 복벽반사결여腹壁反射缺如, absent abdominal reflex배꼽 주위로 피부를 자극하면 배근육이 수축되는 현상이 일어나지 않는 것 — 옮긴이)가

♦ 이는 정말 놀라운 성취였지만, 나의 어머니는 겨우 스물일곱 살에 전문의가 되었다는 사실을 떠올리지 않을 수 없었다.

되었건 뭐가 되었건 비약해서 예단하는 일이 없었다.◆◆ 질리어트가 진단을 하는 절차는 하나의 알고리즘을 단계단계 체계적으로 밟아나가는 과정이었다.

질리어트는 무엇보다 학자요, 전공에서 기질까지 오로지 신경생리학밖에 모르는 과학자였다. 그런 그에게는 환자들(이나 인턴들)을 상대해야 하는 상황이 유감스러운 듯 보였다. 나중에 알았지만 자신의 연구생들과 있을 때는 전혀 다른 사람, 그들에게 지원을 아끼지 않는 자상한 스승이었다. 그가 정말로 관심 있었던 것, 진정한 열정을 쏟은 것은 전부가 말초신경장애와 근육 신경감응에서 전기 작용 연구와 관련된 것이었고, 훗날 그는 이 분야에서 세계적 권위자가 되었다.

크레머는 그와 달리 극도로 직관적이었다. 언젠가 우리가 병실에 들어서자마자 새로 입원한 환자를 진단하던 모습을 본 기억이 난다. 그는 한 30미터 거리에서 그 환자를 보더니 흥분해서 내 팔을 붙잡고는 귓속말로 속삭였다. "목동맥공증후군 jugular foramen syndrome!"(머리뼈바닥의 큰 공간인 목동맥공에 종양, 염증, 외상, 동맥류가 생겨 걸리는 질환 — 옮긴이) 아주 희귀한 증후군인데 병실 하나만큼 떨어진 거리에서 한눈에 알아맞힐 수 있다니 놀랄 노 자였다.

◆

크레머와 질리어트를 보면 파스칼이 《팡세Pensées》 첫머리에서 직관과 분석을 비교했던 것이 떠올랐다. 크레머는 무엇보다 직관을 중시하여 모든 것을 한눈에 알아보았으며, 더 많은 것을 간파했어도 말

◆◆ 위층 병동의 신경외과 동료 밸런타인 로그는 후배 외과의들에게 그의 얼굴에서 뭔가 '잘못된' 것을 보지 못했느냐고 묻곤 했다. 그 질문을 받고 나서야 그의 눈이 좀 이상하다는 것을 알아차렸는데 한쪽 동공이 훨씬 큰 짝눈이었다. 우리는 왜 그런지 온갖 추측을 다 해보았지만, 로그는 끝까지 이유를 가르쳐주지 않았다.

로 옮기지 않는 경우가 많았다. 질리어트는 분석이 우선이어서 어떤 현상이든 한 번에 하나씩 보면서 앞선 생리적 변화나 그 각각의 결과를 심도 깊게 파악하려 들었다.

크레머의 이입 또는 공감 능력은 굉장했다. 그는 환자들의 생각을 읽는 것처럼 직관적으로 그들이 느끼는 모든 공포와 희망을 아는 듯했다. 그는 환자들의 동작과 자세를 연극 연출가가 배우를 바라보듯 관찰했다. 그의 한 논문(내가 아주 좋아하는 논문)은 제목이 〈앉기, 서기, 걷기Sitting, Standing, and Walking〉였다. 이 논문은 신경과 검사를 하기 전에, 아니 환자가 입을 열기 전에 이미 그가 얼마나 많은 것을 알아차리고 이해했는지를 보여주었다.

금요일 오후 외래 진료 시간에 크레머가 보는 환자가 서른 명은 되었다. 그런데 그 모든 환자가 그에 대해 정말 열심히 봐주고 환자에게 전념하는 인정 많은 의사라고 말했다. 환자들은 그를 무척 좋아했고 다들 그가 친절하다고 칭찬했으며, 그와 함께 있는 것만으로 병이 낫는 기분이라고 입을 모았다.

크레머는 인턴들이 직장을 찾아 떠나고 난 뒤 어떻게 사는지 관심을 가져주었고 적극 관여하는 경우도 적지 않았다. 내게는 미국으로 가는 것이 어떠냐고 조언해주고 몇 군데 소개까지 해주었다. 25년 뒤에는 《나는 침대에서 내 다리를 주웠다A Leg to Stand On》(1984; 알마, 2012)를 읽고 배려 넘치는 편지를 보내왔다.♦

질리어트와는 접촉이 그다지 많지 않았지만(지금 생각하면 우리 둘 다 어지간히 내성적인 사람이었구나 싶다), 1973년 《깨어남Awakenings》(알마, 2012)이 나오자 그가 편지를 보내 퀸스퀘어로 한번 찾아오라고 초대했다. 다시 만났을 때는 예전보다 훨씬 덜 무서웠고, 결코 생각해보지 못한 지적인 면모와 따뜻한 정을 느꼈다. 그는 그곳 환자들에게 《깨어남》

다큐멘터리 영화를 보여주려고 이듬해에 다시 나를 초대했다.

질리어트가 암으로 사망했을 때(암이 발병했을 당시 그는 여전히 상대적으로 젊은 나이로 매우 왕성한 활동을 하고 있었다), 그리고 넘치는 친화력으로 사람들과 대화를 좋아하고 '은퇴'한 뒤로도 오랫동안 환자를 진료하던 크레머가 뇌졸중으로 실어증 상태가 되었을 때, 나는 무척 슬펐다. 두 사람 다 매우 다른 방식으로 내게 좋은 영향을 미친 스승이었다. 크레머는 더 주의 깊게 관찰하며 직관을 신뢰할 것을 가르쳤고, 질리어트는 어떤 현상을 보건 반드시 그 기반이 되는 생리학적 메커니즘을 생각할 것을 가르쳤다. 50년이 넘게 지난 지금, 사랑과 감사의 마음을 담아 두 사람을 추억한다.

옥스퍼드대학교 의예과에서 한 해부학과 생리학 공부는 실전에

♦ 크레머는 편지에다 이런 이야기를 썼다.

심장내과로부터 난해한 환자가 한 사람 있다고 봐달라는 요청을 받았네. 심방세동心房細動, atrial fibrillation(심방이 비정상적으로 불규칙하게 아주 빠르고 미세하게 뛰는 부정맥의 하나 — 옮긴이) 환자고, 크게 뭉친 색전塞栓을 제거하는 수술을 받은 뒤 좌측 편마비가 일어난 상태였어. 이 사람이 잠자다가 자꾸만 침대에서 떨어지는데 심장 전문의가 원인을 찾지 못하겠다면서 나한테 봐달라는 거야.

그 환자한테 밤에 무슨 일이 있었느냐고 물었더니 태연하게 얘기하더군. 밤중에 잠이 깨 눈을 떠보면 자기 옆에 꼭 죽어서 싸늘하게 식은 털투성이 다리 하나가 놓여 있다는 거야. 영문도 모르겠고 견딜 수도 없어서 마비되지 않은 팔과 다리로 그 시체 다리를 침대 밖으로 밀어버린 거지. 물론 그랬더니 나머지 몸도 따라간 거고.

이것은 마비된 팔다리에 대한 지각을 완전히 상실하는 현상을 아주 탁월하게 설명해 주는 사례였지. 그런데 더 흥미로운 건, 그가 거기 있던 그 기분 나쁜 낯선 다리에만 온통 신경이 곤두선 나머지 그 다리가 자신의 다리인가 아닌가 하는 것에 대해서는 그에게서 도무지 답을 들을 수가 없었다는 거네.

나는《아내를 모자로 착각한 남자The Man Who Mistook His Wife for a Hat》(1985; 알마, 2015)에서 비슷한 사례(〈침대에서 떨어진 남자〉)를 기술할 때 크레머의 편지 속 이 대목을 인용했다.

전혀 도움이 되지 못했다. 환자들을 만나고, 환자들 이야기를 경청하고, 환자의 경험과 곤경 속으로 들어가려고(또는 최소한 상상하려고) 애쓰고, 환자들을 염려하고, 환자들을 책임지는, 이 모든 것을 다 처음부터 배워야 했다. 환자들은 진짜 문제를 아주 고통스럽게 겪는(그리고 종종 중대한 기로에 선) 저마다 절절한 사정을 지닌 진짜 사람들이었다. 그렇기에 의료 행위는 단순히 진단과 치료에서 끝나는 문제가 아니며, 훨씬 더 중대한 문제에 직면하기도 한다. 삶의 질 문제를 물어야 하는 상황이 있고, 심지어는 생명을 이어가는 것이 의미가 있는 것인가를 물어야 하는 상황도 있다.

미들섹스병원 인턴 시절에 나처럼 수영을 좋아하는 젊은이 조슈아가 다리에 기이하고 알 수 없는 통증으로 일반 병동에 입원했을 때 나는 이 문제와 맞닥뜨렸다. 조슈아는 혈액검사로 임시 진단을 받고 다른 검사를 기다리는 주말 동안 집에서 보내고 와도 좋다는 허락을 받았다. 토요일 밤, 조슈아는 젊은 사람들이 어울리는 파티에서 놀고 있었는데, 거기에 있던 의대생들 가운데 누군가가 병원에 왜 입원했는지 물었다. 조슈아는 그건 모르겠고 이런 약을 받았다면서 질문한 친구에게 약병을 보여주었다. 그는 약병 라벨에 '6MP(6-메르캅토푸린mercaptopurine)'이라 적힌 것을 보고는 엉겁결에 말해버렸다. "세상에, 급성백혈병이잖아."

주말 휴가를 마치고 병원으로 돌아온 조슈아는 절망에 빠져 있었다. 그는 그 진단이 틀림없는지, 어떤 치료를 받을 수 있는지, 자기는 어떻게 되는 건지 물었다. 골수검사로 확진이 나왔고, 조슈아는 약물치료로 약간의 시간을 벌 수는 있겠지만 급속도로 나빠질 것이고 1년 안에 죽을 것이며, 어쩌면 더 이를 수도 있다는 선고를 받았다.

그날 오후, 내가 발코니 난간을 타고 올라가는 조슈아를 발견했다. 우리 병동은 3층이었다. 난간으로 달려가 그를 붙잡고는 그런 병에 걸렸을지라도 살아야 할 이유를 있는 대로 다 끌어다 붙였다. (결단의 순간이 지나갔고) 조슈아는 마지못해 수긍하고는 병동으로 돌아갔다.

기이한 통증이 급격히 심해졌고 다리에서 팔과 상체로 번지기 시작했다. 척수까지 퍼진 백혈병이 감각신경으로 침투해 유발하는 통증임이 분명해졌다. 진통제로는 듣지 않아 아편제를 경구와 주사로 점점 강도를 높여 투약하다가 결국 헤로인까지 썼다. 극심해진 통증에 밤낮으로 비명을 질러대기 시작한 뒤로는 의지할 것이 아산화질소 마취제밖에 남지 않았다. 그마저 마취에서 깨어나면 다시 비명을 지르기 시작했다.

"그때 왜 날 붙잡았어요." 조슈아가 내게 말했다. "하긴 선생님 입장에선 그럴 수밖에 없었겠죠." 조슈아는 고통에 몸부림치다가 며칠 뒤 세상을 떠났다.

1950년대 런던에서는 동성애 사실을 공개하거나 동성애 생활을 하는 것이 쉽지도 안전하지도 않았다. 동성애 성교를 한 것이 알려졌다가는 가혹한 처벌을 받고 투옥될 수 있었고, 아니면 앨런 튜링처럼 여성호르몬인 에스트로겐 주사로 화학적 거세를 당할 수 있었다 (영국의 수학자이자 컴퓨터과학의 선구자로 유명한 튜링은 1952년 동성애 혐의로 체포되어 유죄 판결을 받고 감옥살이 대신 화학적 거세를 당했으며 2년 뒤 음독자살했다 — 옮긴이). 대중의 태도 역시 대체로 법과 마찬가지로 비난하는 분위기였다. 동성애자를 만나기는 쉽지 않았다. 게이들이 다니는 클럽이나 술집이 있기는 했지만 상시 경찰 단속 대상으로 걸핏하면 기습당했다. 훈련받은 경찰 끄나풀들이 도처에, 특히 공원이나 공중화장실에 진을 치고 있다가 순진하거나 방심한 게이를 유혹해 인생을 끝장내기도 했다.

나는 암스테르담 같은 '개방적인' 도시는 틈나는 대로 방문했지만 런던에서는 감히 성적 파트너를 구할 생각을 품지 않았다. 부모님의 눈초리가 따라다니는 런던 집에 살고 있던 터라 더더욱 그래야 했다.

하지만 미들섹스병원 내과와 신경과에서 인턴 생활을 하던 1959년에는 샬럿 스트리트로 걸어 내려가 옥스퍼드 스트리트를 건너 소호 스퀘어까지 가기만 하면 됐다(런던 서쪽 끝에 위치한 소호 지역은 세계적인 게이 타운으로 유명하다—옮긴이). 거기서 프리스 스트리트를 따라 조금만 더 가면 올드콤턴 스트리트가 나오는데 없는 게 없고 안 파는 게 없는 곳이었다. 이 거리에 있는 콜먼스라는 담배상점에는 내가 가장 좋아하는 아바나 시가들이 있었다. 볼리바르 '토르페도'는 한 대로 저녁 내내 피울 수 있었는데, 특별히 즐기고 싶은 날이면 한 대 사서 입에 물곤 했다. 이 거리에는 다른 어느 곳에서도 맛보지 못한 촉촉하고 감미로운 양귀비씨 케이크를 파는 식품점이 있었다. 또 신문과 과자류를 파는 작은 점포가 있었는데, 이 가게 창문에는 성적인 광고들이 잔뜩 붙어 있었다. 일부러 모호하게 써놨지만(안 그랬다가는 위험해질 테니) 무슨 뜻인지 오해할 여지가 없는 문구들이었다.

그중 모터사이클과 모터사이클 장비를 좋아한다고 소개한 젊은 남자의 광고가 눈에 들어왔다. 아무 이름일지 몰라도, 버드라는 이름과 전화번호가 적혀 있었다. 감히 그 자리에서 계속 서성댈 수가, 하물며 메모까지 할 수는 더더욱 없었지만 당시 내 기억력은 한 번 보면 잊어버리지 않는 수준이어서 순식간에 그 내용을 흡수했다. 여태껏 무슨 광고에 응하거나 그럴 생각조차 해본 적 없었지만, 금욕의 세월이 근 10년이었다(암스테르담은 그 12월에 가보고는 그만이었다). 수수께끼의 인물 '버드'에게 전화해보자고 마음먹었다.

우리는 전화로 이야기했는데 용의주도하게 주로 모터사이클에 대해서만 말했다. 버드는 아래로 꺾인 핸들에 500cc 단기통 엔진을 장착한 BSA 골드스타를 갖고 있었고, 나는 600cc 노턴 도미네이터였다. 우리는 한 모터사이클 카페에서 만나 거기서 라이딩을 나가기로 약속을 잡았다. 누구인지는 각자의 모터사이클과 장비로 알아보기로 하고 가죽재킷, 가죽바지, 가죽부츠, 장갑을 착용하기로 했다.

우리는 만나 악수를 나누고 서로의 모터사이클에 대해 칭찬하고는 런던 남부로 출발했다. 런던 북서부에서 나고 자란 나는 남부 런던을 전혀 몰라 버드가 길잡이를 하기로 했다. 검은 가죽 장비로 무장하고 애마를 타고 달리는 버드의 뒷모습이 위풍당당한 도로의 기사 같았다.

그런 다음 퍼트니에 있는 그의 아파트로 돌아와 저녁을 먹었다. 책은 몇 권 없고 모터사이클 잡지와 장비만 잔뜩인 어지간히 휑한 아파트였다. 벽마다 모터사이클과 모터사이클 선수 사진이 붙어 있었고, (이건 예상하지 못했는데) 버드가 직접 찍은 아름다운 해저 사진이 몇 장 있었다. 모터사이클 외에 스쿠버다이빙도 좋아한다고 했다. 나도 1956년 홍해에서 스쿠버다이빙에 입문했으니 우리에겐 공통의 취미가 또 하나 있는 셈이었다(1950년대에는 스쿠버다이빙 하는 사람이 흔치 않았는데 말이다). 버드는 다이빙 장비도 많이 갖고 있었다. 이때는 아직 잠수복과 합성고무가 나오기 전이어서 무거운 고무 재질의 건식 잠수복을 입었다.

맥주를 마시고 있는데 버드가 갑자기 말했다. "침대로 가자."

우리는 서로에 대해 더이상 알려고 하지 않았다. 나는 버드에 대해 아무것도 몰랐다. 직업도 몰랐고, 성조차 알지 못했다. 그도 나에 대해 아는 것이 거의 없었다. 그러나 우리는 서로가 원하는 것이 무언지, 스스로를 그리고 서로를 어떻게 기쁘게 해줄 수 있는지는 (직관적으로, 정확하게) 알았다.

이 만남이 얼마나 즐거웠는지, 얼마나 또 만나고 싶은지는 굳이 말로 할 필요가 없었다. 나는 외과 인턴을 위해 6개월간 버밍엄으로 가야 했지만 이것은 간단히 해결할 수 있는 문제였다. 토요일마다 모터사이클 타고 런던으로 달려와 부모님과 집에서 하룻밤 보내면 되었는데, 더 일찍 도착해 먼저 버드와 오후를 보낸 뒤 다음 날 아침에 함께 라이딩을 갔다. 나는 쨍한 일요일 아침의 라이딩을 사랑했으며, 내 모터사이클은 놔두고 버드의 뒷자리에 앉아 가는 것은 더더욱 좋았다. 그렇게 꼭 붙어 달릴 때면 우리가 무슨 짐승 가죽이 된 기분이었다.

아직 미래는 불확실한 상황이었다. 1960년 6월 말이면 인턴이 끝나는데, 그러면 징병 대상자가 될 터였다(재학 기간과 인턴 기간 동안에는 소집이 연기되었다).

이 문제를 숙고하는 동안에는 아무런 언질을 주지 않다가 6월에 편지로 내 생일인 7월 9일에 캐나다로 떠날 것이고 어쩌면 돌아오지 않을지도 모른다고 버드에게 알렸다. 그가 이 일에 크게 개의할 거라고는 생각하지 않았다. 우리는 모터사이클 벗이고 잠자리 벗일 뿐 그 이상은 아니라고 생각했다. 어차피 서로에 대해 어떻게 느끼는지 말 한마디 해본 적 없었으니까. 그런데 버드가 보내온 답장은 간절하고 가슴 아팠다. 마음이 쓸쓸하다면서, 내 편지를 받고 서러워 울었다고 했다. 그의 답장을 받고 마음이 무거웠다. 버드가 나를 사랑하고 있었다는 것을 그제야 깨달았다. 하지만 너무 늦었다. 나는 이미 그에게 상처를 준 것이다.

둥지를 떠나

어렸을 때 페니모어 쿠퍼(1789~1851,《모히칸 족의 최후The Last of the Mohicans》로 유명한 미국의 소설가·평론가—옮긴이)의 소설을 읽고 카우보이 영화를 보면서 미국과 캐나다에 대한 낭만적인 생각을 품었다. 존 뮤어(1838~1914, 스코틀랜드 출신의 미국 자연주의자·작가·환경사상가—옮긴이)의 책과 앤설 애덤스(1902~1984, 미국의 사진작가·환경주의자. 미국 서부, 특히 요세미티 계곡 흑백 풍경사진으로 유명하다—옮긴이)의 사진에 담긴 미국 서부의 황량하고 광활한 풍광은 아직까지 전쟁에서 회복 중인 잉글랜드에는 없는 개방성과 자유, 평온에 대한 약속처럼 느껴졌다.

잉글랜드에서 의대생은 군 복무를 연기할 수 있었지만 인턴이 끝나는 즉시 입대해야 했다. 군 복무는 별로 내키지 않았다(큰형 마커스는 군 생활을 좋아했고, 아랍어 지식 덕분에 튀니지와 리비아의 키레나이카를 비롯한 북아프리카에 배치받았다). 나는 솔깃한 대안이던 식민지 군의관 3년 대체복무를 신청해 뉴기니 근무 요원으로 선발되었다. 하지만 영국 식민지 자체가 축소되고 있어서 의대를 마치기 전에 군의관 대체복무제가 폐지되고 말았다. 게다가 아예 의무병제도 자체마저 8월로 잡힌 내 입대 날짜 몇 달 뒤에 폐지가 결정되었다.

매력적이고 이국적인 식민지 근무는 더이상 불가능하고 더구나 최후의 징집병 무리에 들어야 한다는 사실을 생각하니 화가 치밀었다. 이것이 내가 잉글랜드를 떠나고 싶었던 또 하나의 이유였다. 그럼에도 어떤 면에서는 군 복무에 대한 도덕적 채무감 같은 것은 남아 있었다. 이런 갈등 끝에 캐나다로 갔을 때 왕립캐나다공군에 자원했다 ("가죽 제복을 입고 호쾌하게 웃는"이라고 공군을 묘사한 위스턴 휴 오든의 시구가 내 마음을 사로잡았다). 영연방인 캐나다에서 복무하는 것은 잉글랜드군에서 복무하는 것으로 인정되기 때문에 잉글랜드로 돌아갈 경우에는 중요한 고려 사항이었다.

잉글랜드에서 탈출해야 할 이유는 또 있었다. 마커스 형도 10년 전 같은 이유로 오스트레일리아에 살러 갔다. 1950년대에는 무수한 남녀 고급 인재들이 잉글랜드를 떠났다(이른바 '두뇌 유출' 바람을 타고). 잉글랜드에서는 전문직이나 대학교에 비집고 들어갈 자리가 없어, (내가 런던에서 신경과 인턴을 할 때 느꼈던 것처럼) 똑똑하고 뛰어난 인재들이 보조 역할에 묶여 자율권이나 책임을 행사하지 못한 채 허송세월하고 있었다. 의료제도가 잉글랜드보다 훨씬 더 광범위하고 훨씬 덜 경직된 미국에 내가 들어갈 여지가 있지 않을까 생각했다. 마커스 형이 그랬던 것처럼, 런던에는 색스 박사가 너무 많은 것 아닌가 하는 느낌도 한몫했다. 어머니와 아버지, 데이비드 형과 삼촌 한 명에 사촌 세 명, 이들이 다 안 그래도 복작이는 런던 의료계에서 자리다툼을 벌이는 판이었다.

7월 9일, 스물일곱 살 생일날 몬트리올행 비행기에 올랐다. 몬트리올에 있는 친척집에서 며칠 지내면서 몬트리올신경학연구소를 방문하고 왕립캐나다공군과 접촉했다. 나는 조종사가 되고 싶다고 말했지만, 몇 가지 테스트와 인터뷰를 하더니 생리학 경력을 살려 연구 분야에 배치되는 것이 바람직할 것으로 보인다고 얘기했다. 고위 장교인 테일러 박사라는 사람이 장시간 면담을 하더니 주말을 이용한 합숙 평가를 제안했다. 그 과정이 끝나자 테일러 박사는 나의 불안정한 심리 상태를 감지하고는 이렇게 말했다. "자네는 분명 재능 있는 사람이고, 우리도 자네가 여기 들어온다면 좋겠네. 하지만 자네의 입대 동기는, 글쎄 잘 모르겠네. 석 달 동안 여행하면서 생각을 좀 정리해보는 게 어떻겠나? 그때 가서도 입대하고 싶다면 내게 연락하게."

이 말을 들으니 갑자기 짐을 내려놓은 듯 홀가분해졌다. 갑자기 자유를 얻은 나는 이 석 달의 '휴가'를 최대한 활용하리라 다짐했다.

캐나다 횡단 여행을 시작했고, 여행할 때 늘 하던 대로 여행기를 적었다. 이동하는 동안에는 부모님에게 단신밖에 쓰지 못해 밴쿠버 섬에 도착해서야 좀더 긴 편지를 쓸 여유를 얻었다. 그곳에서 나는 여행에 대한 상세한 이야기를 담은 장문의 편지를 썼다.

> 캘거리에서는 엄청난 인파가 몰리는 연례 '스탬피드Stampede'(정식 명칭은 '캘거리 스탬피드'로 매년 7월 로데오 경기, 전시회, 공연, 퍼레이드 등이 열리는 축제 — 옮긴이)가 이제 막 끝나, 청재킷과 사슴가죽바지 차림으로 온종일 진 치고 앉아 빈둥빈둥 모자를 얼굴에 비비적거리는 카우보이들이 거리를 메우고 있습니다. 하지만 캘거리는 시민 30만 명의 떠오르는 신흥 도시이기도 하답니다. 수많은 탐사꾼, 투자자, 기술자가 이곳의 석유를 보고 몰려들었죠. 정유 공장과 제조 공장, 사무실과 마천루가 서부개척시대의 삶을 집어삼켜버렸어요. (…) 우라늄광, 금광, 은광에 비금속 광산도 어마어마합니다. 선술집에서는 작은 사금 꾸러미들이

거래되는 광경을 흔히 볼 수 있어요. 새카맣게 그을린 얼굴에 작업복은 불결하지만 뒤에서는 순금을 만지고 있던 사람들인 거죠.

여행의 기쁨에 대해서도 썼다.

밴프행 캐나다태평양철도Canadian Pacific Railroad(1881~1885년 사이에 건설된 캐나다 최초의 대륙횡단철도로 서부 개척에서 중요한 역할을 했다 — 옮긴이)에 올라, 투명한 유리 돔으로 덮여 사방 경관이 훤히 다 보이는 관람 객차에서 신이 나 돌아다녔죠. 열차는 경계 없이 이어지는 평원을 거쳐 가문비나무 울창한 로키 산맥의 낮은 구릉을 지나면서 완만하게 오르막을 탑니다. 서서히 공기가 차가워지고 지세는 갈수록 더 가팔라집니다. 작은 언덕이 동산으로, 동산이 산으로 규모까지 커지면서 시시각각 고산준령의 면모로 변해갑니다. 칙칙폭폭 연기는 골짜기 바닥으로 가뭇없이 흩어지고, 눈앞으로는 눈 덮인 산이 웅장하게 날아오릅니다. 공기는 티 없이 맑아 몇 백 킬로미터 앞 봉우리가 선명하고, 열차 옆으로 지나는 산들은 마치 우리 머리를 뒤덮듯 치솟아 오릅니다.

밴프에서 캐나다 로키 산맥의 심장부를 향해 더 깊이 들어갔다. 여기서 적은 일기가 특히 자세한데, 나중에 다듬어서 〈캐나다: 잠시 멈춤, 1960년Canada: Pause, 1960〉이라는 제목을 붙였다.

캐나다: 잠시 멈춤, 1960년

대이동! 2주도 안 되는 기간에 거의 5,000킬로미터를 달렸다.

이제 정적이 감돈다. 살면서 들어보지 못한 정적이 여기에 흐른다. 조금 있으면 다시 움직일 테고, 어쩌면 다시는 멈추지 않으리라.
내가 몸을 누인 곳은 고산지대의 초원, 해발 2,500미터가 넘는 지점이다. 어제는 캘거리에서 온 세 여성 식물학자와 함께 우리가 묵는 산장 일대를 돌아다녔다. 늘씬하고 강인한 이 여전사 일행에게 많은 꽃 이름을 배웠다.
초원에 흐드러진 담자리꽃은 이제 커다란 민들레 홀씨 같은 씨앗이 생긴 채로 아침 햇살을 받아 반짝이며 흔들리고 있었다. 그리고 옅은 우윳빛에서 불타는 주홍빛까지 한 몸에 가진 인디언그림붓꽃과 배상화杯狀花, 금매화金梅花, 쥐오줌풀, 범의귀가 있었다. 또 (이름과 달리 너무나 예쁜 꽃을 피우는) 뒤틀린송이풀과 개망초도. 열매가 귀한 두메딸기는 세 이파리 가운데에 열린 딸기에 이슬이 맺혀 반짝였다. 국화과인 아르니카와 풍선란風船蘭, 양지꽃, 매발톱꽃이 피었고, 큰꽃얼레지와 개불알풀이 꽃을 피웠다. 밝은 색 이끼로 덮인 어떤 바위는 멀리서 보면 보석이 무더기로 쌓여 있는 듯 눈부셨다. 다발로 핀 다육식물 꿩의비름은 손가락으로 누르면 유혹하듯 벌어졌다.
키 큰 교목 영역에서 한참을 올라가자 버드나무와 노간주나무, 월귤나무, 산벚나무 같은 키 작은 관목이 많았고, 삼림한계선 위로는 새하얀 줄기에 이파리가 보드라운 잎갈나무뿐이었다.
땅다람쥐, 새앙토끼, 청설모, 다람쥐가 있었고 가끔 바위 그림자에 숨은 마멋이 보였다. 까치, 딱새, 굴뚝새, 지빠귀가 있고, 곰은 아메리카흑곰, 큰곰 다 많았지만 회색곰은 드물었다. 저지대 목초지에는 말코손바닥곰과 무스가 살았다. 한번은 태양을 가로지르는 거대한 날개의 실루엣이 보였는데, 한눈에 로키 산맥 독수리라는 걸 알아보았다.
한 발 한 발 올라갈수록 생명체는 사라지고 풍경은 잿빛 일색이 된다. 그리고 지의류와 이끼류가 다시금 만물의 영장이 된다.

어제는 '교수님'이라는 분과 그 가족, 그리고 교수님이 '형제'라고 부르는 친구 '전 사령관'과 일행이 되었다. 두 사람은 형제로 보였지만 친구이자 동료일 뿐이었다. 이분들하고 같이 말을 타고 광활한 고원으로 들어갔다. 뭉실뭉실 피어오른 뭉게구름이 우리 발 아래로 내려다보일 만큼 높은 곳이었다.

"여기는 인간이 건드리지 못했군!" 교수님이 외쳤다. "인간이 하는 일이야 고작 등산로 넓히는 것뿐이지, 뭐가 더 있겠나." 나는 아무 말도 하지 않았다. 지금까지 한 번도 느껴보지 못했던, 일체의 인간사로부터 벗어나 광대무변한 공간에 홀로 서 있을 때만 느낄 수 있는 그런 기분에 휩싸였을 따름이다. 우리는 침묵 속에 나아갔다. 어떤 말인들 하잘것없을 테니까. 세상의 꼭대기가 여기일 듯싶었다. 내려가는 길에 말들은 덤불숲을 헤쳐 가느라 발을 재게 굴렀고, 이름 특이한 빙하호(스핑크스 호수, 스카라베 호수, 이집트 호수)가 잇따라 나왔다. 나는 그러다 큰일 난다는 일행의 경고를 귓등으로 흘려버리고 땀에 전 옷을 벗어 던지고는 이집트 호수의 맑은 물로 뛰어들어 가만히 떠 있었다. 한쪽으로 거대한 상형문자가 아로새겨진 고대의 지형, 파라오 산이 우뚝 서 있었다. (당연한 얘기겠지만) 다른 봉우리들은 전부가 무명이었다.

돌아오는 길에 우리는 반들반들한 빙퇴석으로 채워진 거대한 빙하 분지를 지났다.

"생각해보게!" 교수님이 외쳤다. "이 거대한 사발은 백 미터 깊이까지 얼음으로 채워져 있다네. 우리와 우리 자식들이 죽을 때 이 침적층에서는 씨앗이 싹을 틔울 것이고, 아직 나이 어린 삼림은 이 바위 위로 가지를 드리울 거야. 지금 우리 눈앞에는 지질학적 드라마의 한 장면이 펼쳐져 있다네. 과거와 미래가 우리가 목격하고 있는 이 현재 안에 응축돼 있지. 인간의 한 세대가, 한 인간의 기억이 그 안에 다 담긴 거야."

200미터 높이의 바위와 빙하 벽 앞에 선 좁쌀만 한 교수님을 힐긋 쳐다봤다. 차림새는 후줄근한데 이상하게도 위엄과 카리스마가 넘쳤다. 거대한 빙하와 급류의 위력도 대자연을 탐문하는 이 당당한 곤충의 위력 앞에서는 아무것도 아니었다.

교수님은 근사한 길동무였다. 그는 눈높이에 아주 딱 맞는 수준에서 권곡빙하圈谷氷河와 다양한 빙퇴석 종류를 구분하는 법이며 무스와 곰 발자국을 읽어내는 법, 호저가 약탈한 곳을 알아보는 법을 가르쳐주었다. 또 늪처럼 빠지는 곳이나 겉으로는 멀쩡하지만 쉽게 깨질 수 있는 곳을 피하려면 지형을 면밀히 살펴야 한다는 것, 길을 잃지 않도록 마음속으로 이정표를 세우면서 움직여야 한다는 것, 불길한 렌즈 모양 구름은 돌풍의 전조라는 사실을 알려주었다. 그의 지식은 그야말로 방대하여 어쩌면 모르는 것이 없는 듯도 했다. 그는 법과 사회 현상을 논했고, 정치와 경제, 경영학과 광고, 의학과 심리학, 나아가 수학을 이야기했다.

자신이 살아가는 환경(물리적 환경, 사회적 환경, 그리고 인간)의 모든 측면을 그토록 심오하게 천착한 사람을 나는 만나보지 못했다. 그러면서도 그는 자신의 생각이나 동기에 대해서는 조롱 섞인 통찰을 들이댔는데, 이런 균형감각 덕분에 그가 말하는 모든 것이 인간적으로 느껴졌다.

그 전날 저녁 교수님을 처음 만났을 때, 나는 가족과 국가로부터 도망친 이야기와 의사라는 직업을 계속해야 할지 망설여진다는 고민을 털어놓았다.

"선망받는 직업이요?" 나는 씁쓸하게 내뱉었다. "남이 선택해준 거죠. 지금 제가 원하는 건 방랑하고 글 쓰는 것뿐이에요. 어쩌면 한 일 년 벌목꾼으로 살아볼까 생각도 하고 있어요."

"그 무슨 소리!" 교수님은 간결하게 말했다. "시간 낭비네. 미국에 가서 의대랑 대학교를 둘러보게. 자네에겐 미국이 맞을 거야. 자넬 휘둘러댈 사람도 없을 거고. 자기만 잘하면 올라가는 거야. 엉터리라면 바로 낙오할 거고.

그래, 지금은 여행을 하게. 시간이 된다면 말일세. 단 여행할 거면 제대로 하게. 내가 하는 식으로. 난 여행할 때는 반드시 가는 곳의 역사와 지리에 대해 읽고 생각한다네. 그 바탕에서, 그러니까 시간과 공간의 사회적 틀을 통해 그곳 사람들을 바라보는 거지. 대평원을 예로 들어볼까. 홈스테드법Homestead Act에 의거한 이주농의 역사, 시대별 법과 종교의 영향, 이 지역 사람들이 겪었던 경제적 문제와 소통의 문제, 연이어 발견된 가치 있는 광물들이 남긴 효과를 알지 못한다면, 대평원 여행 백날 해봐야 다 헛일이네.

벌목장 생각일랑 접게. 캘리포니아로 가. 가서 미국삼나무를 보게. 개척 성당을 보고 요세미티를 봐. 팔로마 산을 봐. 지성인이라면 최고의 경험이 될 거야. 언젠가 에드윈 허블(1889~1953, 우주의 크기를 측정하고 우주팽창론의 근거를 제시한 미국의 천문학자 — 옮긴이)과 얘기하다가 그분의 법 지식이 엄청나다는 걸 알았네. 그가 별에 빠지기 전에 변호사였다는 사실 자네 아나? 아, 샌프란시스코도 가봐야 해! 세계 12대 재미난 도시에 꼽히는 곳이지. 캘리포니아에는 온갖 극단이 공존한다네. 최고의 부와 가장 끔찍한 비참이 거기 다 있지. 하지만 아름답고 흥미진진한 것들이 곳곳에 널려 있다네.

난 미국을 백 번 넘게 샅샅이 둘러봤지. 모든 걸 봤어. 자네가 뭘 원하는지 말해주면 어디로 가야 할지 알려주겠네. 자, 말해보게."

"돈이 다 떨어졌습니다!"

"돈은 얼마든지 빌려주지. 내킬 때 갚으면 돼."

이때 교수님은 나와 만난 지 겨우 한 시간밖에 되지 않았다.

교수님과 전 사령관은 로키 산맥을 좋아해 20년째 매년 여름 찾아오고 있었다. 이집트 호수에서 돌아가는 길에 두 사람은 샛길로 빠지더니 깊은 숲으로 들어가 내게 땅에 반쯤 묻힌 나지막하고 컴컴한 오두막을 보여주었다. 교수님은 짤막하나 생생한 역사 강의를 해주었다.

"이건 빌 페이토Bill Peyto(1869~1943, 잉글랜드 출신 이민자로 밴프국립공원 관리인을 지낸 개척자이자 등반안내원 — 옮긴이)의 오두막이라네. 이 오두막이 어디 있는지 아는 건 이 세상에서 우리 말고는 딱 세 사람밖에 없어. 공식적으로는 화재로 전소했다고 기록돼 있지. 페이토는 인간에게 환멸을 느끼고 떠도는 방랑자였고, 대단한 사냥꾼이자 야생의 파수꾼이었고, 또 셀 수 없이 많은 사생아의 아버지였다네. 자기 이름을 딴 호수와 산이 있는 사람이기도 하고. 1926년에 진행이 더딘 어떤 병에 걸렸다가 결국 더이상 혼자 힘으로는 살 수 없는 지경까지 갔어. 그러자 말을 타고 밴프로 들어와 모르는 사람이 없지만 아무도 본 적은 없는 전설적인 야생인이자 이방인이 되었다네. 그로부터 얼마 지나지 않아 그곳에서 죽었지."

곰팡내 진동하는 어두컴컴한 오두막 안으로 들어가보았다. 비뚤어진 문짝에 휘갈겨 쓴 메모가 희미하게 남아 있었는데 찬찬히 뜯어보니 "한 시간 뒤에 돌아옴"이라고 적혀 있었다. 오두막 안에 남아 있는 부엌세간, 옛날 고리짝 병조림 식품들, 광물 표본(그는 작은 활석 광산을 운영했다), 일기 몇 편, 1890년부터 1926년까지 《일러스트레이티드 런던 뉴스The Illustrated London News》 뭉치가 눈에 띄었다. 그 주간지 더미는 집주인의 사정으로 싹둑 중단된, 한 남자의 생을 잘라낸 횡단면이었다. 문득 마리셀레스트 호(1872년 대서양에서 탄 사람 없이 떠다니다 발견된 배 — 옮긴이)가 생각났다. 이윽고 저녁이 되었다. 나는 드넓은 풀밭에 누워 칼날처럼 기다란 풀을 씹으면서 산과 하늘을 보며 하루를 보냈다. 그동안 많은 생각을 정리하며 보내느라 이제 공책이 몇 장 남지 않았다.

어느 해 여름 저녁, 지는 해가 우리 집 뒷마당에 핀 접시꽃과 잔디밭에 박혀 있는 크리켓 막대를 환히 밝혀주고 있었다. 오늘은 금요일, 어머니는 안식일 초에 불을 켜고 흔들리는 촛불을 손으로 감싼 채 나는 절대 알지 못할 말로 묵상기도를 올릴 것이다. 아버지는 키파 kippah(유대교 전통 모자 — 옮긴이)를 쓰고 포도주잔을 들어 올리며 당신이 누리는 풍요를 신의 은총으로 돌리면서 찬양을 드릴 것이다.

바람이 건듯 불어 풀과 꽃을 파르르 흔드니 하루의 긴 정적이 깨진다. 자리에서 일어나 움직일 시간이다. 여기에서 떠나 다시 길에 올라야겠다. 곧 캘리포니아로 가리라고 스스로 약속하지 않았던가?

비행기와 열차로 내내 여행해왔지만 서부행은 히치하이킹으로 마무리하기로 했다. 그리고 거의 동시에 소방요원으로 소집되었다. 나는 부모님에게 편지를 썼다.

브리티시컬럼비아 주에 30일 넘게 비가 내리지 않아서 곳곳에 산불이 나고 있어요(아마 신문에서 읽으셨겠죠). 여기에는 일종의 계엄법이 있어서 삼림위원회가 적합하다고 판단하는 사람이면 누구든 소집할 수가 있어요. 저한테 이런 경험을 할 기회가 온 게 무척 반가워서, 다른 당혹해하고 떨떠름해하는 소집자들과 하루 종일 산에서 호스를 끌고 당기며 뭐라도 손길을 보태려고 애썼습니다. 그런데 우리를 쓰는 건 이번 화재 한 건뿐이라고 해서 끝나고는 다 같이 맥주 한 잔씩 했습니다. 연기가 잦아드는 잔해를 바라보면서 불이 잡혔다는 사실에 진정 봉사한 보람을 느꼈어요.

이 시기의 브리티시콜럼비아 주는 무슨 마법에 걸린 것처럼 느껴집니다. 하늘은 낮고, 무수한 화재 연기 때문에 한낮에도 자줏빛으로 물들어 있습니다. 공기에 끔찍한 열기가 그대로 고여 있는 바람에 사람이 맥을 출 수가 없습니다. 사람들은 답답한 슬로모션 영화처럼 느릿느릿 움직이지만 그렇다고 긴박감이 느껴지지 않는 것은 아니에요. 교회마다 비를 내려달라는 호소로 기도를 대신하고, 주민들도 저마다 별별 기우제를 다 지냅니다. 밤마다 번개가 어딘가를 때릴 것이고 그러면 또 귀중한 임지가 부싯깃처럼 타들어가겠죠. 그런가 하면 눈 깜짝할 사이에 도저히 원인을 알 수 없는 불이 일어나기도 해요. 불운한 부위에 생겨난 다발성 암처럼 말이죠.

화재 진압에 재소집되고 싶지 않아(하루는 즐겁게 했지만 그걸로 충분했다) 밴쿠버까지 남은 1,000킬로미터는 그레이하운드 버스를 타고 갔다.

밴쿠버에서 배로 밴쿠버 섬으로 들어가 퀄리컴 해변의 한 게스트하우스에 방을 잡았다(19세기의 생화학자인 투디훔Thudichum과 콜키쿰Colchicum속인 사프란을 연상시키는 퀄리컴Qualicum이라는 지명이 나는 마음에 들었다). 거기서 며칠간 휴식으로 여독을 풀면서 부모님에게 현재 시점으로 끝나는 8,000자짜리 편지를 썼다.

태평양은 따뜻해서(섭씨 약 24도) 빙하호에 몸을 담갔던 사람에게는 맥이 풀리는 느낌입니다. 오늘은 한 안과의사하고 낚시를 갔습니다. 노스라는 친군데, 세인트메리병원과 국립병원을 거쳐 지금은 빅토리아(브리티시콜럼비아 주의 주도 — 옮긴이)에서 개업해 활동하고 있어요. 이 친구는 밴쿠버 섬을 "어쩌다 떨어져 나온 천국의 작은 조각"이라고 하는데 딴은 그럴 법한 소리예요. 숲과 산, 냇물과 호수와 바다가 다 모여 있으니까요…. 그건 그렇고, 연어를 여섯 마리나 잡았어요. 그냥 줄 하나 드리우고 놔두면 와서 물고 또 물고 해요. 아름다운 은빛의 이 매력적인 녀석들을 내일 아침에 먹게 되겠죠.

"이삼일 안에 캘리포니아로 내려갈 거예요." 그리고 이렇게 덧붙였다. "웬만하면 그레이하운드 버스로 갈 겁니다. 지금까지 주워들은 바로는 히치하이킹하는 사람들한테는 험한 동네 같아서요. 눈에 띄는 대로 총을 쏘는 사람도 가끔 있다나 봐요." 토요일 저녁에 샌프란시스코에 도착했고, 그날 밤에 런던에서 만났던 친구들에게 저녁식사를 대접받았다. 친구들은 다음 날 아침 차를 가져와 금문교를 건너 소나무 무성한 타말파이어스 산 옆구리를 끼고 올라가 성당처럼 고요한 뮤어우즈국립천연기념물Muir Woods National Monument 지역으로 데려다주었다. 미국삼나무 아래 선 나는 경외감에 말을 잃었다. 바로 그 순간 결심했다. 샌프란시스코에서 이 아름다운 자연과 더불어 남은 평생을 살아가고프다고.

할 일이 산더미 같았다. 영주권을 받아야 했고 일자리, 그러니까 나를 고용해줄 병원을 찾아야 했다. 그런데 영주권이 나오기 전 몇 달 동안에는 급여 없이 비공식으로 고용해줄 곳이어야 했다. 또 잉글랜드에 있는 내 물건(옷가지, 책, 논문, 그리고 그중에서도 특히 내 충실한 벗, 노턴 모터사이클)도 필요했다. 온갖 서류가 필요했고 돈이 필요했다.

그간 부모님에게 보낸 편지는 서정적이고 시적이었지만, 이젠 현실적이고 실용적인 이야기를 해야 했다. 퀄리컴 해변에서 쓴 장문의 편지는 이렇게 부모님을 향한 감사의 마음을 전하는 것으로 마무리했는데….

제가 캐나다에서 산다면 적당히 넉넉한 봉급과 여가시간을 누릴 겁니다. 저축도 할 수 있을 거고, 어쩌면 27년 동안 제게 아낌없이 쏟아부으신 돈도 갚을 수 있겠지요. 두 분이 제게 주신 것이 돈뿐이겠습니까만, 값을 매길 수 없는 무형의 것에 대해서는, 그저 제가 행복한 삶을 누리고 세상에 쓸모 있는 사람으로 살면서 두 분께 계속 연락드리고 또 할 수 있을 때는 찾아뵙는 것으로나마 보답하려 합니다.

이제 겨우 일주일 지났는데 모든 게 바뀌어버렸다. 캐나다는 떠나왔고, 캐나다 공군도 더는 고려의 대상이 아니고, 잉글랜드로 돌아갈 생각은 접어버렸다. 부모님에게 다시 (두렵고 죄송한 마음 가득하나 결연하게) 편지를 적어 내 결정을 말씀드렸다. 분노하며 꾸지람하는 두 분 모습이 눈에 선했다. 어떻게 이토록 느닷없이(어쩌면 교묘하게) 우리를, 또 친구들을, 집안을, 조국 잉글랜드를 등질 수 있느냐고 말이다.

부모님의 답신은 기품 있었지만 떨어져 살게 되어 슬픈 마음까지 표현했는데, 50년이 지나 다시 읽어봐도 가슴이 무너지는 글이다(어머니는 좀처럼 감정을 내색하지 않는 분이어서 그런 표현을 쓰기가 여간 힘든 일이 아니었을 것이다).

1960년 8월 13일

사랑하는 올리버에게.

많은 편지와 카드, 모두 고맙다. 전부 잘 읽었다. 네 용기 있는 행동은 대견한 마음으로, 휴가를 즐겁게 보내는 모습은 행복한 마음으로 읽었지만, 네가 없는 시간이 길어지리라 생각하니 크나큰 고뇌와 슬픔을 금할 길 없구나. 네가 태어났을 때 사람들이 아들 넷을 둔 행복한 가정이라고 우리를 얼마나 축하했는데! 그런데 지금은 다들 어디 있느냐? 몹시 외롭고 상심이 크다. 이 집에는 유령들이 살고 있단다. 너희 살던 방에 들어가노라면 밀려드는 상실감에 어찌할 바를 모르겠다.

아버지의 편지는 조금 달랐다. "우리는 메이프스베리 우리 집이 어느 정도 비었다는 사실을 체념하며 받아들이고 있다." 하지만 이렇게 추신을 덧붙였다.

우리가 빈 집을 받아들이고 있다 말했지만, 물론 그렇지 않다. 우리가 널 항상 그리워한다는 사실을 더 말해 무엇 하겠느냐. 네 밝은 모습이 그립고, 걸신 들려 냉장고며 식료품실을 습격하던 일, 너의 피아노 연주, 방 안에서 역기 연습한다고 발가벗고 설치던 일, 그놈의 노턴 타고 오밤중에 불쑥불쑥 나타나던 일, 전부 다 그립다. 이런 일들, 그리고 너의 활달한 성격을 말해주는 수많은 사건이 늘 우리와 함께할 것이다. 이 텅 빈 저택만 생각하면 깊은 상실감에 가슴이 미어진다. 아무리 그렇대도 네가 큰 세상으로 나아가야 한다는 사실은 우리도 알고 있단다. 최종 결정은 무슨 일이 있어도 네 것이어야 하고말고!

아버지는 "텅 빈 저택"이라고 말했고, 어머니는 "지금은 다들 어디 있느냐? (…) 이 집에는 유령들이 살고 있단다"라고 썼다.

하지만 그 저택에는 아주 생생하게 살아 있는 존재, 마이클 형이 여전히 살고 있었다. 마이클 형은 어떤 면에서는 어려서부터 '이상한' 아들이었다. 원래부터 뭔가 다른 사람이었다…. 형은 사람들하고 사귀는 것을 힘들어해서 친구가 한 명도 없었고, 보통은 자기만의 세계에 살고 있는 듯했다.

큰형 마커스가 사랑하는 세계는 언어였다. 아주 어려서부터 두각을 나타내 열여섯 살 때 이미 여섯 개 언어를 말할 수 있었다. 데이비드 형이 사랑하는 세계는 음악이었고, 직업 음악가가 될 뻔도 했다. 나의 세계는 과학이었다. 하지만 마이클 형의 세계는 어떤 것이었을까. 우리로서는 알 수 없었다. 마이클 형도 굉장히 총명한 사람이었다. 끊임없이 책을 읽었고 기억력 또한 천재적이었는데 이 세계에 대한 지식을 '현실 세계'보다는 책에서 구하는 듯했다. 어머니의 큰언니인 애니 이모는 예루살렘에서 40년 동안 학교를 운영했는데, 마이클 형이 무척이나 비범하다면서 자신의 장서를 통째로 물려주었다. 이모가 형을 마지막으로 본 것은 1939년, 형이 겨우 열한 살 때였다.

마이클 형과 나는 2차 세계대전이 시작되면서 대피령에 따라 잉글랜드 중부에 있는 브레이필드에서 같이 18개월을 보냈다. 어린 소년들의 엉덩이를 때려 말을 듣게 만드는 데서 인생의 낙을 찾는 듯한 가학적인 교장이 운영하던 끔찍한 기숙학교였다(마이클 형은 이 시기에 찰스 디킨스의《니컬러스 니클비Nicholas Nickleby》와《데이비드 코퍼필드David Copperfield》를 달달 외웠다. 그렇다고 우리 학교가 두더보이스홀이고 우리 교장은 괴물 크리클 씨라고 대놓고 말하지는 않았지만).♦

1941년, 열세 살이 된 마이클 형은 다른 기숙학교인 클리프턴중학교로 옮겼는데 거기에서 무자비하게 괴롭힘을 당했다.《엉클 텅스

♦ 브레이필드학교에 대해서나 이 학교가 우리에게 미친 영향에 대해서는《엉클 텅스텐》에서 자세히 이야기했다(두더보이스홀은《니컬러스 니클비》에서 남학생만 다니는 폭력적인 기숙학교이고, 크리클 씨는《데이비드 코퍼필드》에서 주인공이 다니는 기숙학교의 냉혹하고 독재적인 교장이다 — 옮긴이).

텐》(2001; 이은선 옮김, 바다출판사, 2004)에서 나는 마이클 형의 정신증이 처음 나타난 상황에 대해 다음과 같이 썼다.

당시에 우리 집에 같이 살던 레니 이모가 욕실에서 웃통을 벗고 나온 마이클 형을 찬찬히 보더니 부모님에게 말했다. "얘 등 좀 봐! 온통 멍과 상처투성이야! 몸이 저 지경이면 가슴에는 또 얼마나 멍이 들었을꼬." 부모님은 이상한 낌새는 전혀 없었는데, 학교생활 재밌게 하고 아무 문제 없이 '잘 지내는' 줄 알았는데 이게 무슨 일이냐고 대경실색했다.

형은 이 사건으로부터 얼마 뒤인 열다섯 살 때 정신이상 증상이 나타나기 시작했다. 사악한 마법의 세계가 자기를 포위하고 있다고 느꼈고, 자신이 "채찍질에 환장한 신의 애제자"라고, "가학적 창조주"의 특별한 관심을 받는 존재라고 굳게 믿었다. 이와 더불어 메시아 판타지 또는 망상이 나타났다. 자기가 고문을 당하거나 벌을 받는 것은 자신이 바로 세상이 그토록 오랫동안 기다려온 메시아이기 때문이라고(아무래도 그런 것 같다고). 형은 환희와 고통, 공상과 현실을 오락가락하며 자기가 미쳐가고 있다면서(어쩌면 이미 미친 것 같다면서) 쉬지도 잠들지도 못한 채 불안하게 집 안을 서성이며 발을 구르고 눈알을 희번덕거리고 환각에 사로잡혀 소리를 질러대곤 했다.

나는 형이 무서웠고, 악몽을 현실로 받아들이는 형이 걱정스러웠다. 형은 어떻게 될까? 나도 나중에 형처럼 되면 어떡하지? 내가 집 안에 실험실을 꾸미고 문을 꽁꽁 닫아걸고 형의 광기로부터 귀를 닫아버린 것도 이 무렵의 일이었다. 마이클 형한테 무관심해서가 아니었다. 그렇기는커녕 형이 가여워서 견딜 수가 없었다. 형이 겪는 정신적인 고통을 나 또한 어느 정도는 이해할 수 있었던 까닭이다. 하지만 한편으로는 형이 겪는 혼돈과 광기의 유혹에 휘말려들지 않기 위해서라도 형과는 거리를 두고 과학이라는 나만의 세계를 만들어야 했다.

부모님은 극도의 충격에 휩싸였다. 두 분은 위기감과 연민, 공포를 느꼈고 무엇보다 당혹감에 어쩔 줄 몰라 했다. 형에게 나타난 증상은 무슨 이름 없는 희귀 사례가 아니었지만('조현병schizophrenia'이라는 의학 명칭이 있었다) 어째서 하필이면 이 아이에게, 그것도 그렇게 어린 나이에 그런 일이 생긴 것일까? 클리프턴에서 당한 끔찍한 폭력 때문일까? 유전적인 문제일까? 형은 결코 평범한 아이는 아니었다. 늘 다루기 조심스럽고 많이 불안해하는 아이였고, 어쩌면 정신증이 나타나기 전부터 '분열 병질'이 있었을지 모른다. 아니면 (부모님에게는 생각하는 것조차 고통스러운 조건일 텐데) 혹시 우리가 그를 대한 방식이 잘못돼서 빚어진 결과일까? 하지만 부모님은 원인이야 무엇이 되었든(유전이든 양육이든, 화학적 결함이든 잘못된 훈육이든) 분명히 의학이 발전해서 형을 치료해 줄 것이라고 믿었다. 형은 열여섯 살에 한 정신병원에 입원해 열두 차례에 걸친 인슐린 충격요법을 받았다. 이 요법에는 혈당량이 너무 떨어져 혼수상태가 되면 포도당 링거액으로 의식을 회복시키는 과정이 동반된다. 1944년에는 이것이 조현병 환자에게 처음 시술하는 치료법이었고, 그다음으로 필요한 경우에는 전기경련치료나 뇌엽절제술을 받았다. 신경안정제의 발견은 8년은 더 기다려야 하는 미래의 일이었다.

저혈당성 혼수의 결과인지, 자연스럽게 치유가 이루어진 것인지, 마이클 형은 석 달 뒤에 퇴원해 집으로 돌아왔다. 더이상 정신증은 나타나지 않았다. 그러나 형은 어쩌면 영영 정상 생활을 바랄 수 없을지 모른다는 두려움에 절망하고 있었다. 입원해 있을 때 오이겐 블로일러의 《조발성치매, 또는 조현병 증상군Dementia Praecox; or, The Group of Schizophrenias》을 읽은 영향이 컸을 것이다.

마커스 형과 데이비드 형은 집에서 걸어서 5분 거리에 있는 햄스테드의 학교를 즐겁게 다녔고, 마이클 형도 이제 그 학교에서 공부를 계속할 수 있다고 좋아했다. 형은 정신증을 겪으면서 변한 게 있는지는 몰라도 겉으로는 표가 나지 않았다. 부모님은 형의 병을 완치가 가능한 '의료적' 문제로 받아들이기로 했다. 하지만 정작 마이클 형 본인이 생각하는 정신증은 사뭇 달랐다. 형은 이 병이 지금껏 생각도 하지 못했던 세계를 보게 해주었다고, 특히나 전 세계 노동자들의 착취와 압정에 눈을 뜨게 만들었다고 생각했다. 형은 공산당이 발행하는 신문 〈데일리 워커The Daily Worker〉를 읽기 시작했고, 레드라이언스퀘어에 있는 공산주의자 서점에 다녔다. 또 마르크스와 엥겔스를 탐독하면서 그들을 새로 열릴 시대의 선지자요 어쩌면 메시아로 여겼다.

마이클 형이 열일곱이 될 무렵, 마커스 형과 데이비드 형은 의과대학을 마쳤다. 마이클 형은 학교는 그만하면 됐다고 의사가 되고 싶지 않다고 했다. 형은 노동을 하고 싶어했다. 노동자가 세상의 소금 아니더냐면서. 아버지의 환자 한 사람이 런던에 큰 회계회사를 갖고 있었는데 마이클 형을 견습 회계사나 형이 원하는 어떤 자리에든 받아주고 싶다고 제의했다. 형은 하고 싶은 역할에 대한 뚜렷한 그림을 갖고 있었다. 형은 우편배달부를 하고 싶다고, 우편함에 그냥 넣어두면 안 되는 아주 중요하고 긴급한 편지나 소포를 배달하는 일을 하겠노라고 했다. 형의 직업의식은 엄격했다. 자신이 위탁받은 어떤 전보나 소포든 반드시 지정된 수신인의 손에 직접 전달해야지 그 외에는 누구한테도 줄 수 없다는 원칙을 고수했다. 형은 런던 시내 걷는 것을 좋아했고, 공원 벤치에 앉아 쉬는 점심시간을 좋아했다. 날씨 좋은 날이면 〈데일리 워커〉를 읽는 것도 좋아했다. 언젠가는 내게 흔해빠진 안부 같이 보이는 전보가 실은 지정 수신인만이 알아볼 수 있는 어떤 비밀스러운 의미일 수 있다는 얘기를 해주었다. 그래서 지정 수신인 아닌 다른 사람한테 전보를 주면 안 되는 거라고 했다. 자기가 보통 전보를 전하는 보통 배달부로 보일지 모르겠지만 실은 그렇게 간단한 이야기가 아니라면서. 형은 아무한테도 하지 않은 이야기(형도 그게 이상한 소리로 들린다는 건 알며 어쩌면 미친 사람 취급을 받을 수 있다고 했다)라며, 아무래도 부모님과 두 형 그리고 의료계 전체가 자신의 생각과 행동 모두를 깎아내리거나 '치료해야 할 증상'으로 보려는 것 같은 생각이 든다고 했다. 특히 형의 말이나 행동에서 어떤 신비주의의 기미가 느껴지면 그것을 곧 정신증의 조짐으로 여길 거라고 했다. 나는 형보다 어린 동생이었고 아직 의료에 대해서는 아는 게 없는 열두 살짜리 아이였지만 그래도 형이 하는 어떤 말이든 이해심 있게 공감하면서 들어줄 수 있었다. 비록 형의 이야기를 완전히 다 알아듣지는 못했겠지만.

내가 아직 학생이던 1940년대부터 1950년대 초 사이에 마이클 형의 정신증과 망상이 현란하게 만개했다. 가끔은 예고도 있었다. 말로 '도와줘' 하지는 않지만 쿠션을 날리거나, 정신과 의사(형이 처음 정신증이 발발했을 때부터 치료해온 의사) 진료실에서 재떨이를 바닥에 던지는 따위의 요란한 행동으로 시작을 알렸다. 그런 행동이 나오면 '나 지금 미치려고 해. 병원으로 데려다줘'라는 말로 해석하면 됐다.

그런가 하면 아무런 예고 없이 바로 격렬한 불안 행동으로 들어가 고함을 지르고 발을 쿵쿵 구르고 환각에 빠지는 경우도 있었다(한 번은 어머니가 오랫동안 아끼던 아름다운 괘종시계를 벽에 집어던졌다). 그런 발작이 일어나면 부모님이나 나나 무서워 벌벌 떨었다. 무섭기도 했지만 심란하고 창피했다. 친구나 친척이나 동료, 또 누구든 집에 초대했다가 마이클 형이 위층에서 고함을 질러대고 난폭하게 날뛰면 어쩌란 말인가? 부모님의 환자들은 어떻게 생각하겠는가? 부모님 두 분 다 집에 진료실을 두고 있었다. 마커스 형이나 데이비드 형도 언제든 정신병원으로 돌변할 수 있는 집으로 친구 데려오는 것을 내켜하지 않았다. 어느덧 우리 가족의 일상이 되어버린 수치심과 불명예, 비밀주의는 마이클 형이 아픈 사람이라는 현실을 한층 더 무겁게 만들었다.

주말이나 휴일을 맞아 런던에서 벗어나면 마음이 날아갈 것 같았다. 나에게 휴일이란 다른 무엇보다 마이클 형으로부터 벗어나는 휴가, 때때로 견딜 수 없는 형의 존재로부터 떠나는 휴가였다. 하지만 형이 본래 가진 다정하고 자상한 성품과 유머감각이 다시 제 빛을 발하는 순간들도 있었다. 그럴 때면 그게 진짜 마이클 형임을 새삼 깨달았다. 무시무시한 발작으로 사람을 미쳐 날뛰게 만드는 조현병도 그토록 온전하고 그토록 상냥한 진짜 마이클 형을 완전히 죽이지는 못했음을.

◆

1951년에 내가 동성애자라는 얘기에 "너는 태어나지 말았어야 해"라고 한 어머니의 말은, 당시에 내가 이렇게 생각했는지는 확실하지 않지만, 비난보다는 비통한 심정의 토로였다. 한 아들을 조현병에 잃었는데 이제 또 한 아들을 동성애로 잃을까봐 두려운 어머니의 비통함 말이다. 당시만 해도 동성애는 인생을 송두리째 망가뜨릴 낙인과 같은, 수치스러운 '질병'으로 간주되는 시절이었으니까. 어려서는 어머니가 제일 이뻐하는 아들, 엄마의 "두목님"이자 "아가 양"이던 막내가 이제는 "혹덩이", 마이클 형의 조현병 위에 하나 더 얹힌 가혹한 부담이 되어버린 것이다.

1953년 즈음해서 마이클 형 같은 수백만 명의 조현병 환자들의 상황에 큰 변화가 생겼다. 좋건 나쁘건 최초의 신경안정제가 (잉글랜드에서는 라각틸Largactil, 미국에서는 토라진Thorazine이라는 상품명으로) 시판되기 시작한 것이다. 신경안정제는 환각과 망상 같은 '양성 증상'을 둔화시키고 심지어는 예방까지 가능한 약이었지만, 환자에 따라 극심한 대가를 치러야 하는 경우도 있었다. 내가 이 충격적인 현상을 처음 본 것은 1956년 이스라엘과 네덜란드에서 석 달을 보낸 뒤 런던으로 돌아갔을 때였다. 마이클 형이 구부정한 자세로 발을 질질 끌면서 걷고 있었다.

"저건 빼도 박도 못할 파킨슨증 환자잖아요!" 부모님에게 말했다.

"맞다." 부모님이 답했다. "하지만 라각틸을 복용하면서 마이클이 굉장히 조용해졌어. 일 년 동안 정신증 발작이 한 번도 없었다." 마이클 형 본인은 어떻게 느꼈을까? 형은 이 파킨슨증 증상에 괴로워하고 있었다. 형은 걷기를 사랑하는 사람이었고, 그냥 걷는 것도 아니고 성큼성큼 활보하는 사람이었다. 하지만 형은 이 약물의 향정신효과가 훨씬 더 기분 나쁘다고 했다.

형은 일을 계속할 수는 있었지만 자기 일에 대한 심오한 의미와 사명감을 부여하는 신비로운 느낌이 사라졌다고 했다. 세계를 꿰뚫어 보던 명징하고 예리한 눈도 사라졌다. 이제는 모든 게 "트릿하게" 느껴진다면서 "안락사 당하는 기분이야"라고 말을 맺었다.♦

라각틸 용량을 줄이자 파킨슨증 증상은 진정됐다. 무엇보다 형이 살아 있다는 느낌을 조금 회복하고 예전의 신비로운 느낌을 조금 되찾았다는 것이 중요한 변화였다(그 느낌은 몇 주 뒤 복합적인 정신증 발작으로 폭

♦ 몇 년 뒤 브롱크스주립병원에서 일할 때 토라진Thorazine이나 당시에는 신약이었던 부티로페논butyrophenone 계통의 할로페리돌Haloperidol 같은 약을 과다 복용한 조현병 환자 수백 명에게서 대운동gross motor(큰 근육 활동인 구르기·기기·걷기·뛰기·던지기·뛰어넘기 따위 — 옮긴이) 기능에 장애가 나타나고 마이클 형이 겪은 것과 비슷한 향정신작용을 호소하는 경우를 접했다.

발하고 말았다).

1957년, 이제는 뇌와 정신에 관심 많은 의대생이던 나는 마이클 형의 정신과 의사에게 전화를 걸어 만날 수 있겠는지 물었다. 거의 14년 전 마이클 형에게 처음 정신증이 나타났을 때부터 형을 진료해온 N. 박사는 점잖고 섬세한 사람이었다. N. 박사도 자신의 많은 환자가 라각틸을 복용하면서 약물과 관련한 새로운 문제를 겪고 있다고 심란해하고 있었다. 그는 넘치지도 모자라지도 않는 딱 알맞은 정량을 찾기 위해 애쓰고 있는데 아주 희망적이지는 않다고 털어놓았다.

나는 생각해보았다. 조현병은 뇌에서 의미, 중대성, 의도를 지각(또는 투사)하는 신경회로, 경이로움과 신비로움을 지각하는 신경회로, 예술과 과학의 아름다움을 알아보는 신경회로 간의 균형이 깨져 강렬한 감정과 현실 왜곡이 과도해진 정신세계를 만들어내는 것은 아닐까? 이들 회로망에서 중간 토대가 없어졌기에, 적정하고 진정시키려는 시도가 그 사람의 상태를 증상이 극도로 고조된 상태에서 극도로 무딘 상태, 일종의 정신적 죽음 상태로 밀어내는 것은 아닐까?

마이클 형에게는 대인 기술과 (혼자서는 차 한 잔 끓여 먹지 못할 정도로) 일상생활을 해나갈 적응력이 없기 때문에 사회적 접근법과 '실존적' 접근법이 필요했다. 신경안정제는 조현병의 '음성 증상'(은둔하는 경향, 정서적 메마름 등)에는 거의 또는 전혀 효과가 없었다. 사실 사람을 서서히 갉아먹어 쇠약하게 만드는 이 증상들이야말로 어떤 양성 증상보다 심각한 문제인데 말이다. 이 질환은 어떤 약물을 어떻게 쓰느냐에 의존할 문제가 아니라, 즐겁고 의미 있는 인생(지원 프로그램과 공동체, 자기 자신을 존중하며 또 타인에게 존중받는 환경)을 누리게 하는 총체적 접근법이 필요한 문제다. 형의 상태는 '의료적' 접근만으로는 해결될 문제가 아니었다.

◆

런던으로 돌아와 의대에 다니던 시절에 마이클 형에게 더 많은 사랑을 주고 더 큰 힘이 되어줄 수 있었을 텐데. 그래야 했는데. 형하고 외출해 맛난 것도 사 먹고 영화도 보고 연극도 보고 음악회도 가고(형 혼자서는 절대로 하지 못한 그런 일들을) 했다면 얼마나 좋았을까. 형하고 같이 바닷가도 가고 시골도 가고 했다면 얼마나 좋았을까. 그런데 하지 않았다. 그러지 못했다는 부끄러움(나를 그렇게 필요로 했는데 곁에 있어주지 못한 나쁜 동생이었다는 죄스러움)이 60년이 지난 지금까지도 마음에 복받쳐 오른다.

내가 적극적으로 주도했다면 형이 어떻게 반응했을까. 그건 잘 모르겠다. 형에게는 형이 정하고 제어하는 자기만의 방식이 있었고, 거기에서 조금이라도 벗어나는 것을 싫어했다.

신경안정제를 투약하면서 소용돌이는 다소 가라앉았지만, 내게는 형의 삶이 갈수록 협소하고 빈약해지는 것처럼 보였다. 이제 〈데일리 워커〉도 읽지 않고 레드라이언스퀘어의 서점도 찾지 않았다. 예전에는 다른 사람들하고 마르크시즘 입장을 공유하면서 소속감과 동지애를 느꼈는데 이제는 그 열정이 식으면서 갈수록 고립되고 외톨이가 되는 느낌이라고 했다. 아버지는 우리 가족이 다니는 유대교 회당에서 형이 정신적으로 종교적으로 힘을 얻고 공동체 의식을 느낄 수 있기를 바랐다. 형은 성년식을 치른 뒤로는 매일 옷에 치치트tzitzit(유대교도들이 기도용 숄 네 귀퉁이에 매다는 술 장식 — 옮긴이)를 달고 팔에는 테필린tefillin(성구함. 성경 구절이 새겨진 작은 상자로 가죽 끈을 달아 팔이나 이마에 찬다 — 옮긴이)을 두르고 틈만 나면 회당에 갈 정도로 신앙심이 강했지만 이 열정마저 식어버렸다. 형은 유대교 회당에 흥미를 잃었고 유대교 회당도 신자 규모가 줄면서(런던 유대인들 가운데 이민 가거나 혼인을 통해 비유대 사회에 흡수

되는 집이 갈수록 늘었다) 형에게 관심을 잃었다.

형은 장르를 불문하고 무시무시하게 읽어치우던(오죽하면 애니 이모가 장서를 통째로 물려주었겠는가) 책마저 내려놓았다. 이제 책은 거의 손에 대지 않았고 어쩌다 신문만 떠들어보곤 했다.

나는 형이 희망 없는 무감각한 상태에 빠져들었다고 느꼈다. 그것은 신경안정제로는 치유되지 않는다고, 아니 어쩌면 그 약 때문이라는 생각도 들었다. 1960년에 R. D. 레잉의 놀라운 저서 《분열된 자아The Divided Self》가 나오자 마이클 형에게서 잠시나마 희망이 되살아났다. 내과 의사이자 정신과 의사인 레잉은 조현병을 일개 질병이 아닌 하나의 총체적, 나아가 특권적 존재 양식으로 보았다. 이 책을 읽고 나서 형은 조현병이 없는 사람들이 "썩을 정상인"(이 신랄한 표현에는 어마어마한 분노가 담겨 있었다)이라면서 세계를 형 자신과 나머지로 구분하곤 했지만, 얼마 가지 않아 레잉의 "낭만주의"는 넌더리가 난다면서 그를 약간 위험한 멍청이로 생각하게 되었다.

내가 스물일곱 생일에 잉글랜드를 떠날 때는 다른 이유도 많았지만 희망 잃고 방치된 애처로운 형으로부터 벗어나고 싶은 마음이 컸다. 하지만 어떤 의미에서는 그 마음이 내 환자들에게서 내 방식으로 조현병과 뇌-정신 장애를 탐구하고자 하는 의지를 낳았으리라.

샌프란시스코에서

몇 년을 꿈꿔왔던 도시, 샌프란시스코에 왔지만 영주권이 없어 합법적인 일자리를 찾을 수도 돈을 벌 수도 없었다. 미들섹스병원의 신경과 주임교수 마이클 크레머와는 인턴 기간이 끝난 뒤로 계속 관계를 유지하고 있었다(그는 군 징집 기피 문제에 대해 "지금은 순전히 시간 낭비"라는 말로 철저히 내 편을 들어주었다). 그에게 샌프란시스코에 갈 계획을 언급하자 마운트시온병원 신경외과에 동료가 있다면서 그랜트 레빈과 버트 파인스타인을 찾아가보라고 얘기해주었다. 두 사람은 정위수술定位手術법의 개척자로 이 기법이 나옴으로써 이전까지는 접근할 수 없었던 작은 뇌 부위에 바늘을 직접 안전하게 꽂을 수 있게 되었다.

크레머가 소개서를 써준 덕분에 레빈과 파인스타인을 찾아가자 비공식으로 일자리를 주겠다고 했다. 수술 전후 환자 검사를 거드는 일이었다. 영주권이 없어 봉급은 줄 수 없지만 현금으로 20달러씩 주겠다고 했다(20달러면 당시에는 큰돈이었다. 평균 모텔비가 1박에 3달러였고 일부 주차장 미터기에는 1센트짜리도 쓰이던 시절이었다).♦

레빈과 파인스타인이 몇 주만 기다리면 병원에서 지낼 방을 찾아주겠다고 했다. 하지만 수중에 돈도 없고 당장 지낼 곳이 필요해 YMCA에다 방을 잡았다. 누군가 페리빌딩 건너편 엠바카데로 부두에 YMCA에서 운영하는 대규모 숙박시설 Y가 있다는 이야기를 해주었다. Y는 낡고 허름했지만 사람들이 편안하고 친절했다. 나는 6층에 있는 작은 방으로 짐을 옮겼다.

밤 11시쯤 됐는데 누군가 방문을 두드렸다. "들어오세요"라고 말했다. 문은 잠가놓지 않았다. 젊은 남자가 고개를 들이밀더니 날 보고는 외쳤다. "미안합니다. 방을 잘못 찾았어요."

"과연 그럴까요?" 내가 말해놓고도 믿기지 않는 대답이었다. "들어오지 그래요?" 남자는 잠깐 긴가민가하다가 들어와 등 뒤로 문을 잠갔다. 이것이 Y에서 맞이하는 새 인생의 서곡이었다(그 뒤로 방문은 빈번히 열리고 닫혔다). 가만히 보니 내 이웃 중에는 하룻밤에 손님이 다섯 명까지 찾아오는 사람도 있었다. 이제껏 맛보지 못한 묘한 자유가 느껴졌다. 이제 런던도 유럽도 아니었다. 여기는 신대륙, 원하는 무엇이든 얼마든지 (한도 내에서) 할 수 있는 세상이었다.

며칠 뒤 마운트시온병원에서 내가 쓸 방이 생겼다고 해서 그리로 옮겼다(Y에서 벌이는 흥겨운 파티는 변함없이 계속되었다).

◆

◆ 특정 부위에 (알코올을 주사하거나 냉동시켜) 작은 병변病變 일으키면, 그 병변이 환자에게는 해를 입히지 않으면서 많은 파킨슨증 증상의 원인인 과활성화된 신경회로를 끊어낼 수 있다는 사실을 발견했다. 이런 정위수술은 1967년 엘도파L-dopa(도파민의 선구물질로 뇌 안에서 도파민으로 변한다. 파킨슨병 환자는 도파민 분비가 억제되어 있으므로 엘도파를 입을 통해 투여하여 인위적으로 도파민 양을 늘려주어 치료한다 — 옮긴이)의 출현과 함께 거의 자취를 감추었지만, 지금은 다른 뇌 부위에 전극을 이식하여 뇌 심부를 자극하는 치료법에 활용되고 있다.

여덟 달을 레빈과 파인스타인 밑에서 보냈다. 마운트시온병원에서 나의 공식 인턴 과정은 다음해 7월에 가서야 시작되었다.

레빈과 파인스타인은 상극처럼 다른 사람들이었지만(레빈은 느긋하고 사려 깊었고, 파인스타인은 열정적이고 전투적이었다), 런던의 신경과 주임교수였던 크레머와 질리어트처럼 서로 보완이 잘 되는 콤비였다(내가 외과 인턴으로 근무했던 버밍엄 퀸엘리자베스병원의 외과 주임이던 데버냄과 브룩스도 그랬다).

나는 어렸을 때부터 그런 동료 관계를 동경했다. 화학실험에 빠져 있던 시절 독일 화학자 키르히호프(1824~1887)와 분젠(1811~1899)의 협력에 대해 읽었는데, 너무나 달랐던 두 사람의 사고방식과 기질이 분광기 발견에 없어서는 안 될 요소였다. 옥스퍼드대학교 시절에는 제임스 왓슨(1928~)과 프랜시스 크릭(1916~2004)이 DNA에 대해 공동 저술한 유명한 논문을 읽으면서 그 둘이 얼마나 다른 사람이었는지를 알고 무척이나 신기해했다. 마운트시온병원에서 단조로운 시간이나마 인턴 생활을 열심히 하는 동안 그럴 수가 있겠나 싶을 정도로 어울리지 않는 또 한 쌍의 동료, 데이비드 휴벨(1926~2013)과 토르스텐 비셀(1924~)에 대해 읽었다. 두 사람은 시각생리학의 세계를 혁명적이고도 아름다운 방식으로 열어젖혔다.

신경과에는 레빈과 파인스타인 그리고 그들의 보조의사와 간호사 들 이외에 의료기사 한 명과 의학물리사 한 명이 있었고(우리 과 전체 직원은 10명이었다), 생리학자 벤저민 리벗(1916~2007, 인간 의식 연구의 선구자 — 옮긴이)이 자주 방문했다.**

한 환자가 특히 마음에 남았는데, 1960년 11월에 부모님에게 보내는 편지에 이런 이야기를 썼다.

서머싯 몸의 소설 중에서 바람둥이 섬 아가씨한테 빠졌다가 지독한 딸꾹질에 걸린 남자 이야기(1920년대 영국 식민지 시절 말레이시아를 배경으로 한 연작소설집 《캐수아리나나무The Casuarina Tree》— 옮긴이) 기억하세요? 우리 환자 한 사람이 뇌염후증후군에 걸린 커피 사업가인데요, 수술을 받은 뒤로 엿새 동안 딸꾹질이 멈추지 않는 거예요. 가능한 모든 일반 조치부터 아주 희한한 조치까지 다 해봤지만 듣지를 않았죠. 이러다 이 환자 횡경막 신경이라도 차단해야 되는 거 아닌가 하고 겁이 났습니다. 설마 되겠나 싶었지만 어디서 용한 최면술사를 데려와보면 어떻겠느냐고 의견을 내놓았습니다. 혹시 딸꾹질을 주요 증상으로 치료해본 경험이 있으신가요?

내 제안에 다들 회의적인 반응을 보였지만(나 자신도 믿지 않았으니까) 레빈과 파인스타인은 결국 최면치료사를 불러보자고 했다. 아무것도 통하지 않았으니 말이다. 우리가 놀란 눈으로 지켜보는 가운데 최면치료사가 환자에게 최면을 건 뒤 후최면암시(최면에서 깨어난 뒤에 실현될 일을 최면 상태에서 암시해주는 것 — 옮긴이)를 주었다. "제가 손가락을 딱 치면 눈을 뜰 것이고 더이상 딸꾹질은 나지 않습니다."

환자는 눈을 떴고 딸꾹질은 멈췄다. 그 뒤로 다시는 딸꾹질이 일어나지 않았다.

◆◆ 리벗은 이곳 마운트시온병원에서 모두를 깜짝 놀라게 한 실험을 수행했다. 리벗이 피험자들에게 주먹 쥐는 동작이나 다른 수의적 행동을 하라고 주문하자 그들의 뇌에서 거의 0.5초 안에 하나의 '결정'이 등록되었고 이어서 행동을 하려는 의식적인 결정이 이루어졌다. 피험자들은 자신들이 의식적으로 그리고 자유의지로 어떤 동작을 취할 거라고 느꼈지만, 그들이 그 행동을 하기 오래전에 그들의 뇌가 이미 결정을 내린 것으로 보였다.

◆

캐나다에서는 일기를 썼지만 샌프란시스코에 오고 나서는 중단했다(나중에 여행을 다니면서 다시 쓰기 시작했다). 대신 부모님에게 보내는 길고 자세한 편지는 계속 썼다. 1961년 2월에는 캘리포니아대학교 샌프란시스코UCSF에서 열린 학회에서 평소 우상이던 올더스 헉슬리(1894~1963)와 아서 쾨슬러(1905~1983)를 만난 일에 대해 썼다.

올더스 헉슬리가 만찬 후에 교육에 관한 멋진 강연을 했습니다. 이때 처음 봤는데 키가 무척 크고 죽은 사람처럼 창백하고 피골이 상접해서 놀랐어요. 시력을 거의 잃은 상태였는데 유리알 같은 눈을 끊임없이 깜박이며 눈앞에다 자꾸 주먹을 갖다 대고 비트는 동작을 하는 거예요(왜 저런 행동을 하나 이상했는데 지금 생각하니 핀홀pinhole 시력 강화 운동이었던 거 같아요)〔미세한 작은 구멍을 통해 사물을 보면 일시적인 시력 개선과 운동 효과가 있는데 헉슬리는 주먹을 쥐어 구멍을 만들었다 — 옮긴이〕. 길게 자란 머리칼은 윤기 없이 부스스하고, 칙칙하고 늘어진 피부는 앙상한 안면 윤곽을 엉성하게 덮고 있었고요. 상체를 기울여 탁자에 기댄 채 이야기에 집중하는 모습은 어딘가 베살리우스(Andreas Vesalius, 1514~1564)의 '생각하는 해골' 그림과 비슷했습니다. 하지만 그의 정신은 변함없이 경이로웠을 뿐 아니라 재치와 따스한 인간애, 놀라운 기억력을 겸비한 감동적이고 유려한 연설에 청중은 몇 번이나 기립박수를 보냈습니다. (…) 마지막 순서로 창의성의 발현 과정을 주제로 한 아서 쾨슬러의 강연은 멋진 분석이었지만 목소리가 너무 안 들려 청중 절반이 도중에 나가버렸습니다. 아무튼 쾨슬러는 카이저 선생님(어릴 때부터 집에서 늘 보던 우리 가족의 히브리어 교사)을 좀 닮은 것 같기도 하고 어찌 보면 전 세계의 모든 히브리어 선생님하고 닮은 것 같기도 했습니다. 말투가 꼭 히브리어 선생님 같았거든요. 미국 사람들은 주름살이 안 생겨요. 그 매끈한 얼굴들 사이에 있노라니 쾨슬러의 고뇌와 지성의 고랑이 깊이 새겨진 리투아니아계 유대인 얼굴은 거의 천박하게 느껴질 지경이었죠!

자상하고 너그러운 나의 보스 그랜트 레빈은 신경외과의 모든 직원에게 "마음 통제The Control of Mind"라는 학회 입장권을 구해주었고, 뮤지컬과 연극은 물론 샌프란시스코에서 열리는 다른 문화행사 표를 자주 주었다. 나는 이 풍요로운 식단을 누리며 이 도시를 갈수록 더 사랑하게 되었다. 피에르 몽퇴(1875~1964)가 지휘하는 샌프란시스코 심포니오케스트라 공연을 보고 나서는 부모님에게 이런 편지를 썼다.

몽퇴가 지휘를 했는데(저는 그의 지휘가 항상 한 박씩 뒤처진다는 느낌을 받았습니다), 프로그램은 베를리오즈의 〈환상교향곡〉(4악장 '단두대로의 행진' 처형 장면은 늘 저 음산한 풀랑크Francis Poulenc의 오페라를 연상시키죠), 슈트라우스의 교향시 〈틸 오일렌슈피겔의 유쾌한 장난Till Eulenspiegels lustige Streiche〉, 드뷔시의 〈유희Les Jeux〉(스트라빈스키가 젊었을 적 썼을 법한 근사한 작품이죠), 그리고 케루비니Luigi Cherubini의 소품 몇 곡으로 구성되었습니다. 이제 아흔이 다 된 몽퇴는 서양배 형상의 훌륭한 풍채로 음악을 따라 고개를 까닥거리고 몸을 건들거리면서 지휘했는데, 우울한 프랑스식 콧수염 때문인지 어딘가 아인슈타인을 닮아 보였죠. 청중은 열광적인 환호를 보냈답니다. 60년 전의 야유를 만회하려는 유화의 제스처도 있겠고, 또 어느 정도는 연륜에 눌려 부풀려진 예우 같은 느낌도 듭니다. 고령 자체가 하나의 훈장이 되는 분위기 있잖습니까. 그렇지만 이루 다 헤아릴 수 없는 리허설들과 공연

첫날밤의 긴장, 비참한 실패와 황홀한 성공이 축적되었을, 또 무수한 음표가 쉴 새 없이 재주넘어왔을 저 아흔 노령의 뇌를 생각하면 나도 모르게 흥분된다는 사실은 부인하지 않겠습니다.

같은 날 쓴 편지에는 몬터레이에서 열린 비트Beat 축제에 갔다가 겪은 이상한 일도 적었다.

저를 맞이하는 사람의 소개가 이상하더군요. "그 사람 왔어" 그러는 겁니다. 그러더니 저를 욕실로 안내했는데 어딘가 예수 같은 분위기의 인물이 고통에 턱수염을 부여잡은 채 온수 샤워에다 둔부를 들이대고 있지 않겠어요. 물론 갓 모터사이클을 타고 달려온, 온통 시커멓게 번쩍거리는 모습으로 출현한 제 몰골도 마찬가지로 그들에겐 기괴하고 놀라웠겠죠. 통증이 극심한 항문 주위 농양이었어요. 올 성긴 천과 성냥불로 소독한 바늘을 이용해 농양을 터뜨렸습니다. 어마어마한 고름 덩어리가 터지며 비명이 울려 퍼지더니 침묵이 흘렀죠. 기절했더라고요. 남자가 정신이 들고 상태가 많이 호전되었을 때 제가 고통받는 예술가를 도와준, 현실에서 쓸모 있는 사람, 능숙한 외과의가 되었다는 새로운 기쁨을 맛보았습니다. 그날 느지막이 말도 안 되는 비트족 파티가 열렸는데, 안경 쓴 젊은 여자들이 자리에서 일어나더니 자기네 몸에 대한 시를 낭송하는 게 아니겠어요?

잉글랜드에서는 누가 되었건 입을 여는 순간 계급이 매겨졌다(노동계급, 중산층, 상류층 어쩌고저쩌고). 다른 계급끼리는 어울리지 않으며 다른 계급 사람과 같이 있으면 불편해한다(겉으로 드러나지는 않으나 그럼에도 인도의 카스트만큼이나 완고하며 뛰어넘을 수 없는 체제였다). 미국이라면 계급 없는 사회, 혈통이나 피부색, 종교, 학력, 직업에 상관없이 모두가 사람 대 사람으로, 같은 종의 인류로서 서로 어우러지며 대학교수와 트럭 기사가 격의 없이 대화를 나누는 곳이리라고, 나는 생각했다.

모터사이클로 잉글랜드를 유랑하던 1950년대에 나는 그런 민주주의, 그런 평등사회를 언뜻 느끼고 누려본 바 있다. 모터사이클은 뻣뻣한 잉글랜드에서조차 사람들 사이에서 쉽게 말문을 트고 우정 어린 분위기를 만들어내는, 계급 장벽의 우회로 같았다. "바이크 멋지네요"라고 누군가 한마디 하면 그로부터 대화가 죽 이어지곤 했다. 모터사이클 타는 사람들은 친화력 높은 무리였다. 도로에서 마주칠 때면 서로 손 흔들어 인사했고 카페 같은 곳에서 만나면 이야기꽃을 피웠다. 우리 라이더들 사이에서는 일종의 계급 없는 이상사회가 무람없이 형성되곤 했다.

잉글랜드에 있는 노턴을 배로 부친다는 것은 아무래도 무리라는 판단에 새것을 사기로 했다. 도로에서 벗어나 사막길이나 산길을 달릴 수 있는 스크램블러scrambler인 노턴 아틀라스였다. 보관은 병원 마당에 세워두면 됐다.

나는 한 모터사이클 동호회와 친해졌다. 우리는 매주 일요일 아침이면 시내에 집결해 금문교를 건너 유칼립투스 향 물씬 풍기는 좁은 길로 들어가 타말파이어스 산을 따라 왼쪽으로 태평양이 내려다보이는 높은 산등성이로 올라갔다. 그런 다음 가파르고 너른 내리막길을 타고 내려와 스틴슨비치에서 브런치를 먹었다(가끔은 보데가 만으로 향했는데 얼마 뒤 히치콕의 영화 〈새The Birds〉의 무대로 유명해진 곳이다). 이 일요일 아침의 라이딩은 얼굴로 공기를 느끼고 온몸으로 바람에 맞서는, 온전히 살아 있음을 느끼는 시간, 어떻게 보면 모터사이클 라이더에게만 주어지는 시간이었다. 그 일요일의 아침들은 머리가 핑 돌 만큼 달콤한 기억으로 남아 있어 유칼립투스 향기가 코에 스미는 순간이면 그 시절의 광경이 떠오른다.

평일에는 보통 혼자서 샌프란시스코 시내를 돌았다. 그러다가 한 번은 한 패거리와 마주쳤는데 차분하고 점잖은 우리 스틴슨 동호회와는 대조되는 시끄럽고 거침없는 무리였다. 바이크에 앉은 채로 맥주캔을 들이키며 담배를 피우고 있기에 다가가봤다. 재킷에 '지옥의 천사들Hells Angels'(1948년 미국에서 결성된 이래 전 세계 22개국에 189개 지부를 둔 모터사이클 클럽 — 옮긴이)이란 로고가 눈에 들어왔지만 돌아서기에는 이미 늦어 옆에 세우고 인사했다. "안녕들 하시오." 이 무리는 내 대담한 태도와 영국 억양 그리고 좀더 이야기하다가 알게 된, 내 직업이 의사라는 사실이 흥미로웠는지 어떤 통과의례도 거치지 않고 곧바로 나를 일원으로 받아주었다. 나는 성격 좋고 융통성 있는 사람이자 의사(가끔 라이더가 부상당했을 때 조언을 해주는 그런 사람)였다. 나는 이들이 하는 라이딩이나 다른 활동에는 동참하지 않았다. (나에게나 그들에게나 예기치 않게 생겨난) 우리의 느슨한 관계는 한 해 뒤 내가 샌프란시스코를 떠나면서 자연스럽게 끝났다.

◆

잉글랜드를 떠나 마운트시온병원에서 정식 인턴 과정을 시작하기 전까지 열두 달이 모험과 의외성 가득한 신나는 시간이었다면, (몇 주 간격으로 내과, 외과, 소아과 등을 도는) 정식 인턴 기간은 단조롭고 지루할 뿐 아니라 짜증스럽기까지 한 시간이었다. 잉글랜드에서 이미 다 마친 과정이었으니 말이다. 인턴 과정을 더이상 한다는 것은 행정적 시간 낭비로밖에는 느껴지지 않았지만, 외국에서 의대를 마친 사람들은 이전의 수련 여부에 관계없이 무조건 2년의 인턴 과정을 밟아야 했다.

물론 내가 그토록 사랑해 마지않는 샌프란시스코에서 돈 들이지 않고 1년을 더 살 수 있다는 이점도 있었다. 병원에서 숙식을 제공하니까 말이다. 동료 인턴들은 미국 전역에서 모인 다양하고 대개는 재능 있는 사람들이었다. 마운트시온병원의 높은 명성은 갓 자격증을 받은 새내기 의사들에게 대단히 매력적인 선택지였다. 덕분에 매년 인턴 지원자가 수백 명이 되다 보니 병원에서는 까다로운 기준으로 우수한 인재를 선발할 수 있었다.

나는 많은 언어를 유창하게 구사하는 재능 있는 뉴요커인 흑인 여성 캐럴 버넷과 특히 가깝게 지냈다. 한번은 어떤 복합적 복부 수술에 둘이 같이 수술을 보조하는 역할을 하게 됐는데 우리가 하는 일은 견인기를 잡고 있거나 다른 기구를 수술의에게 전달해주는 것이 전부였다. 수술의들은 뭐 하나라도 가르쳐주기는커녕 이따금씩 딱딱거리는 것("겸자! 빨리!" "견인기 꽉 잡아!") 말고는 우리를 완전히 무시했다. 자기들끼리는 말이 많았는데 도중에 이디시어Yiddish(고지 독일어에 히브리어, 슬라브어 따위가 섞여 된 언어. 유럽 내륙 지방과 그곳에서 미국으로 이주한 유대인들이 쓴다 — 옮긴이)로 수술실에 흑인 인턴이 들어온 것에 대해 불쾌한 험담을 늘어놓았다. 캐럴이 이 말을 알아듣고는 유창한 이디시어로 대꾸했다. 수술의 둘 다 얼굴이 새빨개졌고 순간 손까지 멈춰버렸다.

"슈바르처schwartze('검은'이라는 뜻의 독일어 슈바르츠schwarz에서 나온 말로 흑인을 비하하는 유대인 속어 — 옮긴이)가 이디시어 하는 건 처음 보시나 보죠?" 캐럴은 가뿐하게 한 방 더 날렸다. 나는 수술의들이 저러다 기구라도 떨굴까봐 조마조마했다. 그들은 민망해하면서 캐럴에게 사과했고, 우리의 외과 인턴 기간이 끝날 때까지 쩔쩔매면서 캐럴에게 각별한 대우를 아끼지 않았다(그 둘이 캐럴이 어떤 사람인지 배우고 같은 사람으로 존중하게 된 이 사건을 통해 진심으로 뉘우치고 달라졌을지는 알 수 없는 일이다).

◆

나는 당직만 아니면 주말에는 모터사이클을 타고 북부 캘리포니아를 탐험했다. 캘리포니아 초창기의 금광 개척사에 매료된 나는 특히 49번 고속도로와, 마더로드Mother Lode('광산의 주맥'이라는 뜻으로 캘리포니아 금광 지대를 일컫는 말 — 옮긴이) 가는 길에 들르던 코퍼러폴리스라는 이름의 작은 유령마을에 애정을 느꼈다.

가끔은 해안가로 이어지는 1번 고속도로를 타고 캘리포니아 최북단의 미국삼나무 숲을 지나 유레카로, 이어서 오리건 주의 크레이터 호수까지 올라갔다(당시에는 한 탕에 1,000킬로미터쯤 달리는 건 아무것도 아니라고 생각했다). 지루하기 짝이 없는 인턴 생활이었지만 같은 해에 나는 요세미티와 데스밸리를 발견했고, 처음으로 라스베이거스를 방문했다. 오염이라곤 모르던 그 시절 라스베이거스는 사막 한가운데 나타난 신기루처럼 80킬로미터 밖에서도 반짝거리며 나를 반겼다.

샌프란시스코 생활은 새 친구를 사귀고 도시를 만끽하고 주말마다 장거리 여행을 떠나는 행복한 시간이었다. 그러나 신경의로서 훈련은 나를 끊임없이 학회에 불러주고 환자 보는 일을 허락해준 레빈과 파인스타인이 아니었더라면 제자리걸음을 모면하지 못했을 것이다.

1958년이었지 싶다. 오랜 친구 조너선 밀러가 당시 갓 출간된 톰 건(1929~2004)의 시집 《운동의 감각The Sense of Movement》을 주면서 말했다. "이 사람, 꼭 만나봐. 너랑 잘 맞을 사람이야." 나는 그 시집을 탐독하고 결심했다. 내가 정말로 캘리포니아로 가게 된다면 제일 처음 할 일은 톰 건을 찾아가는 것이 될 거라고.

샌프란시스코에 도착했을 때 톰 건에 대해 수소문해봤더니 마침 케임브리지대학교 특별연구원 자격으로 잉글랜드에 가 있다고 했다.

몇 달 뒤에 미국으로 돌아온 그를 어떤 파티에서 만났다. 나는 스물일곱이었고 그는 서른쯤 됐는데 그렇게 큰 나이 차가 아닌데도 자기 확신이 강한 어른스러운 사람이었다. 자신이 어떤 사람인지 자신의 재능이 어떤 것인지 자신의 본분이 무엇인지 어쩌면 그렇게 확신할 수 있는지…, 그는 책 두 권을 냈는데 나는 아무것도 없고…. 끊임없이 그와 나를 비교하고 있었다. 나는 톰을 따르고 배우고 싶은 멘토로 여겼다(모델로 삼기는 어려웠는데 쓰는 글의 양식이 너무나 달랐기 때문이다). 톰에 비하면 내가 아직 태어나지도 않은 태아처럼 미숙한 존재로만 느껴졌다. 잔뜩 긴장한 채, 그의 시를 대단히 숭배하지만 단 한 편 〈때리는 자들 The Beaters〉의 가피학증적sadomasochistic 소재가 불편했다고 말했다. 그는 당황한 듯하더니 우아하게 질책했다. "시인과 시를 혼동하면 안 돼죠."♦

(정확한 상황은 기억나지 않지만) 아무튼 우리의 우정은 시작되었고 몇 주 뒤 그의 집을 방문하기 위해 출발했다. 톰은 당시 필버트 975번지에 살았는데 그곳 길은 샌프란시스코 사람이라면 다 알듯이 30도의 급한 경사길이다 (그런데 나는 몰랐다). 나는 노턴 스크램블러로 필버트 스트리트를 질주했다. 빨라도 너무 빨랐던 모양이다. 갑자기 공중으로 붕 떴다. 꼭 스키점프대를 타고 날아오르는 기분이었다. 다행히 내 노턴이 멋지게 착지해주었지만 눈앞이 샛노래졌다. 하마터면…. 톰의 집 초인종을 누를 때까지도 심장이 쿵쾅거렸다.

톰은 어서 오라면서 맥주를 내주었고, 왜 그렇게 자기를 만나고 싶어했는지 물었다. 나는 그저 그의 많은 시가 내 내면 깊은 곳에서 무

♦ 1994년에 톰의 《시선집Collected Poems》이 나왔다. 놀랍게도 톰은 그 책에서 《운동의 감각》에 실린 시 가운데 단 한 수, 이 시만 제외했다.

언가를 끌어내는 것 같다고 대답했다. 톰은 의중을 알 수 없는 표정으로 어느 시가 그랬느냐고, 어떤 면에서 그랬느냐고 물었다. 내가 처음으로 읽은 그의 시는 〈온 더 무브On the Move〉였다. 나도 모터사이클 타는 사람이라서 바로 공감이 되었으며 몇 해 전 T. E. 로런스(1888~1935)의 짤막한 서정시 〈길The Road〉을 읽었을 때도 그랬다고 말했다. 또 〈정처 없는 모터사이클리스트가 바라보는 자신의 죽음The Unsettled Motorcyclist's Vision of His Death〉이라는 시가 좋았고, 로런스처럼 나 역시 바이크를 타고 가다 죽을 것이라는 확신이 들기 때문이라는 이야기도 했다.

이때 톰이 내게서 무엇을 보았는지는 모르겠다. 하지만 내가 느낀 톰은 더없이 다정한 인간미와 타협 없는 지적 정직성이 하나 된 존재였다. 톰은 그 순간에도 적확하고 신랄했던 반면 나는 자꾸만 본질에서 이탈하고 과장하고 늘어졌다. 톰은 에두를 줄 모르고 속임수를 모르는 사람이었지만 그의 정공법에는 언제나 일종의 온화함이 스며 있다고 나는 생각했다.

톰은 이따금 새로 쓴 시 원고를 내게 보여주었다. 나는 그 안에 담긴 에너지를 사랑했다(가장 엄격하고 가장 절제된 시라는 형식 속에 제어되고 묶여 있는 사납게 날뛰는 에너지와 열정을). 그중 내가 가장 좋아한 작품은 아마 〈늑대 소년의 우화The Allegory of the Wolf Boy〉였을 것이다("보드라운 잔디 위에서/테니스를 치고 차를 마시지만/그는 우리 것이 아니다/우리를 갖고 노는 슬픈 이중성이다"). 이 구절이 내가 스스로에게 느끼던 이중성과 일치했다. 나는 낮과 밤에 각각 다른 자아가 필요하다고 느꼈다. 낮이면 흰 가운 입은 친절한 올리버 박사님으로 살다가 일몰이 오면 모터사이클용 가죽 복장으로 갈아입고서 익명의 존재가 되어 늑대처럼 병원을 빠져나가 길거리를 배회하거나 타말파이어스 산의 굽잇길을 타고 올라가 달빛 내리는 길로 스틴슨비치나 보데가 만까지 달렸다. 이 이중 생활에는 내 중간 이름, 울프Wolf가 아주 유용했다. 톰과 바이크 친구들하고 어울릴 때는 울프, 동료 의사들에게는 올리버였으니 말이다. 1961년 10월 톰은 새로 출간한 시집 《나의 슬픈 지휘관들My Sad Captains》에 이런 헌사를 담아서 내게 한 부 주었다. "늑대 소년에게(우화적 해석은 필요치 않음!), 행운을 빌며, 존경을 담아, 톰으로부터."

◆

1961년 2월, 나는 부모님에게 편지를 썼다. 영주권이 나와 이제 진짜 이민자("거류 외국인resident alien")가 되었으며, 앞으로 시민권을 받을 생각인데 미국 시민권자가 되려면 영국 국적을 버려야 가능하다고 말씀드렸다.◆

조금 있으면 국가면허시험을 본다는 이야기도 썼다. 외국인 의대 졸업생들이 치르는 상당히 포괄적인 시험으로, 이들이 의학은 물론 기초과학에서 정말로 인정할 만한 수준에 도달했는지를 평가하는 제도다.

부모님에게 지난 1월에 한 가지 계획을 말씀드린 바 있었다. "미국을 일주하고 다시 캐나다를 거쳐 이번에는 알래스카까지 가는 거창한 여행이 될 겁니다. 면허시험 끝나고 인턴 과정 시작하기 전 비는 시간을 이용하려고 해요. 대략 1만 5000킬로미터에 달하는 여정이 될 텐데, 이 나라를 둘러보고 다른 대학들을 방문할 수 있는 아주 귀한 기회가 되지 싶습니다."

◆ 이 생각은 진심이었지만 50년이 더 지난 지금도 나는 여전히 시민권자가 아니다. 오스트레일리아로 간 형 역시 비슷한 상황이었다. 형은 1950년에 오스트레일리아로 이민했지만 50년이 지나서야 시민권을 취득했다.

이제 국가면허시험에 합격하고 더 적합한 모터사이클(노턴 아틀라스에다 웃돈까지 주고 사들인 중고 BMW R69)이 생겼으니 출발 준비 완료였다. 하지만 원래 생각했던 기간보다 짧아져 미국 일주에서 알래스카를 빼야 했다. 부모님에게 다시 편지를 썼다.

> 지도에다 빨간색으로 엄청난 노선을 표시했습니다. 라스베이거스, 데스밸리, 그랜드캐니언, 앨버커키, 칼스배드 동굴, 뉴올리언스, 버밍햄, 애틀랜타, 블루리지파크웨이를 거쳐 워싱턴, 필라델피아, 뉴욕, 보스턴까지 갑니다. 그리고 뉴잉글랜드 지역을 지나 몬트리올로 올라간 다음 살짝 옆으로 틀어 퀘벡으로 들어갑니다. 이어서 토론토, 나이아가라 폭포, 버펄로, 시카고, 밀워키에 들릅니다. 그다음 트윈시티스(미니애폴리스-세인트폴)에서 글레이셔 국립공원과 워터턴 국립공원으로 올라갔다가 옐로스톤 국립공원, 베어 호수, 솔트레이크시티로 내려온 다음 샌프란시스코로 돌아오는 겁니다. 50일, 1만 3000킬로미터, 400달러. 주의해야 할 사항은 일사병, 동상, 투옥, 지진, 식중독, 그리고 장비의 참사가 되겠지요. 아니, 일생 최고의 시간이 되지 않겠습니까! 다음 편지는 길에서 올리겠습니다.

톰에게 이 여행 계획을 말하자 여행기(여행하면서 경험한 일을 담은 "내가 만난 아메리카Encountering America")를 써서 자신에게 보내주는 건 어떠냐고 제안했다. 두 달 동안 여행하면서 공책으로 예닐곱 권을 썼다. 다 쓸 때마다 한 권씩 톰에게 부쳤다. 톰은 나의 인물과 장소 묘사며 온갖 일화와 풍경 묘사가 마음에 들었던 모양이다. 그러면서 관찰에 재능이 있는 것 같다고 칭찬했지만, 가끔은 내게 "비꼬는 태도와 그로테스크한 기질"이 있다고 주의를 주었다.

톰에게 부친 여행기 중 하나가 〈트래블해피Travel Happy〉였다.

트래블해피(1961)

뉴올리언스에서 북쪽으로 몇 킬로미터 올라갔을 때 바이크가 멈췄다. 나는 버려진 긴급대피소 같은 데 바이크를 세우고 어설프게 엔진을 손보기 시작했다. 등을 바닥에 대고 누운 채로 엔진을 살피는데 뭔가가 느껴졌다. 어디 멀리서 지진이 일어났나 싶은 떨림이었다. 그 떨림은 점점 가까워지면서 '덜거덕'에서 '우르릉'으로, 급기야는 굉음으로 바뀌더니 끼이익 귀를 긁는 에어브레이크 소리와 함께 죽이게 명랑한 경적소리로 끝났다. 뻣뻣이 굳어 올려다보니 거대한 트럭이었다. 도로의 '리바이어던Leviathan'이랄까, 생전 그렇게 큰 트럭은 처음 보았다. 그 염치도 좋은 요나Jonah는 높디높은 차창에서 고개를 내밀고는 나를 향해 고래고래 외쳤다.(《구약성경》〈요나서〉에서 하느님의 명령을 어긴 요나는 자신을 삼킨 거대한 물고기 또는 고래(바다 괴물 리바이어던) 배 속에서 사흘을 보낸다 — 옮긴이)

"뭣 좀 도와드려?"

"된통 맞았습니다!" 내가 답했다. "부러진 나뭇가지나 뭐 그런 거 같았습니다."

"지랄!" 사내의 한마디는 유쾌했다. "까짓 걸로 퍼진다면 그쪽 다리부터 날아갔겠지! 또 봅시다."

사내는 알 듯 모를 듯한 표정으로 얼굴을 찌푸리고는 거대한 트럭을 몰아 다시 도로로 나갔다.

달리고 또 달려 습지투성이 델타의 저지대를 벗어났다. 얼마 안 가니 미

시시피 주였다. 길은 구불구불 이어졌다. 울창한 삼림과 툭 트인 목장을 지나고 과수원과 목초지를 통과하고 강을 예닐곱 번은 건너면서 농장과 마을을 넘나드는 사이, 사방이 고요한 가운데 동이 터왔다.

앨라배마 주로 접어든 뒤로 바이크 상태가 급속도로 나빠졌다. 귀를 곤두세우고 엔진 소리에 주의를 집중했다. 기분 나쁜 소음이 들렸지만 아무리 가늠해봐도 원인을 알 수 없었다. 분명한 것은 바이크가 빠른 속도로 망가지고 있다는 것뿐, 나는 나의 무지를 절감하며 닥쳐오는 운명은 막지 못하리라 체념하고 있었다.

터스컬루사를 지나 8킬로미터 남짓 갔을 때 엔진이 터덜거리다 멈춰버렸다. 클러치를 잡았지만 발 옆 한쪽 실린더에서 벌써 연기가 나고 있었다. 안장에서 내려 차체를 옆으로 뉘고는 도로변으로 나가 왼손에 하얀 손수건을 들었다.

해는 떨어지고 매서운 바람이 불어왔다. 오가는 차량마저 감소하고 있었다. 희망을 접고 손수건도 건성으로 흔들고 있는데 갑자기 눈이 의심스러운 일이 일어났다. 트럭 한 대가 멈춰 선 것이다. 어디서 본 듯해 실눈을 뜨고 차 번호판을 한 자 한 자 읽었다. 26593, 마이애미, 플로리다. 그래, 맞구나. 아침에 나를 보고 멈춰 섰던 그 거대한 트럭이었다.

내가 트럭 쪽으로 달려가자 기사가 운전석에서 내려와 바이크 쪽으로 고개를 끄덕이며 씩 웃었다.

"결국 아작을 내셨구먼?"

한 소년이 트럭에서 따라 내려와 다 같이 고장을 살폈다.

"버밍햄까지 견인해 갈 방도가 있을까요?"

"어림없지. 법이 허락하질 않아요." 기사는 까칠한 수염을 긁적이더니 날 보고 한쪽 눈을 찡긋했다. "자, 어서 모터사이클을 안으로 올립시다!"

우리는 낑낑대며 육중한 차체를 들어 올려 간신히 트럭 허리춤에다 실었다. 끝으로 가구 사이에 안전하게 놓고 밧줄로 단단히 고정시킨 다음, 큼직한 삼베 부대를 굴려 누가 와서 들춰보더라도 알 수 없게 감쪽같이 위장했다.

기사가 운전석으로 올라가고 그 뒤로 소년이, 끝으로 내가 올라탔고 올라탄 순서대로 널찍한 운전칸에 앉았다. 기사가 까딱 고개 인사를 하더니 정식 소개를 시작했다.

"이 친구는 내 운송 파트너 하워드요. 형씨는 이름이 뭐요?"

"울프라고 합니다."

"울피라고 불러도 되겠소?"

"예, 편한 대로 하세요. 그럼 기사님 이름은?"

"맥. 우리 사내들이야 다 맥이지만(Mac은 흔히 이름 모르는 남자를 부를 때 사용하는 호칭이다 — 옮긴이) 나야말로 진짜배기 맥이란 말이지! 이 팔뚝을 보쇼."

우리는 잠시 말없이 가면서 서로에 대해 탐색하는 시간을 가졌다. 속으로. 맥은 앞뒤로 다섯 살을 감안해서 서른쯤 돼 보였다. 눈빛이 살아 있고 박력 넘치는 미남형으로 반듯한 코에 앙다문 입술, 짧게 다듬어 기른 콧수염이 영국 기병 장교를 연상시켰다. 또 어쩌면 영화나 연극에서 비중 작은 연인 역할을 해도 어울릴 성싶었다. 이것이 맥에 대한 내 첫인상이었다.

그는 트럭 기사들이 흔히 쓰는 챙 달리고 자수 로고 박힌 모자를 쓰고, '에이스트러커스주식회사ACE TRUCKERS INC.'라고 소속 회사 로고가 찍힌 셔츠를 입고 있었다. 셔츠 소매 위쪽에 "예의 준수, 안전 운행"이란 문구가 박힌 붉은 배지가 달려 있고, 걷어 올린 소매 밑으로 몸부림치는 뱀이 휘감고 있는 그의 이름자 MAC이 보였다.

하워드가 열여섯으로 보이는 것은 입가에 깊게 팬 팔자 주름 덕분이었다. 하워드는 늘 입을 헤벌리고 있어 삐뚤빼뚤하지만 튼튼해 보이는 커다랗고 누런 치아와 광활하다 싶을 정도로 큰 잇몸이 드러났다. 투명에 가까운 파란 눈동자는 백색증白色症 동물의 눈을 보는 것 같았다. 큰 키에 체격이 좋았지만 우아함은 느껴지지 않았다.

조금 지나자 하워드가 고개를 돌려 그 투명한 동물의 눈동자로 나를 빤히 쳐다보았다. 처음에는 한 1분 내 눈을 정면으로 들여다보더니 시선이 내 얼굴 나머지 부분에서 상반신으로, 트럭 운전칸으로 옮겨가다가 단조롭게 멀어지는 창밖 도로를 향했다. 시야가 점점 넓어지면서 초점이 사라지더니 본래의 몽상에 빠진 듯한 공허한 눈빛으로 돌아왔다. 그 눈빛은 처음에는 약간 신경 쓰이는가 싶더니 갈수록 불쾌해졌다. 그러다 어느 순간 확 소름이 끼치면서 깨달았다. 가엾게도 하워드는 정신박약이었다.

운전석 어둠 속에서 맥의 짧은 웃음소리가 들렸다. "어째, 우리 꽤 잘 어울리는 조합 같지 않소?"

"차차 알게 되겠죠." 내가 대답했다. "저를 어디까지 태워주시려고요?"

"지구 끝까지 가지, 뭐. 뉴욕은 어쨌거나 가니까. 화요일이나 수요일이면 도착할 거요."

맥은 다시 침묵에 빠졌다.

몇 킬로미터를 더 가서 맥이 뜬금없이 물었다. "베서머법Bessemer process(영국 발명가 베서머Henry Bessemer가 1856년 개발한 세계 최초의 강철 대량생산 제련법 — 옮긴이)이라고 들어봤소?"

"네, 학교 때 화학 시간에 '해'봤습니다."

"존 헨리John Henry라고는 들어봤소? 그 강철 해머 깜둥이 말이요. 그게,

그자가 여기 사람이지. 강바닥도 뚫을 수 있다는 기계가 처음 나왔을 때 사람들이 이제 인간 노동자는 기계하고 겨룰 수 없다고 그랬다고. 그러니까 깜둥이들이 내기를 하자면서 제일 힘센 사람을 데려온 게 존 헨리였소. 팔뚝 굵기가 50센티미터가 넘었대나 그래. 그자가 한 손에 하나씩 해머를 들고 내려쳤는데 기계보다 구멍 100개를 더 빨리 뚫은 거야. 그러고는 그 자리에서 쓰러져 죽어버렸지. 다 왔습니다, 손님! 여기가 강철 나라입니다."

우리가 들어온 곳은 고철 하치장이었다. 고철 더미, 레커차, 철로 측선, 용광로가 우리를 에워싸고 있었다. 쨍그랑쨍그랑 울려 퍼지는 금속 마찰음만 들으면 용광로가 아니라 흡사 거대한 대장간이나 조병창에 들어온 것 같았다. 밑에 있는 화로에서 우렁찬 소리가 일더니 저 꼭대기 굴뚝 위로 불길이 치솟았다.

딱 한 번 불길에 도시 전체가 환해지는 광경을 직접 본 적 있었다. 일곱 살이던 1940년 독일군의 런던대공습 때였다.

용광로와 버밍햄을 빠져나온 뒤부터 맥은 스스럼없이 자기 이야기를 하기 시작했다.

이 트럭은 계약금 500달러를 주고 샀는데 잔금은 2만 달러, 1년 동안 갚는 조건이라고 했다. 화물은 15톤까지 실을 수 있으며 분량만 채워지고 수지만 맞으면 캐나다, 미국, 멕시코 가리지 않고 어디든 다 간다. 평균 하루 10시간 근무에 650킬로미터를 달리는데 근무 시간이 그 이상 넘어가면 불법이지만 자주 넘긴다고. 중간 중간 쉴 때도 있었지만, 트럭을 지금까지 12년째 타고 있고 하워드와 2인조로 일한 것은 6개월째, 나이는 서른둘이고 집은 플로리다, 아내와 아이 둘이 있고, 1년에 3만 5000달러를 번다고.

열두 살 때 학교에서 도망쳤고 나이 들어 보이는 얼굴이라서 바로 영업

직을 시작할 수 있었다.

열일곱 살에 경찰에 들어갔고, 스무 살에는 소형화기 분야에서 알아주는 전문가가 되었다. 그해 한 차례 총싸움에 개입했다가 지근거리에서 얼굴에 직격탄을 맞을 뻔했다. 바로 겁을 먹고 트럭 운전으로 전환했다. 하지만 지금까지도 플로리다 경찰의 명예대원이며 그 표시로 1년에 1달러를 수여받고 있다.

총싸움 겪어본 적 있느냐고 내게 물었다. 없다고 하자, 자기는 경찰일 때 하고 트럭 몰면서 합해서 몇 번인지 다 기억도 안 날 정도로 많이 겪어봤다면서, 지금 보고 싶으면 좌석 밑을 잘 찾아보라고, 거기 '트럭쟁이의 벗'이 있을 거라고 했다. 트럭쟁이들은 전부 총을 들고 다닌다고. 하지만 비무장 상태에서 최고의 무기는 피아노 줄이다. 상대방 목에 감는 데 성공하면 상대는 속수무책이다. 한 번 쓱 당기면 그대로 목이 떨어진다. 그걸로 끝이다("식은 치즈 베기지!"). 이 이야기를 하는 그의 목소리에서 흥분이 뚝뚝 떨어지는 듯했다.

트럭에는 다이너마이트에서 손바닥선인장까지 안 태워본 게 없지만 현재는 주로 가구만 운송한다. 가구라고 하지만 집 안에 두는 것이면 무엇이든 맡는다. 이날 트럭에는 열일곱 가정의 물품이 실려 있었다. 그중에는 350킬로그램에 달하는 역기(플로리다에서 이사 나오는 한 몸짱의 소유물), 역대 최고라고들 말하는 독일산 그랜드피아노 한 대, 텔레비전 수상기 열 대(지난밤 트럭휴게소에 내렸을 때 한 대 가지고 내려 사용했다고), 그리고 필라델피아로 가는 중인 골동품 4주식 침대four-poster bed(네 모서리에 긴 기둥을 세워 덮개를 씌우고 커튼을 단 침대 — 옮긴이)도 한 점 있는데, 원한다면 언제든 거기 누워 잠을 청하라고 권했다.

4주식 침대 이야기가 나오자 그의 얼굴에 향수 어린 미소가 번지더니 자신의 여성 편력을 늘어놓기 시작했다. 시간과 장소를 불문하고 실패란 없었던 모양인데 특히 네 여자에게는 애틋한 애정이 있는 듯했다. 한 아가씨는 로스앤젤레스에서 만나 이 트럭으로 같이 야반도주했고, 버지니아에서는 두 중년 여성과 한 침대를 썼는데 몇 년 동안 그한테 옷이며 돈이며 아끼지 않고 베풀었다. 또 한 명은 멕시코시티에서 만난 여자로 하룻밤에 사내 스물을 상대하고도 아직 멀었다고 아우성치는 색정광이었다.

이제 제대로 달궈졌는지 일말의 거리낌도 없이 쏟아놓는 온갖 사연과 사건에 맥은 희대의 오입쟁이요 이야기꾼으로 피어났다. 그는 외로운 여자들에게 신이 내린 선물이었다.

난봉의 향연이 펼쳐지는 사이에 여태 일종의 혼미 상태로 누워만 있던 하워드가 처음으로 활기를 보이며 이야기에 귀를 세웠다. 이를 본 맥이 처음에는 듣기 좋은 말로 어르더니 슬슬 짓궂은 농담으로 약을 올리기 시작했다. 오늘밤엔 여자를 하나 데려와 운전칸에 태울 테니 하워드는 화물칸으로 가줘야겠다, 하지만 언젠가 네 녀석한테서 '총기'가 보이는 날이면 이 형님께서 손수 진짜 갈보(맥은 '까알보'라고 발음했다)를 알선해주시겠다, 이런 식이었다. 하워드는 약 오르고 열 받아 씩씩거리기 시작하더니 급기야는 불같이 성내며 맥에게 달려들었다.

둘이 흥분 반 장난 반 운전칸에서 투닥거리자 운전대가 격하게 꺾여댔고, 거대한 트럭이 위험천만하게 휘청거리며 아슬아슬 도로를 탔다.

맥은 하워드를 갖고 노는 사이사이에 막간 수업까지 진행했다.

"하워드, 앨라배마의 주도는 어디?"

"몽고메리, 이 더러운 개자식아!"

"오라, 참 잘했어요. 주의 수도라고 다 주에서 제일 큰 도시는 아니랍니다. 저기 봐요, 피칸나무가 있어요. 저어어기!"

"뒈져, 새끼야, 알 게 뭐야!" 하워드는 으르렁대면서도 목을 쭉 빼고 어디인지 찾고 있었다.

한 시간 뒤 우리는 앨라배마 주의 황무지 어딘가에 있는 트럭휴게소로 들어갔다. 거기가 바로 맥이 묵어가자고 했던 '트래블해피'라는 곳이었다.

우리는 커피를 마시려고 안으로 들어갔다. 맥은 자리를 잡더니 정중하게 장담했다. 자기가 실제 경험한 것만 하겠는가마는 그래도 화수분처럼 끝없는 "재밌는 얘깃거리"로 날 즐겁게 해주겠노라고. 그는 이 우정 어린 임무를 수행한 뒤 휘적휘적 주크박스 주위에 옹기종기 모인 사람들 사이로 들어갔다.

트럭 기사들은 토요일 밤이면 늘 주크박스를 중심으로 모인다. 다들 이 시간에 늦지 않으려고 트럭휴게소를 향해 필사적으로 달린다. 트래블해피는 트럭 기사들이 사랑하는 노래와 음악, 도로의 서사시라 할 방대한 레퍼토리로 특히나 명성 높은 곳이다. 저속한 음악에서 음란한 음악, 우울한 음악에 애절한 음악까지 없는 것이 없는데, 어떤 곡이건 끈덕진 에너지와 리듬으로 충만해서 끝나지 않는 길을 끊임없이 달리는 도로 방랑자들의 감수성에 지치지 않는 신바람을 불어넣어주는 묘약이다.

트럭 기사들은 기본적으로 혼자가 익숙한 사람들이다. 하지만 (북적이는 기사들로 후끈한 카페에서 으레 그렇듯이) 가끔은 주크박스에서 무한 반복 울려 퍼지는 익숙한 곡조에 취하다 보면 그 께느른하던 무리가 별안간에, 아무 말이나 행동도 없이, 긍지 높은 공동체로 돌변한다. 각자는 여전히 하룻밤 스쳐가는 익명의 존재일 뿐이지만 지금 옆에 있는 이들과 이전에 왔던 모든 이들, 그리고 흘러나오는 노래와 음악 속의 모든 주인공들과 하나라는 일체감을 느끼는 것이다.

오늘밤 맥과 하워드는, 이곳의 다른 기사들처럼, 긍지와 열띤 분위기에 몰입하여 저도 모르는 새 자신을 초월하여 어떤 초시간적 몽상 속으로 가라앉고 있었다.

자정 무렵 맥이 벌떡 일어나더니 하워드의 옷깃을 잡아챘다. "좋아, 친구. 우리 잠잘 곳을 찾아보자고. 잠자리에 들기 전에 트럭 기사의 기도 한번 읊어볼 텐가?"

맥이 호주머니 수첩에서 차곡차곡 접은 카드를 꺼내 내게 건넸다. 나는 받아서 판판하게 편 다음 소리 내어 읽었다.

오 주여, 이 운행을 완수할 힘을 주시며
재미보다는 달러 현금을 주소서.
바퀴는 펑크를, 엔진은 고장을
모면하게 해주소서.
저울과 통상위도 통과시키시고
치안판사는 비켜가게 하소서.
휴일 행락 차량은 만나지 않게 하시며
여성 운전자도 피하게 해주시기를 기도하옵니다.
냄새 고약한 운전칸에서 눈 붙일 때
햄과 달걀 요기할 곳에서 눈뜨게 하소서.
커피는 강하게, 여자는 약하게 하시며
웨이트리스는 애교 넘치게, 미친놈은 얼씬 말게 하옵소서.
이 기도에 응하시어 약간의 행운을 내려주신다면, 주여,
낡아빠진 이 트럭, 고이 몰겠나이다.

맥은 담요와 베개를 들고 운전칸으로 들어가고 하워드는 가구들 사이 빈구석으로 기어 들어가고 나는 바이크 옆에 쌓아놓은 삼베 부대들 밑에서 잠을 청했다(맥이 약속한 4주식 침대는 안쪽에 있어서 쓸 수

없었다).

나는 눈은 감고 귀는 밝혔다. 맥과 하워드는 트럭의 철판 벽을 전도체 삼아 속삭임을 주고받고 있었다. 화물칸 내부의 격자형 뼈대에 귀를 갖다 붙이니 우리 주변의 다른 트럭들에서 나는 다른 소리들(술 마시는 소리, 농담 소리, 사랑 나누는 소리)까지 내 청각을 침범했다.

나는 소리의 수족관에 들어온 듯한 기분에 흡족하여 어둠 속에서 가만 누워 있었고, 금세 곯아떨어졌다.

일요일은 쉬는 날, 미국 전체가 쉬고 트래블해피도 쉬는 날이었다. 머리 위로 보이는 불 밝힌 창, 밀짚과 삼베 부대 냄새, 베개 삼아 받치고 누운 재킷의 가죽 냄새. 순간, 여기가 어디 멋진 외양간인가 하다가 바로 환상에서 깨어났다.

어디선가 졸졸 물 흐르는 소리가 들려왔다. 갑자기 시작하더니 한동안을 흐르다 찔끔찔끔 끌더니 두 번 짧게 막판 분출과 함께 끝났다. 누군가 트럭 옆면에다 오줌을 갈기고 있었다. 언놈이 우리 트럭에다! 어느새 이 트럭에 주인의식이 생겼나 보다. 나는 부랴부랴 자루들 사이를 비집고 나와 발끝으로 걸어 트럭 문 앞에 섰다. 모락모락 올라오는 김과 바퀴에서 땅바닥까지 이어진 자국이 버젓한 범행 증거였지만 범인은 그새 달아나고 없었다.

아침 7시였다. 나는 운전칸 계단 맨 위에 앉아 일기를 휘갈겨 쓰기 시작했다. 공책 위로 그림자가 드리웠다. 고개를 들어보니 간밤 연기 자욱한 카페에서 어렴풋이 보았던 트럭 기사였다. '메이플라워 운송회사' 소속이라는 금발의 호색한 존이었다. 어쩌면 방금 우리 바퀴에다 오줌 갈기고 사라진 그놈일지도. 잠깐 잡담을 나눴는데, 전날 밤 인디애나폴리스(우리의 바로 다음 목적지)에서 오는 길이라면서 눈이 많이 내리고 있었다고 했다.

몇 분 있으니 다른 트럭 기사가 지척지척 다가왔다. '플로리다트로피카나 오렌지주스주식회사'의 꽃무늬 셔츠를 걸친 뚱뚱한 남자였는데, 단추를 제대로 여미지 않아 털 북슬북슬한 살찐 배가 다 보였다.

"젠장, 어지간히 춥구먼. 어제 마이애미에서는 32도였는데!" 남자가 혼잣말로 내뱉었다.

다른 사람들도 내 주위로 모여들어 각자의 경로와 여정을 이야기한다. 산과 바다, 평원과 사막, 눈과 해일, 천둥과 회오리바람을 단 하루 만에 다 만나고 온 사람들이었다. 세상 곳곳을 누비는 사람들의 온갖 기상천외한 이야기가 한데 모이는 곳, 여기, 트래블해피. 오늘 밤, 또 매일 밤.

나는 트럭 뒤로 슬렁슬렁 걸어갔다. 반쯤 열린 문틈으로 아늑한 자리에 잠든 하워드가 보였다. 입은 헤벌어졌고 눈도 완전히 감겨 있지 않았다(반쯤 뜬 눈을 보고 걱정이 되어 자세히 들여다보았다). 자다가 죽은 거 아닌가 싶어 놀랐는데, 숨을 쉬고 있었고 몸을 조금 뒤척였다.

한 시간 뒤 맥이 잠에서 깼다. 흐트러지고 헝클어진 몰골로 비틀비틀 운전칸에서 내려와 초대형 글래드스톤Gladstone 가방(옛날 의사들이 쓰던 왕진가방 형태의 여행가방 — 옮긴이)을 들고 트럭휴게소의 '합숙소' 쪽으로 사라졌다. 몇 분 뒤 그는 면도와 머리 손질을 깔끔하게 마치고 말쑥한 옷차림으로 돌아왔다. 주일맞이 채비였다.

맥을 따라서 간이식당으로 걸어갔다.

"하워드는 어떡할까요? 지금 가서 깨울까요?" 내가 물었다.

"놔두쇼. 녀석은 나중에 일어날 테니."

보아하니 하워드가 없는 곳에서 나한테 하고 싶은 이야기가 있는 눈치였다.

"내비두면 온종일도 퍼 잘 거요." 맥은 아침을 먹으면서 투덜거렸다. "애는 착해요. 영리하지 못해 탈이지."

하워드는 여섯 달 전에 만났다. 나이 스물셋에 백수로 건들거리는 꼴이 영 가엾었다. 10년 전에 가출했는데 애비라는 작자가 (디트로이트에서 유명한 은행가라는데) 찾을 생각도 하지 않았다. 하는 수 없이 길을 떠나 발 닿는 대로 돌아다니면서 어쩌다 생기는 허드렛일을 하며 지냈고 안 되면 구걸도 하고 도둑질도 하고 했지만, 용케 감옥과 교회는 피할 수 있었다. 군에도 입대했으나 얼마 못 가 정신박약으로 의병제대했다.

맥은 어느 날 하워드를 트럭에 태웠다가 "양자 삼아" 지금까지 계속 태우고 다니고 있다. 세상 구경도 시켜주고, 화물 포장하고 채우는 법(은 물론 사람 대하고 행동하는 법)도 가르치고, 또 꼬박꼬박 임금도 주고 있다. 매번 운송 업무를 마치고 플로리다로 돌아가면 맥의 가족과 함께 지내면서 막내아우 노릇을 하고 있다.

두 잔째 커피가 끝나갈 즈음 맥의 잘생긴 얼굴이 어두워졌다.

"나하고 오래 같이 지내진 못할 거 같소. 어쩌면 나도 화물을 아주 오래는 못 할지 모르겠고."

그러면서 이야기를 꺼내는데 몇 주 전 알 수 없는 "사고"가 있었다는 것이다. 아무 조짐도 없었는데 갑자기 의식을 잃어 트럭이 밭에 처박혔다. 비용은 보험으로 처리가 됐지만 보험사에서 자꾸만 병원 가서 검진 받아보라고 요구하고 있다. 그뿐 아니라 검진 결과와는 상관없이 앞으로는 운전할 때 옆에 동료를 태우고 다니면 안 된다는 소리까지 했다.

맥이 뭘 걱정하는지는 분명했다. 이번에 있었던 '의식 상실'의 원인이 보험회사가 필시 염두에 두고 있을 간질이라면 어떡하지? 검진 받았다가 이제 트럭은 끝이라는 선고가 나오면 어떡하지? 자기가 그래도 선견지명이 있었던지 괜찮은 직장을 잡아놨다면서 뉴올리언스에 있는 보험회사라고 했다.

여기까지 이야기했는데 하워드가 들어오자 맥은 급히 화제를 돌렸다.

아침식사가 끝난 뒤 맥과 하워드는 한 폐타이어에 앉아서 나무 말뚝에 돌멩이 맞히기를 하고 있었다. 우리는 트럭 기사의 숙명인 평온한 일요일의 권태를 쫓기 위해 주저리주저리 이 이야기 저 이야기 떠들었다. 두 사람은 두어 시간 만에 그마저도 따분해져 잠이나 자야겠다고 도로 트럭으로 올라갔다.

화물칸에서 삼베 부대 두 장을 집어다가 일광욕 터를 만들었다. 깨진 유리병, 소시지 비닐 껍질, 음식물, 맥주 깡통, 다 삭은 피임기구, 애벌레 모양으로 압축한 징그러운 폐지더미 너저분한 쓰레기장 같은 곳이었지만, 거친 돌 사이사이로 곳곳에 쪽파 줄기나 자주개자리가 자라나 있었다.

그 자리에 누워 졸다 글 쓰다 하는데 자꾸만 음식 생각이 떠올랐다. 내 뒤쪽에는 스무 마리쯤 되는 빈약한 닭들이 흙을 쑤석거리고 있었다. 맥이 녀석들을 향해 그 '트럭쟁이의 벗'(고성능으로 보이는 자동권총)을 흔들며 했던 말이 생각나서 안쓰러운 마음에 녀석들을 자꾸 돌아보게 되었다.

"오늘 밤엔 가금류 식단이다!" 맥은 이렇게 말하고는 너털웃음을 터뜨렸었다.

한 시간에 한 번씩 일어나서 기지개를 펴고 카페에서 커피 넉 잔과 흑호도 아이스크림 하나를 사먹었다. 그렇게 해서 지금까지 먹은 것이 커피 스물여덟 잔, 아이스크림 일곱 개다.

합숙소 화장실도 얼마나 드나들었는지 모른다. 지난밤에 맥이 주는 고추를 맛보았다가 호된 설사를 앓았던 것이다.

이 비좁은 화장실 안에 피임기구 자판기가 다섯 대, 상혼이 어떻게 사람들에게 가장 사적인 영역에까지 밀고 들어오는지를 보여주는 흥미로운 예증이다. ("전자식 공정 제조, 셀로판 진공포장, 섬세하고 투명한 내 몸

같은 착용감"이라고 침 튀기며 광고하는) 이 아름다운 제품은 3매에 0.5달러three for a half a dollar, 누군가 그 문구를 엉성하게 고쳐놨다. "3명에 인형 하나THREE FOR A DOLL". 마취연고제 자판기인 '오래오래'라는 기계도 있었다. "시기상조의 절정을 방지해주기 위한" 제품이라고 설명해놓았다. 하지만 금발의 호색한 존은 군더더기 없이 핵심만 요약해 말했다. 치질연고가 훨씬 낫다고, 오래오래는 효과가 너무 세더라고(그래가지고 절정이 왔는지 갔는지 아무 느낌도 없이 끝나버리더라고).

오후가 절반쯤 지나갔는데 맥이 갑자기 트래블해피에 하룻밤 더 묵고 간다고 발표했다. 보란 듯 비밀입네 하는 흐뭇한 미소를 지으며(보나마나 오늘 밤 운전칸에 수나 넬이 오기로 예약이 되었겠지). 하워드는 이묘한 분위기 속에서 흥분한 개 시늉을 하고 있었다. 저렇게 허세를 부리고 있지만 나는 하워드가 여자하고 사귀어본 적이 없으리라 짐작했다(맥이 확인해주기도 했고). 아닌 게 아니라 맥이 몇 번이나 여자를 데려다주었는데, 하워드가(상상 속에서는 그토록 큰소리 요란한 녀석이) 실제 상황이 되면 쭈뼛거리고 소심해져서 결국 결정적인 순간에 번번이 그르치고 말았다.

나는 일기장과 마시던 커피가 있는 자리로 돌아왔다. 그러다가 한 번씩 밖으로 나가 기지개 펴고 다리도 움직움직하면서 주변에 있는 트럭 기사들을 유심히 지켜보았다. 운전칸에서 코골이 소리가 들리면 다가가 휴식 취하는 그들의 얼굴과 자세를 대조해봤다.

4시 20분, 새벽이 왔지만 동녘 하늘은 흐릿하고 어두컴컴하다. 한 트럭기사가 깨어나 합숙소 쪽으로 걸어오더니 소변을 본다. 자기 트럭으로 돌아가 화물을 점검하고 운전석에 올라 문을 쾅 닫더니 시동을 걸자 '부릉' 소리와 함께 무거운 차체가 천천히 움직이기 시작한다. 다른 트럭들은 아직도 잠들어 고요하다.

5시, 어슴푸레한 하늘이 가는 보슬비로 바뀌었다. 푸석푸석한 수탉 한 마리가 소란을 피우고, 풀밭에서는 풀벌레들 '찌르르' 소리가 시작되었다.

6시, 카페는 핫케이크와 버터, 베이컨과 달걀 향 자욱하다. 야간근무 웨이트리스들이 퇴근하면서 나의 미국 일주에 행운을 빌어주었다. 주간근무 직원들이 들어오고, 어제 종일 앉았던 그 자리에 있는 나를 보고 미소로 인사한다.

이제 이 카페는 마음대로 드나들 수 있다. 나한테는 더이상 돈도 받지 않는다. 지난 서른 시간 동안 마신 커피가 70잔이 넘는데, 이 정도 성적이면 이런 작은 특권쯤 누려도 될 법하다.

8시, 맥과 하워드가 황급히 콜먼 읍내로 갔다. 메이플라워 운송회사 기사들이 짐 내리는 데 손이 부족하다고 해서 도우러 간 것이다. 갑자기 움직이는 속도가 달라졌다. 여태 말 한마디 하지 않고 아침도 걸렀고 씻지도 않고 있던 사람들이. 맥의 글래드스톤 가방은 다음 일요일까지 그대로 구석에 처박혀 있을 모양이다.

방금 맥이 자리를 비운 운전칸으로 기어 올라가(맥이 밤새 흘린 땀으로 아직까지 따스하고 축축했다) 낡아 너덜거리는 담요를 덮었다가 잠들어 버렸다. 잠깐 눈을 떴는데 10시였다. 억수가 차 지붕을 세차게 때려대는데 맥이나 하워드는 아직 기척도 없었다.

두 사람은 12시 30분에야 나타났다. 폭우 속에서 무거운 화물을 옮기느라 흙투성이에 힘이 빠졌는지 다리는 다 풀려 있었다.

"세상에!" 맥이 말했다. "쫄딱 젖었어. 밥 먹자고. 한 시간 뒤엔 출발할 거야."

이게 세 시간 전 일인데 어째서 아직도 제자리인가! 두 사람은 담배 피우고 거들먹거리고 빈둥빈둥 여자들하고 시시덕거리면서 어디 하늘에서 한 오백 년 얻어 드신 듯 굴고 있다. 나는 더이상 참을 수 없어 성질내며 공책을 들고 운전칸으로 들어와버렸다. 호색한 존이 나를 달래려고 따라왔다.

"에이, 편하게 생각해요! 맥은 한다면 하는 사람이야. 수요일까지 뉴욕에 들어간다고 했으면 그렇게 한다고. 화요일 저녁까지 트래블해피에서 뭉그적댄들 해낼 테니 걱정 붙들어 매쇼."

마흔 시간을 눌러 있다 보니 이 트럭휴게소가 내 집 같이만 느껴졌고, 한 개 중대 인원에 해당하는 이 사내들이 좋아하는 것과 싫어하는 것, 즐겨 하는 농담이며 특이한 성벽까지 속속들이 알게 되었다. 이 사람들도 나에 대해 알고, 아니 그렇다고 생각하고 "박사님" "교수님" 부지런히 불러댄다.

여기 들어온 트럭들에 대해서도 다 안다. 톤수와 기능, 특이 사항에 계보까지.

트래블해피에서 일하는 사람들에 대해서도 안다. 사장인 캐럴이 나를 수와 넬 사이에 세워놓고 폴라로이드 사진을 찍었다. 수염도 깎지 않은 얼굴이 플래시를 받아 허옇게 눈부셨다. 캐럴은 이 사진을 다른 사진들 사이에 붙였다. 이제 나도 캐럴이 트래블해피에 거느린 수천 형제 가족의 일원이자 전국의 장거리 화물운송로를 오가다 찾아오는 수많은 '남자 친구'의 한 사람이 되었다.

"아, 맞아요!" 언젠가 미래에 사진을 훑다가 궁금해하는 손님에게 말할 것이다. "그 사람, '박사님'이에요. 멋진 남자였죠. 좀 이상한 구석도 있었지만요. 맥하고 하워드하고 같이 왔어요. 저기 두 사람이요. 지금은 어떻게 됐을까, 가끔 생각나는 사람이에요."

머슬비치

1961년 6월, 마침내 뉴욕에 들어섰다. 나는 바로 한 사촌에게서 돈을 빌려 새 모터사이클 BMW R60을 샀다. BMW 전 제품 가운데 가장 믿음직한 모델이었다. 나는 중고 모터사이클에다가는 아무것도 하지 말자는 주의였다. R69만 봐도 등신인지 범죄자인지 알 수 없는 웬 놈이 엉뚱한 피스톤으로 바꿔 단 바람에 결국 앨라배마 주에서 고장 나버리지 않았던가.

뉴욕에서 며칠 지내다 보니 탁 트인 길이 내게 손짓했다. 나만의 변덕스럽고 느긋한 속도로 수천 킬로미터를 밟아 캘리포니아로 되돌아갔다. 길은 놀라우리만치 한적했다. 사우스다코타 주와 와이오밍 주를 횡단할 때는 몇 시간을 가도록 인기척조차 느끼지 못했다. 소음 없는 모터사이클에 몸을 싣고 순풍에 돛 단 듯 달리노라니 황홀한 꿈길을 거니는 듯했다.

모터사이클을 탈 때면 사람과 장비가 일체가 된다. 모터사이클이 타는 이의 고유수용성감각(자신의 신체 위치, 자세, 평형, 운동에 대한 정보를 파악해 중추신경계로 전달하는 감각 — 옮긴이), 즉 타는 이의 움직임과 자세에 맞춰지는 까닭에 신체의 일부처럼 반응하는 것이다. 바이크와 라이더가 분리할 수 없는 한 몸이 되는 것은 말을 탈 때와 아주 흡사하다. 마찬가지의 원리로 자동차는 운전자의 신체 일부가 되지 못한다.

샌프란시스코로 돌아온 것은 6월 말, 정시 도착이었다. 바이크용 가죽 복장에서 마운트시온병원의 하얀 인턴복으로 갈아입어야 할 시점이었다.

이 장거리 여행 내내 되는 대로 아무렇게나 끼니를 때웠더니 몸무게가 빠졌다. 그렇지만 가능할 때마다 체육관을 찾아가 운동을 게을리하지 않은 덕분에 90킬로그램을 밑도는 보기 좋은 상태로 6월에 뉴욕에서는 나의 새 바이크와 새 몸매를 뽐낼 수 있었다. 한편 샌프란시스코로 돌아와서는 (역도 하는 사람들이 '웨이트'라고 말하는) '벌크업bulk up'(체지방과 함께 근육 양을 늘리는 활동 — 옮긴이)을 해서 역도 기록에 도전해 보자고 마음먹었다. 왠지 해볼 만하겠다는 생각이 들었다. 마운트시온병원에서라면 체중 늘리는 것은 일도 아니었다. 이곳 커피숍에서는 더블치즈버거와 함지박만 한 밀크셰이크를 파는데 레지던트와 인턴한테는 전부 공짜였다. 저녁 한 끼당 더블치즈버거 다섯 개와 밀크셰이크 여섯 잔 섭취로 정해놓고 맹렬하게 훈련했더니 미들헤비급(90킬로그램까지)에서 헤비급(110킬로그램까지)으로, 슈퍼헤비급(무제한)으로 쾌속행진이었다. 부모님에게 (늘 거의 모든 일을 말씀드리는 편이라) 이 소식을 알렸더니 걱정하시는 기색이었다. 사실 부모님의 이런 반응은 놀라웠다. 왜냐면 아버지도 라이트급은 아니어서 115킬로그램쯤 나가는 분인데 말이다.♦

1950년대 런던에서 의대생 시절에 역도를 좀 해본 적이 있었다. 당시 나는 유대인 스포츠클럽 마카비Maccabi의 회원이었는데, 스포츠클럽들 사이에 컬curl(손목, 팔뚝, 다리로 역기 들기 — 옮긴이), 벤치프레스 bench press(벤치에 누워 역기 들기 — 옮긴이), 무릎을 깊이 굽히는 스쿼트 squat(역기를 어깨에 짊어지거나 들고 일어서기 — 옮긴이), 이렇게 3종으로 이루어진 클럽 대결 파워리프팅 시합이 벌어지곤 했다.

파워리프팅은 올림픽의 3대 역도 종목인 추상, 인상, 용상과는 상당히 다른 종목이다. 당시 우리 작은 체육관에는 세계적인 역도 선수들이 모여 있었다. 그중 벤 헬프고트는 1956년 올림픽에서 영국 역도팀 주장으로 뛰었던 선수로 나는 그와 가까운 친구가 되었다(그는 팔십 대가 된 지금까지도 놀랍도록 강하고 날렵하다).♦♦ 나도 올림픽 역도를 시도해 봤지만 그 종목들을 하기에는 몸이 너무 굼떴다. 특히나 인상은 근처에 있는 사람들에게 위험할 지경이어서 단도직입적으로 올림픽 역도는 그만두고 파워리프팅으로 돌아가라는 지시를 받아야 했다.

마카비 말고도 가끔은 런던의 센터럴YMCA에 가서 연습하곤 했다. 그곳에는 오스트레일리아 올림픽 역도 대표선수였던 켄 맥도널드가 지도하는 역도 훈련장이 있었다. 켄은 체중이 상당히 나가는 거구로 특히 하반신이 튼실했다. 허벅지가 어마어마한 그는 스쿼트 종목에서 세계적 수준의 실력자였다. 나는 그의 스쿼트 능력에 감탄해 그런 허벅지를 갖고 싶었고 스쿼트 자세에서 머리 위로 역기 들어올리기에 절대적으로 중요한 허리힘을 키우고 싶었다. 켄은 다리를 곧게 펴는 데드리프트stiff-legged deadlift를 선호했다. 데드리프트는 (어떤 역도가 그렇

♦ 아버지는 먹을 것이 앞에 있으면 쉴 새 없이 먹다가도 없을 때는 하루 종일 빈속으로 지내기도 했는데, 나도 비슷하다. 그래서 내부 통제가 없으면 외부 통제라도 해야 한다. 나는 식사는 반드시 정해놓은 식단을 준수하며 거기에서 벗어나는 것을 싫어한다.

♦♦ 헬프고트의 성취는 그가 부헨발트와 테레지엔슈타트 강제수용소의 생존자였기에 더욱 값진 결과였다.

지 않겠는가마는) 허리를 망가뜨리도록 설계된 역도 종목이다. 중량 전체가 허리뼈에 모여야 하며 다리에는 부담이 가지 않아야 하기 때문이다(데드리프트는 역기를 엉덩이 높이까지 들어 올리는 종목이다 — 옮긴이). 켄은 자신의 감독을 받으면서 내 실력이 향상하자 역도 시범대회에 같이 나가자고 했다(두 사람이 번갈아 가면서 각자의 역기를 들어 올리는 데드리프트 시범이었다). 켄은 320킬로그램을 들었다. 나는 간신히 240킬로그램을 들었지만 박수갈채를 받았을 뿐 아니라, 켄이 데드리프트의 기록을 깨는 역사적인 순간에 초심자인 내가 한 조로 뛰었다는 사실에 잠시나마 기쁨과 자부심을 느꼈다. 이 기쁨은 오래가지 못했다. 며칠 뒤에 허리에 극심한 통증이 나타난 것이다. 몸을 꼼짝하지 못하고 숨도 쉬지 못할 정도로 아파 척추 골절인가 의심이 들었다. 엑스레이에는 아무것도 나타나지 않았고 통증과 경련은 이틀 뒤 사라졌지만 이후로 40년 동안 심한 요통에 시달렸다(이 통증은 어떻게 된 일인지 예순다섯 살에 완화되었는데 어쩌면 좌골신경통으로 '대체'된 것인지 모르겠다).

켄의 자세가 감탄스러운 점은 훈련 일정만이 아니었다. 그는 벌크업을 위해 스스로 고안한 유동식 위주의 특별 식단을 상용하고 있었다. 그는 연습하러 올 때면 종합비타민과 효모로 영양을 보강한 걸쭉하면서 달짝지근한 우유와 당밀 혼합음료 반 갤런(약 2.3리터)짜리 병을 들고 들어왔다. 나도 똑같이 해보자 싶었지만 이스트가 시간이 지나면 당을 발효시킨다는 사실을 간과했다. 운동가방에서 음료 병을 꺼내자 뭔가 불길하게 부글거리고 있었다. 이스트로 인해 혼합물이 발효된 것이 분명했다. 그 이스트를 운동 오기 몇 시간 전에 타놨으니 말이다. 켄은 체육관에 들어오기 직전에 뿌려야 한다는 것을 나중에 가서야 말해주었다. 연유를 모르던 나는 병의 내용물이 빵빵해져 있어 겁이 났다. 나도 모르는 폭탄이 갑자기 내 손에 들려 있는 기분이었다. 그래도 뚜껑을 아주 천천히 돌리면 압력이 조금씩 빠져나갈 테니 아무 일 없을 것이다 싶어 뚜껑을 살짝 돌렸는데 돌리자마자 펑 터져버렸다. 순간 끈적거리는 검은(그리고 이제는 알코올성을 띤) 배설물 같은 액체 반 갤런 전량이 온수장치 터지듯 솟아올라 체육관을 뒤덮었다. 처음에는 폭소가 터졌지만 이내 분노로 바뀌었고, 앞으로는 식수 이외에는 어떤 것도 가져와서는 안 된다고 단단히 주의를 받았다.

◆

샌프란시스코의 센트럴YMCA에는 아주 훌륭한 역도 시설이 있었다. 역도실에 들어서자 180킬로그램짜리 역기가 걸려 있는 벤치프레스가 눈에 들어왔다. 마카비에는 이런 수준의 벤치프레스가 가능한 사람이 없고, 주위를 돌아보아도 Y에는 그런 급을 감당할 체중을 가진 사람이 보이지 않았다. 아무리 봐도 없다 싶었는데 땅딸하지만 상체가 넓고 가슴 우람한 백발의 고릴라가 어정어정(약간 밭장다리였다) 역도실로 들어와 벤치에 누워 준비운동으로 간단한 동작을 12회 반복했다. 그러고는 역기를 추가해 몇 세트 더 하더니 230킬로그램까지 올렸다. 나한테 폴라로이드 카메라가 있어서 세트 사이에 쉬는 그를 한 장 찍었다. 나중에 대화를 하게 됐는데 아주 온화한 사람이었다. 칼 노르베리라는 스웨덴 사람으로 평생을 항만 노동자로 일해왔고 지금 일흔 살이라고 했다. 그의 놀라운 근력은 살다 보니 자연스럽게 생긴 것이었다. 부두에서 화물이 담긴 상자와 통의 무게를 재는 것이 그에게는 유일한 운동이었는데, '평범한' 사람이라면 땅에서 들어 올리지도 못할 상자나 통을 양쪽 어깨에 각각 하나씩 짊어지고 운반하는 날도 많았다고 한다.

칼을 보고 자극받은 나는 중량을 더 높이고 이미 상당히 수준급인 종목(스쿼트)에 더 매진해야겠다고 다짐했다. 샌러펠에 있는 작은 체육관에서 맹렬히 훈련하면서 심지어 강박적으로 5일마다 555파운드(약 250킬로그램)로 5회 반복하는 프로그램을 5세트씩 수행했다. 5로 딱딱 맞아떨어지는 이 훈련 프로그램의 대칭성이 썩 흡족했지만 체육관 사람들은 옆에서 "올리버 하면 5"라며 놀려대곤 했다. 내가 하는 수준이 대단하다는 생각은 하지 않았는데, 옆 사람이 캘리포니아 스쿼트 기록에 도전해보라고 해서 망설이다가 시도했더니 기쁘게도 신기록을 수립했다. 스쿼트 자세로 270킬로그램 역기를 어깨에 올린 것이다. 이 기록은 파워리프팅 세계에서 나를 소개하는 간판이 되었다. 이쪽 바닥에서는 이런 기록 수립이 학계로 치면 과학 학술지에 논문이 실리거나 책을 출간하는 것에 해당한다.

◆

1962년 봄이 되면서 마운트시온병원의 인턴 기간도 막바지에 이르렀다. 7월 1일부터는 UCLA(캘리포니아대학교 로스앤젤레스)의 레지던트 과정을 시작할 예정이었다. 레지던트 생활을 시작하기 전에 런던을 방문할 시간이 필요했다. 부모님을 2년 동안 찾아뵙지 못한 데다 어머니가 막 고관절 골절상을 입은 터라 수술 후 간병을 내 손으로 해드리고 싶었다. 정신적 충격과 수술, 몇 주에 걸친 통증과 재활을 꿋꿋하게 이겨낸 어머니는 이제 목발만 떼면 그 즉시 환자 진료를 시작할 거라고 굳게 마음먹고 계셨다.

우리 집은 층계가 빙빙 도는 나선형인데다 카펫이 닳아서 반질거리고 난간 곳곳이 흔들려서 목발을 사용하는 사람에게는 안전하지 않았다. 그래서 필요할 때마다 내가 어머니를 등에 업고 오르내려야 해서(어머니는 내가 역도 하는 것을 반대했지만 이제 내 힘이 장사라고 좋아했다) 어머니가 혼자 힘으로 층계를 오르내릴 수 있을 때까지 출발을 미루었다.◆

UCLA에서는 레지던트들이 매주 '논문클럽Journal Club'을 열었다. 최신 신경학 논문을 읽고 토론하는 자리였다. 그룹 사람들은 내가 19세기 선구자들의 저술도 토론해야 한다고, 우리가 지금 환자들한테서 보는 것을 그 시기에는 어떻게 진단하고 어떻게 생각했는지 알아야 한다고 말하면 짜증을 냈다(내 생각에는 그런 반응이었던 것 같다). 그들은 내 생각을 의고주의로 받아들였다. 가뜩이나 시간도 부족한데 그런 "폐기" 문헌들을 들여다보느니 더 건설적인 일을 찾아보는 게 좋지 않겠느냐는 투였다. 이런 태도는 우리가 읽는 많은 논문들에도 암묵적으로 반영되었다. 5년 이상 지난 문헌을 인용하는 논문이 거의 없는 것이다. 마치 신경학에는 역사가 없다는 듯이.

이야기로 생각하고 역사적 맥락으로 사고하는 내게는 이런 풍조가 몹시 실망스러웠다. 화학에 빠진 어린 시절에 나는 화학의 역사, 화학 이론의 진화사, 내가 좋아하는 화학자들의 생애를 다룬 책이라면 마다 않고 탐독했다. 그런 내게 화학은 역사가 흐르고 사람이 있는 세계이기도 했다.

흥미가 화학에서 생물학으로 옮겨 갔을 때도 상황은 비슷했다. 생물학에서 내가 가장 열정을 쏟은 것은 당연히 다윈이었다. 《종의 기원On the Origin of Species》《인간의 유래와 성선택The Descent of Man, and Selection in Relation to Sex》(지만지, 2012), 《찰스 다윈의 비글호 항해기The

---

♦ 안타깝게도 어머니의 고관절 골절이 아주 까다로운 부위인 넓적다리뼈머리(대퇴골두)에서 발생해 뼈머리 내 혈관으로 혈액이 제대로 공급되지 못했다. 이것이 이른바 무혈성괴사증을 일으켜 결국에는 고관절이 파괴되었고, 이로 인해 고통스러운 통증이 가시지 않는 상태로 지내야 했다. 참을성 강한 분이어서 통증 속에서도 환자를 계속 보면서 왕성한 생활을 이어나갔지만 부쩍 늙으셨다. 1965년에 내가 다시 런던으로 돌아갔을 때는 3년 전보다 10년은 더 늙어 보였다.

Voyage of the Beagle》(리젬, 2013)만이 아니라 다윈이 쓴 식물 책도 다 읽었고《산호초의 구조와 분포The Structure and Distribution of Coral Reefs》《지렁이의 활동과 분변토의 형성The Formation of Vegetable Mould through the Action of Worms》(지만지, 2014)도 빼놓을 수 없다. 하지만 뭐니 뭐니 해도 가장 좋아한 것은 그의 자서전이었다.

친구 에릭 콘도 나와 비슷한 방면에 흥미가 있었지만 결국 동물학 공부는 포기하고 다윈과 19세기 과학을 전문으로 하는 고서적상이 되었다(그는 다윈과 다윈 시대에 관한 독보적인 지식으로 전 세계의 서점과 학자로부터 자문을 요청받았으며, 스티븐 제이 굴드(1941~2002)와 절친한 사이였다. 다윈 가족이 살았던 다운하우스Down House 내 다윈의 서재 재현 작업도 에릭에게 맡겨졌다. 에릭 아닌 누가 그 일을 할 수 있었겠는가).

책 수집은 내 취미가 아니어서, 책이나 문헌을 구입할 때는 내가 읽기 위해서지 남한테 보여주기 위한 것이 아니었다. 에릭은 책장이 떨어져나갔거나 훼손된 책(표지나 속표지가 없어서 수집가라면 원치 않겠지만 나로서는 살 만한 가치가 있는 책)은 내 몫으로 남겨두었다. 내 관심사가 신경학으로 옮겨 갔을 때 가워스의《신경계 질환 입문서Manual of Diseases of the Nervous System》(1888)와 샤르코의 강의록들, 그리고 덜 유명하지만 내게는 깊은 영감을 준 아름다운 19세기의 많은 서적을 구해준 것도 에릭이었다. 이 가운데 많은 문헌이 내가 훗날 쓸 책들의 핵심 요소가 되었다.

◆

UCLA 레지던트 시절 초기에 만난 환자들 가운데 한 사람이 마음속에 남아 있다. 잠자다가 갑작스러운 간헐성근육발작(근간대경련筋間代痙攣, 팔다리나 신체 일부 근육이 갑자기 짧게 순간적으로 불수의적 수축을 일으키는 전신 발작의 하나—옮긴이)이 일어나는 것은 드문 일은 아니지만 이 젊은 여성은 훨씬 더 중증이었다. 형광등 불 들어올 때처럼 조명이 일정 빈도로 깜박거리면 갑작스러운 발작 경련을 일으켰고 때로는 그 경련이 대발작으로 발전하기도 했다. 나는 첫 논문으로 동료 크리스 허먼과 메리 제인 아길라와 공저로 이 환자에 관한 병례사를 학술지《신경과학Neurology》에 발표했다. 또 간헐성근육발작과 이 증상이 발생하는 다양한 조건과 환경에 흥미를 느껴 그 전반을 아우르는 작은 책을 하나 쓰고 제목을《간헐성근육발작Myoclonus》이라고 붙였다.

1963년에 간헐성근육발작과 관련한 걸출한 연구로 주목받은 신경학자 찰스 러트렐이 UCLA를 방문했을 때, 그를 찾아가 이 주제에 관심이 있음을 밝히고 내 소책자에 관해 의견을 제시해주면 더없이 감사하겠다고 말했다. 기꺼이 그러마고 해서 원고를 건넸다. 사본은 없었다. 한 주가 지나고, 한 주, 또 한 주가 지나 여섯 주가 되자 인내심이 바닥났고 더이상은 안 되겠다 싶어서 러트렐 박사에게 편지를 썼다. 그가 사망했다는 소식이 들려왔다. 충격이었다. 러트렐 부인에게 애도의 편지를 보냈다. 편지에서 나는 고인의 연구에 경의를 표했다. 하지만 이 시점에서 원고를 돌려달라고 말하는 것은 부적절한 행동으로 느껴져서 결국 끝내 그 말을 못했고, 원고는 영영 돌아오지 않았다. 그 원고가 아직 존재할지 모르겠다. 십중팔구는 버려졌겠지만 어쩌면 어떤 서랍 속에 잊힌 채 조용히 머물러 있을지 모를 일이다.

◆

1964년 UCLA 신경과에서 당혹스러운 젊은 환자 프랭크 C.를 만났다. 머리와 팔다리가 끊임없이 움찔거리는 불수의운동 증상이 열아홉 살에 시작되어 해가 갈수록 서서히 악화되었다. 최근에는 전신에 심각한 경련이 일어 수면에 지장을 겪고 있었다. 신경안정제를 복용해봤지만 경련에는 아무 효과도 없는 듯했고, 우울해져서 과음하기 시작했다. 프랭크의 아버지 역시 이십대 초반에 동일한 증상이 있었고 우울증에 빠져 알코올중독이 되었으며 결국 서른일곱 살에 자살로 세상을 떠났다고 했다. 그는 지금 자기도 서른일곱 살이며 아버지가 정확히 어떤 기분이었을지 상상할 수 있다면서, 자기 또한 아버지와 똑같은 단계를 밟지 않을까 무섭다고 했다.

6개월 전에 입원한 그는 헌팅턴무도병Hungington's chorea, 뇌염후파킨슨증postencephalitic parkinsonism, 윌슨병Wilson's disease 등 많은 질환 검사를 했지만 어느 하나 확진이 나오지 않았다. 따라서 현재 프랭크의 이상한 병은 수수께끼 상태로 남아 있었다. 그의 머리를 주시하던 중 이런 생각이 떠올랐다. '저 안에서 무슨 일이 벌어지고 있을까? 내가 당신 뇌를 들여다볼 수 있다면 얼마나 좋을까?'

프랭크가 진료실을 떠난 지 반시간 뒤 한 간호사가 헐레벌떡 뛰어 들어와 말했다. "색스 박사님, 박사님 환자가 방금 죽었어요. 트럭에 치였는데, 즉사했어요." 즉각 부검 절차가 시작되었고 두 시간 뒤 프랭크의 뇌가 내 손에 들어왔다. 기분이 몹시 안 좋았다. 혹시 뇌를 들여다보고 싶어했던 생각이 이 사망 사고에 조금이라도 영향을 미친 건 아닐까 하는 가책마저 들었다. 하지만 한편으로는 프랭크가 이젠 다 끝내기로 마음먹고 일부러 트럭 앞으로 뛰어든 건 아닐까 의문이 드는 것도 어쩔 수 없었다.

프랭크의 뇌 크기는 정상이었고 뚜렷한 이상은 보이지 않았다. 그런데 며칠 뒤 현미경으로 슬라이드 몇 장을 들여다보다가 깜짝 놀랐다. 신경세포 축삭이 심하게 붓고 꼬부라져 희끄무레한 공 모양 덩어리가 돼 있었고, 흑색질黑色質과 창백핵蒼白核과 시상하핵視床下核(운동을 제어하는 모든 뇌 영역)은 철 축적으로 녹이 슨 듯 갈색 색소침착이 나타났다. 다른 영역들은 그렇지 않았다.

그렇게 큰 부종이 신경세포 축삭이나 손상된 축삭에만 국한해서 생긴 것은 본 적이 없었다. 헌팅턴병이나 내가 접해본 다른 어떤 질환에서도 이런 현상은 없었다. 하지만 이미지로는 본 적이 있었다. 독일의 두 병리학자 할러포르덴과 슈파츠가 1922년에 기술한 아주 희귀한 질환(어린 연령대에 이상 운동 증상이 나타나고 점차 진행되면서 광범위한 신경 증상이 나타나다가 치매에 이어 사망을 야기하는 신경변성질환)을 보여주는 사진에 그런 축삭 부종이 있었다. 할러포르덴과 슈파츠는 이 치명적 질환을 다섯 자매에게서 관찰했다. 부검으로 이들 자매의 뇌에서 축삭 부종과 손상된 축삭에 생긴 혹이 발견되었고, 갈색으로 변색된 창백핵과 흑색질도 확인되었다.

그렇다면 프랭크가 앓았던 것이 할러포르덴-슈파츠병일 수도 있었고, 그의 비극적 죽음으로 우리가 이 질환 초기 단계의 신경 기반을 밝혀낼 수도 있었다는 이야기였다.

내 판단이 옳다면, 이것은 할러포르덴-슈파츠병 발병 초기의 중요한 변화를 이제까지 나왔던 그 어떤 기술보다 잘 보여줄 사례였다(발병 초기가 의미 있는 것은, 병이 깊이 진행되면 온갖 파생 증상으로 오염되어 중요한 단계의 변화를 보기가 어렵기 때문이다). 나는 신경세포 자체와 축삭의 수초는 건드리지 않고 축삭만을 겨냥하는 것으로 보이는 이 기묘한 병리 현상이 굉장히 흥미로웠다.

바로 한 해 전, 나는 영아에게 나타나는 일차성 축삭 질환을 기술한 컬럼비아대학교 신경병리학자 데이비드 코웬과 에드윈 옴스테드의 논문을 읽었다. 그 논문에서는 이 병이 이르면 2세에 나타날 수 있으며 보통 7세가 되면 생명을 위협한다고 했다. 하지만 축삭 이상이 작지만 중대한 부위로만 국한되는 할러포르덴-슈파츠병과 달리 (코웬과 옴스테드가 명명한) 영아축삭퇴행위축에서는 축삭 부종과 축삭 소실 현상이 광범위하게 나타났다.

축삭퇴행위축의 동물 모델이 있을 법하다고 생각하던 차에, 우연히 바로 우리 UCLA 신경병리학과에 정확히 이 주제로 작업하는 두 연구자가 있다는 사실을 알게 되었다.♦ 그 가운데 스털링 카펜터는 쥐에게 비타민E 결핍 식단을 공급하는 실험을 수행했다. 이 불쌍한 쥐들은 뒷다리와 꼬리의 통제력을 상실했는데, 척수의 감각신경로와 뇌핵의 축삭 손상으로 뒷다리와 꼬리로부터 오는 감각이 차단됐기 때문이다(이 쥐들의 축삭 손상 범위는 할러포르덴-슈파츠병에서 나타나는 손상 범위와 전혀 달랐지만 관련 발병 기제를 밝히는 데는 어느 정도 실마리를 줄 수 있었을 것이다).

UCLA의 다른 동료 앤서니 베리티는 실험실 동물에게 독성 질소 성분인 IDPN(이미노다이프로피오나이트릴)♦♦을 공급함으로써 유발할 수 있는 급성 신경증상을 연구하고 있었다. 이 성분이 주입된 생쥐는 광적인 흥분 상태에 빠져 계속해서 뱅글뱅글 돌거나 뒤로 달리는 행동을 보였고, 동시에 불수의적 발작 경련, 안구돌출증, 지속발기증이 나타났다. 축삭에도 현저한 변화가 나타났지만 발생 부위는 뇌줄기(뇌간) 각성계覺醒界, arousal system였다.

가끔 '뱅글병waltzing mice'이라는 용어가 충동적으로 쉴 새 없이 움직이는 그런 생쥐에게 사용되지만, 이렇게 귀여운 표현으로는 이 증

♦ 물론 우연의 일치만은 아니었다. 1963년에 발표된 한 논문이 쥐 실험을 통해 비타민E 결핍으로 인한 축삭 변화를 기술했고, 1964년에는 IDPN(이미노다이프로피오나이트릴)을 주입한 생쥐에게서 나타난 유사한 축삭 변화를 기술한 논문이 나왔다. 또다른 실험을 통해서도 일치된 결과가 나와야 했는데 이것이 당시 우리 UCLA 동료들이 하던 작업이었다.

♦♦ IDPN과 관련 성분은 포유류만이 아니라 어류와 메뚜깃과 곤충, 심지어 원생동물에게까지 극도의 흥분과 과잉행동을 유발한다.

상의 심각성을 느끼기 어렵다. 고도로 흥분한 생쥐의 새된 비명과 찍찍거리는 소리에 신경병리학과의 평상시 고요가 깨졌다. IDPN에 중독된 생쥐는 뒷다리를 독수리 날개마냥 쫙 펼치고 질질 끄는 비타민 E 결핍 쥐와는 너무나 달랐으며, 할러포르덴-슈파츠병과 영아축삭퇴행위축의 증상과도 너무나 달랐다. 하지만 모두가 하나의 공통된 병리 증상을 보였는데 심각한 손상이 신경세포의 축삭에만 국한된다는 사실이었다.

사람과 동물의 증상이 이처럼 상이하고 발생한 지점 또한 각기 다른 신경계 부위지만, 그런 증상을 야기하는 것이 동일한 종류의 축삭 이상으로 보인다는 사실은 우리에게 무엇을 말해주는 걸까?

로스앤젤레스로 옮긴 뒤로 일요일 아침마다 바이크 친구들하고 즐기던 스틴슨비치 라이딩이 그리웠다. 나는 하는 수 없이 다시 고독한 라이더로 돌아가 주말마다 장대한 단독 라이딩을 시작했다. 금요일 일을 마치는 즉시 애마(나는 이따금 내 모터사이클을 말로 여겼다)에 올라타고 그랜드캐니언을 향해 출발했다. 장장 800킬로미터 거리였지만 곧게 뻗은 66번 국도로. 몸이 연료 탱크에 달라붙다시피 바짝 엎드려 밤새워 달리곤 했다. 내 애마는 30마력밖에 되지 않았지만 바짝 엎드리면 시속 160킬로미터를 넘길 만큼 속도가 나왔기에 이렇게 웅크린 자세를 유지했다. 전조등 불빛에(또는 달이 떴을 때는 달빛에) 은색으로 빛나는 도로가 앞바퀴로 빨려 들어갔다. 나는 때로 기이한 지각 반전과 환각을 겪었다. 지구 표면에 선을 새기는 느낌이 드는가 하면 나는 땅 위에 가만히 정지해 있는데 발밑으로 지구가 소리 없이 회전하는 느낌이 들 때도 있었다. 주유소에서 연료 넣을 때 말고는 멈추지 않았다. 탱크를 채우고 기지개 좀 켜고 종업원하고 몇 마디 주고받는 게 다였다. 최대한 속도를 내면 그랜드캐니언에서 일출을 볼 수 있었다.

가끔 가다 그랜드캐니언 못 미쳐 바이크를 세우고 작은 모텔에서 한눈 붙이고 갈 때도 있었지만 보통은 침낭을 이용해 야외에서 잤다. 하지만 야외 취침에는 적잖은 애로가 있었다(문제는 곰이나 코요테나 벌레만이 아니었다). 언젠가는 야간에 로스앤젤레스에서 샌프란시스코로 이어지는 사막길인 33번 국도로 달리다가 도중에 세우고 침낭을 폈다. 사방이 캄캄했지만 보드라운 이끼가 아름답게 깔린 것이 천연 침대다 싶었다. 맑은 사막 공기를 마시며 개운하도록 푹 잤는데 아침에 일어나서 보니 어마어마한 진균 포자 밭이었다. 밤새도록 저걸 들이마셨다는 건가 …. 센트럴밸리에 자생하는 악명 높은 균상종인 콕시디오이데스 진균으로 약한 호흡기 질환에서부터 이른바 계곡열이라고 하는 바이러스 질환, 경우에 따라서는 중증 폐렴이나 수막염까지 유발했다. 이 진균에 대한 피부반응 검사를 했더니 양성으로 나왔지만 다행히 증상은 나타나지 않았다.

주말이면 보통은 그랜드캐니언 하이킹으로 보냈는데, 가끔은 석양빛 바위산의 경관이 아름다운 오크크리크캐니언으로 갔다. 유령도시 제롬(관광지로 단장한 것은 몇 년이 지나서였다)도 가끔 갔는데, 한번은 서부 개척시대를 상징하는 낭만적 영웅의 한 사람인 와이어트 어프의 무덤(애리조나 주 제롬은 어프가 말년을 보낸 곳이고 정식 무덤은 캘리포니아 주 콜마의 유대인 공동묘지에 있다 — 옮긴이)도 방문했다.

그런 다음 일요일 밤에야 로스앤젤레스로 복귀했다. 젊을 때라 회복이 빨라서 신경과 회진이 시작되는 월요일 오전 8시면 밝고 활기찬 모습으로 나타났다. 내가 주말에 1,600킬로미터를 달린 사람이라고는 아무도 알아채지 못했다.

◆

유럽보다는 미국에 더 많은 듯한데, 모터사이클이나 모터사이클 타는 사람에게 반감을 갖는 사람들이 있다(실체 없는 혐오 또는 공포증 phobia이 사람을 강박적인 행동으로 몰아가기도 한다).

1963년에 이런 일을 처음 겪었다. 나는 쾌적한 날씨를 즐기며(완벽한 봄날이었다) 아무 신경 쓰지 않고 한가하니 선셋대로를 달리고 있었다. 뒷거울로 다가오는 차가 보여서 앞질러 가라고 수신호를 보냈다. 뒤차가 속도를 높여 앞지르는가 싶더니 내 바이크와 나란히 됐을 때 갑자기 내 쪽으로 붙었다. 나는 충돌을 피하려고 방향을 확 꺾었다. 고의라는 생각은 들지 않았고 그저 운전자가 술에 취했거나 미숙한 사람인가 보다 했다. 그런데 추월해 앞으로 가더니 이번에는 속도를 늦추었다. 따라서 속도를 늦췄더니 지나가라는 신호를 보냈다. 내가 그렇게 하자 또다시 그 차가 도로 중앙으로 갑자기 밀고 나왔다. 바이크를 옆으로 누이다시피 기울여 아슬아슬하게 피했다. 이번엔 틀림없이 고의적인 행동이었다.

살면서 내가 먼저 싸움을 걸거나 먼저 공격받기 전에 누군가를 공격해본 적이 없었다. 하지만 두 번째로 목숨을 위협하는 공격 행위를 당하니 분노가 끓어올랐다. 보복하기로 작정했다. 나는 시야에서 살짝 벗어나게 약 100미터 간격을 유지하며 뒤따라갔다. 신호등에서 멈추면 앞으로 치고 나갈 계획이었다. 웨스트우드 대로에 들어서자 기다리던 순간이 왔다. 소리 없이(내 바이크는 사실상 무음이었다) 슬그머니 운전석 옆쪽으로 다가갔다. 운전석과 일렬이 되면 창문을 박살내거나 차체에다 금을 새겨줄 생각이었다. 그런데 운전석 창문이 열려 있는 것을 보고는 대신 주먹을 들이밀어 코를 붙잡고는 있는 힘껏 비틀어버렸다. 비명이 터져 나왔고 손을 놓았을 때는 얼굴이 피범벅이 되어 있었다. 그자는 너무 놀라 아무 반응도 못 했다. 생명을 위협한 행위에 비하면 이 정도는 약과라고 생각하며 가던 길을 내처 달렸다.

두 번째 사건은 차가 거의 다니지 않는 사막길인 33번 국도를 따라 샌프란시스코로 가는 길에 일어났다. 나는 차 없는 이 길의 텅 빔을 사랑했다. 그날도 느긋하게 시속 110킬로미터 정도로 달리고 있는데 뒷거울로 차 한 대가 나타났다. 가늠해보니 145킬로미터 가까운 속도였다. 추월하려면 얼마든지 할 수 있는 드넓은 길인데 (로스앤젤레스의 그 운전자처럼) 굳이 나를 도로 밖으로 밀어붙였다. 하는 수 없이 비상시나 고장시를 대비해 만들어놓은 비포장 갓길로 피해 들어가야 했다. 기적적으로 넘어지지 않고 바이크를 똑바로 유지한 채 구름처럼 흙먼지를 뿜으며 다시 도로로 들어섰다. 나를 공격한 차가 한 200미터 앞에 있었다. 두려움보다는 분노가 앞섰다. 짐받이에서 카메라 외다리받침대를 잡아챘다(풍경사진에 심취해 있던 시절이어서 어디를 가나 카메라, 삼각대, 외다리받침대 따위를 꽁꽁 동여매고 다녔다). 나는 〈닥터 스트레인지러브 Dr. Strangelove〉(스탠리 큐브릭 감독이 1964년 발표한 냉전을 풍자한 블랙코미디 영화 — 옮긴이) 마지막 장면에서 폭탄에 올라탄 전쟁광 장군마냥 머리 위로 외다리를 휘둘렀다. 내가 어지간히 미쳐 보였나 보다(위험해 보이기도 했을 것이다). 앞차가 속도를 높였다. 나도 가속해 엔진이 터져라 밟아대며 따라잡기 시작했다. 운전자는 갑자기 속도를 떨구거나 빈 도로를 지그재그로 누비면서 예측불허 운전으로 떼어내려 했지만 뜻대로 되지 않자 덥석 소도시 콜링거로 들어가는 샛길로 빠졌다. 나를 꼬리에 달고 미로 같은 비좁은 길로 들어가다니 큰 실수였다. 결국 막다른 골목에 갇혀버렸다. (112킬로그램의 육중한 몸을 날려) 바이크에서 풀쩍 뛰어내린 나는 외다리받침대를 흔들며 꼼짝없이 갇힌 차로 달려갔다. 차 안에는 십대 남녀 두 쌍이 타고 있었다. 넷이서 벌벌 떨고 있었다. 나를 공격했던 것이 이런 힘없는 겁쟁이 어린애들이었다는 사실에 주먹이 풀리고 외다리받침대가 손에서 빠져나갔다.

나는 어깨를 으쓱하고는 받침대를 들고 바이크로 돌아와 애들한테 출발하라고 신호했다. 나나 애들이나 십 년은 감수했으리라. 목숨이 위태로운 줄도 모르고 이런 어리석은 대결에 달려들다니.

◆

모터사이클로 캘리포니아 일대를 누빌 때면 늘 니콘 F 카메라와 각종 렌즈를 싣고 다녔다. 특히 좋아한 것은 꽃과 나무껍질, 지의류, 선류 이끼까지 접사 촬영이 가능한 매크로렌즈였다. 삼각대가 견고한 4×5인치 린호프 뷰카메라도 한 대 있었다. 이 장비들을 진동과 충격으로부터 안전하게 보호하기 위해 전부 침낭에다 칭칭 싸맸다.

어린 시절 내 작은 화학실험실에 쳤던 등화관제용 커튼이 암실용 암막 구실을 해준 덕에 나는 일찍이 현상과 인화의 마법을 경험할 수 있었다. UCLA에서 다시 이 경험을 되살릴 수 있었다. 신경병리학과에 멋진 장비를 갖춘 암실이 있었는데, 크게 뽑은 인화지를 현상액에 담가 흔들면 조금씩 나타나는 이미지를 보는 순간이 무척이나 좋았다. 내가 가장 좋아한 것은 풍경사진이었다. 가끔은 《애리조나 하이웨이스Arizona Highways》(애리조나 주와 관련된 여행기와 사진을 전문으로 하는 월간지 — 옮긴이)를 보고 주말 라이딩을 나가기도 했다. 이 잡지에는 앤설 애덤스와 엘리어트 포터(1901~1990, 컬러 자연풍경 사진으로 유명한 미국 사진작가 — 옮긴이) 같은 저명한 사진가들의 근사한 사진(내가 이상으로 삼은 사진)이 실리곤 했다.

나는 산타모니카 바로 남쪽 베니스에 있는 머슬비치(1934년 체조 열풍과 함께 시작해 이후 세계적인 보디빌딩과 피트니스 붐의 탄생지 역할을 한 해변 — 옮긴이) 인근에 아파트를 얻었다. 머슬비치는 올림픽대회 역도 선

수 출신인 데이브 애시먼과 데이브 셰퍼드를 비롯한 거물들이 많이 출몰하는 곳이었다. 겸손한 성품에 약물을 멀리하는 현직 경찰관 데이브 애시먼은 스테로이드 상용자에 술꾼에 허풍선이가 판치던 헬스광 세계에서 극히 예외적인 인물이었다(나도 비록 각종 마약에 탐닉하던 시절이었지만 스테로이드만은 손도 대지 않았다). 전해 듣기로는 애시먼이 프론트스쿼트 종목의 일인자라고 했다. 프론트스쿼트는 역기를 어깨에 걸치는 것이 아니라 가슴 앞쪽에 대고 완벽한 균형과 직각 무릎을 유지해야 하기 때문에 백스쿼트보다 훨씬 더 힘들고 까다로운 종목이다. 어느 일요일 오후에 베니스비치에 있는 역도장에 갔는데 데이브가 신참인 나를 보고 프론트스쿼트 대결을 신청했다. 거절하면 안 되는 도전이었다. 그랬다가는 약골이나 겁쟁이 낙인이 찍힐 판이었다. 나는 "좋습니다!" 대답했는데, 자신 있게 힘차게 대답한다는 소리가 다 기어들어가는 쉰 목소리가 되고 말았다. 일대일로 25킬로그램씩 높여가다가 225킬로그램까지 왔다. 내가 여기까지다 생각하는 순간 데이브가 225킬로그램에서 250킬로그램으로 올렸다. 놀랍게도 나는 포기하지 않고 응전했다(프론트스쿼트라고는 거의 해본 적 없었는데). 데이브는 여기까지가 자기 한계라고 말했다. 그런데 자만이었을까 충동이었을까, 260킬로그램으로 올려달라고 했다. 그러고는 (간신히) 해냈다. 실제로는 눈알이 튀어나올 것 같고 이러다 머리의 혈압이 폭발하는 거 아닌가 싶어 이만저만 겁난 것이 아니었다. 이날 대결 이후로 나는 머슬비치의 일원으로 인정받고 스쿼트 박사라는 별명을 얻었다.

머슬비치에는 다른 몸짱도 많았다. 맥 배철러는 우리가 늘 모이는 술집 사장으로, 살면서 본 남자 중 가장 크고 힘센 손의 소유자였다. 그는 천하무적 팔씨름 챔피언이었다. 맨손으로 1달러짜리 동전을 구부린다고 들었는데 내 눈으로 직접 본 적은 없었다. 또 거대한 두 남자 척 아렌스와 스티브 머자니언도 있었다. 반신半神 같은 위상을 지닌 그들은 머슬비치의 나머지 무리와는 다소 소원하게 지냈다. 척은 한 팔 측면 들기로 170킬로그램 기록을 세웠고, 스티브는 신 종목인 인클라인 벤치프레스(25~35도 경사진 벤치에서 하는 벤치프레스 — 옮긴이)를 창시했다. 각기 체중이 135킬로그램이 넘는 덩치에 우람한 팔뚝과 가슴을 자랑하던 두 사람은 바늘 가는 데 실 가듯 노상 같이 다녔으며, 빈틈없이 꽉 차는 폭스바겐 비틀을 같이 타고 다녔다.

척은 이미 거대한데 거기서 더 거대해지려고 열심이었다. 하루는 UCLA 신경병리학과 복도가 꽉 차더니 척이 불쑥 나타났다. 사람의 성장호르몬에 대해 궁금한 것이 있다면서 뇌하수체가 정확히 어디인지 보여줄 수 있느냐고 했다. 우리 방에는 보존된 뇌가 한가득해서 그 가운데 병 하나를 꺼내 뇌 아래쪽의 콩알 하나 크기인 뇌하수체를 보여주었다. "그러니까 거기 있는 거군." 척은 만족해서 방을 나갔다. 하지만 나는 불안해졌다. 척이 무슨 생각을 하는 걸까? 그에게 뇌하수체를 보여준 게 잘한 짓일까? 나는 척이 신경병리학과 실험실에 침입해서 뇌가 보존된 곳으로 직행해 (포르말린 따위는 아랑곳하지 않고) 검은딸기 따듯이 뇌하수체를 똑똑 따 먹는 장면을 상상했다. 상상은 거기서 그치지 않고 척이 연쇄살인을 시작하는 끔찍한 장면으로 발전했다. 희생자들의 머리뼈(두개골)가 열려 있고 뜯어낸 뇌에서 뇌하수체를 게걸스럽게 먹어치우는 ….

올림픽 해머던지기 선수였던 핼 코널리는 머슬비치 체육관에서 종종 보던 사람이었다. 핼은 한쪽 팔이 거의 마비돼 어깨에서 축 늘어져 뒤로 젖혀진 손바닥이 마치 '은근히 팁을 요구하는 웨이터' 같은 자세를 하고 있었다. 내 안의 신경학자는 이것이 에르브마비Erb's palsy임을 즉각 알아보았다. 이 마비는 분만 과정에 왕왕 발생한다. 아기가 옆으로 나올 경우 한쪽 팔을 당겨서 빼낼 때 위팔 신경얼기가 심하게 당겨지면서 나타나는 증상이다. 헬의 한쪽 팔이 무용지물이라면 나머지 팔은 세계 챔피언이었다. 그의 운동 능력은 사람의 의지와 몸의 보상작용compensation(기관의 일부가 장애를 입거나 없어졌을 때 나머지 부분이 커져 부족을 보충하거나 다른 기관이 그 기능을 대신하는 일 — 옮긴이)이 어떤 힘을 발휘할 수 있는지를 보여주는 산 표본이었다. 그를 보면 UCLA에서 때때로 만나게 되는 사람들(뇌성마비로 쓰지 못하는 팔 대신 발로 글씨 쓰고 체스 두는 법을 배운 환자들)이 떠올랐다.

나는 머슬비치에서 많은 사진을 찍었다. 그곳에 모인 여러 개성 넘치는 사람들과 그들이 즐겨 찾는 곳을 담기 위해서였다. 이 사진 작업은 머슬비치에 대한 책 쓰기 프로젝트(1960년대 초 머슬비치라는 그 이상한 세계에 존재했던 사람과 장소, 사건과 풍경을 기록한다는 계획)의 일환이었다.

내가 그런 책, 그러니까 글로 서술한 언어적 초상화와 사진 이미지를 혼합한 일종의 몽타주를 쓸 수 있었을지는 알 수 없는 노릇이다. UCLA를 떠날 때 1962년부터 1965년까지 찍은 모든 사진과 스케치, 기록 수첩을 전부 대형 여행가방에 넣어 부쳤는데 가방이 끝내 뉴욕에 도착하지 않은 것이다. UCLA에서 그 가방이 어떻게 되었는지 아는 사람은 없는 듯했고, 로스앤젤레스나 뉴욕의 우체국에서도 아무 답변을 듣지 못했다. 그 해변 일대에서 내가 3년 동안 찍었던 사진 거의 대부분은 그렇게 사라졌고 여남은 장만이 어찌어찌 살아남았다. 나는 그 여행가방이 아직 존재한다고, 어느 날 내 앞에 나타날지 모른다고 믿고 싶다.

◆

짐 해밀턴은 머슬비치에 모여든 역도인 무리 가운데 한 명이었지만 다른 사람들하고는 크게 달랐다. 숱 많은 곱슬머리에 수북하게 자란 턱수염에다가 콧수염까지 길러 얼굴에서 보이는 데라고는 코끝과 늘 웃는 깊은 눈뿐이었다. 잘 발달한 넓은 가슴과 폴스타프Falstaff(셰익스피어의《헨리 4세Henry IV》와《윈저의 즐거운 아낙들The Merry Wives of Windsor》에 등장하는 뚱뚱하고 허영심 많고 허세 잘 부리는 겁쟁이 기사 — 옮긴이)급 배불뚝이였지만 벤치프레스는 이 해변에서 몇 손가락 안에 꼽히는 실력자였다. 그는 두 다리 길이가 달라 한쪽 다리를 절었는데 다리 전체 길이만 한 수술 흉터가 있었다. 모터사이클 사고로 여러 부위에 복합골절을 입어 1년 이상 입원해 있었다고 했다. 사고 당시 고등학교를 갓 졸업한 열여덟 살이었다. 무척이나 힘들고 외롭고 고통스러운 시간이었지만 자신에게서 놀라운 수학적 재능을 발견한 덕분에 그 시간을 견딜 수 있었다면서, 짐 자신만이 아니라 다른 사람들한테도 놀라운 일이었다고 했다. 학교 다닐 때는 이 능력이 드러나지 않았다. 수학은 오히려 싫어하는 과목이었다. 하지만 지금은 수학과 게임이론에 관한 책만 들입다 파고 있었다. (산산이 부서진 다리를 복구하기 위해 10여 차례 수술을 받느라) 꼼짝 못하고 누워 있어야 했던 18개월, 그때가 그에게는 수학이라는 우주 안에서 점점 더 커가는 능력과 함께 크나큰 자유를 누리는 흥미진진하고 왕성한 정신 활동 기간이었다.

고등학교를 졸업할 때는 앞으로 뭘 "하고" 살지 알 수 없었다. 그런데 병원을 떠날 때는 수학 실력에 힘입어 랜드연구소RAND Corporation에 컴퓨터 프로그래머로 취직했다. 머슬비치의 친구들이나 술동무들 가운데 짐의 수학적 능력에 대해 아는 이는 몇 없었다.

짐은 정해진 주소가 없었다. 우리가 1960년대에 주고받은 우편물을 뒤져보니 산타모니카, 밴나이스, 베니스, 브렌트우드, 웨스트우드, 할리우드, 또다른 주소 10여 개 등 엽서 소인이 곳곳으로 나온다. 운전면허증에는 어떤 주소를 썼는지 모르겠다. 아마 어린 시절에 살았던 솔트레이크시티 집 주소가 아니었을까 싶다. 그는 유명한 모르몬교 집안 출신으로 브리검 영Brigham Young(1801~1877, 모르몬교의 공식 명칭인 예수그리스도후기성도교회의 제2대 회장 — 옮긴이)의 후손이었다.

짐은 가진 물건이라곤 옷가지 몇 점과 책 몇 권이 다여서 이 모텔 저 모텔 가볍게 옮겨 다녔다. 아니면 자기 차에서 자거나 가끔은 직장에서 잤다. 그는 랜드연구소에서 개발하는 슈퍼컴퓨터에 들어갈 다양한 체스 게임 프로그램을 만들었는데 프로그램(과 자신의) 테스트를 위해 슈퍼컴퓨터와 체스를 두곤 했다. 특히 LSD를 복용한 황홀 상태에서 대결하는 것을 좋아했다. 그렇게 하면 자기 수가 훨씬 더 변칙적이고 독창적이 되는 느낌이라고 했다.

짐에게는 머슬비치에 오면 어울리는 친구 무리가 있듯이 수학계에도 그런 무리가 있었다. 유명한 헝가리 수학자 에르되시 팔Erdös Paul(1913~1996)을 비롯한 동료 수학자들이었다. 한밤중에 그 무리 중 한 사람 집에 찾아가 수학 개념 같은 것으로 두어 시간 활발히 생각을 교환하고는 남은 밤은 그 집 소파 신세를 지곤 했다.

나와 만나기 전 짐은 가끔씩 주말에 라스베이거스로 가서 블랙잭 테이블을 관찰하며 보냈다. 그러면서 더디지만 꾸준히 이기는 게임 전략을 고안했다. 랜드연구소에서 3개월 휴가를 받아낸 짐은 라스베이거스 어느 호텔에 방을 잡고 잠자는 시간만 빼고는 블랙잭 게임에 매달렸다. 그렇게 해서 천천히 꾸준하게 10만 달러가 넘는 돈을 쌓아가고 있었다. 1950년대 말 물가를 고려하면 상당한 액수였다. 그런데 그 시점에 덩치 큰 두 신사가 찾아왔다. 짐이 계속 이기는 것을 다 보고 있었다면서(뭔가 '수'를 쓰고 있는 것이 틀림없다고) 이제 그만 떠나줘야겠다는 이야기였다. 짐은 그자들 이야기를 알아듣고 그날 바로 짐을 싸서 라스베이거스를 떠났다.

짐은 당시 엄청 큰 컨버터블을 타고 다녔는데 한때는 흰색이었을 그 먼지투성이 차 안에는 빈 우유갑과 온갖 쓰레기가 가득했다. 그는 운전하면서 하루에 1갤런(약 4.5리터) 이상의 우유를 마셨고 마시는 족족 빈 갑은 뒷자리로 던졌다. 몸짱들 사이에서 짐과 나는 특히 죽이 잘 맞았다. 나는 짐이 열광하는 세계(수리논리학, 게임이론, 컴퓨터게임)에 대해 듣는 것을 좋아했고, 짐은 내 관심사와 내가 열중하는 것에 대해 털어놓게 만들었다. 내가 토팡가캐니언에 작은 집을 구했을 때, 짐은 여자친구 캐시를 데리고 자주 찾아왔다.

◆

나는 직업이 신경의라는 이유로 모든 종류의 뇌 상태, 정신 상태에 관심이 있었지만 무엇보다 약물이 유발하는 또는 약물로 조절된 뇌와 정신의 상태가 궁금했다. 1960년대 초는 향정신성 약물이 뇌의 신경전달물질에 미치는 영향에 대한 새로운 지식이 비약적으로 축적되던 시기였다. 그 효과를 직접 경험해보고 싶은 마음이 간절했다. 그런 실험이 내 환자들이 겪는 일을 이해하는 데 도움이 될 것이라고 생각했다.

머슬비치 친구 몇이, 알탄Artane(트리헥시페니딜trihexyphenidyl의 상표명 — 옮긴이)의 효과를 꼭 느껴봐야 한다고 권했다. 나는 항파킨슨증 약제로만 알던 약이었는데. "스무 알만 먹어봐. 부분적으로는 여전히 마음대로 제어가 될 테지만, 뭔가 엄청 색다른 걸 경험할 수 있을 거야." 친구들이 말했다. 그래서 어느 일요일 아침에 《환각Hallucinations》(2012; 김한영 옮김, 알마, 2013)에 썼듯이,

> 스무 알을 세어 입안 가득 물과 함께 삼킨 다음 효과를 기다렸다. (…) 입이 마르고 동공이 커지고 글을 읽기가 어려웠지만 그게 전부였

다. 정신적인 효과라고는 전무했고, 대단히 실망스러웠다. 무엇을 기대해야 하는지는 모르겠지만, 그래도 뭔가는 일어날 줄 알았는데.

차를 끓이기 위해 주방에서 주전자를 불에 올렸다. 그때 현관에서 노크하는 소리가 들렸다. 친구 짐과 캐시였다. 두 사람은 일요일 아침에 나를 찾아오곤 했다. "들어와. 문 열려 있어." 나는 큰소리로 말했고, 두 사람이 거실로 들어와 자리에 앉았을 때 "달걀 어떻게 먹을래?" 하고 물었다. 짐은 한쪽만 프라이한 게 좋다고 했고, 캐시는 양쪽 다 익히되 노른자는 살짝 반숙으로 먹는 걸 좋아한다고 했다. 나는 햄과 달걀을 지글지글 굽는 동안, 두 사람하고 잡담을 나눴다. 주방과 거실 사이에 낮은 반회전문이 있어서 목소리가 잘 들렸기 때문이다. 5분 후, 나는 "다 됐어"라고 소리치며 친구들이 먹을 햄과 계란을 쟁반에 담아 거실로 들어갔다. 그런데 거실은 텅 비어 있었다. 짐도 캐시도, 두 사람이 다녀간 흔적조차 없었다. 나는 다리가 후들거려 쟁반을 떨어뜨릴 뻔했다.

단 한순간도 짐과 캐시의 목소리, 그들의 '존재'가 실재하지 않는 환각이라고는 생각은 들지 않았다. 우리는 친근하게 일상적인 대화를 나눴다. 늘 그래왔던 것처럼. 두 사람의 목소리는 예전과 똑같았고 모든 대화, 적어도 두 사람한테서 나온 이야기에서는 뇌가 지어낸 발명품 같은 기미가 조금도 느껴지지 않았다. 그런데 반회전문을 열고 보니 거실이 텅 비어 있는 것이다.

나는 충격에 빠졌을 뿐만 아니라, 두려움마저 느꼈다. LSD나 다른 약물을 먹으면 어떤 일이 벌어지는지는 익히 알았다. 세계가 달리 보이고, 달리 느껴지고, 특별하고 극단적인 경험의 모든 특징이 나타난다는 것을 말이다. 그러나 짐과 캐시와 나눈 '대화'는 성질상 전혀 특별하지 않았다. 우리의 대화는 완전히 평범했고, 환각이라고 여길 만한 특징은 전무했다. 나는 '목소리'와 대화하는 조현병 환자들을 생각했지만, 일반적으로 조현병의 목소리는 조롱하거나 비난하지, 햄과 계란과 날씨에 관해 말하지는 않는다.

"조심해, 올리버." 나는 속으로 말했다. "자제 좀 해야겠어. 다시는 이런 짓 하면 안 돼." 나는 생각에 잠긴 채 천천히 햄과 계란을 (짐과 캐시 것까지) 먹었고, 해변에 나가보자고 생각했다. 거기 가서 진짜 짐과 캐시와 내 친구들을 만나고, 수영을 하면서 한가한 오후를 보내리라고.

◆

짐은 나의 남부 캘리포니아 생활에서 큰 부분을 차지하는 친구였다. 일주일에 두세 번은 만나던 사이였는데, 뉴욕으로 옮긴 뒤로는 짐이 몹시 그리웠다. 1970년 이후로 짐은 관심사가 컴퓨터게임(전쟁게임 포함)에서 만화와 SF영화에 컴퓨터 애니메이션 기술을 적용하는 쪽으로 확장되었기에 로스앤젤레스에 눌러 살았다.

1972년 뉴욕으로 찾아왔을 때 짐은 건강하고 행복한 모습이었다. 캘리포니아에 계속 살지 남아메리카로 갈지는 잘 모르겠지만(파라과이에서 살던 2년이 아주 행복했고 목장도 하나 구입한 게 있다고) 그래도 미래가 기다려진다고 했다.

짐은 지난 2년 동안 술을 입에도 대지 않았다고 했다. 나는 그 소식이 무엇보다 기뻤다. 갑자기 폭음하는 위험한 술버릇이 있었기 때문이다. 내가 가장 최근에 들은 폭음으로 췌장염까지 생겼을 정도니 말이다.

짐은 솔트레이크시티의 가족을 보러 가는 길이었다. 사흘 뒤 캐시한테서 전화가 걸려왔다. 짐이 죽었다는 것이다. 또다시 폭음을 했다가 췌장염이 도졌는데, 이번에는 괴사성 췌장염과 복막염으로 악화

되었다고 했다. 짐의 나이 겨우 서른다섯이었다.♦

1963년 어느 날, 베니스비치로 맨몸 파도타기를 하러 갔다. 파도가 다소 높았고 아무도 없었지만 체력(과 자만심)이 최고조에 달한 나는 그쯤은 문제없다고 믿었다. 파도에 좀 휩쓸렸지만 그 정도는 재미있었다. 그러다 산처럼 거대한 파도가 머리 위로 치솟아 들이닥쳤다. 그 밑으로 자맥질해 들어가려다가 그만 떨어지는 파도에 휘말려 맥없이 이리저리 채이고 뒤집혔다. 얼마나 밀려왔을까. 알지도 못하는 사이에 기슭에 부딪히려는 참이었다. 태평양 해안에서는 이런 사고가 목뼈 골절의 가장 흔한 원인이다. 나는 가까스로 오른팔을 내밀었다. 충격에 팔꿈치가 빠지고 어깨는 탈골했지만 목은 무사했다. 한쪽 팔을 못 쓰니 밀려드는 파도에서 빨리 빠져나갈 수 없어 뒤이어 밀려오는 거대한 파도에 또다시 휩쓸릴 판이었다. 마지막 순간 누군가 억센 손으로 나를 붙잡아 안전한 곳으로 끌고 나왔다. 아주 강인하고 젊은 보디빌더 쳇 요턴이었다. 해변에 무사히 옮겨지고 나니 제자리에서 벗어난 위팔뼈 위쪽이 찢어질 듯 아파왔다. 쳇과 다른 역도 친구들이 나를 꼼짝 못하게 (둘은 허리를, 둘은 팔을) 붙잡고 어깨가 제자리에 맞춰질 때까지 당겼다. 쳇은 훗날 미스터유니버스 챔피언에 올랐고 일흔이 된 지금까지도 최고의 근육을 유지하고 있다. 1963년 그날 쳇이 구해주지 않았더라면 오늘의 나는 없었을 것이다. 관절이 제자리로 돌아오고 어깨 통증이 사라지자 팔과 가슴 통증이 느껴지기 시작했다. 모터사이클

♦ 나는 짐의 수학 연구 작업 일부를 사후 출판하는 것이 가능하지 않을까 희망했다. 내가 생각한 것은 26세에 사망한 F. P. 램지의 유저《수학의 기초The Foundation of Mathematics》같은 것이었다. 하지만 짐은 기본적으로 즉석에서 문제를 해결하는 사람이었다. 방정식이나 공식이나 논리 다이어그램을 편지봉투 같은 데다 휘갈겨 써서 답을 낸 다음에는 구겨버리거나 잃어버리는.

에 올라 UCLA 응급실로 달렸다. 팔 하나와 갈비뼈 몇 대가 부러졌다는 진단을 받았다.◆◆

◆

UCLA에서 근무할 때나 부족한 수입을 채워보려고 베벌리힐스 닥터스병원에서 부업을 뛸 때 가끔 주말 당직을 보는 경우가 있었다. 그날도 그러고 있는데 간단한 수술을 받으러 온 메이 웨스트(1893~1980, 미국의 여성 배우·가수·극작가이자 당대를 대표한 섹스심벌 — 옮긴이)를 만났다. 얼굴맹face blindness 탓에 나는 누구인지 모르고 있다가 목소리로 알아보았다(누가 그 목소리를 모르겠는가?). 우리는 많은 대화를 나누었다. 내가 작별 인사를 하러 가자 말리부에 있는 별장으로 찾아오라고 초대했다. 근육 좋은 젊은 남자들과 함께 있는 걸 좋아한다면서. 그 초대에 응하지 않은 것이 두고두고 후회스러웠다.

한번은 내 기운이 신경과 병동에서 요긴하게 쓰인 일이 있었다. 그때 우리는 안타깝게도 콕시디오이데스진균성 뇌수막염과 수두증이 한창 진행된 한 환자의 시야 검사를 하고 있었다. 검사 도중 환자가 갑자기 눈을 까뒤집더니 의식을 잃고 넘어가기 시작했다. '소뇌편도탈출증coning'이었다. 머리뼈 안 압력(두개골내압)이 극도로 높아지면서

◆◆ 이 경험으로 높은 파도는 내게 맞지 않다는 것, 특히나 높은 '괴물' 파도는 겉보기에는 잔잔한 바다에서도 느닷없이 생겨날 수 있는 위험한 상대라는 사실을 깨달았어야 했다. 나는 그 뒤로 두 차례 비슷한 일을 겪었다. 한번은 롱아일랜드에 있는 웨스트햄턴 비치에서 왼쪽 넓적다리 뒤쪽 근육이 크게 찢어졌다. 이때는 오랜 벗 밥 와서먼이 구해주었다. 또다른 사고에서는 그야말로 운이 좋아 목숨을 건졌다. 코스타리카 태평양쪽 연안 높은 파도 속에서 멍청하게도 배영을 하고 있었으니 말이다.
그 뒤로는 파도타기를 무서워하게 되었고, 이제 호수와 물살 느린 강에서 수영하기를 좋아한다. 하지만 스노클링과 스쿠버다이빙 사랑은 변함없다. 1956년 고요한 홍해 바다에서 처음 배울 때의 그 마음 그대로.

소뇌편도와 뇌줄기가 머리뼈 아래쪽 머리뼈큰구멍(대후두공)으로 밀려 내려가는 증상으로, 단 몇 초 만에 생명을 잃을 수 있는 위험한 상황이었다. 나는 그의 몸을 번개처럼 잡아채서 머리가 밑으로 가도록 거꾸로 붙들고 서 있었다. 밀려 내려갔던 소뇌편도와 뇌줄기는 도로 머리뼈 안으로 들어갔고, 나는 그 환자를 죽음의 아가리에서 끄집어내 온 기분이었다.

우리 병동에는 시력을 상실하고 몸에 마비가 온 또다른 환자가 있었는데, 시신경척수염 또는 데빅병Devic's disease이라는 희귀병으로 죽어가고 있었다. 그 여성 환자는 내가 모터사이클을 타고 다니고 집이 토팡가캐니언에 있다는 이야기를 듣더니 마지막 소원이 있다면서 이렇게 말했다. 내 모터사이클을 타보고 싶다고, 그 뒤에 앉아 토팡가캐니언의 굽잇길을 한 번만 누비고 달려보면 원이 없겠다고. 어느 일요일 하루 날을 잡아 몸짱 친구 셋을 데리고 병원에 와서 그 환자를 빼낸 뒤 뒷좌석에 앉히고 내 몸에 단단히 묶었다. 나는 천천히 출발하여 그녀가 바라던 토팡가캐니언을 한 바퀴 돌아주었다. 병원으로 돌아오자 난리가 났다. 그 자리에서 해고되는구나 했지만 동료들과 환자 본인이 나서서 변호해준 덕분에 엄중 경고로만 끝나고 잘리지는 않았다. 이 사건만이 문제가 아니라 대체로 나는 신경과에 골치 아픈 존재였다. 하지만 한편으로는 신경과의 명성에 보탬이 되는 존재이기도 했다. 학술지에 논문이 실린 유일한 레지던트였기 때문이다. 모르긴 해도 이 경력이 나를 살린 게 한두 번은 아닐 것이다.

◆

가끔은 이런 생각을 한다. 내가 역도에 왜 그토록 집요하게 매달렸을까. 썩 남다른 동기는 아니었지 싶다. 몸은 보디빌딩 광고지에 전후 비교용으로 등장하는 45킬로그램짜리 약골이 아니었으나, 마음은 소심하고 불안 많고 내성적이고 수동적이었다. 괴물 같은 중량을 들어 올리면서 힘이 (그것도 어마어마하게) 세졌지만 그것이 원래의 내성적인 성격을 바꿔주지는 못하는 듯 나는 하나도 달라지지 않았다. 만사 과유불급이라고 역도에도 대가가 따랐다. 스쿼트를 몸이 감당하지 못할 수준으로 밀어붙인 결과 네갈래근에 무리가 왔다. 1974년 한쪽 넓적다리 네갈래근에 힘줄 파열이 일어났고 1984년 다른 쪽 넓적다리에 부상을 입은 것도 맹렬한 스쿼트와 결코 무관하지 않았다. 1984년에 입원해서 다리에다 기다랗게 깁스를 한 채 나도 참 한심하다 생각하고 있는데 머슬비치 시절의 데이브 셰퍼드, 거물 데이브가 찾아왔다. 그는 느릿느릿 고통을 참으며 다리를 절뚝이면서 내 병실로 들어왔다. 양쪽 엉덩관절에 관절염이 아주 심각해져 인공 고관절 성형술(고관절 전치환술)을 기다리는 중이라고 했다. 우리는 서로를, 역도로 반쯤 망가진 서로의 몸을 바라보았다.

"우리 어찌 그리 어리석었을까." 데이브가 말했다. 나는 고개를 끄덕여 동의했다.

나는 그가 한눈에 마음에 들었다. 1961년 초, 그는 샌프란시스코 센터럴Y에서 운동을 하고 있었다. 이름도 마음에 들었다. 멜Mel, 그리스어로 '벌꿀' 또는 '달콤함'이라는 뜻이다. 그 이름을 듣는 순간 멜로 시작하는 낱말들이 줄줄이 떠올랐다. 'mellify(벌꿀로 방부처리하다)' 'melliferous(벌꿀을 만드는)' 'mellifluous(감미로운)' 'mellivorous(벌꿀을 먹는)'….

"멜이라… 멋진 이름이군요." 내가 말했다. "내 이름은 올리버예요."

건장하고 날렵한 몸매, 딱 벌어진 어깨와 단단한 허벅지에, 피부는 티 하나 없이 매끄러운 우윳빛이었다. 열아홉밖에 안 먹었다고 멜이 말했다. 그는 해군으로(소속 함정인 미해군 전함 노턴사운드 호의 주둔지가 샌프란시스코였다) 할 수 있을 때마다 Y에 와서 훈련을 한다고 했다. 나도 스쿼트 신기록을 세우겠다는 목표 아래 맹렬하게 훈련하던 시절이라 가끔씩 운동 시간이 겹쳤다.

운동과 샤워가 끝나면 모터사이클로 멜을 함정까지 태워다주곤 했다. 그는 보드라운 갈색 사슴가죽재킷을 입었는데 고향 미네소타 주에서 자기가 직접 쏘아 잡은 사슴이라고 했다. 헬멧은 내가 늘 바이크에 싣고 다니던 스페어 헬멧을 주었다. 나는 우리가 제법 잘 어울린다고 생각했다. 멜이 뒤 안장에 앉아 내 허리를 꼭 감아 안자 흥분으로 몸이 좀 간질거렸다. 모터사이클은 처음 타본다고 멜이 뒤에서 말했다.

우리는 1년 동안 가까이 지내면서 즐거운 시간을 보냈다(내가 마운트시온병원에서 인턴 과정 밟던 기간이다). 주말이면 같이 모터사이클을 타고 야외에 나가 캠핑을 하면서 연못이나 호수에서 수영하며 보냈고, 가끔은 레슬링도 했다. 그럴 때면 나는 성적인 전율이 일었고, 어쩌면 멜도 그랬을 것이다. 성적인 요소는 전혀 없었을뿐더러 제삼자가 봤다면 젊은 애 둘이 레슬링 하는구나 하고 지나쳤을 분위기였지만 서로의 몸을 강하게 압박할 때면 성적인 떨림이 일었다. 둘 다 자신의 빨래판 복근을 자랑스러워했고, 윗몸일으키기를 시작했다 하면 한 번에 100개 이상 몇 세트씩 해치웠다. 멜은 내 발을 깔고 앉아 윗몸을 한 번 일으킬 때마다 장난으로 내 배에다 주먹을 날렸고, 멜 차례가 되면 내가 그렇게 했다.

이 장난을 하면서 나는 성적인 흥분을 느꼈는데, 멜도 그랬던 것 같다. 늘 멜이 먼저 "레슬링 하자"거나 "복근운동 하자"고 했으니까. 물론 무슨 성적인 행위를 염두에 두고 그런 말을 한 것은 아니었지만. 그러면 우리는 복근운동이나 레슬링을 할 수 있었고, 그와 동시에 기분이 좋아졌다. 그리고 그 이상의 진전은 없었다.

나는 멜의 약한 면을 보았다. 자신은 전혀 인식하지 못했지만 그는 다른 남자와 성적 접촉을 두려워했다. 그렇지만 나를 향한 그의 특별한 감정이 어쩌면 그 두려움을 이겨내게 해줄지도 모른다고 감히 생각했다. 나는 아주 조심스럽게 해나가야 한다는 것을 깨달았다.

우리의 목가적이고 어쩌면 순진했던, 현재를 즐기며 미래는 생각하지 않았던 허니문 기간은 1년간 지속됐다. 그러나 1962년 여름이 가까워오면서 계획을 세워야 했다.

멜의 해군 복무 기간이 끝나가고 있었다. 고등학교를 졸업하고 곧장 해군에 들어갔던 멜은 이제 대학에 진학하고 싶어했다. UCLA에서 밟을 레지던트 과정 때문에 로스앤젤레스로 거처를 옮기기로 한 나는 캘리포니아 주 베니스에 같이 살 아파트를 구했다. 운동을 계속하려고 베니스비치와 머슬비치 체육관에서 가까운 곳으로 잡았다. 나는 멜의 산타모니카칼리지 응시원서 작성을 도와주고 내 바이크와 똑같은 것으로 중고 BMW를 한 대 사주었다. 멜은 내게 선물이나 돈 받는 것이 싫다면서 우리 아파트에서 걸어서 몇 분 거리에 있는 카펫 공장에 취직했다.

간이 부엌이 딸린 방 하나짜리 작은 아파트였다. 침대를 따로 썼고, 나머지 공간은 내 책과 끝없이 쌓여가는 학술지와 내가 몇 년 동안 써오던 논문들로 꽉 찼다. 멜은 가진 짐이 별로 없었다.

아침은 상쾌했다. 함께 식사와 커피를 즐긴 뒤 각자 자기 일터로 (멜은 카펫 공장으로 나는 UCLA로) 향했다. 퇴근하면 머슬비치 체육관으로 같이 갔다가 운동 끝나면 해변가 시드네 카페로 가서 다른 몸짱들하고 어울렸다. 일주일에 한 번 같이 영화 보러 갔고, 멜은 일주일에 두 번쯤 혼자 모터사이클 타고 나가 시간을 보내고 돌아왔다.

밤은 쉽지 않았다. 집중하기가 어려웠고, 멜의 몸이 지독하게 의식되어 촉각이 곤두설 지경이었다. 무엇보다 그의 야수 같은 수컷 냄새가. 나는 그 냄새를 사랑했다. 멜은 마사지 받는 걸 좋아해 자기 침대에 알몸으로 엎드리고는 등 마사지를 해달라고 청하곤 했다. 운동복 반바지 차림으로 그의 등에 걸터앉아 오일(모터사이클용 가죽 제품을 부드럽게 해주는 데 사용하는 우각유牛脚油인 니츠풋오일)을 붓고 단단하고 건장한 등 근육을 천천히 어루만졌다. 멜은 내 손길에 몸을 맡긴 채 느긋이 쉬는 것을 좋아했고, 나도 그것이 즐거웠다. 실제로 그러다가 오르가슴 직전까지 가곤 했다. '직전'은 괜찮았다. 적절했다. 아무렇지도 않은 척, 아무 일도 없었던 척할 수 있었으니까. 하지만 딱 한 번, 주체하지 못하고 그만 그의 등에다 정액을 뿜고 말았다. 멜이 갑자기 경직되는 것이 느껴졌다. 멜은 잠자코 일어나 샤워를 했다.

그날 밤 내내 멜은 한마디도 하지 않았다. 두 번 생각할 것도 없이 내가 너무 멀리 갔다는 뜻이었다(문득 어머니의 말이 떠올랐고, 그의 이름 MEL이 어머니 이름 뮤리얼 엘시 란다우Muriel Elsie Landau의 머리글자였다는 생각이 떠올랐다).

다음 날 아침 멜이 짧게 쏘아붙였다. "나가야겠어. 따로 살 곳을 구할 거야." 아무 말도 못 했지만 눈물이 터질 것 같았다. 몇 주 전 어느 날 밤 멜이 모터사이클을 타고 혼자 나갔다가 어떤 젊은 여자(실제로 그리 젊은 여자는 아니고 십대 아이 둘을 둔 엄마)를 만났다는 이야기를 한 적 있었다. 그 여자가 자기 집에 와서 지내라고 했다면서. 그때는 나에 대한 의리로 거절했지만 이제는 나를 떠나야만 한다고 했다. 그러면서도 우리가 "좋은 친구"로 남기를 바란다고 했다.

직접 본 적은 없었지만 그 여자에게 멜을 빼앗긴 기분이었다. 10년 전의 리처드가 떠올랐다. '정상인' 남자와 사랑에 빠지는 것이 내 운명인가 싶었다.

멜이 떠나간 뒤 버림받은 느낌에 사무치도록 외로웠다. 마약에 손을 대기 시작한 것이 바로 이 시점이었다. 보상 같은 것이 필요했다. 토팡가캐니언에 작은 집을 세냈다. 비포장 산길 꼭대기에 위치한 외딴 집이었다. 앞으로 다시는 누구와도 같이 살지 않으리라 결심했다.◆

◆

사실 멜과는 그 뒤로도 15년 동안 연락하며 지냈다. 표면 아래로는 항상 불편한 기류가 흘렀지만. 멜은 자신의 성정체성은 온전하게 받아들이지 못하면서 나와 신체 접촉을 갈망한 반면, 나는 섹스에 관한 한 환상이나 희망은 접어버린 터여서 아마 더 그랬을 것이다.

마지막 만남 역시 종잡을 수 없었다. 1978년 내가 샌프란시스코를 방문하자 멜이 일정을 맞추어 오리건 주에서 내려왔다. 평소 그답지 않게 긴장한 기색이 역력했고 웬일인지 같이 공중목욕탕에 가자고 졸랐다. 나는 공중탕에 가본 적이 없었고 샌프란시스코에 있는 게이 공중탕은 내 취향이 아니었다. 탈의를 하고 보니 멜의 피부가, 티 하나 없이 깨끗하던 그 우윳빛 피부가 '담갈색 반점caféau lait spots'으로 온통 얼룩덜룩한 것이 아닌가. "맞아, 신경섬유종증이야." 멜이 말했다. 그러고는 덧붙였다. "우리 형한테도 이게 있어. 너한테 보여줘야 할 것 같았어." 나는 멜을 부둥켜안고 흐느꼈다. 리처드 셀리그가 림프육종

◆ 몇 년 뒤 토팡가캐니언은 뮤지션과 화가, 온갖 히피 들의 성지가 되었지만 내가 살던 1960년대 초에는 인적 드문 조용한 동네였다. 내가 세 든 집처럼 비포장 산길을 따라 자리 잡은 인가들은 전부 뚝뚝 떨어져 있었다. 물은 1,500갤런(약 5,700리터) 용량 트럭으로 배달시켜 물탱크에 저장해놓고 사용해야 했다.

을 보여주던 때가 떠올랐다. 내가 사랑한 남자들은 모두 끔찍한 병에 걸릴 운명이란 말인가. 우리는 공중탕을 나와 다소 형식적으로 악수를 나누고 작별 인사를 한 뒤 헤어졌다. 그후로 다시는 만나지 못했고 편지도 더이상 오가지 않았다.

우리의 '허니문' 기간에 나는 꿈꾸었다. 평생을 함께할 것이라고, 늙어서까지 함께 행복하리라고. 그때 내 나이 겨우 스물여덟이었다. 여든이 된 지금 자서전이랍시고 끼적이며 앉아서 멜을, 우리가 함께했던 나날을, 낭만과 순수가 살아 있던 그 어린 날들을 돌아보며 혼자 묻는다. 멜은 어떻게 되었을까? 지금도 살아 있을까?(신경섬유종증, 일명 폰 레클링하우젠병von Recklinghausen's disease은 예측이 불가능한 괴물이다.) 여기에 내가 쓴 이야기를 멜도 읽을까? 우리의 젊고 뜨겁고 자아에 대해 혼란스럽기만 했던 그날들을 이제는 좀 너그럽게 받아들일까?

리처드 셀리그가 조심스럽게 내 고백을 거절했을 때는("나는 그런 쪽이 아니지만 네 사랑을 고맙게 생각해. 그리고 나도 널 사랑해. 내 식으로.") 퇴짜 맞은 기분도 들지 않았고 비탄에 빠지지도 않았다. 그렇지만 멜의 역겹다는 듯한 반응은 마음에 깊은 상처를 남겼고 언젠가는 참된 사랑을 할 수 있으리라는 희망마저 앗아갔다(내가 느낀 것은 그런 박탈감이었다). 나는 내면으로 파고들고 아래로 가라앉으며 마약이 채워주는 환상과 쾌락에서 만족을 구하려 들었다.

샌프란시스코에서 보낸 2년 동안 나는 하얀 인턴 가운을 짐승 가죽옷으로 갈아입고는 바이크에 올라타 떠나는, 나름대로 무탈한 주말 이중생활을 해왔다. 그 이중생활이 이제 한층 더 어둡고 위험해졌다. 월요일부터 금요일까지는 UCLA의 환자들에게 헌신했다. 그러나 모터사이클을 타지 않는 주말이면 가상 여행(대마초나 나팔꽃씨나 LSD로 떠나는 마약 여행)에 몰두했다. 이것은 누구와도 나누지 못할, 누구에게도 말 못 할 비밀이었다.

어느 날 한 친구가 "특별한" 대마초라면서 한 대 주었다. 어떤 점에서 특별한지는 말해주지 않았다. 조금 불안했지만 한 모금 빨고, 또 한 모금 빨고 나서는 게걸스럽게 나머지를 다 피워버렸다. 보통 대마초로는 절대 느끼지 못할 효과였다. 오르가슴에 가까운 너무나 강렬하고 음탕한 기분 말이다. 무슨 성분이 들어간 거냐고 물었더니 암페타민(중추 신경과 교감 신경을 흥분시키는 작용을 하는 각성제 — 옮긴이)을 첨가했다고 했다.

중독이 우리 안에 '내장된' 경향과 얼마나 깊이 연관되어 있는지, 상황이나 심리 상태에 얼마나 좌우되는지 나는 알지 못한다. 내가 아는 것은 그날 밤 암페타민을 흠뻑 적신 대마초 한 대로 앞으로 4년을 거기에서 헤어나지 못했다는 사실 하나뿐이다. 암페타민의 노예가 되자 잠이 불가능해졌고 밥도 거부했다. 뇌 속 쾌락중추의 자극 외에는 하등 중요한 것이 없었다.

암페타민 중독과 씨름하던 중(나는 암페타민을 첨가한 대마초에서 급속히 복용용 또는 혈관 주사용 메스암페타민methamphetamine(속명 '필로폰' — 옮긴이)으로 넘어갔다) 제임스 올즈의 쥐 실험에 대한 글을 읽었다. 쥐의 뇌 보상중추(대뇌측좌핵과 다른 심층 피질하구조)에 전극을 이식해서 막대를 누르면 이 중추를 자극하도록 설계한 실험이었다. 이 쥐들은 멈추지 않고 막대를 눌러대다가 탈진해서 죽었다. 암페타민에 잔뜩 전 나는 올즈의 쥐 마냥 어쩌지 못하고 내달렸다. 투약 양도 갈수록 늘어나 심장 박동 수와 혈압이 위험한 지경에 이르렀다. 이 상태가 되면 적당선이라는 게 없어진다. 아무리 해도 모자란다. 암페타민이 주는 황홀경은 아무 노력 없이 그 자체로 충족되었다. 그것이 주는 쾌감은 어떤 것도 누구도 필요 없는 근본적인 완전함이었다. 하지만 그것은 동시에 철저한 공허였다. 다른 동기며 목표, 다른 흥미며 욕망, 그 모든 것이 황홀경의 공허 속에서 자취를 감추었다.

이것이 내 몸에, 어쩌면 내 뇌에 무슨 짓을 하는지 거의 생각조차 하지 않았다. 머슬비치와 베니스비치에서 암페타민 과용으로 몇 사람이 죽었다. 나는 그저 운이 좋아 심장발작이나 심장마비가 오지 않았을 뿐이었다. 목숨 갖고 불장난을 하면서도 나는 그 사실을 의식하지 못했다.

월요일 오전이면 (휘청휘청, 수면발작에 가까운 상태로) 직장에 돌아왔다. 내 생각인지는 모르지만, 아무도 내가 주말 동안 성층권에 들어갔다 왔음을, 아니 감전된 한 마리 쥐로 전락했었다는 사실을 알아보지 못했다. 사람들이 주말에 뭐하고 지냈느냐고 물으면 '멀리' 좀 다녀왔다고 대답하곤 했다. 그게 얼마나 '멀리'였는지, 어떤 의미의 '멀리'였는지, 그들은 짐작도 못 했으리라.

◆

이 무렵 신경학 학술지에 논문 두 편을 발표했다. 하지만 나는 더 큰 것, 다가오는 미국신경학회에서 개최하는 연례학술대회의 기획전시전을 바라보고 있었다.

우리 과의 탁월한 사진가 톰 돌런(나와 같이 해양생물학과 무척추동물에 흥미가 높았던 친구)의 도움 덕분에, 나는 서부의 풍경사진에서 신경병리학의 내적 풍경으로 눈을 돌렸다. 우리는 할러포르덴-슈파츠병 환자, 비타민E 결핍 쥐, IDPN에 중독된 생쥐한테서 나타나는 부풀어 오른 축삭을 보여주기 위한 최상의 사진을 얻기 위해 공들여 작업했다. 우리는 이 사진들을 대형 코다크롬 필름 슬라이드로 제작하고 안에서 이 슬라이드를 밝혀줄 특수조명 뷰잉캐비닛을 만들었다. 아울러 사진에 실을 자막도 제작했다. 몇 달에 걸쳐 이 모든 것을 준비하고 정리해서 1965년 클리블랜드에서 열린 미국신경학회 춘계 학술대회에 설치했다. 내가 바라고 예상한 대로 우리의 전시 부스는 대성공이었다. 평소의 수줍고 과묵하던 모습은 간데없이 나는 사람들을 붙들고 우리가 준비한 세 유형의 축삭 이상이 얼마나 매력적이고 흥미로운지를 장황하게 설명했다. 세 유형이 임상적으로나 지형학적으로 그토록 다르면서도 개별 축삭과 세포 차원에서는 너무나 유사하다는 이야기를 하면서.

이 전시는 미국 신경학계에 '이게 접니다, 제가 무엇을 할 수 있는지 지켜봐주십시오'라고 나름의 방식으로 나를 알리는 자리였다. 4년 전 캘리포니아에서 달성했던 스쿼트 기록이 머슬비치의 몸짱 세계에 나를 알리는 방식이었듯이.

레지던트 과정이 끝나는 1965년 6월 말이면 실직자가 될지 모른다고 걱정하고 있던 참이었다. 그런데 이 축삭 이상 전시전의 성공에 힘입어 미국 전역에서 일자리 제안이 날아들었다. 뉴욕 시에서 온 두 건이 특히나 탐났다. 하나는 컬럼비아대학교의 코웬과 옴스테드한테서 온 것이고, 또 하나는 알베르트아인슈타인의과대학교의 걸출한 신경병리학자 로버트 테리의 제안이었다. 1964년 테리가 UCLA에 와서 최근 작업인 전자현미경을 이용한 알츠하이머병 분석 결과를 발표했을 때 그의 선구적인 연구에 매혹되었다. 당시 나는 특히 신경계의 퇴행성 질환에 관심이 많았다. 할러포르덴-슈파츠병처럼 어려서 발병하는 경우와 알츠하이머병처럼 노령에 발병하는 경우가 있다는 점이 흥미로웠다.

토팡가캐니언의 소박한 집에 살면서 UCLA에 계속 남아 있었을 수도 있었다. 하지만 이만 떠나고 싶은 마음이 컸고, 구체적으로 뉴욕으로 가고 싶었다. 아무래도 내가 캘리포니아를 너무 즐기고 있다는 생각, 안일하고 너저분한 생활에 중독되고 있다는 생각이었다. 고생스럽더라도 진짜 삶이 있는 곳, 일에 나를 바칠 수 있는 곳, 그러면서 진짜 나, 내 안의 참 목소리를 찾을 수 있는 곳으로 가야 할 것 같았다. 축삭 이상(코웬과 옴스테드의 전공 분야)에 흥미가 많았지만 다른 무언가를, 신경병리학과 신경화학을 긴밀히 결합시킨 무언가를 하고 싶었다. 알베르트아인슈타인의과대학교는 신생 학교로 위대한 신경학자 솔 코리(1918~1963)가 조직한 신경병리학과 신경화학의 학제간 특별연구원제도를 두고 있어서, 최종적으로 그곳의 제안을 받아들였다.♦

◆

UCLA에서 보낸 3년 동안 열심히 일하고 열심히 놀면서 휴가 한 번 가지 못했다. 나는 무시무시한(그러나 한편으로 정 많은) 주임교수 오거스터스 로즈에게 찾아가 며칠 휴가를 달라고 수시로 말했다. 그때마다 "색스 군, 자네한테 휴가 아닌 날이 있나" 하는 답변에 주눅이 들어서 포기하고 돌아서곤 했다.

주말 라이딩은 계속 나갔다. 데스밸리에 자주 갔고 가끔은 안자보레고 사막까지 갔다. 나는 사막을 사랑했다. 어쩌다가는 더 밑으로 멕시코 바하칼리포르니아 주까지 내려가 전혀 다른 문화를 느껴보기도 했다(엔센나다를 지나면 길이 몹시 험난했지만). 모터사이클 주행거리가

♦ 코리는 엄청난 혜안으로 신경과 계통의 여러 학과가 하나로 통합된 '신경과학neuroscience'이 출현하리란 사실을 이 용어가 만들어지기 몇 년 전부터 이미 내다보고 있었다. 나는 그를 직접 만나보지는 못했다. 1963년 젊은 나이에 비통하게도 고인이 되었기 때문이다. 그러나 알베르트아인슈타인의대의 모든 '신경neuro' 연구실들(은 물론 임상 신경과까지)의 긴밀한 연계는 그의 유산이며, 그러한 협력 연구 기풍은 오늘날까지 이어지고 있다.

16만 킬로미터를 넘겼을 때, 나는 UCLA를 떠나 뉴욕으로 옮겨갔다. 1965년 무렵부터 교통체증 현상이 나타나기 시작했는데 동부는 특히 더했다. 모터사이클 타고 달리던 길 위의 삶, 캘리포니아에서 누렸던 자유와 환희는 거기서 끝났다.

가끔 혼자 묻는다. 나는 왜 50년이 넘도록 뉴욕에 남아 있는 걸까? 내게 그토록 강렬한 설렘과 떨림을 준 곳은 서부, 특히 남서부였는데? 이제 뉴욕에는 많은 인연이 생겼다. 돌보는 환자들, 가르치는 학생들, 정든 친구들, 그리고 내 정신과 상담의까지. 하지만 뉴욕에서는 캘리포니아가 그랬던 것처럼 나를 움직인다는 느낌을 받아보지 못했다. 내가 품는 향수의 대상은 장소만이 아니라 젊음이기도 한 것이 아닐까? 모든 것이 지금과는 달랐던 시절, 사랑에 빠졌던, 그리고 이렇게 말할 수 있었던 시절. "미래가 내 앞에 있어."

옥스퍼드에서. 1953년경.

동료 의대생들과 미들섹스병원에서. 1957년.

나의 새 애마 노턴 250cc 모터사이클과 함께. 1956년.

1955년 예루살렘 여행 중 훗날 이스라엘 총리에 오르는 레비 에슈콜과 악수하는 어머니. 아버지와 나는 뒤에 서 있다.

1961년 5월. 함께 여행하며 '드래블해피'에 묵었던 트럭 기사, 맥과 하워드.

1956년 역도 초심자 시절, 런던의 스포츠클럽 마카비에서.

왼쪽에 서 있는 사람이 나. 베니스비치에 설치된 역도 플랫폼을 바라보고 있다.

Dr. Oliver Sacks of the Mar-Vel Athletic Club of San Rafael holds the new California State record in weighlifting.

At the Pacific Coast Championships in San Francisco last Saturday, the British medical doctor interning at Mount Zion Hospital in San Francisco, performed a full squat with 600 pounds across his shoulders.

풀스쿼트 종목 600파운드(약 270킬로그램)에 도전하여 1961년도 캘리포니아 주 신기록을 수립했다.〔사진 속 기사: 샌러펠 마블애슬레틱클럽 소속 올리버 색스 박사가 역도 풀스쿼트 부문 캘리포니아 주 신기록을 수립했다. 지난 토요일 샌프란시스코에서 열린 태평양연안선수권대회에서 샌프란시스코 마운트시온병원에서 인턴으로 근무하는 영국인 의학 박사 올리버 색스가 풀스쿼트 종목에서 600파운드 역기를 어깨에 걸치고 있다.〕

UCLA 레지던트 시절의 공식 사진과
신경생리학 실험실에서. 1964년.

토팡가캐니언에서 내가 살던 집. 옆의 참나무와 비교되어 작아 보이지만 피아노를 들여놓을 만큼은 되었다.

레니 이모.

어머니.

톰 건. 우리가 처음 만난 1961년 무렵.

내 친구 캐럴 버넷. 1966년 센트럴파크에서 내가 찍은 사진이다.

Eastside
Old Tap
Lager Beer
CAMELS So Mild... So Flavorful!
CAMELS MILD AND FLAVORFUL
CAMELS MILD AND FLAVORFUL
Salem
WINSTON
BEER

1963년 무렵 내가 찍은 사진들. 토팡가캐니언의 작은 가게(앞쪽), 베니스비치 근처에서 산보하는 멜, 산타모니카의 당구장.

뉴욕에서. 1970년경.

머슬비치에서 나의 애마
BMW 모터사이클과 함께.

새로 구한 BMW R60에 앉아서. 1961년 그리니치빌리지.

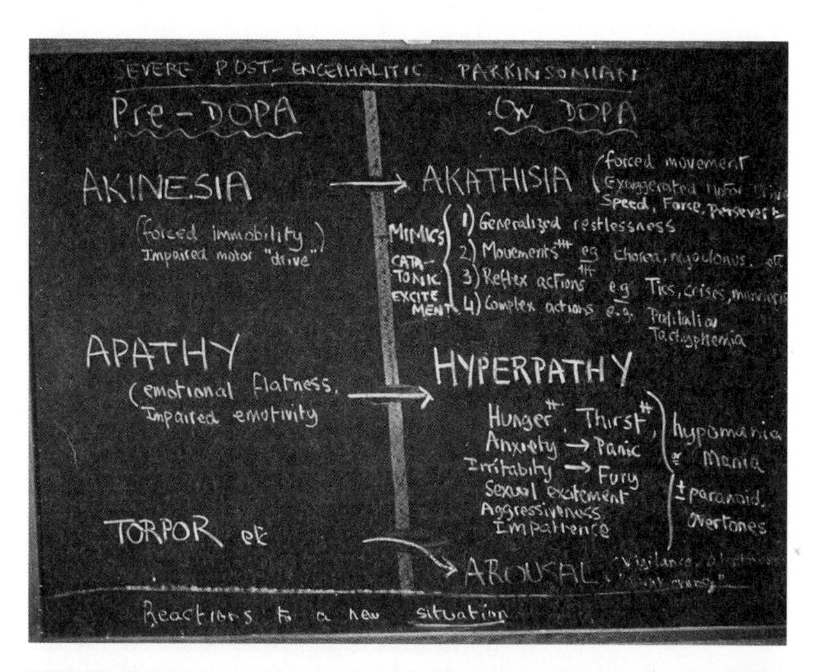

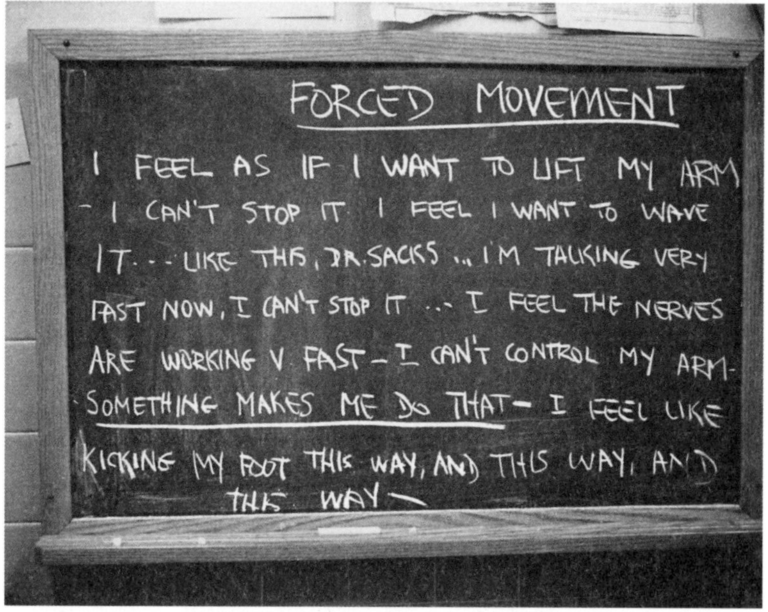

《깨어남》 시절 수없이 썼던 '생각 칠판'의 일부.

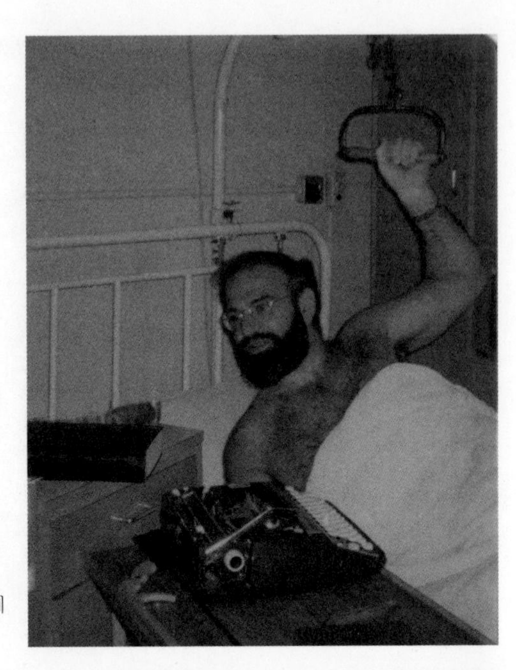

1974년 노르웨이 다리 사고에
서 회복하던 시기의 나.

글쓰기: 자동차 지붕에서, 암스테르담 기차역에서, 기차에서.

손 닿지 않는

1965년 9월, 알베르트아인슈타인의과대학교 신경화학과 신경병리학 학제간 특별연구원으로 일하기 위해 뉴욕으로 옮겨왔다. 옥스퍼드대학교에서 재앙으로 끝났던 연구는 두 번 다시 바보짓 하지 말라는 경고였다. 그래도 나는 진짜 과학자, 연구 과학자가 되려는 희망을 버리지 않았다. 과거의 교훈은 과감히 지르밟고 다시 한 번 해봐야 되지 않겠는가, 생각하고 있었다.

뉴욕에 도착했을 때 UCLA에서 나를 홀렸던 열정적인 로버트 테리는 안식년을 맞아 부재중이었고 신경병리학과의 빈자리는 헝가리 출신 망명자인 이반 헤르조그가 관장하고 있었다. 성품이 온화하고 상냥한 그는 자기 동료의 그 불같은 성격을 놀랍도록 너그럽게 받아주었다.

1966년 무렵 나는 아주 다량의 암페타민을 섭취하고 있었다. 정신이 나간 건가? 조증인가? 무절제 상태인가? 능력이 향상되었나? 뭐라고 정의조차 하기 어려운 상태였다. 후각이 놀랍게 예민해지고 그저 그렇던 상상력과 기억력도 비범하게 향상된 것만은 확실했다.

매주 화요일에는 간이 시험이 있었다. 이반은 특이 신경병리학 질환의 현미경 사진을 보여주며 우리에게 무엇인지 맞혀보라고 묻곤 했다. 나는 보통 이 시험 때 아주 형편없었다. 어느 화요일에 이반이 사진을 보여주면서 이렇게 덧붙였다. "이건 대단히 희귀한 병입니다. 여러분이 알아내기는 어려울 것 같군요."

그때 내가 큰소리로 답했다. "미세아교세포종입니다!" 모두 깜짝 놀라 나를 쳐다봤다. 노상 묵묵부답이던 저 친구가?

"맞습니다, 전 세계 의학 문헌을 통틀어 단 여섯 건만 이 병을 기술하고 있습니다." 나는 이렇게 말하고는 여섯 편의 논문을 상세히 인용했다. 이반은 눈을 휘둥그렇게 뜨고 나를 물끄러미 바라보았다.

"그걸 어떻게 알았나요?" 그가 물었다.

"아, 그냥 이것저것 읽다가 봤습니다." 나한테서 이런 대답이 나오다니 나도 놀랐고 이반도 놀랐다. 내가 어떻게 이런 지식을 그렇게 신속하게 무의식적으로 흡수할 수 있었는지, 아니 대체 언제 그랬는지 영문 모를 일이었다. 암페타민이 가져다준 기이한 향상 효과가 바로 이런 것이었다.

◆

레지던트 시절에 나는 지방질축적증이라는 희귀병에 특히 관심이 높았다. 뇌세포에 비정상적 지방질이 축적되는 이 질환은 가족 내에서 유전되는 경우가 많다. 이 지방질이 위장관 벽 신경세포에도 축적될 수 있다는 사실이 발견되었을 때 나는 무척 흥분했다(이 발견에 대해 기술한 최초의 보고서를 《영국외과저널British Journal of Surgery》에서 보았다). 그렇다면 관련 증상이 아직 나타나지 않더라도, 뇌가 아니라 (뇌보다 수술로 인한 외상이 훨씬 덜한) 직장 생체검사를 통해 이 질환의 진단이 가능하다는 뜻이었다. 지방질이 쌓여 부풀어 오른 신경세포 하나만 찾으면 진단이 나오는 셈이었다. 알츠하이머병 같은 다른 질환들도 소화기관의 신경세포에 변화를 일으킨다면 이런 방법으로 조기 진단이 가능하지 않을까 궁금했다. 나는 직장 벽을 거의 투명한 상태가 되도록 '청소'하여 그 안의 신경세포를 메틸렌블루(산화 환원 반응의 지시약, 세포나 조직 따위의 염색체로 사용하는 염기성 물감의 하나 — 옮긴이)로 염색하는 기법을 개발했다. 기존의 기법을 변형한 것이라고 할 수도 있겠지만. 이 기법을 이용하면 저전력 현미경으로 10여 개의 신경세포를 볼 수 있어 이상이 발생할 경우 어떤 것이든 발견할 확률이 높아진다. 우리의 슬라이드를 들여다보면서, 이것을 통해 직장 내 신경세포의 변화(알츠하이머병과 파킨슨병 환자들에게서 발달하는 것으로 보이는 비정상적 단백질 집합체인 신경섬유매듭과 루이소체Lewy body)를 볼 수 있을 것이라고, 주임교수 이반을 그리고 나 자신을 설득했다. 나는 이것이 중대한 발견이 될 것이라는 원대한 기대에 부풀었다. 값을 매길 수 없는, 하나의 돌파구가 될 진단 기법이 되리라고. 1967년 우리는 다가오는 미국신경학회 학술대회에서 채택되어 발표할 수 있기를 바라며 논문 초록을 제출했다.

안타깝게도 이 시점에 일이 꼬여버렸다. 우리가 입수한 몇 건의 직장 생체검사 결과 외에 훨씬 더 많은 자료가 필요했는데 얻을 길이 없었다.

연구를 더이상 진행할 수 없게 되자 이반과 나는 학술대회와 관련해 이미 제출한 초록을 회수할 것인지를 놓고 고민했다. 결국 그렇게 하지 않기로 했다. 다른 사람들이 심사할 문제라는 판단이었다. 미래가 결정하게 하자고. 그리고 결정이 나왔다. 내 직함을 신경병리학자로 만들어주리라 기대했던 그 '발견'은 인위적인 조작의 결과로 판명 났다.

◆

내가 사는 아파트는 그리니치빌리지에 있었는데 발이 빠질 정도로 눈 쌓인 날이 아니면 모터사이클을 타고 브롱크스로 출근했다. 안장 가방은 없었지만 뒷좌석에 튼튼한 선반이 달려 있어 물건은 튼튼한 고무줄로 고정하면 그만이었다.

신경화학에서 내 프로젝트는 더 거대한 신경섬유의 축삭을 감싸고 있는 지방성 물질인 수초를 추출하는 것이었는데, 신경섬유가 더 클수록 신경 자극을 더 빨리 생성해낼 수 있다. 당시에는 아직 답이 나오지 않은 문제가 많았다. 무척추동물의 수초를 추출해낼 수 있다면, 이들의 수초는 구조와 성분에서 척추동물의 수초와 다른가? 내가 실험동물로 선택한 것은 지렁이였다. 원래 지렁이를 좋아하는 데다, 위협을 받았을 때 신경섬유를 재빨리 지휘하여 몸을 순식간에 크게 움직일 수 있게 해주는 대형 수초를 녀석들이 지녔기 때문이다(바로 이것이 내가 10년 전에 TOCP의 수초 손상 효과를 연구할 때 지렁이를 실험동물로 선택한 이유였다).

나는 대학교 정원의 지렁이들을 상대로 진정한 대학살을 감행했다. 인정받을 만한 수초 표본을 추출하기 위해서는 수천 마리의 지렁이가 필요했기 때문이다. 그러자니 순수 라듐 1데시그램을 얻어내기 위해 역청우라늄석 몇 톤을 처리했던 마리 퀴리(1867~1934)가 된 기분이었다. 나는 점차 단칼에 신경삭과 뇌신경절을 절개해내는 숙련공이 되었고, 분획과 원심분리를 위해 그렇게 잘라낸 것들을 한데 섞어 농도 짙은 수초 '수프'로 준비했다.

나는 이 모든 과정을 실험 공책에 꼼꼼하게 기록했다. 가끔은 그 두꺼운 초록 공책을 집으로 가져와서 밤새 생각에 골몰하기도 했다. 이것이 화근이 되었다. 어느 날 아침 늦잠을 잤다가 부랴부랴 출근에

서두르느라 바이크 짐칸 선반에 고무줄을 단단히 고정하지 못했다. 그 바람에 그만 아홉 달간의 소상한 실험 데이터가 담긴 소중한 공책이 크로스브롱크스 고속화도로를 건널 때 느슨한 틈으로 빠져 날아가버렸다. 모터사이클을 도로가에 세우고 총알처럼 달리는 차량들 사이로 흩날리는 공책 낱장들을 지켜보았다. 그걸 주워보겠다고 두세 번 도로 안으로 뚫고 들어가려 했지만, 미친 짓이었다. 달리는 차가 너무 많고 너무 빨랐다. 나는 공책의 마지막 장까지 다 찢겨 나뒹구는 것을 넋 놓고 지켜볼 수밖에 없었다.

실험실에 가면 적어도 수초들은 남아 있으니까, 하고 혼잣말로 마음을 달랬다. 그걸 전자현미경에 놓고 보면서 분석하면 잃어버린 데이터 일부라도 살릴 수 있을 것이라고. 몇 주 동안 매달려 준수한 성과를 얻어냈다. 덕분에 다시 다소 낙관할 수 있게 되었다. 신경병리학 실험실에서 유침油浸 대물렌즈(렌즈와 표본 슬라이드 사이에 투명한 기름 따위 굴절률이 높은 물질을 채워 사용하는 대물렌즈 — 옮긴이)를 현미경 본체에 끼우다가 둘도 없는 표본 슬라이드 몇 점을 망가뜨리는 등 다른 실수도 몇 번은 있었지만.

실수는 거기에서 그치지 않았다. 내가 먹던 햄버거 부스러기가 실험대는 말할 것도 없고 수초 표본에서 불순물을 제거하는 데 사용하는 도구인 원심분리기에서까지 나온 것이 더 심각한 문제라고, 윗사람들이 지적했다.

그러고는 최후의, 돌이킬 수 없는 한 방이 있었다. 내가 수초를 잃어버린 것이다. 어디로 갔는지 보이지 않았다. 실수로 쓰레기통에다 쓸어 넣어버린 건지 어찌된 일인지 모르겠지만, 열 달 걸려 추출해낸 그 작디작은 표본이 돌이킬 수 없이 사라져버렸다.

회의가 소집되었다. 아무도 내 재능을 부정하지 않았지만 내 결점에 대해서도 부정하지 못했다. 주임교수들이 친절하나 단호한 어조로 말했다. "색스, 자넨 우리 실험실의 골칫거릴세. 그러지 말고 환자를 보는 것이 어떻겠나. 그게 동료들에게 피해를 주지 않는 길이지 싶네." 나의 임상 생활은 이렇듯 불명예스럽게 시작되었다.♦

에인절더스트angel dust. 이 얼마나 달콤하고 매혹적인 이름인가! 그 효과는 달콤함과는 거리가 멀 수 있으니, 속아 넘어가지 말자. 무분별한 마약복용자였던 1960년대의 나는 뭐든 좋다, 웬만하면 다 해보자는 태세였다. 이런 나의 만족을 모르는 위험한 호기심을 아는 한 친구가 이스트빌리지의 한 다락방에서 열리는 에인절더스트 '파티'에 나를 초대했다.

조금 늦게 도착해서 파티는 이미 시작된 뒤였다. 문을 열었다가 목격한 장면이 얼마나 초현실적이고 아수라장이던지 매드 해터Mad Hatter(루이스 캐럴의 소설《이상한 나라의 앨리스》에 등장하는 미친 모자 장수. 이상하고 어처구니없는 말을 횡설수설 늘어놓으며 언제나 오후 여섯시로 고정돼 있는 티파티에서 끝없이 차를 마신다 — 옮긴이)의 티파티가 오히려 건전과 법도의 정수로 보일 판이었다. 열두 명쯤 되는 사람들이 전부 벌겋게 상기된 상태로,

---

♦ 어쩌면 나조차 내가 연구 분야에서 성공할 것이라고는 전혀 기대하지 않았던 것 같다. 1960년에 부모님에게 보낸 편지에서 UCLA 생리학과에서 연구직을 하는 문제에 대해 이렇게 적었다. "저는 좋은 연구자가 되기에는 아무래도 너무 변덕스럽고 너무 게으르고 너무 엉성하고 심지어는 너무 불성실한 사람인 듯합니다. 제가 정말로 즐거운 것은 사람들하고 대화하는 것… 그리고 읽고 쓰는 일입니다."

그리고 이 말 바로 앞에 조너선 밀러에게 받은 편지를 인용했는데, 조너선은 자신과 에릭과 나에 대한 생각을 쓰면서 이렇게 말했다. "나는 H. G. 웰스가 그랬던 것처럼 과학 연구에 대한 전망에 황홀했다가 실전을 겪고는 마비돼버렸어. 우리 셋 중 누가 됐든 마찬가지야. 우리가 날쌔게 또는 우아하게 움직일 수 있는 유일한 공간은 사고와 언어를 다루는 쪽이 될 거야. 우리의 과학 사랑도 따지고 보면 순전히 문학적이었지."

몇몇은 눈이 충혈되어 있고 대부분이 비틀거렸다. 한 남자는 새된 비명을 내지르면서 가구 위를 이리저리 건너뛰고 있었는데 자기가 침팬지라고 생각하는 모양새였다. 또 한 사람은 옆 사람의 "털을 다듬으면서" 팔에서 있지도 않은 벌레를 잡아주고 있었다. 한 사람은 바닥에다 배변을 해놓고는 검지로 배설물 위에다 무늬를 그리며 놀고 있었다. 두 손님은 꼼짝도 하지 않는 긴장증 상태였고, 또 한 사람은 인상을 쓰면서 실없는 소리를 늘어놓고 있었는데 조현병 특유의 증상인 '말비빔word salad'처럼 뒤죽박죽이었다. 나는 응급센터에 전화를 걸었다. 파티 참석자 전원이 벨뷰병원으로 이송됐다. 몇 사람은 몇 주 동안 입원해야 했다. 내가 늦게 도착한 것이 너무나 기뻤고 에인절더스트는 입에 대지도 않았다.

◆

나중에 주립 브롱크스정신병원에서 신경의로 일할 때 에인절더스트(속효성 환각제 펜시클리딘phencyclidine 또는 PCP)로 유발된 유사 조현병으로 찾아온 사람을 여럿 보았다. 개중에는 상태가 몇 달씩 지속되는 경우도 있었다. 일부는 발작마저 겪었고, 다수가 에인절더스트를 투약하고 나서 길게는 1년까지 매우 비정상적인 뇌파 흐름을 보였다. 내 환자 가운데 한 사람은 PCP를 흡입한 몽롱한 상태에서 여자친구를 살해했지만 자신이 살인을 했다는 기억이 전혀 남아 있지 않았다(이 복잡하고 비극적인 사건과 그 못지않게 복잡하고 비극적인 결과를 담은 보고서는 훗날 《아내를 모자로 착각한 남자》에 수록했다).

PCP는 원래 1950년대에 마취제로 개발되었지만 끔찍한 부작용이 알려지면서 1965년에 이르면 더이상 의학적 용도로는 쓰이지 않았다. 대부분의 환각제는 일차적으로 뇌의 여러 신경전달물질 중 하나인 세로토닌serotonin을 자극한다. 그런데 PCP는 케타민ketamine(마취제)처럼 신경전달물질인 글루타민glutamine의 활동을 억제하며 다른 어떤 환각제보다 위험하고 효과가 오래 지속된다. 실험을 통해 PCP가 쥐의 뇌에 구조적 병변을 유발할 뿐 아니라 화학물질 체계에도 변화를 야기한다는 사실이 밝혀졌다.♦

1965년 여름은 내게 특히 더 힘겹고 위험한 시기였다. UCLA에서 과정이 끝나고 알베르트아인슈타인의대에서 새 과정을 시작하기 전까지 소속 없는 석 달이 주어진 것이다.

나는 내 믿음직한 BMW R60을 팔고 유럽으로 가서 몇 주 머물며 뮌헨의 BMW 매장에서 좀더 수수한 모델인 신형 R50을 샀다. 맨 처음 간 곳은 뮌헨에서 멀지 않은 군첸하우젠의 작은 마을이었다. 거기에서 내 조상들의 묘지를 찾았다. 몇 사람은 랍비였는데, 군첸하우젠이라는 이름을 썼다.

다음으로는 유럽에서 내가 가장 좋아하는 도시, 10년 전 성적 세례를 받고 게이로서 삶을 시작한 곳인 암스테르담으로 갔다. 이 도시를 찾을 때면 많은 사람을 만났다. 이번에는 한 만찬 자리에서 카를이라는 젊은 독일인 연극 연출가를 만났다. 그는 차림새도 언어도 고상했다. 풍부한 지식으로 재치 있게 베르톨트 브레히트에 대해 이야기했는데, 브레히트의 희곡 작품 다수를 직접 무대에 올렸다고 했다. 함께 대화하기에 유쾌하고 교양 있다고 생각했지만 성적으로 특별히 끌리지는 않아서 생각하고 말 것도 없이 런던으로 돌아갔다.

그랬기에 2주가 지나 그에게서 파리에서 만나자는 엽서를 받았

♦ 1960년대 이후에는 에인절더스트가 오락 용도로 더이상 사용되지 않았을 것이라고 생각하는 사람도 있을지 모른다. 그러나 미국 마약단속국에서 발표한 최신 통계를 보면 2010년까지만 해도 PCP 흡입 후 응급실로 실려 온 청소년과 고등학생이 5만 명이 넘어간다.

을 때는 정말 놀랐다(어머니가 그 엽서를 보고는 누구한테서 온 거냐고 물었는데 미심쩍은 생각이 들었을지 모른다. 나는 "그냥 옛날에 알던 친구예요" 하고 답했고 어머니도 더이상 캐묻지 않았다).

그의 제안에 호기심이 발동한 나는 새로 산 모터사이클로 길을 나서 카페리 여객선으로 옮겨 타고 파리에 도착했다. 카를은 널찍한 더블침대가 놓인 아늑한 호텔방을 잡고 기다리고 있었다. 우리는 우리에게 주어진 주말을 파리 관광과 사랑 행위로 알뜰하게 채웠다. 나는 떠나올 때 챙겨 온 암페타민을 침대에 들기 전에 스무 알가량 한입에 털어 넣었다. 약을 먹기 전에는 느껴보지 못했던 흥분과 욕망으로 뜨겁게 달아올라 격렬하게 사랑에 임했다. 카를은 만족을 모르는 나의 정욕과 정열에 놀라 대체 어찌 된 일인지 물었다. 암페타민이라고 말하고는 약병을 보여주자 궁금해하면서 자기도 한 알 먹었다. 효과가 맘에 들었는지 한 알 더, 한 알 더 하더니 금세 나처럼 들뜬 상태가 되어 우디 앨런의 '오르가스마트론orgasmatron'(우디 앨런이 1973년에 제작한 2173년의 미래 사회를 배경으로 한 영화 〈슬리퍼Sleeper〉에 등장하는 오르가슴 발생장치 — 옮긴이)에 들어갔다 나온 사람처럼 흥분했다. 우리는 몇 시간이 가는지도 모른 채 열중했다가 탈진해서 잠시 떨어졌다가는 또다시 달려들곤 했다.

우리가 발정 난 두 마리 짐승처럼 뒹군 건 어찌 보면 그다지 놀라운 일은 아니었다. 상황이 상황인 데다가 암페타민이 가세했으니까. 하지만 이 만남으로 우리가 사랑에 빠지게 될 줄은 나로서도 전혀 예상하지 못했다.

10월에 뉴욕으로 돌아왔을 때 나는 카를에게 열에 들뜬 사랑의 편지를 썼고 카를에게서도 똑같이 뜨거운 답장이 날아왔다. 우리는 서로를 이상적인 존재로 여겼고, 사랑하고 창조하는 삶을 오래오래 함께하는 미래를 꿈꾸었다(카를은 예술가로, 나는 과학자로 가진 역량을 십분 발휘하면서).

하지만 감정이 사그라지기 시작했다. 우리는 우리가 함께했던 경험이 실제이며 진짜였는지, 암페타민이 가져다준 최음 효과가 아니었는지 자문했다. 내게는 이 의문이 무엇보다 모욕적이었다. 누군가와 사랑에 빠지는 고귀한 기쁨을 순전히 생리적 차원의 문제로 폄하할 수 있단 말인가?

11월, 우리는 의심과 확인을 오가며 극단에서 극단으로 치달았다. 12월이 되면서 우리는 사랑에서 빠져나왔고 (우리를 지배했던 그 이상한 열정에 대한 후회도 부정도 없이) 더이상 관계를 지속하고 싶은 의욕이 없어졌다. 그에게 보낸 마지막 편지에서 나는 이렇게 썼다. "뜨거웠던 환희의 기억만 남아 비이성적이고 강렬했던 감정은 … 완전히 사라졌어."

3년이 지나 카를에게서 편지 한 통을 받았다. 뉴욕에 살러 오게 됐다는 소식이었다. 마약을 중단한 지금 그를 다시 만나면 어떤 기분일까 궁금증이 생겼다.

그는 강변 근처 크리스토퍼 스트리트에 작은 아파트를 얻었다. 문을 열고 들어서자 불쾌한 냄새가 진동하고 연기가 자욱했다. 그토록 우아하던 카를이 면도도 안 하고 불결하고 단정치 못한 사람으로 변해 있었다. 바닥에 지저분한 매트리스가 깔려 있고 그 위 선반에는 알약 통이 놓여 있었다. 책 한 권 보이지 않는 그 집에서 이 사람이 과거에 독서광이자 연극 연출가였다는 사실을 말해주는 흔적은 전혀 찾을 수 없었다. 지적인 것이나 문화적인 것에는 아무런 흥미도 없어 보였다. 이제 마약 밀매에 뛰어든 그는 입만 열면 마약 이야기와 LSD가 어떻게 세계를 구원할 수 있는가 하는 이야기뿐, 다른 대화는 하고 싶어하지 않았다. 눈빛은 탁했고 광기가 느껴졌다. 이 모든 사태가 당황스럽고 충격적일 따름이었다. 그 섬세하고 재능 있고 교양 넘치던 남자가 단 3년 만에 이 지경이 되다니.

공포가 느껴졌고 얼마큼은 죄의식도 들었다. 카를에게 마약을 가르쳐준 것이 나 아니었던가? 한때 그토록 고상했던 인간이 이렇게 산산이 부서져버린 데는 내 책임도 어느 정도 있지 않은가? 그 뒤로 다시는 카를을 보지 못했다. 1980년대에 에이즈에 걸려서 독일로 돌아가 죽었다는 소식만 전해 들었다.

UCLA에서 레지던트 생활을 할 때 마운트시온병원의 친구 캐럴 버넷은 소아과 레지던트를 하기 위해 뉴욕으로 돌아갔다. 그러다가 내가 뉴욕으로 오면서 다시 친하게 지냈다. 우리는 일요일 오전에 종종 바니그린그래스('철갑상어의 왕'이란 별명을 가진 레스토랑 겸 식료품점)에 가서 훈제 생선 브런치를 먹었다. 어퍼웨스트사이드 출신인 캐럴은 어린 시절부터 바니그린그래스를 자주 다녔는데, 일요일 오전이면 이곳 식료품점과 레스토랑을 가득 메우는 이디시어 수다를 귀동냥으로 배워 유창하고 자연스러운 이디시어를 구사할 수 있게 되었다.

1965년 11월, 나는 낮에는 다량의 암페타민을 복용하고 밤이 되면 잠을 이룰 수 없어 다시 수면제인 클로랄하이드레이트chloral hydrate를 다량 복용하고 있었다. 하루는 카페에 앉아 있는데 갑자기 환각이 일어나기 시작했다. 《환각》에서 썼던 그 무시무시한 환각은 다음과 같다.

> 커피를 젓는 동안 커피의 색이 갑자기 초록색으로 변하더니 다시 자주색으로 변했다. 깜짝 놀라서 고개를 들어보니 계산대에서 돈을 내고 있

는 손님이 장비목에 속하는 코끼리물범 같은 머리를 하고 있었다. 공황에 사로잡힌 나는 5달러 지폐를 테이블 위에 내던지고, 도로 반대편으로 달려가 버스를 탔다. 하지만 버스 안의 승객들을 보니 모두 머리가 거대한 알처럼 하얗고 매끄러웠고, 반짝거리는 거대한 눈은 표면이 여러 면으로 깎인 곤충의 겹눈과 비슷했다. 승객들의 눈이 급격한 반사운동에 따라 움직이는 것 같아 더욱 두렵고 낯설었다. 나는 환각에 빠져 있거나 기이한 지각 장애를 겪고 있으며, 뇌에서 일어나고 있는 일을 스스로 막을 수 없고, 곤충의 눈을 한 괴물에 둘러싸인 상황에서 최소한 겉으로는 통제력을 유지하면서 공황에 사로잡히거나 비명을 지르거나 긴장증에 빠지지 않아야 한다는 사실을 깨달았다.

버스에서 내렸을 때는 나를 둘러싼 빌딩들이 높은 바람에 나부끼는 깃발처럼 좌우로 마구 흔들리고 펄럭거렸다. 나는 캐럴에게 전화를 걸었다.

"캐럴." 캐럴이 전화를 받자마자 말했다. "작별 인사를 하려고 전화했어. 내가 미쳐버렸어. 제정신이 아니야. 정신병자가 된 거야. 오늘 아침부터 이랬는데 점점 더 심해지고 있어."

"올리버! 대체 뭘 먹은 거야?" 캐럴이 말했다.

"아무것도 안 먹었어. 그래서 이렇게 겁이 나는 거야." 캐럴이 잠시 생각하더니 다시 물었다. "그럼 뭘 끊은 거니?"

"맞아, 그거였어! 매일 밤 클로랄하이드레이트를 한 움큼씩 먹었는데 어젯밤에 떨어졌거든."

"올리버, 이 맹추야! 넌 만날 그렇게 도를 넘어야 직성이 풀리지. 너 섬망譫妄에 빠진 거잖아." 캐럴이 말했다.

캐럴은 내가 섬망에 시달리는 나흘 내내 곁에 앉아 보살펴주고 나를 철저하게 감시했다. 그 시간 동안 온갖 환각과 망상의 파도가 끊임없이 나를 집어삼키려고 달려들었다. 캐럴은 산산이 조각난 그 혼돈의 세계 속에서 유일하게 흔들리지 않고 버텨준 기둥이었다.

내가 다시 공황에 빠져 캐럴에게 전화한 것은 3년이 지나서였다. 어느 날 저녁 머리가 약간 어지럽고 빙빙 돌고 아무 이유 없이 이상하게 흥분되기 시작했다. 잠을 이루지 못하는데 눈앞에서 피부색이 얼룩얼룩 변하는 것이 아닌가. 당시 내가 살던 아파트 건물주 마리는 용감하고 매력적인 할머니였다. 오랜 세월 피부경화증이라는 아주 희귀한 질환을 앓아왔는데 피부가 서서히 두꺼워지고 쪼그라들다가 팔다리가 뒤틀릴 수 있고 심하면 절단까지 해야 하는 병이었다. 마리는 이 병을 앓은 지 50년이 넘었다면서 의학계에 알려진 바로는 자신이 이 병의 가장 오랜 생존자라며 자랑스러워했다. 한밤중에 내 피부가 군데군데 딱딱하고 반질반질하게 변하는 것을 보자 불현듯 한 줄기 깨달음이 머리를 관통했다. 그랬다. 피부경화증, 그중에서도 "급성 피부경화증"이었다. 사실 그런 이름은 들어본 적이 없었다. 피부경화증이라고 하면 보통은 아주 더디 진행되는 병이었다. 하지만 어떤 병이 됐건 최초 사례는 있기 마련 아니던가. 내가 세계 최초의 급성피부경화증 환자로서 의학계를 발칵 뒤집어놓을 것이다, 하는 생각까지 했다.

캐럴에게 전화를 걸었다. 그녀는 검정색 가방을 손에 들고 나를 보러 왔다. 캐럴은 (고열이 나고 온몸에 물집이 생긴) 나를 한번 쓱 보더니 말했다. "올리버, 이 바보야, 너 수두 걸렸잖아."

"요 근래 대상포진 환자 진찰한 적 있니?" 캐럴이 이어서 말했다. 그렇다고 대답했다. 바로 14일 전에 베스에이브러햄병원에서 진료했던 노인이 대상포진 환자였다. "경험이 최고의 스승이다." 캐럴이 읊었다.

"이제 제대로 배웠겠네, 교과서에 그렇게 쓰여 있어서만이 아니라. 대상포진과 수두는 동일한 바이러스에서 온다는 걸."

명석하고 재치 있으며 마음씨 넓은 캐럴은 지병인 소아당뇨병과 싸우는 한편 의사로서 여성과 흑인에 대한 편견과도 굳세게 싸워 마운트시나이병원 원장으로 우뚝 섰다. 여성 의사들, 유색인종 의사들이 동등하게 존중받고 평등하게 대우받기까지 이런 캐럴의 능력이 오랜 세월 든든한 버팀목이 되어주었다. 캐럴은 마운트시온병원에서 선배 외과의들에게 당했던 수모를 결코 잊지 않았다.

뉴욕 생활을 처음 시작했을 때는 마약이 점점 늘었다. 카를과 연애가 시큰둥해진 것도 한몫했고 연구가 잘 안 풀리면서 애초에 연구직을 택한 것이 잘못이었다는 자책도 한몫했다. 1965년 12월에 접어들면서 병가를 내고 며칠씩 결근하는 일이 생겨났다. 먹는 것은 별로 없이 하고한 날 암페타민에 취해 살다 보니 무섭게 살이 빠져(석 달 동안 거의 40킬로그램이 빠졌다) 거울 속의 야윈 얼굴을 차마 보고 있을 수가 없었다.

새해를 하루 앞둔 날 밤, 암페타민에 취해 황홀해하던 와중에 갑자기 명징한 순간이 찾아와 내게 이렇게 말했다. "올리버, 너 살아서 내년에도 새해 첫날을 맞이하고 싶다면 도움을 받아야 돼. 뭔가 개입이 필요해." 나는 이 중독과 자기파괴에 뿌리 깊은 정신과적 문제가 깔려 있으며, 이 문제를 건드리지 않는 한 결국에는 다시 마약을 찾을 것이고, 머지않아 내 손으로 목숨을 끊게 될 것 같다는 생각이 들었다.

한 1년 전 아직 로스앤젤레스에 있을 때 부모님 친구 분이자 정신분석 전문의인 오거스타 보나르 여사가 누군가를 만나보라고 권했다. 내키지 않았지만 여사가 추천한 정신분석 전문의 시모어 버드 박사를 찾아갔다. "자, 어떻게 오셨습니까, 색스 박사님?" 그가 묻자 나는 딱딱거렸다. "보나르 박사님한테 물어보시죠. 그분이 보냈잖습니까?"

나는 정신과 상담 자체에 거부감이 있었을 뿐 아니라 거의 내내 약에 취해 살았다. 암페타민에 취한 사람은 능구렁이 같은 달변가가 될 수 있으며 매사가 일사천리로 진행되는 것처럼 느껴진다. 그러나 사실은 모든 것이 그냥 날아가버린다. 흔적 하나 남기지 않고.

1966년 초에는 상황이 전혀 달랐다. 외부 도움 없이는 극복할 수 없는 문제임을 깨닫고 자진해서 뉴욕에서 정신분석 전문가를 구했다. 셴골드 박사의 첫인상은 미덥지 않았다. 나보다 겨우 몇 살 많을까 말까 한 젊은이한테 무슨 인생 경험이 있고 얼마나 대단한 지식이 있을 것이며, 그런 사람한테 무슨 치료를 받겠나 싶었다. 하지만 그가 대단히 비범한 역량과 성격을 갖춘 사람이라는 것을 알아보는 데는 얼마 걸리지 않았다. 그는 내 달변에 휘둘리지 않고 내 방어기제를 꿰뚫어 볼 수 있는 사람, 내가 감정전이에 수반되는 강렬하면서도 모호한 감정들과 자신을 낱낱이 파헤치는 철저한 분석 과정을 버텨낼 수 있는 사람이라고 믿어준 이였다.

그러나 셴골드는 처음부터 내가 마약을 끊어야만 효과를 볼 수 있다고 딱 잘라 말했다. 그러면서 마약이 나를 닿지 않을 저 너머로 밀어내 분석이 되지 않는다고, 내가 마약을 중단하지 않는 한 계속 볼 이유가 없다고 했다. 시모어 버드 또한 생각은 했을지 모르지만 한 번도 입 밖에 꺼내지 않았는데, 셴골드는 나를 볼 때마다 이 점을 못 박아 말했다. 분석이 미치지 못하는 상태가 된다는 것도 무서웠지만 그보다는 셴골드를 잃는다는 것이 더 무서웠다. 하지만 여전히 암페타민을 완전히 끊지는 못해 이따금씩 정신이 반쯤 나가는 날도 있었다. 조현병을 앓는 마이클 형을 생각하면서 셴골드에게 나도 조현병이냐고 물었다.

"아닙니다." 셴골드가 대답했다.

또 물었다. 그러면 "단순한 신경과민인가요?"

"아닙니다." 셴골드가 대답했다.

나는 더이상 묻지 않았다. 우리는 이 문제를 거기에서 내려놨고, 지난 49년 동안 거기 그대로 놔두었다.

◆

1966년은 마약을 끊기 위해 발버둥 치던 어두운 시기였다. 연구에 진전이 없고 이걸로는 죽도 밥도 안 되겠다는 생각, 내가 연구 과학자가 될 재목이 되지 못한다는 생각에 더 어두웠다.

만족스러운(그리고 바라건대 창조적인) 일을 하지 못하는 한 자꾸만 마약에서 만족을 구하게 될 거라는 생각이 들었다. 무언가 의미 있는 일을 찾는 것이 무엇보다 중요했고, 이것이 내게는 환자를 보는 일이었다.

1966년 10월, 임상을 시작하자마자 내 상태가 호전되었다. 나는 환자들에게 매료되었고, 환자들에게 마음을 다했다. 임상에서 능력을 발휘하기 시작했고 환자를 치료하는 기쁨을 느끼기 시작했다. 하지만 무엇보다 큰 기쁨은 수련 중인 레지던트였을 때는 부정당했던 주체성과 책임감을 느끼게 되었다는 점이다. 그러자 마약은 덜 찾고 정신과 상담 때는 더 열린 마음으로 임할 수 있었다.

1967년 2월에 한 번 더 약에 취해 조증 상태가 되었다. 이번의 황홀경은 (역설적으로 그리고 이전의 경험들과는 달리) 창조적인 쪽으로 향해, 내가 해야 할 일과 내가 할 수 있는 일을 보여주었다. 편두통에 관한 제대로 된 책을 쓰고 어쩌면 그다음으로 다른 책들도 써보자고. 그것은 그저 너도 할 수 있다는 식의 모호한 감정이 아니라 앞으로 신경학 연구 작업과 저술에 초점을 둔 아주 명확한 지침이었다. 이 깨우침은 약에 취해 있을 때 왔지만 날아가지 않고 그대로 내 안에 남았다.

그 뒤로 다시는 암페타민을 입에 대지 않았다. 이따금 강렬한 갈망은 느꼈지만 말이다(마약중독자나 알코올중독자는 뇌에 영구적인 변화가 일어나며 따라서 회귀 유혹과 가능성은 완전히 사라지지 않는다). 약을 끊은 나는 더이상 분석이 미치지 않는 상태가 아니었기에 정신과 상담도 전과 달라질 수 있었다.

그뿐 아니라 정신과 상담 덕분에 내 목숨을 수차례 구할 수 있었다고 믿는다. 1966년 시절 친구들은 내가 서른다섯을 넘기지 못할 것이라고 생각했고 나 또한 같은 생각이었다. 그러나 정신과 상담과 좋은 친구들, 임상과 글쓰기 활동이 주는 충족감, 그리고 무엇보다 행운이 나를 만인의 예상을 뒤엎고 여든이 넘도록 살아 있게 해주었다.

지금도 셴골드 박사를 일주일에 두 번씩 만나는데 거의 50년을 꾸준히 해온 셈이다. 그렇게 세월이 흘렀어도 그는 언제나 "셴골드 박사님"이고 나는 언제나 "색스 박사님"이다. 우리는 이렇게 격식을 지켜오고 있지만 이 격식이 오히려 의사와 환자의 관계에 큰 자유를 준다. 이는 내가 내 환자들과 관계에서도 느끼는 점이다. 환자들은 내게 무슨 일이든 이야기할 수 있고, 나 또한 그들에게 무엇이든 물어볼 수 있다. 일상의 다른 친분 관계에서는 드러내놓기 어려운 문제를 의사와 환자 사이에서는 터놓고 이야기할 수 있는 것이다. 셴골드 박사에게서는 무엇보다 주의 기울이는 법을 배웠다. 말로 표현된 것, 의식에 드러난 것 너머의 무언가에 귀 기울이는 법 말이다.

1966년 9월에 실험실 연구원을 그만두고 브롱크스에 있는 한 두통 클리닉에서 진짜 환자를 보기 시작한 것이 내게는 크나큰 안도감을 주었다. 나는 내 주 업무는 두통이 될 것이고 다른 문제는 별로 다룰 일이 없을 것이라고 생각했다. 하지만 때로 상황은 훨씬 더 복잡했고, 적어도 고전적 편두통이라고 불리는 증상을 겪는 환자들은 고통이 극심할 뿐 아니라 나타나는 증상 또한 광범위하여 흡사 신경학의 백과사전이라 할 법했다.

이들 고전적 편두통 환자 다수가 그동안 내과 전문의니 부인과 전문의니 안과 전문의니 별별 전문의를 만나봤지만 어디에서도 적합한 치료를 받지 못했다고 말했다. 그 이야기를 듣노라니 갈수록 전문의 중심으로 구성되는 미국 의료계의 맹점이 보이는 듯했다. 피라미드의 기저가 되는 1차진료의가 갈수록 줄고 있는 것이다. 아버지와 두 형은 모두 일반의였다. 나 역시 편두통의 슈퍼 전문의가 아닌 환자들이 처음 만나는 일반의로 임해야 한다고 판단했다. 내가 할 일, 나의 책임은 환자들의 삶과 생활의 면면을 문진하는 것이라고.

내가 본 한 젊은 남자는 일요일마다 편두통이 생겼다. 두통이 오기 전에 항상 반짝이는 지그재그 무늬가 보인다고 이야기해줘서 쉽게 고전적 편두통이라고 진단할 수 있었다. 나는 거기에 쓸 수 있는 약이 있다고 알려주고 지그재그가 보이기 시작할 때 곧바로 에고타민ergotamine 한 정을 혀 밑에 넣으면 편두통 발작을 막아줄 것이라고 했다. 일주일 뒤에 엄청나게 좋아하면서 전화를 했다. 약이 들었다고, 두통이 사라졌다면서 말했다. "은총 받으십시오, 박사님!" 나는 생각했다. '세상에, 이거 의사 노릇 너무 쉬운 거 아냐?'

그다음 주말에는 연락이 없어 어떻게 지내는지 궁금해서 먼저 전화를 걸었다. 그는 다소 가라앉은 목소리로 그 알약으로 다시 효과를 보았다고 말하더니 불평을 하는데 희한한 소리였다. 지루하다는 것이었다. 지난 15년 동안 매주 일요일은 가족이 방문하고 자신이 화제의 중심이 되는 편두통의 날이었는데, 그게 다 없어지니 허전하다는 이야기였다.

그다음 주에 그의 누이가 긴급 전화를 걸어 그에게 수차례 천식 발작이 일어나 산소와 아드레날린을 공급받고 있다고 했다. 혹시 내 잘못이 아닌가 하는 듯한 뉘앙스가 느껴지는 목소리였다. 괜스레 '평지풍파'를 일으킨 것 아닌가 하는. 같은 날 오후 그 환자의 집을 방문했다. 그는 어려서 천식 발작이 있었는데 좀 커서 그것이 편두통으로 "대체되었다"고 이야기했다. 현재 증상에만 신경 쓰느라 그의 이력에서 중요한 부분을 놓친 것이다.

"천식 치료약을 드릴게요." 내가 제안했다.

"아니에요. 그러면 또다른 게 생길걸요, 뭐…. 박사님, 근데요, 제가 일요일에는 아플 필요가 있는 사람 같지 않으세요?"

나는 그의 말을 듣고 뭔가에 얻어맞은 듯 놀랐지만 이렇게 말했다. "그 문제는 차차 이야기해보도록 하죠."

우리는 두 달 동안 '일요일에 아프려는 욕구'로 추정되는 문제를 탐구했다. 그러는 과정에서 그의 편두통이 점점 줄어들더니 끝에 가서는 거의 사라졌다. 내게 이 사례는 무의식적 동기가 때로는 생리적 경향과 동맹할 수 있음을 보여주는 예증이자 어떤 사람의 삶 전체를 관통하는 패턴과 맥락, 그 인생의 유기적 질서에서 하나의 질환 또는 그 치료법만 따로 떼어내서는 안 된다는 사실을 보여주는 예증이었다.

두통 클리닉의 또다른 환자는 마찬가지로 일요일 편두통을 겪는 젊은 수학자였다. 그는 수요일부터 긴장과 짜증이 시작되고 목요일이면 악화되고 금요일이면 아무것도 할 수 없는 상태가 되었다. 토요일에는 몹시 괴로웠고 일요일에는 끔찍한 편두통을 앓았다. 하지만 일요일이 오후를 향해 가면 편두통은 씻은 듯이 사라졌다. 때로는 편두통이 사라질 때 가볍게 땀이 확 솟거나 다량의 맑은 소변을 누는 경우가 있었다. 마치 생리적 차원의 해소와 감정적 차원의 카타르시스가 동시에 일어나는 듯한 현상이었다. 그는 편두통과 긴장감이 싹 빠져나가고 나면 개운하게 회복된 느낌이 들면서 차분하고 생산적인 수학자로 돌아와 일요일 저녁부터 월요일과 화요일까지 대단히 독창적인 결과물을 이끌어냈다. 그리고 수요일이 오면 다시 짜증이 나기 시작했다.

이 남자의 편두통은 약 처방으로 치료되었다. 병증과 비참에서 초월적인 건강과 생산성으로 이어지는 이 기이한 일주일 주기가 깨어지자 수학 연구 활동 또한 회복되었다.

편두통은 백인백색이며, 한 사람 한 사람이 다 이례적이다. 그들과 함께하는 임상이 내게는 의사로서 진짜 수련 과정이었다.

◆

내가 일하던 편두통 클리닉 원장은 아널드 P. 프리드먼이라는 명성 높은 의사였다. 그는 편두통에 대해 많은 책을 썼고, 편두통을 전문으로 하는 병원으로는 최초인 이 클리닉을 20년 넘게 운영하고 있었다. 프리드먼은 나를 처음부터 마음에 들어한 것 같았고, 또 나를 뛰어난 사람으로 보고 일종의 제자로 삼고 싶어한다고 느꼈다. 그는 내게는 호의적으로 대했고, 어떤 의사보다 내게 많은 환자를 배정했고, 또 봉급도 다른 사람들보다 조금 더 주었다. 자신의 딸도 소개했는데 혹시 나를 사윗감으로 여기는 건 아닌가 하는 생각이 들었다.

나는 보통 토요일 오전에 원장과 만나 주중에 본 환자들 가운데 흥미로웠던 사례에 대해 보고했다. 1967년 초 어느 토요일에 보고한 환자는, 많은 편두통이 시작될 때 흔히 그러듯이 빛나는 지그재그가 보인 후 두통으로 발전하는 것이 아니라 대신 극심한 복통과 구토 증상이 나타나는 경우였다. 나는 두통에서 복통으로 전환하는 이런 환자를 두 명 정도 더 보았다고 이야기하면서 빅토리아시대 용어인 '복부 편두통'을 부활시켜야 하는 것이 아닌지 모르겠다고 했다. 그러자 프리드먼이 갑자기 안색이 변하더니 붉으락푸르락한 얼굴로 언성을 높였다. "그게 무슨 소린가? '복부편두통'이라니? 여긴 두통 클리닉이라고. '편두통migraine'이라는 말이 'hemi-crania'(문자 그대로 '반쪽 머리뼈'라는 뜻 — 옮긴이)에서 왔다는 것도 모르나? 두통이라는 뜻이라고! 앞으로 두통 없는 편두통에 대해서는 말도 꺼내지 말게!"

나는 의아한 마음으로 물러섰다(이것이 내가 나중에 쓴 책 《편두통Migraine》(1970; 알마, 2011)의 첫 문장에서 두통이 편두통의 유일한 증상은 아니라고 강조하고 둘째 장 전체를 두통 없는 형태의 편두통에 할애했던 한 가지 이유다). 하지만 이것은 소소한 폭발이었고 1967년 여름에 더 큰 폭발이 일어났다.

1967년 2월 암페타민이 가져다준 계시와도 같은 순간, 에드워드 리빙의 1873년 저서 《편두통, 두통 및 몇몇 관련 장애들On Megrim, sick-headache and some allied disorders》을 한자리에서 통째로 다 읽고 나도 이렇게 가치 있는 책을 쓰리라고, 내가 진료하고 연구한 편두통, 내가 만난 환자들의 많은 예를 집어넣은 1960년대 판 편두통을 쓰리라고 다짐한 이야기는 《환각》에 쓴 바 있다.

1967년 여름, 편두통 클리닉에서 1년 일한 뒤 휴가를 받아 잉글랜드로 돌아갔다. 거기서 나 스스로도 놀랍게, 2주 동안 쉬지 않고 편두통에 관한 책을 써서 끝냈다. 의도된 계획 같은 것도 없었는데 갑자기 마구 쏟아져 나왔다.

런던에서 프리드먼에게 전보를 보냈다. 이래저래 하다 보니 책 한 권이 뚝딱 나와 영국에 있는 출판사 페이버앤드페이버Faber & Faber(어머니의 책도 한 권 출간했다)에 가져가봤는데 책으로 출간할 의사가 있다는 답을 받았다고.♦ 아울러 이 책을 좋게 봐주시면 좋겠고 서문을 써 주신다면 좋겠다고 부탁했다. 프리드먼이 답신을 보내왔다. "멈춰! 일절 보류하게!"

뉴욕으로 돌아온 나를 본 프리드먼은 전혀 반가운 얼굴이 아니었다. 상당히 역정 난 표정이, 내 손에 들린 원고를 낚아채 찢을 태세였다. "자네가 뭔데 편두통에 대한 책을 쓰겠다는 건가?" 그가 다그쳤다. "주제넘어도 유분수지!" 나는 대답했다. "죄송합니다. 어쩌다 보니 그렇게 됐습니다." 그는 편두통 학계의 아주 명망 높은 누군가에게 내 원고를 보내 검토를 받겠다고 했다.

이런 반응이 나오리라고는 꿈에도 생각하지 못했다. 며칠 뒤에 보니 프리드먼의 조수가 내 원고를 복사하고 있었다. 크게 신경 쓰지는 않았지만 유념해두었다. 3주쯤 지났을까 프리드먼이 검토자에게 받은 편지라며 주었다. 발신자가 누군지 알아볼 만한 요소는 몽땅 지워져 있었다. 실제로 도움이 될 건설적인 비판에 해당하는 내용이라고는 없었다. 책의 스타일과 필자에 대한 감정적이고 심지어 앙심마저 느껴지는 비판 일색이었다. 프리드먼에게 내 감상을 이야기했더니 이렇게 답했다. "천만에. 그분 말씀이 전적으로 옳아. 이 책에 뭐가 들어 있나? 쉽게 말해주지. 이 책은 쓰레기야." 그는 계속해서 앞으로는 진료한 환자들에 대해 내가 정리한 기록에 접근을 허용하지 않겠다고, 모든 것을 꽁꽁 잠가두겠다고 했다. 그러고는 그걸 책으로 낸다는 생각은 접으라고, 그랬다가는 나를 해고하는 것은 물론 미국 내 신경과에는 발도 못 붙이게 해주겠다고 경고했다. 당시 프리드먼은 미국신경학협회

♦ 페이버앤드페이버 출판사의 한 사람이 원고를 읽고 별난 논평을 달았다. "이 책은 너무 쉽게 읽힙니다. 독자들이 못 미더워할 겁니다. 좀더 전문서처럼 써야 합니다."

두통 분야의 수장이었다. 그러니 그의 추천 없이 다른 병원에 자리를 잡기는 정말이지 불가능했을 것이다.

격려를 받고 싶어 부모님에게 프리드먼이 협박한 이야기를 했다. 한데 아버지의 말씀은 좀 비겁하게 들렸다. “이 사람 화나게 하지 않는 게 좋겠다. 네 인생을 망가뜨릴 수 있는 사람이야.” 그래서 몇 달 동안 감정을 죽이고 살았는데 내 인생 최악의 시기에 꼽힐 몇 달이었다. 나는 계속해서 편두통 클리닉 환자들을 진료했지만 결국 1968년 6월에 이대로는 더이상 안 되겠다고 마음을 굳혔다. 건물 관리인에게 밤중에 클리닉 안으로 들여보내준다는 약조를 받아놓고 자정에서 새벽 3시 사이에 내 기록 노트와 손으로 공들여 베껴놓은 필사본을 꺼내 왔다. 그런 다음 프리드먼에게 런던에 가려 하니 장기 휴가를 달라고 말했다. 그랬더니 프리드먼이 대뜸 물었다. “자네 그 책 다시 할 생각인가?”

내가 답했다. “해야 합니다.”

“그걸로 나하고는 끝인 줄 알게.” 프리드먼이 말했다.

나는 동요한 상태로, 문자 그대로 온몸을 떨면서 잉글랜드로 돌아갔다. 일주일 뒤 프리드먼으로부터 해고를 통보하는 전보를 받았다. 몸의 떨림은 더 심해졌지만 그러다 갑자기 기분이 백팔십도 바뀌었다. “이 원숭이가 드디어 내 등짝에서 떨어져나갔군. 이제 내가 하고 싶은 걸 마음껏 할 수 있어.”

◆

글 쓸 자유를 얻고 나니 마감이 임박한 듯한 초조한 기분에 그야말로 미칠 지경이었다. 1967년 원고는 만족스럽지 않아 완전히 새로 쓰기로 작정했다. 9월 1일, 스스로 다짐했다. “9월 10일까지 완성한 원고를 넘기지 못하면 내 손으로 날 죽여야 할 거야.” 이런 협박 아래 책을 쓰기 시작했다. 대략 하루 만에 협박받는 기분은 사라지고 그 자리엔 글 쓰는 기쁨이 대신 들어섰다. 더이상 마약을 복용하지 않아도 의기양양하고 힘이 샘솟았다. 책 쓰는 과정은 마치 누가 불러주는 걸 받아쓰는 것처럼 모든 것이 신속하게 알아서 구성되고 정리되었다. 잠은 두어 시간 자면 그만이었다. 마감 기한을 하루 앞둔 9월 9일, 원고를 들고 페이버앤드페이버로 갔다. 출판사 사무실은 대영박물관 근처 그레이트러셀 스트리트에 있었다. 원고를 넘기고 걸어서 박물관으로 갔다. 창작자보다 훨씬 오래 살아남은 그곳의 유물(도자기, 조각상, 도구, 그리고 특히 서적과 필사본)을 보면서 나 또한 무언가를 창조했다는 기분에 젖었다. 그리 대단하지는 않지만 실체와 존재가 있는, 내가 이 세상을 떠난 뒤에도 생명을 이어갈 수 있는 무언가를.

내가 어떤 가치를 지닌, 실질적인 무언가를 만들어냈다는 기분은 그 무엇과도 비교할 수 없는 강렬한 감정이었다. 프리드먼의 협박을 받으면서(하기야 나 자신의 협박도 있었지만) 첫 번째 원고를 썼을 때도 그런 감정을 느꼈었다. 뉴욕으로 돌아오며 가슴이 터질 듯한 환희, 신의 축복을 받은 듯한 기쁨에 가슴이 벅차올랐다. "할렐루야!"를 외치고 싶은 마음이 굴뚝 같았지만 부끄러워서 하지 못했다. 대신 매일 밤 모차르트의 오페라나 피셔디스카우(1925~2012. 독일의 바리톤 가수 — 옮긴이)의 슈베르트 가곡 독창회 같은 콘서트를 감상하면서 치솟는 기쁨과 살아 있음을 만끽했다.

1968년 가을 여섯 주가량 이어진 그렇게 흥분되고 고양된 시간에 나는 계속해서 글을 썼다. 그러면서 그 편두통 책에다 시각적 전조 증상에서 나타나는 기하학 무늬에 대한 훨씬 상세한 기술과, 그런 현상이 나타날 때 뇌에서 벌어지는 작용에 대한 견해를 추가하면 어떨까 하는 생각이 들었다. 이 신나는 계획을 그 책에 멋진 머리말을 써준 잉글랜드의 신경학자 윌리엄 구디에게 써 보냈다. 그러자 구디는 이렇게 말했다. "아닙니다. 그대로 두세요. 그 책은 지금 그대로 훌륭합니다. 그런 생각은 앞으로도 한동안은 몇 번이고 되풀이하게 될 겁니다."♦ 구디가 그때 지나친 나의 의욕으로부터 그 책을 지켜준 것이 얼마나 고마운지 모르겠다. 그 무렵의 나를 생각해보면 조증이라 해도 무방할 흥분 상태였으니 말이다.

삽화며 참고문헌 목록을 정리하느라 편집자와 함께 열심히 일했다. 1969년 봄, 모든 준비가 끝났다. 그런데 1969년이 지나고 1970년까지 책이 출판되지 않자 분노와 좌절감만 쌓여갔다. 결국 출판 에이전트 이네스 로즈를 고용했다. 로즈가 출판사에 압력을 넣고 해서 마침내 1971년 1월 책이 나왔다(하지만 표제지에는 1970년으로 찍혔다).

출간을 앞두고 런던으로 갔다. 늘 그랬듯이 메이프스베리 37번지에 묵었다. 책이 나온 날 손에 〈타임스〉 신문을 들고 내 방으로 온 아버지가 하얗게 질린 낯으로 두려움에 떨면서 말했다. "네가 신문에 났더구나." 《편두통》이 "권위 있으면서도 균형 잘 잡힌 뛰어난" 책이라는 논조의 아주 호의적인 서평이 실려 있었다. 하지만 아버지가 보기에는 그래 봤자 달라질 것은 없었다. 범법 행위는 아니라 해도 일간지에 실리는 것은 대단히 온당치 못한 실수였다. 그 시절 잉글랜드에서는 알코올중독alcoholism, 마약중독addiction, 간통adultery, 광고advertising, 이 '4대 죄행the four As' 중 하나만 위반해도 의사 자격을 박탈당할 수 있었다. 아버지는 일반 매체에 실린 《편두통》 서평이 '광고'로 비칠 수 있다고 생각했다. 내가 나서서 대중 앞에 나를 판 것이라

♦ 실은 1992년에 그 책을 증보했는데, 편두통 화가의 작품 전시회를 보면서 자극받은 점도 있었고 뛰어난 수학자이자 신경과학자인 친구 랠프 시겔과 토론도 영향을 미쳤다(그로부터 20년이 지난 2012년에 《환각》을 쓰면서 시각적 전조 증상이라는 주제를 또 하나의 관점으로 다루었다).

고. 아버지는 늘 삼가는 삶을 살아왔고 적어도 당신은 그렇게 자부한다고 했다. 아버지는 환자들과 가족, 친지와 깊은 유대를 나누며 사랑받는 분이었지만 거기까지가 아버지의 세계였다. 아버지는 내가 정해진 경계를 위반하고 넘어간 것이라고 크게 염려했다. 나도 아버지의 심정과 다르지 않아 그 즈음에는 'publish(출판)'이라는 단어를 'punish(처벌)'로 잘못 읽곤 했다. 출판을 했다가는 처벌을 면치 못할 것이다, 아니다 그럼에도 해야 한다. 이런 갈등 속에서 나는 정신이 갈가리 찢기는 것 같았다.

아버지에게는 명예를 지키는 것, 타인에게 존경받는 것이 무엇보다 중요한 일이었다. 세속에서 누리는 그 어떤 성공이나 권세보다 중요했다. 아버지는 겸손이 지나쳐 자기비하를 일삼는 분이었다. 특히 당신이 훌륭한 진단 전문의라는 사실을 대수롭지 않게 여겼다. 많은 전문가들이 도저히 답이 나오지 않는 환자가 있으면 아버지한테 보냈다. 아버지에게 예상치 못한 진단을 내리는 신기에 가까운 능력이 있다는 사실을 아는 까닭이었다.◆◆ 하지만 아버지는 당신의 일, 당신이 이 세계에서 처한 자리, 좋은 평판, 주어진 이름에서 안정감을 느꼈고, 내색은 안 했지만 행복해했다. 아버지가 바라는 바는 당신의 아들들이 어디에서 무엇을 하건 다들 명예를 얻는 것, 색스 가문의 이름에 먹칠하지 않는 것이었다.

〈타임스〉 서평을 보고 그렇게 놀라 떨던 아버지는 의학지에마저 좋은 평가가 나오는 것을 보자 차츰 안정을 찾았다. 알고 보면 19세기에 창간한《영국의학저널British Medical Journal》과《랜싯The Lancet》도 의사들이, 의사들을 위해 만든 것이었다. 내가 괜찮은 책을 썼구나, 비록 이것 때문에 일자리를 잃어야 했지만(또 아마 프리드먼의 힘이 그런 협박을 할 만큼 막강하다면 미국 내 어떤 신경의 자리도 잃었다고 봐야겠지만) 거기에서 포기하지 않고 밀고 나간 것이 옳은 일이었구나 하는 생각이 들기 시작한 것도 이즈음이었다.

어머니는 처음부터 내 책을 마음에 들어했다. 부모님이 내 편이라고 느낀 것이 몇 해 만의 일인지…. 부모님은 지난 세월 못된 짓과 어리석은 짓을 일삼던 당신들의 정신 나간 탕자가 이제 옳은 의사의 길에 들어섰음을 인정해주었다(어쨌거나 나한테도 쓸 만한 구석은 있었나 보다고).

자기비하 섞인 농담이지만 아버지는 당신을 "걸출한 부인과 전문의 엘시 란다우의 남편"이나 "아바 에반(1915~2002, 남아프리카공화국 출신의 이스라엘 외교관·정치가이자 언어학자—옮긴이)의 삼촌"이라고 이야기하곤 했는데, 이제는 "올리버 색스의 아버지"라고 칭하기 시작했다.♦

아버지가 당신을 과소평가했던 것처럼 나 또한 아버지를 과소평가했을지 모른다는 생각을 한다. 아버지가 돌아가시고 몇 해 뒤 잉글랜드의 최고 랍비 조너선 색스(우리 집안과는 무관하다)에게서 편지를 받고 깜짝 놀랐고, 마음 깊이 감동했다.

> 나는 영면하신 아버님과 알고 지낸 사이였습니다. 때때로 회당에서 함께 예배를 올렸지요. 아버님은 진정한 의인이셨습니다. 나는 아버님이

♦♦ 1972년 아버지는 우리 사촌 알 카프의 의사들에게 조언을 요청받았다. 담당 의사들이 알에게 나타난 각종 특이한 증상에 좌절하고 아버지를 부른 것이다. 아버지는 담당 의들과 악수로 인사를 나누면서 알을 한번 살펴보고는 물었다. "너 아프레졸린Apresoline 복용하고 있니?"(아프레졸린은 당시 고혈압을 다스리는 데 쓰던 약물이었다.)
"그런데요." 알은 놀라서 대답했다.
"SLE, 그러니까 전신홍반성낭창이구나. 아프레졸린이 원인이야. 다행히 약인성인 경우에는 원상회복이 가능하다만, 아프레졸린을 중단하지 않는다면 생명이 위험해질 수도 있겠다." 아버지는 이렇게 설명해주었다.
알은 전광석화 같았던 아버지의 통찰 덕분에 자기가 생명을 지킬 수 있었다고 믿었다.

(…) 그 선함으로 이 세계를 받쳐주는 36인의 '숨은 의인' 가운데 한 분일 것이라고 믿었습니다(유대 전설에는 세계 곳곳에 흩어져 사는 36명의 의로운 사람 라메드 우프닉스Lamed Wufniks가 나오는데 자신이 의인인 줄 모르며 서로 간에도 모른다. 자신이 의인인 줄 알면 죽고 즉각 새로운 의인이 태어나며 이들이 있는 한 신은 인류를 멸망시키지 않는다고 한다 — 옮긴이).

아버지가 돌아가시고 많은 시간이 지난 지금까지도 아버지에게서 받은 친절에 대해 내게 직접 이야기하거나 편지로 알려오는 사람들이 있다. 아버지가 의사로 일한 70년 동안 진료받은 환자들(또는 부모나 조부모가 아버지에게 진료받은 이들)이다. 그런가 하면 긴가민가하며 혹시 새미Sammy 색스(본명은 새뮤얼Samuel 색스다 — 옮긴이)의 일가친척이냐고 묻는 사람들도 있다(런던 화이트채플 지역에서는 다들 아버지를 새미라고 불렀다). 그럴 때 "예"라고 답할 수 있다는 것이 얼마나 기쁘고 자랑스러운지 모른다.◆

《편두통》이 나오자 동료들로부터 일부 장에 수록된 에세이를 먼

◆ 이런 상황은 역으로 돌아오기도 했다. 아바 에반은 아버지가 돌아가신 뒤 《주이시 크로니클The Jewish Chronicle》(영국의 유대계 주간지 — 옮긴이)에 부고를 실으며 이렇게 썼다.

1967년 일로 기억한다. 나는 6일전쟁이 끝난 뒤 UN에서 귀국하면서 런던을 경유했다. 그때 탔던 택시가 정지 신호에 멈추면서 옆 택시와 나란히 섰다. 우리 택시 기사가 옆 택시의 동료에게 큰소리로 물었다. "여기 누가 탔는지 알아? 이 몸이 색스 박사님의 조카 분을 태웠다고!"

나는 이 말을 굴욕은커녕 영예로 받아들였고 진정으로 샘 숙부님이 자랑스러웠다. 숙부님은 이 일화를 두고두고 이야기하면서 당신답게 호탕하게 웃곤 했다.

저 발표했을 때 어째서 A. P. 프리드먼이라는 필명을 쓴 거냐고 묻는 편지를 몇 통 받았다. 어떻게 된 일인지는 나도 모르니 궁금하면 뉴욕에 있는 프리드먼 박사에게 직접 물어보라고 답했다. 프리드먼은 어리석게도 내가 그 책을 출판하지 않으리라고 지레짐작했는데, 실제로 책이 출판되자 큰일 났다는 것을 깨달았을 것이다. 나는 그에게 아무 말 하지 않았고, 그 뒤로 다시 볼 기회도 없었다.

나는 프리드먼이 편두통이라는 분야 자체는 물론 클리닉과 거기에서 일하는 사람들까지 다 자기 것으로 여겼으며, 따라서 그 사람들의 생각과 작업까지 자기 것처럼 쓸 권리가 있다는 그릇된 주인 의식을 갖고 있었다고 생각한다. (양쪽 모두에게) 가슴 아픈 이 이야기는 결코 드문 일이 아니다. 제자에게 스승이 연장자로서 아버지 같은 존재가 되어주던 학문적 부자관계가 아들이 청출어람하면서 파탄 나는 경우가 적지 않다. 화학자 험프리 데이비(1778~1829)와 마이클 패러데이(1791~1867)의 관계가 그랬다. 처음에는 패러데이를 밀어주려고 백방으로 노력하던 데이비가 나중에는 제자의 앞길을 막으려고 기를 썼다. 천체물리학자 아서 에딩턴(1882~1944)과 그의 빼어난 젊은 제자 수브라마니안 찬드라세카르(1910~1995)의 관계 역시 그랬다. 나는 패러데이나 찬드라세카르가 아니며 프리드먼 역시 데이비나 에딩턴이 아니다. 그러나 우리 사이에도 그 치명적인 역관계가 작용했다고 본다. 훨씬 저급한 차원에서나마.

레니 이모, 그러니까 헬레나 페니나 란다우는 1892년 어머니보다 2년 먼저 태어났다. 할아버지와 두 번째 할머니 사이에서 난 열세 자녀는 모두 우애가 좋았다. 사는 곳이 멀어지면 부지런히 편지를 주고받았는데 그중에서도 레니 이모와 어머니는 유난히 각별해서 평생 돈독한 관계를 유지했다.

어머니의 일곱 자매 가운데 애니, 바이올렛, 레니, 두기, 네 이모가 학교를 설립했다(어머니 엘시는 의사가 되었으며 잉글랜드 최초의 여성 외과의 가운데 한 명이다).◆ 레니 이모는 런던 이스트엔드에서 교사 생활을 하다가 1920년대에 '허약 아동을 위한 맑은 공기 유대인학교Jewish Fresh Air School for Delicate Children'를 설립했다('허약'이라는 용어는 자폐증부터 천식 또는 단순히 '불안 많은' 아이까지 아우르는 광범위한 의미로 쓰였다). 이 학교는 체셔 주에 있는 델라미어 숲에 위치했는데 '맑은 공기 가정과 학교the Fresh Air Home and School'나 'JFAS'라고 말하는 것이 거추장스러워 다들 '델라미어'라고만 불렀다. 나는 이 학교에 가서 '허약'한 아이들과 어울려 놀기를 좋아했다. 사실 그 아이들은 내 눈에는 그렇게 허약해 보이지 않았다. 여기에서는 모든 어린이에게(심지어 손님인 나까지) 낮은 돌담으로 둘러싼 1제곱미터의 땅을 주어 원하는 것을 마음껏 심고 가꿀 수 있게 했다. 이모나 다른 교사들과 함께 델라미어 숲에서 식물(특히 속새가 기억에 남는다)을 키우고 해치미어의 얕고 작은 연못에서 헤엄치고 노는 시간을 얼마나 좋아했는지 모른다(이모는 델라미어를 떠난 지 오랜 시간이 흐른 뒤 "축복과도 같던 해치미어의 추억" 이야기를 했다). 브레이필

◆ 큰이모 애니 란다우는 런던의 안락한 생활을 버리고 1899년 팔레스타인으로 갔다. 예루살렘에 있는 영국계 유대인 여학생을 위한 폭넓은 교육을 제공하는 데 이바지하리라 결심하고 혈혈단신 낯선 땅으로 떠난 것이다. 당시에는 그들 대다수가 교육 기회를 박탈당한 문맹의 처지였고, 가난 때문에 십대에 결혼이나 매춘으로 내몰려야 했다. 여성 교육에 대한 사명감으로 온갖 문화적·정치적 장벽을 극복해낸 애니 이모보다 더 적격자는 찾을 수 없었을 것이다. 저명한 유대인, 아랍인, 기독교인과 영국 위임통치령 팔레스타인 정부 인사로 구성된 이모의 그룹은 전설적인 조직이었으며, 이모가 45년 동안 이끌었던 학교는 현대 예루살렘의 발전에 불멸의 유산을 남겼다(애니 란다우와 에블리나드로스차일드학교Evelina de Rothschild School의 역사는 로라 S. 쇼어가 쓴 책 《예루살렘 최고의 학교: 애니 란다우의 여학교, 1900~1960The Best School in Jerusalem: Annie Landau's School for Girls, 1900~1960》에서 상세히 소개했다).

드로 유배당했던 그 끔찍한 전쟁 기간에 나는 이 학교가 델라미어라면 얼마나 좋을까, 간절히 갈망했다.

레니 이모는 델라미어에서 재직한 지 거의 40년 만인 1959년에 은퇴했다. 1960년 말이 다가오면서 런던에 작은 아파트를 얻었지만 그때는 내가 캐나다와 미국으로 떠난 뒤였다. 1950년대에는 이모와 주고받은 편지가 너덧 통밖에 안 되지만 바다를 사이에 두고 떨어지면서부터 장문의 편지를 자주 나누기 시작했다.

레니 이모는 1955년 5월에 두 통의 편지를 보냈다. 첫 편지는 내가 이모에게 보내준《씨앗Seed》에 대한 답신이었다.《씨앗》은 옥스퍼드대학교 3학년 시절에 친구 몇 명과 함께 만든, 창간호가 곧 폐간호가 된 잡지다.

"《씨앗》을 아주 재미있게 읽고 있단다. 책 전체가 아주 마음에 들어. 표지 디자인이며 고급지에 훌륭한 인쇄 품질까지 다 말이야. 게다가 심각한 글이건 쾌활한 글이건 모든 기고자의 언어감각이 좋더구나…. 너희 모두 눈부시게 찬란한(그리고 물론 기운찬) 청춘들이라고 말한다면 민망하겠니?"

이 편지는 이모의 모든 편지가 그렇듯이 "사랑하는 볼Darling Bol"(가끔은 "볼리버Boliver")로 시작하는데, 부모님은 다소 딱딱하게 "친애하는 올리버Dear Oliver"라고 쓰셨다. 이모는 "사랑하는"이라는 표현을 가볍게 쓴 것이 아니었다. 나는 늘 이모의 따뜻한 사랑을 느꼈고 나 또한 이모를 깊이 사랑했다. 이것은 흔들림 없는, 무조건적인 사랑이었다. 내가 하는 어떤 말에도 이모는 불쾌함이나 충격을 받지 않았다. 이모는 공감 능력과 이해의 폭에 한계란 없는 듯 너그러운 성정과 넓은 품을 지닌 분이었다.

레니 이모는 여행할 때면 엽서를 보냈다. 1958년에는 이런 엽서를 받았다. "지금 나는 그리그Grieg의 정원에서 환한 햇살을 쪼이고 있단다. 마법 같은 피오르 해안을 굽어보노라니 그리그가 음악을 쓰고픈 마음이 들었던 것이 조금도 이상하지 않구나(네가 여기 왔다면 얼마나 좋았겠니. 아주 유쾌한 젊은이 무리도 있는데, 우린 다양한 연령대와 성별이 적절히 섞인 자못 문명적인 조합이구나)."

우연히 나도 1958년에 노르웨이에 갔는데 오슬로 피오르 해안에 있는 크로콜멘이라는 작은 섬(친구 진 샤프의 작은 집이 있는 곳)에서 지냈다. "네가 크로콜멘에서 보내준 그 목가적인 엽서를 받아보니 내가 얼마나 그리로 가서 우리 로빈슨 크루소 조카님의 심복 프라이데이 노릇을 하고 싶었는지." 레니 이모는 답신을 이런 축원으로 맺었다. "12월 최종시험, 멋지게 해내렴."

◆

1960년은 이모에게나 나에게나 중대한 변화의 해였다. 레니 이모는 거의 40년을 교장으로 이끌던 델라미어를 떠났고, 나는 잉글랜드를 떠났다. 나는 스물일곱이었고 이모는 예순일곱이었지만 둘 다 새로운 인생이 시작된다고 느꼈다. 레니 이모는 세계를 두루 여행하고 런던에 정착한다는 계획을 세웠다. 이모가 여객선 스트래스모어 호에서 띄운 편지를 받았을 때 나는 이미 캐나다에 있었다.

"내일이면 싱가포르에 도착한다. [퍼스를 떠난 뒤로] 이틀 동안 장난치는 돌고래 떼를 만났고, 또 웅대한 신천옹이 우리 배를 따르더구나. 어마어마한 날개폭으로 하늘로 치솟았다 차분히 내려앉는 날갯짓은 황홀할 정도로 우아한 장관이었단다."

10월에 샌프란시스코에서 인턴을 시작할 때 이모는 이렇게 편지했다. "네 편지를 받고 (…) 네가 그 쉴 줄 모르는 탐구 정신에 더 걸맞은 출구를 찾은 듯해서 기뻤어. (…) 몹시 보고 싶구나." 이모는 어머니의 말씀도 전했다. “네 엄마가 제일 좋아하는 실내 스포츠는 뭐니 뭐니 해도 너한테 보낼 소포 꾸리기라신다!”

1961년 2월, 레니 이모는 마이클 형의 재발 문제를 언급했다. “이번처럼 마이클이 걱정스러운 적은 없었어. 이런 내가 혐오스럽지만 이젠 그 아이가 가엾다는 마음보다는 불쾌감과 두려움이 앞선다. 게다가 네 엄마가 그렇게 철통같이 싸고도는 모습에서는 (내 느낌이 틀렸기만을 바란다만) 마치 왜 다들 마이클만 갖고 그러느냐는 듯한 원망마저 느껴지더구나.”

마이클 형은 어렸을 때 레니 이모가 무척이나 예뻐한 조카였다. 애니 이모도 그랬지만, 남달리 조숙했던 형의 지적 능력에 감탄하면서 형이 갖고 싶어하는 책은 뭐든지 구해다 주곤 했다. 하지만 이모는 지금 부모님이 이 상황의 심각성(과 위험성)을 인정하려 들지 않는 것 같다고 느꼈다. “마이클이 바넷[정신병원]으로 돌아가기 전까지 몇 주 동안은 네 엄마아빠 목숨이 걱정됐다. 피지도 못하고 시들어버린 가련한 인생이 가슴 아프구나.” 형은 서른두 살이었다.

런던이 방세가 워낙 비싼 곳이고 모은 돈은 많지 않아(“나도 너처럼 돈이 손가락 사이로 빠져나가는 사람이야.”) 레니 이모는 오랫동안 발품을 팔아 웸블리에 아파트를 하나 얻었다. “너도 이 아담한 아파트가 마음에 들 거야. 나만의 공간이 있다는 게 참 좋구나. 이제야 델라미어를 잃은 마음이 좀 채워지는 것 같아. 이 편지를 쓰는 지금, 창밖 아몬드나무는 봉우리를 머금었고, 크로커스와 눈꽃풀이 꽃을 피웠구나. 성질 급한 수선화도 몇 송이 피었고. 푸른머리되새까지 한 마리 날아들어 봄 시늉을 톡톡히 하고 있구나.”

이모는 런던에 사니 연극 보러 다니는 일이 훨씬 쉬워졌다는 이야기도 썼다. “내일 저녁 보러 갈 해럴드 핀터의 〈관리인The Caretaker〉이 무척 기대가 된다. (…) 이 젊은 세대 신진 작가들한테 우리 세대의 정교하고 잘 다듬어진 문장은 없지만, 대신 이 친구들은 실체가 있는 것에 대해 말하는구나. 그것도 아주 힘 있게." 이모는 우리 형제 세대가 커가는 모습에 행복해했듯이 조카의 딸아들 세대, 특히 데이비드 형의 아이들이 자라는 모습에서 행복을 느꼈다.

◆

1961년 5월, 이모에게 캐나다 횡단 여행기인 〈캐나다: 잠시 멈춤, 1960년〉과 샌프란시스코에서 로스앤젤레스까지 달렸던 야간 라이딩을 기록한 다른 일기(《99》) 사본을 보내드렸다. 어떻게 보면 이 글들은 나의 초기 '작품'인데 거드름 빼는 어조에 자의식 가득한 글들이지만 언젠가는 책으로 출판할 날이 오기를 희망했다.

"네가 보내준 멋진 일기 발췌본 잘 받았다. 처음부터 끝까지 숨이 멎을 만큼 놀라운 글이었어. 읽다 보니 어느 순간 내가 진짜로 숨을 못 쉬고 있지 않겠니." 시인 톰 건 말고는 아무한테도 보여주지 않았던 글이었다. 더러 비판이 없는 것은 아니었지만 레니 이모의 열광 어린 반응은 내게 절대적으로 중요했다.

레니 이모는 내 친구 조너선 밀러와 그의 아내 레이철을 무척이나 아꼈다. 두 사람에게도 이모는 무척이나 소중한 분이었다. 이모는 조너선이 "옛 모습에서 하나 변한 데가 없다"면서 이렇게 썼다. "단순하면서 복잡하고 예리하고 명석하면서 사랑스럽고 또 칠칠치 못한 것이 꼭 너 같은 천재지. (…) 어느 날 오후 우리 둘 다 메이프스베리를 찾은 날인데, 얘하고 아주 오래오래 수다를 떨었단다. (…) 누구에게나 하나뿐인 인생인데 그 아이가 그토록 열중해서 해내는 그 모든 것이 놀랍기만 하더구나."

이모는 내가 보내준 캘리포니아 사진 역시 좋아했다. 모터사이클로 장거리 라이딩 나갈 때면 늘 들고 다니던 카메라로 찍은 캘리포니아의 풍경사진들이었다. "얼마나 아름다운지. (…) 오스트레일리아에서 귀국하던 길에 감질나게 잠깐 방문했던 그리스의 풍경처럼 특별해. (…) 애마 탈 때는 항상 조심하고!"

이모는 내가 1962년 초에 보내준 〈트래블해피〉도 좋아했지만 트럭 기사들이 쓰는 "씹fucks"이니 "똥shits"이니 하는 상스러운 말을 너무 편하게 쓰는 것 아니냐고 염려했다. 나는 그런 욕설이 이국적이고 굉장히 미국적이라고 생각했지만(영국에서는 "비역쟁이bugger"가 최악의 욕이었다) 레니 이모는 그런 말도 "너무 자주 쓰다 보면 감흥이 떨어지는 법"이라고 생각했다.

1962년 11월 이모는 이런 편지를 보냈다. "네 엄마가 다시 일을 시작했단다(어머니는 그 전해에 고관절 골절상을 입었다). 굉장히 좋아하는구나. 이젠 짜증도 내지 않아. 네 아빠는 변함없이 괴상하고 귀여운 사람이고, 여전히 야무지지 못하게 지낸다. 어딜 가나 얼룩이며 주사기며 공책의 형태로 친절의 가루를 흘리고 다니지. 하지만 곁에서 항상 솔선해서 바지런히 챙겨주는 손길들이 있지. 세상에 그보다 명예로운 임무는 없다는 듯이 말이야."

레니 이모는 내가 신경학회 학술대회에서 논문을 발표한다는(학술계로 진입하는 나의 첫 출격) 소식에 뛸 듯이 기뻐했지만 이렇게 덧붙였다. "네가 육중한 몸집을 만들겠다고 또다시 운동하고 있다는 소식은 썩 기쁘지 않구나. 너는 정상일 때 딱 보기 좋은 녀석이란 걸 왜 몰라."

두 달 뒤 이모에게 우울증 앓았던 이야기를 전했다. 그러자 이모가 편지했다. "사람이면 누구나 우울증을 앓는 때가 있다는 건 나도 알아. 하지만 이젠 앓지 마렴. 너한테 네 편이 얼마나 많은데. 두뇌에 매력에 외모에 유머감각에, 게다가 너를 믿어주는 우리 패거리까지."

이모가 내 편이 되어준다는 사실은 아주 어릴 때부터 무척 중요한 문제였다. 부모님은 나를 믿어주지 않는다고 생각했고 나 스스로도 나에 대한 믿음이 약했기 때문이다.

우울증에서 회복되면서 레니 이모에게 책을 한 꾸러미 보내놓고는 나의 '무절제'에 대해 자책하고 있는데 이모가 답장을 보냈다. "내가 제일 좋아하는 조카에게 고마운 마음 한 아름 담아 보낸다."(이 인사말의 어감이 무척 좋았다. 레니 이모 역시 내가 제일 좋아하는 이모였으니까.) 이모는 이어서 썼다. "아늑한 난롯가에 앉아 콕스오렌지피핀 사과를 한 대접 손에 들고 헨리 제임스(1843~1916)를 읽는 내 모습을 상상해보렴. 그의 우아하고 풍부한 언어에 빠져 있다가 불현듯 고개를 들어보면 몇 시간이 지나 있곤 해." 이 편지는 군데군데 글자를 알아보기 힘들었다. "아니야. 내 필체가 망령 난 게 아니라 새로 장만한 만년필이 아직 익숙하지 않아서 그래. 내가 아끼던 50년 된 만년필을 잃어버렸지 뭐니."

이모는 늘 펜촉 넓은 만년필로 편지를 썼다(내가 50년이 지난 지금까지 그러는 것처럼). 이모의 편지는 이렇게 맺었다. "사랑하는 볼, 네가 행복하기를 빈다."

◆

"네가 파도와 싸운 이야기 잘 들었다, 이 미치광이 녀석아." 이모의 1964년 편지다. 이모에게 베니스비치에서 거대한 파도가 덮쳐 어깨 탈골한 이야기며 친구 쳇이 나를 꺼내준 이야기를 써 보냈던 것이다.

이모는 내 신경학 논문을 좀 보내주면 좋겠다고 썼다. "물론 한 줄도 이해하지 못하겠지만 그럼에도 나의 바보 같고 뛰어나고 무엇보다 사랑스러운 조카에 대한 애정과 자부심에 가슴이 벅차오를 거야."

이모와 나는 이렇게 계속해서 1년에 예닐곱 차례 편지를 주고받았다. 캘리포니아를 떠나 뉴욕에 막 도착했을 때 받은 첫인상도 적어 보냈다.

여긴 정말 근사한 도시예요. 풍요롭고 사람을 흥분시키고, 규모와 깊이가 다 무한해요. 런던처럼요. 두 도시가 심오하게 다르긴 하지만요. 뉴욕은 알록달록하고 번쩍번쩍해요. 밤중에 비행기에서 내려다보는 모든 대도시가 그런 것처럼요. 다양한 사람들, 다양한 시대, 다양한 양식이 뒤섞여 있는 것이 거대한 퍼즐 도시랄까, 고품격 모자이크 작품 같은 곳입니다. 반면에 런던은 '진화해온' 도시라는 느낌을 줍니다. 슐리만이 발굴한 트로이 유적이나 지구의 지각처럼, 현재가 겹겹이 쌓인 과거라는 시간의 층을 투명하게 덮고 있는 도시죠. 그런데 말이에요, 아무리 합성물처럼 번쩍거린다 해도 뉴욕은 또 이상하게 전통적이고 고풍스러운 도시랍니다. 거대한 대들보의 고가철도는 1880년대에 건설된 환상열차고, 가재 꼬리를 형상화한 듯한 크라이슬러빌딩은 화려한 에드워드시대 양식을 재현했습니다. 엠파이어스테이트빌딩을 보면 건물 벽을 타고 올라가는 거대한 킹콩의 그림자가 겹쳐 보입니다. 이스트브롱크스 지역은 20년대 초 런던의 화이트채플 구역 같아요(유대인 공동체가 골더스그린 지역으로 옮겨가기 전의 화이트채플이요).

레니 이모는 편지로 가족사와 읽은 책, 관람한 연극에 대해 알려주었고, 특히 정력적인 도보 여행에 대해 많이 썼다. 이모는 칠십대에 들어서도 오히려 여가가 생겼다고 아일랜드와 스코틀랜드, 웨일스의 더 험한 지역까지 마다 않고 찾아다닌 열정 넘치는 산악 여행가였다.

이모는 편지와 함께 도싯 지방 유일의 낙농장에서 나오는 블루치즈인 블루비니도 한 덩이씩 보내주었다. 나는 이 치즈를 몹시 좋아했고 스틸턴 치즈보다 높은 등급으로 쳤다. 둥그런 덩어리에서 잘라낸 블루비니 4분의 1 조각이 고린내를 풍겨대는 소포를 나는 사랑했다. 옥스퍼드대학교 다닐 때 처음으로 보내준 이 선물이 15년이 지나도록 변함없이 이어졌다.

1966년에 레니 이모는 어머니의 2차 고관절 수술 경과를 알려주었다. "네 엄마가 아주 힘든 일주일을 보냈단다. (…) 네 아빠는 걱정이 태산이시고." 하지만 모든 것이 잘되어(어머니는 침대에서 목발로, 이어서 지팡이로 나아갔다) 다음 달에 이모에게 이런 편지를 받았다. "네 엄마의 깡다구와 결단력은 입이 다물어지지 않을 정도란다."(내가 느끼기에는 란다우 자매 모두 엄청난 깡다구와 결단력을 물려받은 사람들이었다.)

1967년 초에 리빙의 《편두통, 두통과 몇몇 관련 장애들》을 읽고 이 주제로 책을 쓰기로 결심했다는 이야기를 레니 이모에게 적어 보냈다. 이 소식에 이모는 열광했다. 이모는 내가 어렸을 때부터 '작가'가 될 수 있고 되어야 한다고 믿어왔다고 했다. 편지에 내 원고에 대한 프리드먼의 반응과 그 의견을 존중하는 게 좋겠다는 아버지의 생각을 말했다. 그러자 이모는 란다우 자매 특유의 명쾌하고 강인한 기상으로 반대 의견을 밝혔다.

1967년 10월에 이모로부터 이런 편지를 받았다. "네가 모시고 있다는 프리드먼 박사라는 작자 말이다, 내가 느끼기에는 도저히 몹쓸 물건이다. 절대 그자한테 휘둘리면 안 된다. 너 자신에 대한 믿음은 네 스스로 꽉 붙들어 매야 해."

◆

1967년 가을, 부모님이 뉴욕에 들렀다. 오스트레일리아에 사는 마커스 형네 가족을 방문하고 돌아가는 길이었다. 부모님은 나에 대해 여러 모로 걱정이 많았다. 하지만 (데이비드 형이 몇 달 전 뉴욕을 방문하고는 부모님에게 내가 환자들에게 "사랑받고 있더라"고 말씀드린 것을) 이제 직접 와서 보게 됐다. 두 분은 내가 환자들에게 최선을 다하고 환자들에게 인정받으면서 의사로서 활기차게 살고 있으며, 지금 뉴욕에서 진료하는 특별한 뇌염후 환자들에 대한 글을 쓰고 있다는 것을 확인했다. 몇 주 뒤 레니 이모의 편지가 도착했다. "네 엄마와 아빠가 큰아들과 막내아들이 사는 곳을 차례차례 둘러보고는 완전히 재충전해서 돌아오셨더구나." 그러고는 마커스 형이 오스트레일리아에서 막 태어난 딸에 대한 "시적 황홀경"에 도취한 편지를 보내왔더라고 덧붙였다.

1968년에 접어들면서 베트남 전쟁과 징병 강화라는 큰 위협이 다가오기 시작했다. 나는 징집 면접에 소환되었지만 고위급 관계자에게 내가 군대에 적합한 재목이 아니라는 사실을 설득해낼 수 있었다.

"네가 민간인 지위를 유지하게 되어 우리 모두 얼마나 안도했는지 모른다." 레니 이모는 썼다. "이놈의 베트남 전쟁은 하루가 다르게 끔찍해지고, 얽히고설킨 정세는 점점 더 꼬여만 가는구나. (···) 지금 세계를 뒤덮고 있는 이 끔찍한 복마전을 너는 어떻게 생각하는지? 어떻게 지내는지 궁금하구나. 편지해다오."

깨어남

1966년 가을, 나는 알베르트아인슈타인의과대학교와 결연을 맺은 만성질환 클리닉 베스에이브러햄병원에서 환자를 보기 시작했다. 얼마 지나지 않아 이곳 입원 환자 500명 가운데 여러 병동에 분산 수용된 80명가량의 환자가 1920년대 초 세계를 휩쓸었던 유행병인 기면성뇌염(또는 수면병)의 생존자라는 사실을 알게 되었다. 이 수면병으로 수천 명이 즉사했고, 회복된 것으로 보였던 사람들 가운데 적지 않은 수가 몇 십 년이 흐른 뒤 기이한 뇌염후증후군에 시달렸다. 많은 사람이 중증 파킨슨증 상태로 얼어붙었고, 일부는 특정 자세로 몸이 굳은 긴장증 상태(무의식 상태는 아니나 이 병에 공격받은 뇌의 특정 부위에서 의식이 정지된 상태)에 빠졌다. 환자들 가운데 일부가 이런 상태로 30~40년을 지내왔다는 이야기는 놀라웠다(애초에 이 병원이 1920년에 문을 연 것도 이 기면성뇌염 초기 발병자들을 수용하기 위해서였다는 이야기 또한 놀라웠다).

1920년대와 1930년대에 뇌염후증후군 환자들을 수용하기 위한 병원이 세계 곳곳에 설립되었다. 그중 하나가 런던 북부에 있는 하일랜즈병원이다. 원래는 넓은 면적에 10여 동의 병동이 포진한 열병 전문 병원이었지만 당시 2만 명에 육박하는 뇌염후증후군 환자를 수용했다. 1930년 말에 이르면서 이 환자들 다수가 사망했고, 한때 신문 1면을 장식하던 뉴스거리였던 이 병 자체도 거의 잊혔다. 수십 년이 지나서야 정체를 드러내는 질환인 이 기이한 뇌염후증후군을 다룬 의학 보고서 역시 거의 나오지 않았다.

이 환자들과 오랫동안 가까이서 지내온 간호사들은 석고상 같은(갇힌, 감금된) 이들의 겉모습 뒤에 저마다 뚜렷한 개성과 정신이 온전히 보존돼 있다고 확신했다. 간호사들은 이 환자들이 어쩌다 얼어붙은 상태에서 아주 잠깐 풀려나는 일이 있다는 이야기도 해주었다. 예를 들어 음악으로 환자들이 살아나 춤을 출 수 있다는 것이다. 단 걷거나 노래 부르는 것은 할 수 없으며 말도 하지 못한다. 그뿐이 아니었다. 아주 드문 일이지만 어느 순간 순식간에 몸을 자유자재로 움직일 수 있는, 이른바 역설운동kinesia paradoxa 현상이 일어나는 경우까지 있었다.

나를 매료시킨 것은 증상이 환자마다 제각각 다른 다양한 양상을 띠며 어떤 형태로 나타날지 아무도 알 수 없다는 사실이었다(1920년대와 1930년대의 한 연구자는 이 현상에 "환등幻燈, phantasmagoria"이라는 적절한 명칭을 붙여주었다). 이것은 신경계의 모든 층위에서 광범위한 장애가 나타나는 증후군으로, 신경계가 어떤 조직인지를 다른 무엇보다 잘 보여주는 장애였다.

뇌염후증후군 환자들 사이를 돌다보면 가끔은 열대 정글에 들어온, 아니 태고의 정글에 들어온 자연학자가 된 기분이 들었다. 털 고르기, 할퀴기, 날개 치기, 빨기, 헐떡거리기, 그리고 호흡기관과 발성기관에서 나오는 온갖 희한한 행동까지 인류 출현 이전, 유사 이전의 행동을 지켜보는 자연학자 말이다. 이 행동들은 '화석 행동' 즉 초기 진화 단계에서 퇴화된 흔적 행동이다. 생리학적 연옥에 갇혀 있던 화석 행동이 원시성 뇌줄기 신경계가 뇌염에 손상되어 민감해졌다가 파킨슨병 치료제 엘도파에 의해 '깨어나면서' 되살아난 것이다.♦

1년 반 동안 이 환자들을 보면서 진료 내용을 기록하고 때로는 환자들의 모습을 촬영하거나 육성을 녹음했다. 그들과 의사 대 환자로서 알아나가는 과정이었을 뿐 아니라 사람 대 사람으로 친해지는 시간이었다. 환자 다수가 가족에게 버림받아 병원의 간호인들 외에는 연락해볼 곳도 없었다. 결국 1920년대와 1930년대 당시의 진료 차트를 뒤져 개별 환자들의 진단 내용을 일일이 확인했다. 그런 다음 이들에게 하나의 공동체가 생겼으면 좋겠다는 바람에서 원장에게 이 환자들 일부를 같은 병동으로 옮길 수 있겠는지 요청했다.

진료를 시작하면서 바로 지금 내가 만나는 환자들이 그 누구도 기술한 적 없는 유례없는 상태, 유례없는 상황에 처한 개인들임을 알 수 있었다. 1966년, 이들을 만난 지 몇 주 만에 이들에 대한 책을 쓰는 일을 궁리하기 시작했다. 제목으로는 잭 런던의 르포르타주《밑바닥 사람들The People of the Abyss》(1903; 궁리, 2011)을 고려했다. 이러한 병과 삶의 역동성, 때로는 더없이 이상하고 암울한 상황 속에서 유기체 또는 환자의 생존을 위한 몸부림치는 일의 역동성은 의대 다닐 때나 레지던트 과정 때 역점을 두고 배우던 관점이 아니었으며, 현재의 의학 저술에서 찾을 수 있는 것도 아니었다. 그러나 이곳의 뇌염후 환자들

♦ 맥도널드 크리츨리는 빅토리아시대의 신경학자(이자 아마추어 식물학자) 윌리엄 R. 가워스의 전기에서 이렇게 말한다. "그에게 신경질환 환자는 열대 정글의 식물군이나 진배없는 존재였다." 가워스에게 그랬듯이 내게도 이례적인 장애를 지닌 환자 한 사람 한 사람이 누구와도 같지 않은 특별한 존재, 특별한 삶의 양식으로 느껴지곤 했다.

을 보면서 이 관점이 명확하고 압도적인 진리로 다가왔다. 대다수 동료들이 "요양병원 같은 데서 무슨 흥미로운 것을 찾겠느냐"며 얕보던 것이 겪어보니 정반대, 즉 삶 전체가 펼쳐지는 과정을 지켜보기에 이상적인 상황이었다.

◆

1950년대 말 파킨슨병 환자의 뇌에는 신경전달물질인 도파민이 부족하며 도파민 수치를 높이면 뇌의 상태가 '정상'이 될 수도 있음이 입증되었다. 그러나 엘도파(도파민의 선구물질)를 밀리그램 단위로 투약하여 도파민 수치를 높이는 시도는 효과가 확실하게 나타나지 않았다. 그러다 조지 코치아스(1918~1977)가 대담무쌍하게 한 환자군에게 1,000배나 많은 용량을 투약하자 비로소 치료 효과가 나타났다. 1967년 2월 코치아스가 이 결과를 발표함으로써 파킨슨병 환자들의 미래가 확 바뀌었다. 여태껏 갈수록 장애가 심해지는 비참한 미래만을 바라보던 환자들의 처지가 이 신약으로 일거에 바뀔지 모른다는 희망이 생긴 것이다. 의학계는 흥분에 감전된 듯한 분위기였다. 나는 엘도파가 내 환자들에게도 도움이 될까 궁금했다. 코치아스의 사례와는 다른 환자들인데….

베스에이브러햄병원의 우리 환자들에게 엘도파를 투약해야 할까? 나는 망설였다. 우리 환자들의 병은 일반 파킨슨병이 아니라 훨씬 더 복잡하고 훨씬 더 중증이고 훨씬 더 이상한 뇌염후증후군인데? 증상이 그처럼 상이한 이 환자들은 어떤 반응을 보일까? 나는 신중해야 한다고 판단했다(지나치다 싶을 정도로 신중해야 한다고). 엘도파가 이 환자들이 발병 초기에 겪었던, 파킨슨증에 갇히기 전에 겪었던 신경학적 문제를 활성화시킬까?

1967년, 몹시 떨리는 마음으로 마약단속국에 특별 연구용 엘도파 사용 허가를 신청했다. 당시 엘도파는 아직 실험용 약 단계였다. 몇 달이 지나서야 허가증이 나왔다. 하지만 갖가지 이유로 미뤄지다가 1969년 3월에야 6명의 환자를 대상으로 90일간 이중맹검법二重盲檢法 실험에 착수했다. 3명은 가짜 약을 받지만, 피험자들도 나도 누가 진짜 약을 받았는지 모르는 상태로 진행하는 실험이었다.

단 몇 주 만에 엘도파 효과가 분명하고 극적으로 나타났다. 정확히 50퍼센트라는 실패율에서 가짜 약은 어떠한 유의미한 효과도 내지 못한다는 결론을 이끌어낼 수 있었다. 나는 양심상 더이상 가짜 약 실험을 할 수 없었고, 응할 준비만 돼 있다면 어떤 환자에게든 엘도파를 처방하기로 했다.♦

처음에는 거의 전원에 해당하는 환자가 좋은 반응을 보였다. 수십 년에 달하는 세월을 죽은 생명체처럼 굳어 있던 환자들이 폭발적으로 살아난 그해 여름은 경이로운 "깨어남"의 축제 같은 시간이었다.

그러나 이어서 거의 모든 환자에게 엘도파의 특정 '부작용'이 나타났다. 그뿐 아니라 일련의 일반적 문제 양상, 즉 돌발적이고 예측 불가능한 반응의 변이, 엘도파에 대한 극도로 민감한 반응이 나타났다. 게다가 일부 환자는 투약 때마다 다른 반응을 보였다. 적정 용량을 맞

♦ 이 무렵 알베르트아인슈타인의대의 내 주임교수 레이브 셰인버그와 이야기할 기회가 있었다. "자네 얼마나 많은 환자한테 엘도파 쓰고 있나?" 셰인버그가 물었다.
"세 명입니다, 교수님." 나는 신이 나서 대답했다.
"쯧쯧, 올리버! 난 몇 명인 줄 아나? 자그마치 삼백 명이라네."
"예, 하지만 제가 환자 한 명당 배우는 게 교수님이 배우시는 것보다 백배는 더 많을 겁니다." 나는 주임교수의 빈정거림에 열받아 이렇게 받아쳤다.
피험자의 수는 물론 중요하다(다수를 다룰 때 각종 분류와 종합 개괄이 가능하다). 그러나 구체적이고 개별적인 접근, 개개인에 대한 접근 역시 중요하다. 신경질환을 다룰 때는 개별 환자의 삶으로 들어가 전체를 기술하지 않는 한 그 질환의 특성과 영향을 밝혀낼 수 없다.

추기 위해 세밀하게 조절해봤지만 아무 소용이 없었다. 이제는 투약과 반응의 '구조' 자체에 일종의 역학이 형성된 듯했다. 용량이 너무 많지 않으면 너무 적을 뿐 적정량이란 없는 듯 보이는 환자가 많았다.

환자들의 엘도파 적정 용량 문제로 씨름하다가, 정상적인 회복력 또는 정상 위치를 잃어버린 것으로 보이는 뇌 조직을 다룰 때는 전적으로 의학이나 약물에만 의존하는 접근법에 근본 제약이 있을 수밖에 없음을 깨달았다. 그러면서 마이클 형이 신경안정제(안정제는 도파민 수용체를 둔화시키고 엘도파는 활성화시킨다)로 겪었던 문제를 떠올렸다.◆

◆

UCLA에서 레지던트 생활을 하던 시절에는 신경과와 정신과는 거의 관계가 없는 분야로 취급되었다. 그런데 레지던트 과정을 마치고 실제 환자를 본격적으로 만나기 시작하자 신경의만이 아니라 정신의 역할도 똑같이 필요하다는 것을 느꼈다. 편두통 환자들을 만날 때 이 점을 강하게 느꼈고 뇌염후 환자들을 만날 때는 거의 압도적으로 느꼈다. 파킨슨증, 간헐성 근육발작, 무도병, 틱, 이상한 충동, 강박충동, 강박장애, 갑작스러운 공황발작, 몰아치는 격정 등 이들이 겪는 무수한 장애가 '신경과' 장애이면서 '정신과' 장애인 까닭이다. 이러한 환자들에게는 순수한 신경과 치료법이나 순수한 정신과 치료법이 아무 힘

◆ 1969년 8월, 내 뇌염후증후군 환자들의 '깨어남'을 〈뉴욕 타임스The New York Times〉의 이즈리얼 셴커 기자가 화보를 넣은 장문의 기사로 썼다. 그는 내가 일부 환자들의 반응에 대해 '요요 효과yo-yo effect'라고 기술했던 현상을 다루었다. 약물 반응이 예측 불가능하게 변동하는 현상을 가리키는 요요 효과는 다른 동료들은 기술하지 않은 현상으로, 일부 환자의 경우에는 몇 년이 지나서 이 현상이 나타나기도 했다(나중에 이 효과는 '온오프 효과on-off effect'로 불렸다). 엘도파는 '기적의 신약'으로 불렸지만, 나는 이 기사에서 어떤 약물이 뇌에 미치는 효과만이 아니라 환자의 삶과 상황 전체에 주의를 기울이는 것이 대단히 중요한 문제라고 말했다.

을 발휘하지 못한다. 이런 경우에는 신경과 접근법과 정신과 접근법의 결합이 필요하다.

뇌염후증후군 환자들은 수십 년 동안 어떤 중지 상태(기억과 지각 기능 그리고 의식 중지 상태)에서 살아왔다. 그랬던 사람들이 완전한 의식과 운동 능력을 되찾아 삶을 회복한 것이다. 자신과는 무관하게 흘러가버린 시대착오의 세계 속에서 그들은, 립 반 윙클Rip Van Winkle처럼 자신을 되찾을 수 있을까?(립 반 윙클은 미국 작가 워싱턴 어빙이 1819년 발표한 동명의 단편소설 속 주인공이다. 20년간 잠들었다가 깨어나 이해할 수 없는 세상과 마주친다 — 옮긴이)

환자들에게 엘도파를 투약했을 때 이들의 '깨어남'은 신체만의 깨어남이 아니었다. 그들의 지적 능력, 지각 기능 그리고 감정까지 깨어났다. 이처럼 전면적인 깨어남 또는 살아남은 1960년대를 지배했던 신경해부학의 인식과 상충했다. 이 분야에서는 우리 뇌 안에 운동 기능, 지각 기능, 정서 기능을 담당하는 영역이 따로 존재하며 이 영역들이 상호작용하지 않는 것으로 보았다. 내 안의 해부학자는 이 개념에 굴복하여 이렇게 생각했다. "이럴 리가 없어. 이런 '깨어남'은 일어날 수 없는 일이야."

그러나 내가 두 눈으로 똑똑히 목격한 것은 그런 깨어남이었다.

마약단속국은 표준 항목 양식을 주면서 이 신약으로 인해 나타난 증상과 반응을 표시하라고 했다. 하지만 현실에서 일어나는 양상은 신경학적으로나 인간적으로 너무나 복합다단해서 그 양식에 제시된 항목들로는 내가 지켜보는 실제 현상을 담아낼 수가 없었다. 나는 상세한 기록과 설명과 소견을 남겨야 한다고 느꼈다. 스스로 모든 것을 기록하기 시작한 환자들도 더러 있었다. 나는 녹음기와 카메라를 소지하고 다녔고, 나중에는 8밀리미터 비디오카메라도 추가했다. 현재 눈에 보이는 상황이 다시는 오지 않을 수 있다고 느꼈기에 시각적 기록을 남기는 것이 무엇보다 중요했다.

몇몇 환자는 낮 시간은 거의 잠자고 밤에 말똥말똥 깨어 지냈다. 이는 내가 24시간 매달려 있어야 한다는 뜻이었다. 수면부족에 시달리긴 했지만 그럼으로써 환자들과 더 가까워질 수 있었다. 또 베스에이브러햄병원에 있는 500명 환자 전원의 야간호출이 있었다. 야간호출은 급성심부전 발작 환자를 긴급 처치하고, 또다른 환자는 응급실로 보내고, 또 사망 환자가 발생하면 부검을 요청하는, 그런 업무의 연속이다. 매일 밤 배정되는 정식 당직 의사가 있었지만 차라리 끊임없이 야간호출을 받는 편이 더 낫다고 판단해서 굳이 자원했다.

베스에이브러햄병원 당국은 내 요청을 흔쾌히 수락하고는 병원 바로 옆에 붙어 있는 아파트(평소에는 당직 의사가 묵는 아파트)를 명목상 시세로 제공했다. 모두가 이 방침을 환영했다. 다른 의사들은 당직 서기를 싫어했고, 나는 내 환자들에게 24시간 열려 있는 아파트가 생겨 좋았다. 임상 인원(임상심리사, 사회복지사, 물리치료사, 언어치료사, 음악치료사 등)이 수시로 들러 환자에 대해 의논했다. 우리 눈앞에서 펼쳐지는 이 전례 없는 사건들에 대해 거의 하루도 빠짐없이 열띤 토론이 풍성하게 벌어졌고, 여기에는 전례 없는 접근법이 요구된다는 사실을 우리 모두가 인지했다.

런던의 걸출한 신경의 제임스 퍼든 마틴은 은퇴 후 하일랜즈병원의 뇌염후증후군 환자들에 대한 관찰과 연구에 매진한 결과, 1967년 균형과 자세 이상에 대한 중요한 저서를 출판했다. 그는 1969년 9월에 내 환자를 보기 위해 특별히 뉴욕을 방문했다. 당시 칠십대였던 그에게는 결코 쉽지 않은 여행이었을 것이다. 그는 엘도파를 복용하는 환자들을 만나보고 놀라워했다. 이 유행병이 발발한 50년 전의 그 위급

했던 날 이래로 지금까지 이런 일은 한 번도 보지 못했다면서 내게 말했다. "이 모든 것에 대해 꼭 써야 합니다. 아주 자세하게요."

1970년 나는 뇌염후 환자들에 대해 쓰기 시작했다. 내가 어떤 것보다 좋아하는 형식인 '편집장에게 보내는 편지'였다. 일주일 만에 《랜싯》 편집장에게 네 통의 편지를 보냈는데 즉각 게재하겠다는 응답이 왔다. 하지만 내 상관인 베스에이브러햄병원의 의료실장은 기뻐하지 않았다. "이걸 왜 잉글랜드에서 발표하는 겁니까? 박사가 일하는 곳은 여기 미국입니다. 《미국의학협회저널The Journal of the American Medical Association》에 발표할 뭔가를 써봐요. 환자 개인들에 대한 편지글 말고 모든 환자에 대한 통계 조사도 넣고 환자들 상태 보고도 넣어서 해봐요."

1970년 여름, 《미국의학협회저널》에 보내는 편지 형식으로 1년 동안 엘도파를 투약했던 환자 60명에게서 나타난 엘도파 반응을 담은 연구 결과를 보고했다. 그 60명 거의 전원이 처음에는 좋은 반응을 보였지만 그들 모두가 이르든 늦든 통제에서 벗어나 복잡하고 때로는 기이하며 예측 불가능한 상태에 들어섰다고 썼다. 나는 이 현상을 '부작용'으로 볼 것이 아니라 전체가 진행되는 과정에서 없어서는 안 될 부분으로 보아야 할 것이라는 견해를 밝혔다.

《미국의학협회저널》은 내 편지 보고서를 발표했다. 《랜싯》에 실린 편지는 많은 동료들에게서 긍정적인 반응을 얻었지만 《미국의학협회저널》의 편지에는 무서우리만치 냉랭한 침묵뿐이었다.

그 침묵은 몇 달이 지나서 깨졌다. 《미국의학협회저널》은 10월에 발간된 한 호의 편지란 전체를 여러 동료 의사들의 호된 비판과 분노 섞인 반응에 할애했다(미국의학협회에서 주관하는 이 동업자 비평 의학 저널은 매년 48호를 발행한다 — 옮긴이). 기본 논지는 이런 것이었다. '섹스는 정신

나간 사람이다. 우리도 환자 수십 명을 보았지만 그 비슷한 일은 본 적이 없다.' 뉴욕의 한 동료는 자기가 엘도파 투약 환자를 100명 이상 봤지만 내가 기술한 그런 복합적인 반응을 보인 환자는 단 한 명도 보지 못했다고 말했다. 나는 그 의사에게 편지를 썼다. "친애하는 M. 박사님, 박사님이 진료한 환자 열다섯 분을 지금 베스에이브러햄병원에서 제가 보살피고 있습니다. 여기 오셔서 그분들이 어떻게 지내고 계시는지 직접 보시겠습니까?" 답장은 받지 못했다.

내가 느끼기에 일부 의사들은 엘도파의 일부 부정적인 효과를 대단치 않게 여기는 듯했다. 한 편지에서는 설사 내가 말한 것이 사실이라 해도 비밀에 부쳐야 한다고, 그렇지 않으면 "엘도파의 효과를 최대치로 발현하기 위해 필요한 낙관적인 분위기에 찬물을 끼얹을 것"이라는 이야기까지 했다.

나는 이런 공격 글들을 발표해놓고 같은 호에 내게 답변할 기회를 마련하지 않은《미국의학협회저널》의 처사가 부적절하다고 느꼈다. 기회가 주어졌다면 뇌염후 환자들이 극도로 민감한 상태이며, 그렇게 민감한 상태로 인해 일반 파킨슨병 환자들보다 엘도파에 훨씬 더 빠르고 훨씬 더 극적으로 반응한다는 사실을 명확하게 밝혔을 것이다. 그런 까닭에 동료 의사들이 일반 파킨슨병 환자를 치료할 때는 몇 년이고 보지 못했던 효과가 내 환자들에게서는 단 며칠에서 몇 주 사이에 나타난 것이라고.

그런데 그보다 더 뿌리 깊은 문제가 있었다.《미국의학협회저널》에 보낸 편지에서 나는 이 상황을 약을 투여하고 효과를 제어하는 단순한 문제로 여기는 태도에 의문을 표했을 뿐 아니라 그 효과를 예측할 수 있다는 생각에도 의문을 제기했다. 이어서 우연성이야말로 엘도파 투여를 계속하면서 나타난 본질적이며 불가피한 현상이었음을 언급했다.

매우 드문 기회를 만났으며 귀중한 사실을 말해야 한다는 사실을 나는 알았다. 하지만 내가 겪은 일을 의학계에 충실히 '발표할 만한' 또는 동료들에게 받아들여질 만큼 격조를 지키면서 말할 방법이 내게는 없었다. 뇌염후 환자들과 이들의 엘도파 반응에 대해 쓴 장문의 논문을 가장 오랜 역사와 가장 높은 권위를 자랑하는 신경학 학술지 《브레인Brain》에서 실어주지 않겠다고 했을 때, 이 무력감은 최고조에 달했다.

의대생이던 1958년, 소련의 위대한 신경심리학자 A. R. 루리아(1902~1977)가 런던에 와서 일란성쌍둥이의 언어 발달에 대해 강의를 한 적이 있었다. 경이로운 관찰력과 이론적 깊이에 인간적 온기가 한데 결합된 그의 강의는 내게 계시처럼 다가왔다.♦

1966년, 뉴욕에 온 뒤 나는 루리아의 저서 두 권 《인간의 고위 대뇌피질 기능Higher Cortical Functions in Man》과 《뇌와 심리적 과정Human Brain and Psychological Processes》을 읽었다. 전두엽 손상 환자들의 아주 풍부하고 상세한 사례가 수록된 두 번째 책을 읽는 동안에는 내내 탄복을 멈추지 못했다.

1968년에 루리아의 《모든 것을 기억하는 남자The Mind of A Mnemonist》(갈라파고스, 2007)와 《지워진 기억을 좇는 남자The Man with a Shattered World》(도솔, 2008)를 읽었다. 첫 서른 쪽을 읽는 동안에는 소설

♦ 그리고 공포도. 책을 읽는 내내 머릿속에 한 가지 생각이 맴돌았다. 이 세계에 내 자리가 남아 있겠어? 내가 말하고 싶은 것, 쓰거나 생각할 수 있는 모든 것을 루리아가 이미 다 보았고 말했고 썼고 생각하지 않았는가. 나는 너무 분해 그 책을 반으로 찢고 말았다(결국 도서관 반납용으로 한 부, 내 것으로 한 부 해서 새 책으로 두 권을 사야 했다).

이라고 생각했다. 그러다가 병례사라는 사실을 깨달았다. 소설식 구조에 극적인 힘과 감정이 모두 살아 있는 병례사, 내가 읽어본 어떤 것보다 심오하고 상세한 병례사였다.

루리아는 신경심리학neuropsychology의 창시자로 세계적 명성을 얻은 학자다. 하지만 그는 사람이 살아 있는 풍부한 병례사들이 자신의 탁월한 신경심리학 논문들 못지않게 중요하다고 믿었다. 고전적 접근법과 소설적 접근법, 과학과 이야기를 결합시키고자 했던 루리아의 노력은 곧 나의 노력이 되었다. 루리아 스스로 "작은 책"(《모든 것을 기억하는 남자》는 단 160쪽으로 이루어진 책이다)이라고 칭하던 저서는 내 인생의 방향과 목표를 바꾸어 《깨어남》만이 아니라 내가 쓴 모든 책의 원형이 되었다.

1969년 여름, 뇌염후 환자들을 돌보며 하루 열여덟 시간씩 일하던 나는 탈진하고 흥분한 상태로 런던으로 떠났다. 루리아의 "작은 책"에 영감을 받은 나는 부모님 집에서 여섯 주를 보내면서 《깨어남》에 실린 첫 아홉 환자의 병례사를 썼다. 원고를 페이버앤드페이버 출판사에 보여주었는데 관심 없다고 했다.

나는 또 뇌염후증후군의 틱과 행동에 대해 4만 단어 길이의 원고를 썼고, 루리아의 《인간의 고위 대뇌피질 기능》의 보론 격으로 "사람의 대뇌피질하 기능"이라는 제목의 논문을 구상했다. 이것 역시 페이버앤드페이버 출판사로부터 거절당했다.

1966년 내가 처음 왔을 당시 베스에이브러햄병원에는 80여 명의 뇌염후 환자 외에 다른 신경질환을 앓는 환자 수백 명이 입원해 있었다. 낮은 연령대 환자들은 운동신경세포질환(근육위축성축삭경화증ALS)이나 척수공동증, 샤르코마리투스병 같은 질환을 앓고 있었고, 연령이 높은 환자들은 파킨슨병, 뇌졸중, 뇌종양, 노인성치매를 앓고 있었다(그 시절에 '알츠하이머병'이라는 용어는 초로치매를 앓는 희귀 환자 전용이었다).

알베르트아인슈타인의대의 신경학과 학과장이 의대생 신경학 수업 때 이 특수한 환자군을 소개해달라고 요청했다. 당시 나는 의대생 여덟아홉 명을 가르쳤다. 신경학에 아주 흥미가 높은 학생들로, 두 달 동안 매주 금요일 오후에 병원 진료에 참관할 수 있었다(금요일에 오지 못하는 유대교도 학생들은 다른 요일에 참관할 수 있었다). 그 학생들은 신경계 장애에 대해 배웠을 뿐 아니라 시설 입원 생활이 어떤 것인지, 만성 장애와 더불어 살아간다는 것은 어떤 것인지 직접 보고 배웠다. 우리는 일주일 단위로 말초신경계 장애에서 시작해 척수 장애, 뇌줄기와 대뇌 장애, 이어서 운동 장애, 끝으로 지각·언어·사고·판단 장애를 다루었다.

우리 수업은 언제나 병상 교육으로 시작했는데, 환자의 침대 주위에 서서 환자가 살아온 이야기를 끌어내고 질문하고 진찰하는 과정으로 이루어졌다. 나는 대부분 환자 옆에서 개입하지 않고 지켜보았다. 그렇지만 언제나 예의를 지키고 존중하는 자세로 환자에게 완전히 집중해야 한다는 점은 재삼재사 강조했다.

학생들의 질문과 검진에 응하겠다고 동의한 내가 잘 아는 환자들 아니면 학생들에게 소개하지 않았다. 환자들 가운데는 타고난 교사들도 있었다. 척수가 손상되는 선천성 희귀 질환을 앓는 골디 캐플런이 그런 분이었다. 그는 학생들에게 이렇게 말하곤 했다. "척수공동증은 교과서 내용으로 암기하려 하지 말고 나를 생각해요. 내 왼팔에 큰 화상 자국 보이죠? 라디에이터에 기댔다가 생긴 거예요. 그쪽에 뜨거운 것이나 통증을 느끼는 감각이 없어서 그런 거예요. 의자에 몸을 꼬고 앉았던 자세가 기억나요. 내가 말하는 게 힘든 거는 유스타키오관이 뇌줄기를 압박하기 때문이에요. 내가 척수공동증의 산 표본 맞죠?" 골디의 강의는 이 말로 끝맺었다. "나를 기억해요!" 모든 학생이 그의 말을 따랐고, 몇 명은 많은 시간이 흐른 뒤에도 골디 이야기를 하면서 여전히 마음의 눈에 그의 모습이 선하다고 말했다.

우리는 세 시간 동안 환자를 본 뒤 내 방으로 와서 다과를 나누었다. 원래 작은 공간이 학생들이 들어와 발 디딜 틈 없이 복작거렸다. 내 사무실 사방 벽에는 신문 기사, 메모와 단상, 엽서 크기의 도표 등 핀으로 꽂아놓은 종이들이 다닥다닥 겹겹이 붙어 있었다. 다과를 마치고 날씨가 괜찮은 날이면 길 건너편에 있는 뉴욕식물원으로 가서 아무 큰 나무 아래 앉아 철학이며 소소한 인생사를 논했다. 금요일 오후가 아홉 번 지나가는 동안 우리는 서로에 대해 많은 것을 배우고 알게 되었다.

한번은 신경학과에서 시험을 쳐서 학생들 점수를 매겨달라고 했다. 나는 평가서를 제출하면서 전원 A를 줬다. 학과장이 분개해서 물었다. "어떻게 이 학생들 전부 A를 받을 수 있습니까? 이게 무슨 애들 장난인 줄 알아요?"

나는 그렇지 않다고 대답했다. 장난이 아니라고. 개별 학생을 알아가면 알아갈수록 그 학생의 뛰어난 점이 보였을 뿐이고, 내가 모두에게 A를 준 것은 무슨 얼치기 평등주의를 실현한 것이 아니라 각 학생 고유의 두드러지는 점에 점수를 준 것이라고. 나는 어떤 학생이건 점수나 시험 성적으로 단정 지을 수 없다고 느꼈다. 어떤 환자든 그렇게 할 수 없듯이. 그 학생의 다양한 면면을 접해보지 않은 내가 어떻게 평가를 내릴 수 있겠는가? 그들의 공감 능력과 배려심, 책임감과 판단력 같은 점수를 매길 수 없는 자질은 또 무엇으로 평가한단 말인가?

결국 학과 당국은 더이상 내게 학생 점수를 요구하지 않았다.

가끔은 유독 더 오랜 시간 동안 함께한 학생들이 있었다. 그런 학생 중 하나인 조너선 커티스가 최근 나를 찾아왔다. 그는 40여 년이 지난 지금 돌이켜보면 의대 시절에 기억에 남은 것은 내게 배웠던 그 석 달뿐이라고 말했다. 나는 그에게 몇 차례 가령 다발성경화증 환자를 볼 것을 주문했다. 환자의 병실로 가서 두어 시간 함께 있어 보라고. 그러고 나서 내게 최대한 상세한 보고를 해보라고 했다. 그 보고에는 신경학적 문제와 그 병을 앓는 환자가 살아가는 방식은 물론 환자의 성격과 관심사, 가족, 그리고 환자의 인생사 전부가 포함되어야 했다.♦

우리는 먼저 그 환자와 그의 '상태'에 대해 개괄적인 범위에서 토론했다. 그런 다음 나는 관련 문헌을 더 찾아서 읽어볼 것을 제안했다. 조너선은 내가 최초로(종종 19세기에) 나온 문헌을 추천하는 것이 충격이었다고, 의대 시절을 통틀어 그런 문헌을 읽어보라고 추천한 사람은 없었다고 했다. 그런 문헌들은 무시당했고, 혹 언급이 된다 해도 "낡아서" 해당 사항 없는 것, 역사가한테 말고는 쓸모도 흥미도 없는 폐기물 취급이 전부였다고.

◆

베스에이브러햄병원의 간호조무사, 경호원, 잡역부, 간호사는 (모든 병원이 마찬가지지만) 장시간 근무에 형편없는 급여 환경에서 일했다.

♦ 어쩌면 윌리엄 제임스(1842~1910, 실용주의 철학의 주창자로 유명한 미국의 철학자·심리학자 — 옮긴이)가 자신의 스승 루이 아가시(1807~1873, 스위스 태생 미국의 지질학자·동물학자 — 옮긴이)에 대해 쓴 글의 영향도 있었을 것이다. 아가시는 "학생 한 명을 거북 등껍데기나 가재 껍질 또는 굴 껍데기가 수북한 방 안에 가둬놓고 책이나 도움 될 만한 자료 없이 그 껍데기에 담겨 있는 모든 진실과 이치를 다 발견하기 전에는 방에서 꺼내주지 않았다"고 한다.

1972년 이들의 노동조합인 보건종사자노조가 파업을 선언했다. 일부 직원은 이 병원의 장기근속자여서 환자들과 유대가 아주 깊었다. 피켓 시위를 하고 있는 몇 사람과 이야기를 나누었다. 자기가 환자를 버린 것 같아 마음의 갈등이 크다고 했고 몇몇은 울음을 터뜨렸다.

일부 환자가 걱정이었다. 특히 혼자서는 몸을 가누지 못해 누군가가 수시로 몸을 뒤집어주지 않으면 욕창이 생기는 환자들, 수동운동범위 운동(타인이나 기계 또는 외부의 힘으로 관절을 움직여주는 운동 — 옮긴이)을 해주지 않으면 관절이 굳어버리는 환자들이 특히 염려스러웠다. 이 환자들은 단 하루만 몸을 뒤집어주지 않거나 '수동범위'로 움직여주지 않으면 상태가 내리막을 탈 사람들이었다. 그런데 파업은 일주일 이상 넘어갈 형국이었다.

나는 학생 두 명에게 전화를 걸어 상황을 설명하고 도와줄 수 있는지 물었다. 학생들은 학생회 회의를 소집해서 이 문제를 논의하겠다고 했다. 두 시간 뒤 전화가 왔다. 학생회로서는 파업파괴 행위를 좌시할 수 없다고 밝혔다. 다만 덧붙이기를 학생 개개인은 자신의 양심에 따라 행동할 수 있다고 했고, 내 전화를 받았던 두 학생이 당장 건너오겠다고 했다.

두 학생을 데리고 피켓시위 대오를 통과해(파업 중이던 직원들이 우리를 보내주었다) 네 시간 동안 함께 환자들 몸을 뒤집어주고 관절을 움직여주고 용변 처리를 도와주었다. 그 시점에 다른 두 학생이 들어와 먼저 온 학생들을 구해주었다. 쉬는 시간이 허용되지 않는, 허리가 끊어질 것 같은 업무의 연속이었다. 우리는 간호사들과 조무사들, 잡역부들의 평소 업무가 얼마나 고된지 몸으로 실감했다. 그래도 500여 명의 환자들이 피부 손상이나 다른 문제 하나 생기지 않고 이 시기를 넘길 수 있었다.

열흘 뒤 마침내 근무 환경과 임금 문제가 타결되어 직원들이 업무에 복귀했다. 그런데 그 마지막 날 밤, 내 차 앞유리가 박살나 있었다. 그리고 그 자리에는 큼지막한 손글씨 경고문이 붙어 있었다. "사랑해요, 색스 박사님. 그래도 박사님은 파업파괴자(파업 노동자들 대신 일하는 노동자 — 옮긴이)였어요." 어쨌거나 파업 끝날 때가지 기다려준 것이 어딘가. 파업 기간에는 나와 학생들이 환자를 돌보도록 해줘놓고 말이다.♦

사람이 나이가 들다 보면 어느 해가 어느 해인지 흐릿해지기 마련이지만 1972년은 언제나 내 기억 속에 선명하게 남아 있다. 앞선 세 해는 환자들의 깨어남과 시련에 함께한 극도로 강렬한 시간이었다. 그런 경험은 인생에 두 번 오지 않을 뿐 아니라 보통은 한 번도 만나기 힘든 일이다. 그 경험의 소중함과 심오함, 강렬함과 진폭을 생각하면서 나는 어떤 식으로든 명료하게 전달해야 한다고 느꼈다. 그렇지만 과학적 객관성과 강렬한 동료애, 환자들에게 느꼈던 유대감, 그리고 그 모든 과정의 경이로움(과 때로는 비극성) 그 자체를 다 결합하여 담아내기에 적합한 형식이 떠오르지 않았다. 이처럼 1972년은 그 경험을 한데 묶어 유기적 통일성과 형식을 갖춘 무언가로 빚어낼 방법을 찾지 못할 것 같은 불안감과 통렬한 좌절감으로 시작되었다.

내게는 잉글랜드가 여전히 내 집이었고, 미국에서 보낸 12년은 장기 방문에 지나지 않았다. 돌아가야겠다는 생각, 집으로 돌아가야 글을 쓸 수 있을 것 같은 생각이 들었다. '집'은 많은 것을 의미했다. 내

♦ 하지만 1984년 파업 때는 사정이 달랐다. 47일 동안 단 한 사람도 피켓라인을 통과시켜주지 않았고, 내 환자들은 고통받았다. 30명이 이 기간에 보살핌을 받지 못해 사망했다고, 나는 아버지에게 편지로 알렸다. 임시고용 직원들과 사무직 사람들이 동원됐지만 어쩔 수 없는 일이었다.

게 집은 런던이었고, 내가 태어났고 이제는 일흔을 넘긴 부모님이 변함없이 마이클 형하고 살고 있는 메이프스베리 로드의 고색창연한 큰 집이었고, 어릴 적 뛰놀던 햄스테드히스였다.

여름에 휴가를 내고, 산책길과 울창한 숲, 내가 사랑하는 헤엄치기 좋은 연못이 가까우면서 메이프스베리 로드도 멀지 않은 햄스테드히스 끝자락에 따로 아파트를 구해야겠다고 생각했다. 6월에는 부모님의 금혼식이 있어 (세 형과 나만이 아니라 부모님의 형제자매와 조카, 먼 사촌뻘 친척까지 모두 모이는) 집안 잔치가 열릴 예정이었다.

하지만 내가 집에서 가까이에 있으려고 한 데는 더 특별한 이유가 있었다. 어머니가 타고난 이야기꾼이라는 사실이었다. 어머니는 병원에서 있었던 일을 동료며 제자, 어머니가 보는 환자와 친구 들에게 즐겨 이야기했다. 우리 네 형제 역시 어려서부터 병원 이야기를 듣고 자랐다. 음산하고 무서운 이야기도 가끔 있었지만 환자 또한 사람이라는 사실을, 환자 개개인의 특별한 가치와 용기를 생각하게끔 하는 이야기들이었다. 아버지도 의료에 관해서는 대하드라마급 이야기꾼이었다. 부모님 두 분 다 인생사의 희로애락을 경이에 찬 시선으로 바라보았고, 의료와 서사가 조화를 이룬 두 분의 신념은 우리 네 형제 모두에게 심대한 영향을 미쳤다. 나의 (소설이나 시가 아니라 기술과 기록을 위한) 글쓰기 욕구 역시 부모님에게서 직접 온 것이 아닌가 싶다.

어머니는 뇌염후 환자들에 대한 이야기, 내가 엘도파를 투여했을 때 그들이 겪은 깨어남과 시련에 대한 이야기를 넋을 놓고 들었다. 어머니는 그들의 이야기를 쓰지 않고 뭐하느냐고 닦달하다가 1972년 여름에 단적으로 말했다. "지금이 그때다. 지금 써!"

날마다 아침에는 히스에서 걷고 수영하고 오후에는 《깨어남》의 이야기를 쓰거나 구술했다. 저녁이면 프로그널에서 밀레인을 거쳐 메이프스베리 로드 37번지까지 슬렁슬렁 걸어가서 어머니에게 갓 완성한 원고를 읽어드렸다. 어렸을 때는 어머니가 내게 몇 시간이고 계속해서 읽어주었는데(디킨스와 앤서니 트롤럽, D. H. 로런스를 처음 접한 것은 어머니의 목소리를 통해서였다), 이제는 내가 어머니에게 읽어드릴 차례였다. 어머니가 이미 찔끔찔끔 들었던 이야기들이지만 완전한 서사 구조를 갖춘 전체 이야기로 들려드렸다. 어머니는 감정을 이입하며 완전히 몰입해서 들었다. 의사로서 사실성이 떨어진다고 느껴지는 부분에서는 매서운 비판도 아끼지 않았다. 내 이야기가 두서없이 늘어질 때는 그런대로 참고 들어주었지만 어머니에게 궁극적인 덕목은 '사실처럼 들리는가'였다. "그건 사실로 들리지 않는다!" 어머니는 가끔 이렇게 반응했다. 하지만 나중에는 갈수록 "제대로 했구나. 이제 사실로 들린다"는 논평이 점점 더 많아졌다.

어떻게 보면 그해 여름에는 어머니와 함께 《깨어남》의 병례사를 써내려갔다고 해도 될 법하다. 그 여름은 마법에 걸린 듯 쫓기는 일상이 멈춰버린 시간, 창작에 바쳐진 신성한 시간이었다.

햄스테드히스의 아파트는 글루체스터크레센트에 있는 콜린 헤이크래프트의 사무실까지 걸어가기에도 적당한 거리에 있었다. 콜린을 처음 본 것은 1951년, 내가 퀸스칼리지에 입학하던 해였다. 그는 졸업반이었다. 단신에 다부진 체구로 학사복을 차려 입은 몸가짐은 벌써 기번(역사가 에드워드 기번 — 옮긴이)이 되신 듯 자신감 넘쳤고, 동작은 잽싸고 날렵했다. 학생들은 저 사람이 고전에 조예 깊은 학구파일 뿐 아니라 눈부신 라켓볼 선수라고 이야기했다. 하지만 직접 만난 것은 20년이 지나서였다.

1969년 여름에 쓴 《깨어남》의 첫 아홉 환자 사례 원고를 페이버앤드페이버 출판사로부터 거절당하고 나니 심리적 충격이 커서, 내가 다시 책을 한 권이라도 써서 출판할 수 있으려나 하는 의구심만 들었다.♦ 그 원고는 아무데나 치워놨다가 잃어버리고 말았다.

이 무렵 콜린 헤이크래프트는 상당히 평판 좋은 출판사 더크워스Duckworth를 운영하고 있었다. 친구 조너선 밀러의 집에서 바로 길 건너가 그 출판사였다. 1971년 말 조너선이 진퇴양난에 빠져 있는 나를 보고는 아홉 가지 병례사의 카본지 복사본을 콜린에게 가져다줬다. 나는 조너선에게 그 원고가 있다는 사실을 까맣게 잊고 있었다.

콜린은 그 병례사가 마음에 든다고 더 써보라고 했다. 신이 나는 만큼 겁도 났다. 콜린은 점잖게 밀어붙였고 나는 머뭇거렸다. 그러면 뒤로 물러나 기다리다가 다시 다가왔다. 그는 나의 자기불신과 불안에 깊은 이해심과 세심한 배려로 응했다. 그렇게 이리저리 둘러대며 여섯 달을 흘려보냈다.

좀더 확실하게 밀어붙일 필요가 있다고 판단한 콜린은, 종종 해오던 식으로, 직관이 이끄는 대로 조너선에게 받았던 타자 복사본을 교정쇄로 제작해버렸다. 내게 한 마디 예고나 의논 없이 7월에 이 일을 해치운 것이다. 내가 계속 책을 쓸 것이라고 확신할 아무런 근거가 없는 상황에서 이런 조치가 나왔다는 것은 정말 통 큰 결정이었고, 한편으로는 내게 믿음을 보여주는 행동이었다. 전동타자기가 나오기 전이었으니 이 긴 원고를 활판 교정쇄를 제작하는 데는 막대한 비용이 들어갔을 터였다. 내게는 그 점이야말로 콜린이 정말 이것을 좋은 책이라

♦ 하이네만Heinemann 출판사의 레이먼드 그린(1971년 초《편두통》이 나왔을 때 훈훈한 서평을 써준 사람)이 파킨슨증에 관한 책으로《편두통》하고 똑같이 한 권 써줄 것을 의뢰했다. 이 제안이 한편으로는 힘이 되었지만 또 한편으로는 의욕이 꺾이는 이야기였다. 같은 것을 되풀이하고 싶은 마음은 없었기 때문이다. 나는 아주 다른 책이 되어야 한다고 느꼈지만, 어떤 종류의 책이 되어야 할지 찾지 못하고 있었을 뿐이었다.

고 생각한다는 증거로 느껴졌다.

나는 속기 타자수 한 사람을 확보했다. 지하실 계단을 후다닥 달려 올라가다가 들보에 부딪쳐 목뼈 부위 염좌가 생기는 바람에 펜 잡는 오른손을 쓰지 못하는 황당한 사태가 벌어졌기 때문이다. 억지로나마 일해야 한다는 생각으로 매일 구술 작업에 임했다(의무감으로 시작한 일이었지만 빠른 속도로 작업에 몰입하면서 즐거운 일이 되었다). 나는 목뼈보조기를 착용한 채 소파에 앉아 필기한 것을 훑어보고는 속기로 받아치는 타자수의 표정을 면밀히 지켜보면서 이야기를 구술했다. 구술에서는 타자수의 표정이 아주 중요한 요소였다. 기계에다 불러주는 것이 아니라 그 사람에게 이야기하는 것이므로. 이 장면은 어쩐지 셰에라자드(《아라비안 나이트》에서 남편인 술탄에게 매일 밤 이야기를 들려주며 목숨을 보존하는 왕비 — 옮긴이) 이야기를 뒤집어놓은 것과 같았다. 타자수는 매일 오전 전날 구술한 것을 타자로 쳐서 멋지게 정리된 원고를 가져왔고, 나는 그것을 저녁이면 어머니에게 읽어드렸다.

이렇게 완성된 타자본 뭉치를 거의 매일 콜린에게 보냈고, 함께 찬찬히 뜯어보았다. 그해 여름 우리는 많은 시간을 작은 사무실에 처박혀 일했다. 그랬어도 콜린과 내가 주고받은 편지를 보면 우리는 상당히 격식을 지켰다. 그는 언제나 "헤이크래프트 편집장님"이었고 나는 언제나 "색스 박사님"이었다. 1972년 8월 30일, 내가 보낸 편지다.

> 친애하는 헤이크래프트 편집장님,
>
> 여기 병례사 다섯 편을 동봉합니다. 지금까지 총 16편의 병례사에 240쪽이 나왔는데 5만에서 6만 단어 분량이 될 것입니다. 지금 병례사 네 편을 추가할까 생각하고 있습니다만 … 물론 이 문제는 편집장님 판단에 맡기겠습니다. (…)

그동안 의무 기록 파일이며 책자에 있는 내용을 이야기로 옮기기 위해 애써왔습니다만 보시다시피 완전한 결과물은 나오지 않았습니다. 예술은 유형이고 인생은 무형이라고 말씀하셨죠. 저도 전적으로 동의합니다. 문장들이 더 예리하고 명료해야 하고 모든 것을 관통하는 주제가 있어야 하는데 제 원고는 무늬 어지러운 양탄자처럼 복잡하기만 하군요. 어느 정도는 아직도 원석 상태라고 봐주십시오. 앞으로 (저를 포함해서) 많은 분들이 더 파고들어 다듬어야 할 줄로 생각합니다.

진심을 다하여,

올리버 색스 드림

일주일 뒤에 또 편지를 썼다.

친애하는 헤이크래프트 편집장님,

며칠에 걸쳐 서문을 썼습니다만… 여기에 동봉합니다. 온갖 횡설수설에 비문 범벅으로 뒤죽박죽 피를 말리다가 겨우 제대로 된 글이 나온 것 같습니다. (…) 조만간 다시 말씀을 나눠야 할 것 같습니다. 늘 그래왔던 것처럼 편집장님의 도움이 있어야 제가 갈피를 잡을 수 있을 것 같아서요.

1972년 여름, 콜린의 글루체스터크레센트 이웃이자 BBC에서 발간하는 주간지 《리스너The Listener》의 편집자 메리케이 윌머스로부터 내 환자들과 그들의 '깨어남'에 관한 글을 써달라는 청탁을 받았다. 기고문 청탁은 처음 받아보는 데다 《리스너》가 워낙 명성 높은 매체라서 영광스러운 마음에 몹시 흥분했다. 처음으로 우리가 겪은 모든 과정의 경이를 일반 독자들에게 전달할 기회가 생긴 것이었다. 신경학 학술지의 까다로운 검열에 거절만 받아온 내게 글을 써달라니, 그토록 오랜 시간 쌓이고 또 쌓이고 억눌려온 모든 것을 마음껏 자유롭게 세상에 다 알릴 기회가 온 셈이었다.

다음 날 아침 앉은자리에서 일필휘지로 원고를 끝내고는 사람을 시켜 메리케이에게 보냈다. 그런데 오후가 되니 다른 생각이 떠올라 메리케이에게 전화를 걸어 원고에 부족한 데가 있는 것 같다고 이야기했다. 메리케이는 지금 보낸 원고도 자신이 보기에는 좋지만 덧붙이거나 수정할 것이 있다면 그것도 기쁜 마음으로 읽어보겠다고 말했다. 그러면서 이렇게 한 번 더 강조했다. "하지만 그 원고는 손댈 필요가 없어요. 아주 명료하고 술술 읽힙니다. 우리는 이대로 내보내는 것도 아주 만족스럽습니다."

그렇지만 아무래도 아직 할 말이 많이 남아 있다고 느꼈다. 나는 첫 원고에다 여기저기 가필하는 대신 아예 전혀 다른 접근법으로 새 원고를 썼다. 메리케이는 이번 원고 역시 똑같이 만족스러워했다. 둘 다 그대로 실어도 될 글이라고.

다음 날 아침 나는 또다시 불만족스러워 세 번째 원고를 썼고, 그날 오후에 네 번째 원고를 썼다. 그 일주일 동안 내가 보낸 원고는 총 아홉 편이었다. 메리케이는 그 원고들을 어떻게든 합쳐보겠다면서 스코틀랜드로 떠났다. 며칠 뒤 돌아온 그녀는 원고들이 각각 특성이 다르고 저마다 다른 관점에서 쓰여 있어 도저히 합칠 방도를 찾지 못했다고 말했다. 그러면서 그 원고들은 서로 나란히 어울리는 병렬 버전이 아니라 각기 다른 여러 편의 '직교' 버전이라며, 하나를 골라달라고 했다. 내가 못 하겠으면 자신이 하겠다고. 메리케이가 최종적으로 고른 것은 일곱 번째(아니 여섯 번째였던가?) 원고였고, 그렇게 해서 1972년 10월 26일자 《리스너》에 기고문이 실렸다.

◆

나는 글쓰기 행위를 통해서 글을 쓰는 동시에 생각을 발견하는 쪽인 듯하다. 어쩌다 깔끔하게 딱 완성되는 글도 있지만 그보다는 수차례 다듬고 잘라내야 하는 경우가 더 많은데, 같은 생각을 여러 가지로 표현해보는 내 스타일 탓인 듯하다. 글을 쓰다 보면 내 안에 숨어 있던 생각들이 중구난방으로 튀어나와 문장 중간에서 글의 주제와 결합해 발전하곤 한다. 그런 경우에는 괄호 안에 넣거나 종속절로 덧붙여 때로는 문장 하나가 단락 하나 길이가 되기도 한다. 형용사 여섯 개가 쌓여 더 적확한 문장이 될 수 있는데 다 쳐내고 하나만 쓰는 것은 결코 내 방식이 아니다. 내가 느끼는 세계는 온통 촘촘하고 빽빽하기만 하다. 이것을 글에 다 담으려다 보니 (클리퍼드 거츠[1926~2006, 미국의 인류학자 — 옮긴이]가 말하는) "두툼한 기술thick description"이 되는 것이다. 그러자면 글의 짜임새에 문제가 생기기 마련이다. 쇄도하는 생각들에 도취해 올바른 구성까지 신경 쓸 여력이 없는 것이다. 글쓰기에서는 때때로 냉철한 머리와 평정심으로 돌아보는 시간이 넘쳐흐르는 창조의 샘만큼이나 중요하다.

메리케이만이 아니라 콜린 또한 내 글에서 가끔씩 지나치게 무미건조하고 지루한 문장들을 걸러내며 연속성을 유지하기 위해 많은 버전들 가운데서 골라야 했다. 그는 "이 문장은 여기가 아니고" 하고는 몇 쪽을 넘어가서는 "여기로 들어갑니다"라고 말했다. 그 말이 떨어지기가 무섭게 바로 그랬어야 한다고 수긍했다. 어째서 그게 내 눈에는 안 보였는지 불가사의였다.

이 무렵 콜린이 해준 일은 글의 갈피를 잡아준 것만이 아니었다. 내가 막혀 있을 때나, 흔히들 그러듯이 한바탕 몰아치고 난 뒤 찾아오는 무너질 듯한 허탈감에 기분과 자신감이 가라앉을 때, 정서적으로 안정시켜주는 일 또한 콜린의 몫이었다.

1972년 9월 19일

친애하는 헤이크래프트 편집장 님,

제가 요즘 메마르고 무기력한 우울 상태에 빠진 듯합니다. 아무것도 못 하고 빙글빙글 쳇바퀴만 돌고 있습니다. 더 괴로운 건, 사흘만 제대로 하면 끝날 책인데 지금 이 순간에는 그걸 해낼 수 있을지조차 모르겠다는 겁니다.

환자들을 누가 누군지 알아볼 수 있을 정도로 노출시켰다는 생각, 병원에 대해서도 그대로 드러난다는 생각에 자책이 들어 견딜 수 없을 정도로 불편합니다. 어쩌면 이런 생각 때문에 책을 못 끝내고 이러고 있는 건지 모르겠습니다.

노동절이 지나자 미국에서는 모두들 업무에 복귀했고, 나 역시 뉴욕의 판에 박힌 일상으로 돌아가야 할 시점이었다. 다른 병례사 열한 편을 끝냈지만 책을 과연 어떻게 끝맺어야 할지 엄두가 나지 않았다.

1969년부터 거주해온 베스에이브러햄병원 옆의 정든 아파트로 돌아갔다. 그런데 병원 원장이 갑자기 다음 달에 집을 비우라고 했다. 병든 노모를 그 아파트에 모셔야 한다는 이야기였다. 사정은 이해하지만 내가 알기로는 그 아파트는 병원 당직 의사를 위해 마련된 곳이고 그래서 내가 지난 3년 반 동안 사용해온 것 아니냐고 항변했다. 감정이 상한 원장은 내가 자신의 권위를 문제 삼았으니 그 아파트는 물론이고 병원도 떠나주면 좋겠다고 했다. 그렇게 단번에 직장과 수입과 내 환자들 그리고 살던 집을 잃었다(하지만 내가 돌보던 환자들은 비공식으로 계속 진료했고, 1975년 베스에이브러햄병원에 정식으로 복직했다).

피아노를 포함해 갖가지 물건으로 채워져 있던 아파트가 다 비우고 나니 황량하게 느껴졌다. 11월 13일, 텅 빈 아파트에 있다가 데이비드 형의 전화를 받았다. 어머니가 세상을 뜨셨다고. 이스라엘 여행 도중 한 차례 심장발작을 겪었고, 네게브 사막을 걷다가 돌아가셨다고 했다.

바로 다음 비행기로 잉글랜드로 돌아가 장례식에서 형들과 함께 어머니 관을 들었다. 나는 시바shiva(유대교에서 장례식 후 지키는 7일간의 복상服喪 기간 — 옮긴이)를 치를 때 내가 어떤 기분일지 궁금했다. 7일 연속 하루 종일 상주와 직계 가족이 나란히 낮은 걸상에 앉아 끊임없이 이어지는 추모객들을 받고 떠난 이에 대해 이야기하고 또 이야기하고 끝없이 이야기하는 그런 자리를 내가 견딜 수 있을지, 자신이 없었다. 하지만 막상 겪어보니 갖가지 감정과 추억을 모두와 나누는 이 의례는 마음에서 우러나는, 없어서는 안 될 긍정적인 경험이었다. 혼자일 때는 어머니의 죽음에 무너져버리는 느낌이었는데 말이다.

바로 여섯 달 전에 컬럼비아대학교의 신경의 마거릿 세이든 박사에게 진찰을 받았다. 아파트 지하실 계단을 급히 올라가다가 들보에 머리를 부딪쳐 다친 목 때문이었다. 그때 세이든 박사는 진찰이 끝나고 나서 혹시 어머니가 "란다우 선생님"인지 물었다. 맞다고 하자 자신이 어머니의 제자라며, 그때 집안이 무척 어려웠는데 어머니가 등록금을 대신 내주었다는 이야기를 했다. 장례 기간 동안 의대 시절에 어머니가 많은 제자에게 도움을 주었다는 이야기, 가끔은 학비 전액을 대주었다는 이야기를 제자들에게서 들었다. 어머니는 그런 이야기를 내게(어쩌면 누구한테도) 한 적이 없었다. 어머니가 그렇게 베풀며 살아왔다는 사실은 까마득히 모른 채 절약밖에 모른다고, 심지어 인색하다고까지 생각하고 살았다. 어머니에 대해 모르는 면이 많다는 사실을 나는 너무 늦게야 깨달았다.

어머니의 오빠, 데이브 삼촌(우리가 "엉클 텅스텐"이라고 부른, 어렸을 때 내게 화학의 세계를 알려준 그 삼촌)이 엄마 어렸을 때 이야기를 많이 해주었다. 흥미롭고 마음에 위안을 주며 때로는 배를 쥐고 웃게 만든 이야기들이었다. 애도 주간이 끝나갈 때 삼촌이 말했다. "잉글랜드에 돌아오면 한번 넉넉하게 시간 잡고 이야기하자꾸나. 네 어머니 어릴 적 모습을 기억하는 사람이 이제는 나 하나밖에 남지 않았잖니."♦

어머니의 여러 환자와 제자로부터 어머니에 대한 선명하고 익살스럽고 자애로운 기억을 직접 듣는 일, 그들의 시선을 통해 의사이고 교사이며 또 이야기꾼인 어머니를 바라보는 일은 무엇보다 감동적이었다. 그들의 이야기를 들으며 나 또한 의사이자 교사이며 또 이야기꾼이라는 사실이 새삼 떠올랐다. 이 공통점이 지난 세월 어머니와 나를 얼마나 더 가깝게 만들어주었는지, 또 우리 관계에 어떤 깊이를 더했는지. 이런 생각에 나는 어머니 가시는 마지막 길에 헌정하기 위해서라도 《깨어남》을 어서 탈고해야겠다고 느꼈다. 애도 주간이 하루하루 지나면서 이상하게 평온해지고 평정심이 찾아오면서 무엇이 정말로 중요한 것인지가 점점 더 명확해졌고, 사람의 생과 사에 어떤 우의적寓意的 의미가 담겨 있는지가 점점 더 강렬하게 다가왔다.

어머니의 죽음은 내 삶에서 가장 충격적인(가장 깊은) 상실, 아마 어떤 면에서는 가장 현실적인 관계의 상실이었다. 이만큼 마음에 사무치는 상실감은 여태껏 한 번도 느껴본 적이 없었다. 세속의 삶에 관한 것은 아무것도 읽을 수가 없었고, 잠자리에 들 때나 겨우 《성경》이나

♦ 몇 달 뒤 런던으로 돌아왔을 때 데이브 삼촌마저 위독한 상태였다. 삼촌 병실을 찾았지만 기력이 이미 너무 쇠해 대화다운 대화가 불가능한 형편이었다. 슬프게도 이 시간이 내게 크나큰 감화를 준, 어린 시절의 스승을 마지막으로 만나는 고별 방문이 되어버렸고, 어머니의 어린 시절에 대해서는 영영 들을 수가 없었다.

존 던의 《명상Devotions upon Emergent Occasions》 정도를 읽고 잠이 들 수 있었다.

공식 장례 기간이 끝난 뒤 나는 런던에 남아서 집필로 돌아갔다. 책을 쓰는 내내 어머니의 삶과 죽음 그리고 던의 《명상》이 내 생각을 지배했다. 이런 기분에서 《깨어남》 뒷부분의 우의적 성격이 좀더 짙은 원고를 썼는데, 이때 나를 이끈 것은 이전까지 느껴보지 못했던 감정, 이제까지 들어보지 못했던 목소리였다.

◆

콜린은 갈팡질팡하는 내 기분을 달래주었을 뿐 아니라 복잡하게 얽히다 못해 더러는 미로가 되어버리는 원고의 중심을 잡아주었고, 덕분에 12월까지는 모든 것을 마칠 수 있었다. 어머니가 없는 메이프스베리의 텅 빈 집에 있는 것이 힘들어 집필 마지막 달에는 올드피아노팩토리(더크워스 출판사가 있던 건물로 원래 피아노 제작소여서 붙은 이름 — 옮긴이)의 더크워스 사무실 입주자나 진배없었다. 하지만 저녁에는 메이프스베리로 돌아가 아버지랑 레니 이모와 함께 저녁을 먹었다(마이클 형은 엄마가 돌아가신 뒤 정신증이 다시 도져 자청해서 입원한 터였다). 콜린은 더크워스의 작은 방을 내게 내줬다. 방금 완성한 원고를 끝없이 붙들고 줄을 그어 지우거나 다시 다듬고 하느라 도무지 진척이 없었기 때문에 매번 완성되는 원고를 바로바로 한 장씩 문 밑으로 밀어 내보내기로 한 것이다. 그 방은 콜린의 탁월한 수완을 보여주는 해법이었을 뿐 아니라, 나를 지탱해주는 은신처이자 당시 내게 절실히 필요했던 보금자리가 되어주었다.

그렇게 해서 12월에 원고가 완성되었고♦ 마지막 쪽을 콜린에게 넘겼다. 뉴욕으로 돌아가야 할 시간이었다. 공항 가는 택시를 잡으니 책이 완전히 끝났다는 실감이 났다. 그런데 택시 안에서 갑자기 너무나 중요한 것(이것 없이는 책 전체의 구성이 무너질 수도 있는 무엇)을 빠뜨렸다는 사실을 깨달았다. 그래서 급하게 쓴 그것이 두 달 동안 이어질 열렬한 각주 작업 기간의 서막이 되었다. 팩스가 없던 시절이라 특급우편을 이용했는데 1973년 2월까지 콜린에게 보낸 각주 항목이 400개가 넘었다.

레니 이모는 콜린에게서 내가 원고를 끝없이 "만지작거리고" 있으며 뉴욕에서 각주 폭탄을 쏟아 붓고 있다는 이야기를 듣고는 엄중한 훈계를 내리기로 마음먹었다. "그만, 그만, 원고 그만 좀 손대고, 각주도 이제 그만 좀 보태!"

콜린은 이렇게 말했다. "각주들은 모두 대단히 재밌습니다만, 그것만 다 합쳐도 본문의 세 배 분량이 됩니다. 각주가 본문을 잡아먹게 생겼어요." 그러면서 10개 정도만 쓸 것이라고 했다.

나는 답장했다. "좋습니다. 편집장님이 고르십시오."

하지만 콜린은 (현명하게도) 이렇게 말했다. "아닙니다. 박사님이 고르십시오. 제가 고르면 못마땅하실 게 분명하니까요."

그렇게 해서 초판에는 각주가 10여 개만 들어갔다. 레니 이모와 콜린은《깨어남》을 나의 과도함으로부터 구해주었다.

♦ 어머니의 죽음과《깨어남》(아직 제목은 미정이었다) 탈고라는 대사를 치른 뒤, 입센의 작품을 읽고 연극을 봐야겠다는 이상한 강박을 느꼈다. 입센이 나를 부르고 나의 상황에 소리치는 듯했다. 당시 내가 견딜 수 있는 유일한 목소리가 그의 목소리였다.
뉴욕으로 돌아오자마자 볼 수 있는 모든 입센 연극을 보러 갔다. 하지만 내가 가장 보고 싶어했던 〈우리 죽은 자들이 깨어날 때When We Dead Awaken〉는 하는 곳이 없었다. 1월 중순에 마침내 매사추세츠 주 북부의 한 소극장에서 이 작품이 상연되고 있다는 정보를 접하고는 곧장 차를 달렸다. 날씨는 궂고 도로는 비좁고 위험했다. 최고 수준의 공연은 아니었지만 죄의식에 고뇌하는 예술가 루벡Rubek의 모습이 나 자신을 보는 것 같았다. 그 순간, 책 제목을《깨어남》으로 정했다.

1973년 초《깨어남》의 활판 교정쇄를 보았을 때는 전율이 일었다. 그러고 나서 두 달 뒤에 교정지가 나왔지만, 콜린은 내가 또 이 기회를 놓치지 않고 무지막지하게 뜯어고치고 추가하고 그럴까봐 보내주지 않았다. 활판 교정쇄가 나왔을 때처럼 그랬다간 출간 일정이 미뤄질 것을 우려했던 것이다.

아이러니하게도 몇 달 뒤에는 콜린이 먼저 이런 제안을 했다. 출간을 연기하고 〈선데이타임스The Sunday Times〉에 일부를 미리 발표하는 것이 어떻겠느냐고. 이번에는 내가 강력하게 반대했다. 책이 7월의 내 생일이나 그 전에 출간되는 것을 보고 싶었기 때문이다. 그날이면 마흔이 되는데, 이런 말을 하고 싶었다. "내 나이 마흔, 더이상 청춘은 아닐지언정 적어도 뭔가를 이루었다. 바로 이 책을 썼다." 콜린은 내가 비합리적으로 군다고 생각했지만 내 심정을 이해하고 원래 정해놓은 출간일인 6월 말을 고수하기로 했다(콜린은 나중에 기번 역시《로마제국 쇠망사The History of the Decline and Fall of the Roman Empire》의 마지막 권을 자기 생일에 맞추어 내려고 노심초사했다는 이야기를 들려주었다).

학위를 마친 뒤 옥스퍼드대학교에 남아 있던 시절이나 1950년대 말에 가끔 옥스퍼드대학교에 들렀을 때 시내에서 오가다 위스턴 휴 오든(1907~1973)을 몇 번 본 일이 있었다. 당시 옥스퍼드대학교에 시문학 객원교수로 초빙되어 와 있던 오든은 매일 아침 카데나 카페에 나가 지나다 들르는 사람들하고 잡담을 나누었다. 무척 온화한 사람이었지만 그때는 내가 수줍음이 너무 심해서 다가가지 못했다. 그러다가 1967년 뉴욕에서 열린 한 칵테일파티에서 만나 인사를 텄다.

위스턴의 초대를 받은 나는 몇 차례 세인트마크스플레이스에 있는 그의 아파트로 찾아가 함께 오후 다과를 나누었다. 4시가 그를 만나기에 가장 좋은 시간대였다. 보통 그의 하루 일이 끝났지만 아직 저녁 술자리는 시작되지 않은 시간이 그때였기 때문이다. 그는 굉장한 술고래였는데 그러면서도 자신은 알코올중독자가 아니라 술꾼이라고 굳이 힘주어 말하곤 했다. 한번은 그 둘이 무슨 차이가 있냐고 물었더니 이렇게 말했다. "알코올중독자는 술이 한두 잔 들어가면 성격이 바뀌는 사람이고, 술꾼은 그저 술을 원껏 마시는 사람이에요. 나는 어디까지나 술꾼이라오." 그는 실로 주량이 엄청난 사람이었다. 대개 그의 아파트나 다른 누군가의 집에서 열리던 저녁식사 모임 때는 9시 30분에 자리에서 일어나면서 남은 술병을 몽땅 챙겨 갔다. 하지만 전날 밤 아무리 많이 마셨어도 다음 날이 되면 아침 6시에 일어나 작업을 시작했다(우리를 소개해준 친구 올런 폭스는 자기가 아는 한 게으름과 가장 무관한 사람이 위스턴이라고 평했다).

위스턴도 나처럼 의사 가정에서 성장했다. 버밍엄의 의사인 아버지 조지 오든은 기면성뇌염의 대유행기에 군의관으로 복무했다(조지 오든 박사는 특히 이 질환이 어린이의 성격 변화에 미치는 영향에 관심이 있어 이 주제로 여러 편의 논문을 발표했다). 위스턴은 의학 이야기를 좋아했고 의사들에게 특별한 애착이 있었다(그의 책《대자에게 보내는 편지Epistle to a Godson》에서는 시 네 편을 의사들에게 헌정했는데 나도 거기에 포함되었다). 이 사실을 안 나는 1969년에 위스턴을 베스에이브러햄병원으로 초대해 뇌염후 환자들을 만나게 해주었다(그는 나중에 〈노인 요양원Old People's Home〉이라는 시를 썼다. 이 시가 베스에이브러햄병원에 대한 것인지 아니면 다른 요양원에 대한 것인지는 잘 모르겠다).

1971년에 위스턴은《편두통》에 대한 멋진 서평을 썼다. 나는 그 글에 크게 고무되었다. 그는《깨어남》을 쓸 때도 아주 결정적인 역할을 했는데, 특히 이 말이 내게 큰 힘이 되었다. "의학서라는 경계를 넘어가야 해요. (…) 은유도 좋고 신비주의도 좋아요. 필요한 거면 뭐든 해 봐요."

◆

1972년 초 위스턴은 미국을 떠나 잉글랜드와 오스트리아에서 여생을 보내리라고 마음을 굳혔다. 그는 그해 초겨울에 특히 힘들어했다. 어딘가 몸이 편치 않은 느낌과 고립감, 그리고 그토록 오랫동안 살아왔고 그토록 사랑하는 나라 미국을 떠난다는 결정으로 인한 복잡하고 모순된 감정에 몹시 시달렸다.

그는 2월 21일, 자신의 생일을 맞아 비로소 처음으로 그런 기분에서 벗어났다. 위스턴은 생일은 물론이고 사람들이 모여 축하하는 자리는 종류를 가리지 않고 좋아했지만 이 자리가 그에게는 특히 더 중요하고 감동적이었다.

예순다섯이 되는 위스턴이 미국에서 보낼 마지막 생일을 기념하여 출판사들이 특별한 파티를 마련했는데, 그를 중심으로 노소를 불문하고 놀랍도록 다양한 범위의 하객이 둘러앉았다(내 기억에 한나 아렌트가 그의 옆자리에 앉았다). 이 눈부신 인맥을 보니 비로소 위스턴의 넉넉한 인품, 다방면의 사람들과 어울리는 친화력이 어느 정도인지 실감이 났다. 환한 미소를 띠고 많은 친구들 가운데 자리를 지키고 있는 모습이 안방에 앉은 듯 편안해 보였다. 적어도 내게는 그렇게 느껴졌다. 위스턴이 그처럼 행복해하는 모습은 본 적이 없었다. 그런 가운데에서도 이것이 마지막이라는 느낌, 작별의 분위기가 감도는 것만은 어쩔 수 없었다.

위스턴이 미국을 떠나기 직전 올런 폭스와 내가 그의 서재를 정리하고 포장하는 일을 거들었다. 고된 작업이었다. 몇 시간을 매달려 땀을 뻘뻘 흘리다가 잠시 맥주나 마시고 하자며 손을 멈추고는 앉았는데 한동안 아무도 말이 없었다. 얼마 뒤 위스턴이 자리에서 일어나더니 내게 말했다. "책 한 권 골라봐요. 몇 권도 좋고. 뭐든 괜찮으니까 …" 그는 잠시 말을 멈추더니 꼼짝 않고 있는 나를 보고는 말했다. "정 그렇다면 내가 정해줘야겠네요. 내가 가장 아끼는 책이라면 뭐니 뭐니 해도 요 두 권!"

그는 내게 〈마술피리Die Zauberflöte〉(모차르트가 1791년 죽기 두 달 전에 완성한 오페라—옮긴이) 대본과 침대 옆 탁자에 놓여 있던 닳을 대로 닳은 괴테의 서간집을 주었다. 해묵은 괴테 서간집에는 애정 어린 낙서와 주석과 논평이 빼곡했다.♦

그 주말인 1972년 4월 15일 토요일, 올런과 나는 위스턴을 공항까지 태워다주었다. 도착하니 출발까지 세 시간쯤 남아 있었다. 위스턴은 그 정도로 시간 엄수에 강박적이었고 기차나 비행기 시각이라면 공포랄 만큼 애면글면하는 사람이었다(한번은 위스턴이 자주 꾸는 꿈이라면서 이런 이야기를 해주었다. '기차를 타려고 서두르는데 자기 목숨이, 모든 것이 이 기차를 잡아타느냐 아니냐에 달려 있는 것 같은 극도의 흥분 상태다. 장애물이 나타나 극복하면 또다른 장애물이 나타나고 또 나타나고 해서, 소리 없는 비명만 지를 뿐 아무것도 할 수 없다. 그러다 별안간 이미 늦었다는 것을 깨닫는다. 또 기차는 놓쳤지만 아무 문제 없다는 것도. 그 순간 희열에 가까운 안도감에 휩싸이면서 사정을 하고, 웃는 얼굴로 잠에서 깨어난다.').

♦ 그는 자신이 쓰던 음향기기와 음반 전량(엄청난 양의 78회전음반과 LP음반)〔78회전음반은 1분에 78회 회전하는 3분짜리 음반이고, '장시간음반'을 뜻하는 LP음반은 한 면에 22분짜리 음반이다—옮긴이〕을 뉴욕 아파트에 두고 가면서 내게 "애들을 보살펴줄" 수 있겠는지 물었다. 나는 그 음반들을 오랫동안 보관했고 듣기도 했지만, 앰프에 맞는 진공관 찾기가 갈수록 어려워져서 2000년 뉴욕공공도서관의 오든아카이브Auden archive에 기증했다.

그렇게 일찌감치 도착한 우리는 아무 이야기나 나누면서 남은 시간을 때웠다. 나는 위스턴이 떠나고 나서야 우리가 나누던 그 모든 두서없는 이야기가 한 지점으로 수렴했다는 사실을 깨달았다. 모든 대화의 초점은 작별이었다. 우리에게, 그리고 미국에서 보낸 자신의 반생, 그 33년에 고하는 작별(그는 농담조로 스스로를 "대서양 건너온 괴테"라고 일컫곤 했다). 공항에서 탑승 안내 방송이 나오기 직전에 한 낯선 사람이 다가오더니 더듬거리며 말했다. "오든 선생님 맞으시죠…. 선생님을 우리나라에 모실 수 있어서 큰 영광이었습니다. 언제든 다시 오십시오. 귀빈이자 친구로서 환영합니다." 그러고는 손을 내밀며 말했다. "안녕히 가십시오, 오든 선생님. 신의 가호가 항상 함께하시길 빕니다." 위스턴은 진심을 다해 그의 손을 잡고 인사했다. 깊이 감동받은 그의 눈에는 눈물이 고였다. 나는 위스턴에게 이런 만남이 흔히 있는 일인지 물었다.

"흔히 있는 일이지만 결코 흔해빠진 일은 아니죠. 이렇게 오가다 만나는 분들한테는 순수한 사랑이 있어요." 그 예의 바른 낯선 신사가 삼가는 몸가짐으로 물러난 뒤 나는 위스턴에게 이 세계를 어떻게 느끼는지, 아주 작은 곳으로 느끼는지 아니면 아주 큰 곳으로 느끼는지 물었다.

"둘 다 아니에요." 위스턴은 이렇게 대답했다. "큰 곳도 작은 곳도 아닙니다. 아늑해요. 아늑한 곳이죠." 그러고는 나지막이 덧붙였다. "정든 집처럼."

그러고는 아무 말도 하지 않았고 더 해야 할 말도 없었다. 확성기에서 기계음 같은 목소리의 안내방송이 울려 퍼졌고, 위스턴은 부랴부랴 탑승구를 향했다. 탑승구에서 그는 돌아서서 우리 둘에게 입맞춤으로 인사했다. 대자代子들을 품에 안아주는 대부代父의 입맞춤, 축복과 작별의 입맞춤이었다. 그 순간 갑자기 그가 몹시도 늙고 연약해 보였다. 그러나 그것은 고귀함과 격조를 갖춘 노쇠함, 고딕 성당의 노쇠함이었다.

◆

1973년 2월, 잉글랜드에 왔을 때 위스턴을 만나러 옥스퍼드대학교에 간 일이 있었다. 당시 위스턴은 크라이스트처치에서 하숙을 하고 있었다. 《깨어남》의 활판 교정쇄를 그에게 갖다 주러 가는 길이었다(그가 보여달라고 했는데, 사실 콜린과 레니 이모를 제외하고 유일하게 이 교정쇄를 본 사람이 위스턴이었다). 날씨가 화창해서 역에서 택시를 잡지 않고 그냥 걸어가기로 했다. 조금 늦게 도착했더니 위스턴이 시계를 흔들며 서 있었다. 나를 보고는 이렇게 말했다. "17분 늦었어요."

우리는 《사이언티픽 아메리칸Scientific American》에 실린 한 논문에 대해 장시간 이야기를 나누었다. 위스턴을 그토록 흥분시킨 논문은 군터 슈텐트(1923~2008, 독일 태생의 분자생물학자 — 옮긴이)의 〈과학적 발견에서 조숙성과 독창성Prematurity and Uniqueness in Scientific Discovery〉(과학적 지식이나 연구 결과가 시대를 크게 앞질러 있는 까닭에 당대에는 널리 이해되거나 인정받기 힘든 현상을 다룬 에세이 — 옮긴이)이었다. 위스턴은 그 에세이에 화답하여 과학과 예술의 지성사를 대비해 서로 차이가 남을 보여주는 에세이를 썼다(이 에세이는 같은 잡지 1973년 2월호에 실렸다).

뉴욕으로 다시 돌아간 뒤 위스턴에게서 편지를 받았다. 날짜가 2월 21일("내 생일"이라고 덧붙인)로 적혀 있는 짧지만 너무나 다정한 편지였다.

친애하는 올리버,

멋진 편지, 정말 고마워요. 《깨어남》을 읽고 이 책은 한 편의 걸작이다,

생각했어요. 진심으로 축하합니다. 내가 딱 하나 당부하고 싶은 건, 이 책을 일반 독자들이 읽어주기를 바란다면(의당 그래야 해요), 책에 등장하는 전문 용어를 풀이해주는 용어 사전을 추가했으면 해요.

사랑을 담아,

위스턴

위스턴의 편지를 읽고는 울음이 터졌다. 위대한 시인으로부터 피상적인 인사치레나 공치사 한마디 없이 내가 쓴 책이 "걸작"이라는 평가를 받은 것이다. 하지만 이것은 전적으로 '문학적인' 평가일 텐데 《깨어남》에 일말이라도 '과학적' 가치가 있을까? 그렇기를 바랄 따름이었다.

그해 봄 위스턴한테서 다시 편지가 왔다. 심장이 한동안 "조금 이상하게 굴고 있다"면서 오스트리아에서 체스터 칼먼(1921~1975, 위스턴 오든과 함께한 오페라 대본 공동 작업으로 유명한 미국 시인 — 옮긴이)과 한집을 쓰고 있다며 한번 찾아오면 좋겠다고 했다. 나는 이런저런 이유로 가지 않았는데 그해 여름 그를 방문하지 않은 것을 뼈저리게 후회했다. 위스턴 휴 오든은 그로부터 얼마 지나지 않은 9월 28일 세상을 떠났다.

1973년 6월 28일(《깨어남》의 출간일), 《리스너》에 리처드 그레고리의 멋진 서평이 실렸고, 같은 호에 루리아에 대한 내 글이 실렸다(원래는 《지워진 기억을 좇는 남자》 서평을 청탁받았는데 범위를 확장해서 루리아의 전작을 다루었다). 그다음 달 놀랍게도 루리아가 친히 편지를 보내왔다.

루리아는 나중에 다른 지면에서, 나이 열아홉의 새파란 시절에 이름도 거창한 카잔정신분석협회Kazan Psychoanalytic Association를 설립하고 (그 장본인이 십대라는 사실을 몰랐던) 프로이트에게서 편지 받은 일을 소개했다. 루리아는 프로이트의 편지를 받고 흥분을 억누를 길이 없었다고 했는데, 루리아의 편지를 받은 나 역시 마찬가지로 그런 흥분에 휩싸였다. 루리아는 서평을 써주어서 고맙다고 인사하고, 내가 그 글에서 제기한 모든 사항을 상세히 언급하며 대단히 정중하면서도 에두름 없는 언어로 내가 여러 가지로 심각한 오류를 범했다고 생각되는 부분들을 지적했다.♦

며칠 뒤 루리아는 리처드 그레고리가 보내준 《깨어남》을 받고서 다시 편지를 보냈다.

> 친애하는 색스 박사님,
>
> 《깨어남》을 받고는 아주 기쁜 마음으로 단숨에 읽었습니다. 나는 훌륭한 임상 사례 기술이 의학, 특히 신경학과 심리학에서 주인공 역할을 하리라는 사실을 알고 있었고 확신해왔어요. 안타깝게도 19세기의 위대한 신경학자들과 심리학자들에게는 보편적이던 기술 능력이 지금은 사라지고 없습니다. 아마도 기계장치나 전기장치가 성격 연구를 대신할 수 있다는 아주 초보적인 오류 때문이 아닐까 합니다. 선생의 훌륭한 저서는 임상 병례사라는 중요한 전통이 되살아날 수 있으며 큰 성공을 거둘 수 있음을 보여줍니다. 멋진 책을 써주어서 정말로 고마워요!
>
> A. R. 루리아

♦ 그는 이어서 분위기를 전환하여 파블로프(1849~1936)와 만났던 놀라운 일화를 들려주었다. 그 노인(당시 파블로프는 팔십대였다)은 루리아의 첫 책을 두 손에 들고는 모세와 같은 모습으로 가운데를 쫙 가르더니 바닥에다 집어던지고는 소리쳤다. "너 따위가 어디서 과학자 행세야!" 분명 경악스러운 일화였지만 루리아의 생생하고 맛깔 나는 문장으로 읽으니 웃기면서 동시에 공포스러운 오묘한 사건이었다.

나는 평소 루리아를 신경학과 '낭만주의 과학'의 창시자로 우러러보았다. 그런 그의 편지는 내게 크나큰 기쁨을 주었으며, 더불어 이제껏 어디에서도 받지 못했던 일종의 지적 보증을 받은 듯했다.

1973년 7월 9일은 나의 마흔 번째 생일이었다. 《깨어남》이 막 출간된 터였고, 런던에 있던 나는 햄스테드히스의 한 연못으로 생일맞이 수영을 나갔다. 생후 몇 개월 때 아버지가 나를 던져 넣었던 그 연못이었다.

연못에 떠 있는 한 부표까지 헤엄쳐 가서 매달린 채로 풍경(수영하기에 여기보다 아름다운 곳은 별로 없다)을 감상하고 있는데 물속에서 누군가 내 몸을 더듬었다. 움찔해서 발버둥을 쳤더니 물속에 있던 사람이 수면 위로 올라왔다. 장난꾸러기 요정 같은 미소를 띠고 있는 잘생긴 젊은이였다.

나도 마주 웃어주었고 대화가 시작되었다. 그는 하버드대학교에 재학 중인 학생이라면서 잉글랜드에는 이번이 처음이라고 했다. 런던을 특히 좋아해 날마다 낮에는 시내 "명소 관광"을 하고 저녁에는 연극과 음악회를 보러 다닌다고. 그러면서 덧붙이는 말이, 밤에는 좀 외롭다, 일주일 뒤면 미국으로 돌아갈 예정이고, 친구 아파트에 묵고 있는데 지금 친구는 런던에 없다, 와볼 텐가?

나는 기쁜 마음으로 그러마고 대답했다. 으레 나를 따라다니던 억압이나 두려움은 느끼지 못했다. 그저 이 청년의 외모가 너무나 준수하다는 사실, 이 청년이 먼저 이야기를 꺼내줬다는 사실이 기쁠 따름이었고, 이 친구가 그렇게 직선적이고 솔직하다는 사실도 기뻤다. 게다가 내 생일이었으니 그를, 우리의 만남을, 완벽한 생일선물로 받아들일 수 있었다.

우리는 그의 아파트로 가서 사랑을 나누었다. 점심을 먹고 나서 오후에는 테이트미술관으로, 저녁에는 위그모어홀로 연주회를 보러 갔고, 그런 다음 다시 침대로 돌아왔다.

우리는 행복한 시간, 낮은 풍성하고 충만하고 밤은 사랑과 흥과 만족이 있는 시간을 보냈다. 그렇게 일주일이 지나 그는 미국으로 돌아갔다. 무슨 깊은 감정이나 괴로움 같은 것은 없었다. 우리는 서로 마음이 맞아 즐거운 시간을 보냈고, 정해진 일주일이 다 되어 상심도 약속도 없이 각자 자기 길로 갔다.

그때 내 미래가 어떻게 될지 미리 알지 못했던 것이 차라리 다행이었을까. 그 달콤했던 만남을 끝으로 장장 35년을 섹스 없는 삶을 살아가게 되니 말이다.♦

1970년대 초에 《랜싯》에서 나의 '편집자에게 보내는 편지' 네 꼭지를 게재한 일이 있었다. 뇌염후 환자들 이야기와 그들의 엘도파 반응을 다룬 내용이었다. 거기에 실리는 글들은 동료 의사들이나 읽는다고 생각했는데, 한 달 뒤 내 환자인 로즈 R.의 언니가 뉴욕에서 발간되는 일간지 〈데일리뉴스Daily News〉를 들고 와서 내밀었을 때는 정말이지 화들짝 놀랐다. 내가 쓴 그 편집자에게 보내는 편지 하나가 머리기

♦ 2007년에 나는 5년 계약으로 컬럼비아대학교에서 신경학과 교수직을 맡게 되었는데, 임기에 앞서 병원 임상 업무 적합 여부를 보기 위한 의료 면담을 완수해야 했다. 그 자리에 내 친구이자 조수인 케이트 에드거가 같이 있었다. 면접관으로 들어왔던 간호사가 면담 도중에 말했다. "좀 사적인 질문을 드리고 싶은데요, 에드거 양이 자리를 피해주기를 원하시나요?"

"그럴 필요 없습니다." 내가 대답했다. "제 일에 대해서라면 모르는 게 없는 사람입니다." 나는 필시 내 성생활에 대해 물으려는 것이려니 생각하고는 질문을 기다리지도 않고 불쑥 내뱉었다. "저는 삼십오 년을 섹스 없이 살아왔다고요."

"아유, 저런, 가엾어라! 그 문제는 우리가 어떻게 손을 좀 써봐야겠군요!" 모두가 웃음을 터뜨렸다. 그녀는 그저 내 사회보장번호를 물으려던 참일 뿐이었다.

사 바로 아래쪽 눈에 아주 잘 띄는 자리에 전재되어 있었다.

"이것도 의사 재량인가요?" 로즈 R.의 언니가 신문을 내 눈앞에다 휘두르며 물었다. 기술된 내용으로 보자면 가까운 친구나 친척이나 되어야 그 환자가 누구인지 알아볼 수준이었다. 그렇다 해도 나 또한 이 사태에 그녀 못지않게 큰 충격을 받았다. 《랜싯》이 이미 게재한 글을 뉴스통신사에다 양도할 줄은 미처 몰랐다. 전문 분야의 글은 해당 분야 안에서만 유통되지 공론 영역으로는 들어가지 않는다고 생각했던 것이다.

1960년대 중반에 나는 (《신경학Neurology》이나 《신경병리학회보Acta Neuropathologica》 같은 전문학술지에 게재하는) 학술적 성격이 강한 논문 형식의 글을 꽤 썼다. 당시에는 그런 글이 일반 통신사로 흘러나가는 일이 없었다. 하지만 이제 나는 내 환자들의 '깨어남'과 더불어 어느새 훨씬 더 넓은 무대로 진입한 사람이었다. 이는 곧 내가 세심한 주의가 요구되는 영역, 그러니까 말해도 되는 것과 말해서는 안 되는 것의 경계가 모호한 영역 또는 그 사이 어딘가의 어중간한 지대로 들어왔다는 뜻이었다.

당연히 《깨어남》은 환자들의 격려와 허락 없이는 쓸 수 없는 책이었다. 자신이 이 사회에서 처분되고 폐기된 존재, 잊힌 존재라는 느낌에 압도되어 살아온 내 환자들은 자기 이야기를 해주기를 원했다. 그럼에도 〈데일리뉴스〉 일을 겪은 뒤로는 《깨어남》을 미국에서 출판한다는 것이 여간 꺼려지지 않았다. 그러던 중 환자 한 사람이 어떻게 영국 출간 소식을 들었는지 콜린에게 편지를 썼고, 콜린이 한 부를 부쳐주었다. 그러고 나자 더이상 숨기고 말고 할 것도 없는 일이 되고 말았다.

◆

《편두통》이 대중매체와 의학지 모두로부터 호평받았던 것과 달리《깨어남》에 대한 반응은 헷갈렸다. 언론의 평가는 전반적으로 대단히 높았고, 1974년에는 영국 최고 권위의 '문학상'인 호손든 상Hawthornden Prize까지 받았다(이 상을 받는다는 소식에 얼마나 흥분했는지 모른다. 어린 시절 너무나 사랑했던 책《잃어버린 지평선Lost Horizon》(1933; 문예출판사, 2004)의 제임스 힐턴은 말할 것도 없고 로버트 그레이브스나 그레이엄 그린 같은 대가들과 내가 같은 반열에 서다니!).

그러나 의학계 동료들로부터는 단 한 마디의 언급도 없었고, 의학지에는 단 한 건의 서평도 나오지 않았다. 그러다 1974년 1월에 그 침묵이 깨졌다.《영국임상저널British Clinical Journal》이라는 그리 오래가지 못하고 없어진 학술지가 있었다. 이곳의 편집자가 전년도 영국에서 가장 기이한 두 현상으로《깨어남》의 출간과 그에 대한 의학계의 철저한 무반응을 선정한 것이다. 그는 의학계의 그런 반응을 "이상한 침묵"이라고 표현했다.♦

그럼에도《깨어남》이 문단의 거장 5인이 투표로 결정하는 '올해의 책'에 선정되자 콜린은 1973년 12월에 이 책의 출판기념회와 크리스마스 만찬을 겸한 축하 파티를 열었다. 그 자리에는 내가 평소 존경해왔지만 이름만 알지 본 적 없는 많은 인사가 참석했다. 어머니를 잃은 슬픔에서 1년여 만에 회복한 아버지도 함께했다. 책을 출판하는 일을 늘 불안하게 바라보던 아버지였지만 각계각층의 유명인사가 그 자리에 온 것을 보고는 크게 마음을 놓았다. 하지만 나는 축하를

♦ 내가 뇌염후 환자들에게서 보았던 그 이상하고 불안정한 상태가 '일반' 파킨슨병 환자들에게서는 엘도파를 지속적으로 복용하고 몇 년이 지나서야 나타났다. 신경계의 상태가 더 안정적인 보통 파킨슨병 환자들은 상당히 오랜 기간 그런 효과를 보이지 않을 수도 있다(반면에 뇌염후 환자들의 경우에는 그 효과가 단 몇 주에서 몇 달 사이에 나타났다).

받으면서도 어리둥절했다. 갈 길 막막한 일개 무명에게 이런 파티라니. 파티에 참석했던 조너선 밀러는 내게 이렇게 말했다. "너 이제 유명인이야."

나는 조너선의 말이 무슨 뜻인지 정말로 이해되지 않았다. 생전 누구한테서도 그런 비슷한 이야기조차 들어본 적 없던 나였으니까.

◆

잉글랜드에서 나온 한 서평을 읽고 짜증이 났다. 대체로 긍정적인 평가였지만 어쩔 수 없었다. 책에 등장하는 환자들은 당연히 가명으로 불렀고 베스에이브러햄병원도 가명으로 썼다. 그 병원은 벡슬리온허드슨이라는 허구의 마을에 위치한 마운트카멜병원이었다. 서평자의 이야기는 이런 식이었다. "《깨어남》은 놀라운 책이며, 색스가 존재하지 않는 병원에 입원한 존재하지 않는 환자들의 존재하지 않는 질환을 이야기하고 있다는 점에서 더더욱 놀라운 책이다. 1920년대에 무슨 수면병이 전 세계적으로 유행했다는 소리는 금시초문이다." 이 서평을 환자 몇 사람에게 보여주었더니 대다수가 이렇게 말했다. "우리를 직접 보여줘요. 그러기 전까지는 이 책을 믿을 사람이 없을 겁니다."

그래서 다큐멘터리를 찍으면 어떻겠느냐고 환자들 전원에게 물었다. 이전에 책을 내는 문제에 대해서도 염려 말라고 격려해준 사람들이었다. "우리 이야기를 해줘요. 안 그러면 영영 잊힐 테니까." 그런 그들이 이번에는 이렇게 말했다. "해요. 우릴 찍어요. 우리가 직접 말할 테니."

나는 환자들을 영화로 찍는 것이 정말로 괜찮은 일일지 확신이 서지 않았다. 의사와 환자 사이에 오가는 사항은 기밀이며 글로 쓰는 것 자체도 어떤 면에서는 이 비밀 유지 원칙에 위배되는 행위다. 다만 이름과 장소를 비롯한 여러 세부 사항을 바꾸어 쓰는 것은 허용되고 있다. 하지만 다큐멘터리라면 그런 위장이 불가능하다. 얼굴과 목소리, 실제 사는 모습, 신분, 모든 것이 그대로 노출되는 것이다.

이런 걱정을 안은 채 다큐멘터리 프로듀서 여러 명을 만났다. 그중에서 특히 과학에 대한 조예와 인간적인 감정에 이해가 깊은 요크셔텔레비전의 던컨 댈러스에게 깊은 인상을 받았다.

던컨은 1973년 9월에 베스에이브러햄병원으로 와서 모든 환자를 직접 만났다. 그는《깨어남》에서 읽은 이야기를 토대로 많은 환자를 알아봤다. 그는 몇 사람에게 이렇게 인사했다. "부인을 알아요. 전에 한번 만나뵌 것 같아요."

던컨은 이런 질문도 했다. "음악치료사 선생님 어디 계세요? 환자들께 가장 중요한 분이라고 느껴졌거든요." 던컨이 말한 사람은 비범한 재능을 지닌 음악치료사 키티 스타일스였다. 당시만 해도 요양시설에 음악치료사를 둔다는 것은 상당히 이례적인 일이었다(그때는 음악에 치료 효과가 있다는 것을 인정하지 않았을뿐더러 있다 해도 보잘것없다는 취급을 받았다). 1950년대 초부터 베스에이브러햄병원에서 일해온 키티는 질환의 종류와 무관하게 모든 환자가 음악에 적극 반응하며, 수의적 움직임을 먼저 시작하지 못하는 뇌염후 환자들조차 어떤 박자에는 다른 사람들하고 똑같이 불수의적 반응을 보일 수 있다는 사실을 잘 이해하는 사람이었다.◆

대부분의 환자가 던컨에게 호의적이었다. 던컨이 자신들을 지나치게 의학적이거나 감상적인 시각으로 대하지 않고 객관적인 태도와 분별력 있는 공감으로 대한다는 사실을 깨달았던 것이다. 던컨과 환자들 사이에 그토록 빠른 시간 내에 서로 이해하고 존중하는 분위기가 형성되는 것을 보고 나는 촬영에 동의했고, 던컨은 바로 다음 달 촬영

팀을 이끌고 돌아왔다. 물론 촬영을 원하지 않는 환자도 있었다. 하지만 대다수는 자신들이 아주 기이한 세상에 강제로 거주하게 된 사람임을 보여주는 것이 아주 중요한 일이라고 여겼다.

던컨은 내가 1969년에 슈퍼8밀리미터 필름(1966년 개발되어 기존의 표준 8밀리미터 필름을 대체한 필름 — 옮긴이)으로 찍은, 엘도파를 투약한 환자들의 깨어남과 이어서 벌어진 온갖 기이한 '시련'으로 고통받는 상황을 담은 영상의 일부 장면을 삽입했다. 그리고 환자들의 깨어남 당시 상황 회고와 그토록 오랜 세월 이 세계에서 소외되어 지내다 현재의 삶을 살아가는 심경을 토로하는 감동적인 인터뷰를 추가했다.

이렇게 만들어진 다큐멘터리 〈어웨이크닝Awakenings〉은 1974년 초 잉글랜드에서 방영되었다. 〈어웨이크닝〉은 이 잊힌 유행병의 마지막 생존자들 이야기를 담은 유일한 다큐멘터리다. 이 다큐멘터리는 그들의 삶이 신약에 의해 어떻게 변화했는지, 그 모든 부침과 곡절 속에서도 그들이 우리와 얼마나 똑같은 사람인지를 잘 보여주었다.

♦ 키티는 1978년에 은퇴를 결정했다. 우리는 키티가 일반 은퇴 연령인 예순다섯 살쯤 되었겠거니 했는데 알고 보니 아흔 살이 넘은 나이였다. 구십대라고는 믿기지 않는 젊음과 생기는 음악 덕분에 가능했을까? 키티가 떠난 자리에는 음악치료로 석박사학위를 받은 활달한 젊은 여성 코니 토메이노가 들어왔다. 코니는 치매, 기억상실증, 실어증에 각각 가장 적합한 음악치료법을 탐구하며 광범위한 음악치료 프로그램을 계속 개발해왔다. 나는 코니와 오랜 기간 협력 작업을 해왔는데, 현재 음악과신경기능연구소Institute for Music and Neurologic Function 소장으로 여전히 베스에이브러햄병원에서 일하고 있다.

산 위의 황소

어머니의 장례를 치른 뒤 겨울의 뉴욕으로 돌아왔다. 베스에이브러햄병원에서 해고된 뒤라 살 집도, 제대로 된 직장도, 별다른 수입도 없는 처지였다.

보통 브롱크스주립병원으로 통하는 브롱크스정신병원 산하 신경학 클리닉의 주 1회 진료 일은 계속하고 있었다. 내가 진료하는 환자들은 보통 조현병이나 조울증 진단을 받은 사람들로 이들에게 신경질환도 있는지 살펴보는 일이었다. 마이클 형이 그랬던 것처럼 신경안정제를 복용하는 환자들에게는 (파킨슨증, 근육긴장증, 지연성운동장애 같은) 운동장애가 나타나는 경우가 적지 않다. 이 장애는 약물을 중단한 뒤에도 오랫동안 지속되는 예가 많다. 내가 만난 많은 환자가 정신장애는 얼마든지 견디겠는데, 운동장애는 사람이 살 수가 없다고 호소했다. 알고 보면 우리가 준 장애인데 말이다.

내가 본 환자들 가운데는 신경계 질환으로 인해 유발된(또는 증상이 악화된) 정신병 또는 조현병 같은 질환을 겪는 사람들도 있었다. 브롱크스주립병원의 뒷문 쪽 병동에서 나는 뇌염후증후군 진단을 받지 못했거나 오진 받은 환자 예닐곱 명을 찾아냈고, 다른 뇌종양이나 퇴행성 뇌질환도 진단했다.

하지만 이 일은 일주일에 겨우 몇 시간이었고 보수 역시 거의 없었다. 이런 사정을 안 브롱크스주립병원의 원장 리언 샐즈먼(온화한 성품의 인격자로 강박성인격장애에 대한 탁월한 저서가 있다)이 시간제근무를 제안했다. 그는 내게 23병동이 특히 흥미로울 것이라고 했다. 23병동은 (자폐증, 정신지체, 태아알코올증후군, 결절뇌경화증, 소아조현병 등) 다양한 문제를 겪는 청소년들이 입원해 있는 병동이었다.

당시는 자폐증이 사회적으로 주목받는 이슈가 아니었지만 나는 흥미를 느껴서 샐즈먼의 제안을 받아들였다. 처음에는 이 병동에서 일하는 것이 즐거웠다. 한편으로는 몹시 속이 썩기도 했지만 말이다. 신경의들은 어쩌면 다른 어떤 전문의들보다 더 많이 비극적인 환자들(완치가 불가능한 가혹한 병으로 극심하게 고통받는 환자들)을 만나는 사람들이다. 그러자면 동료애와 연민과 공감 능력이 필요하지만, 동시에 환자에게 자신을 지나치게 이입하지 않도록 초연할 수 있는 어느 정도 냉담한 자세 또한 필수 덕목이다.

23병동에는 환자들에게 보상과 처벌, 특히 "치료를 위한 처벌"을 시행하는 이른바 '행동수정 방침'이라는 것이 있었다. 나는 이 병동이 환자를 다루는 방식이 끔찍하게 싫었다. 격리실에 가두거나 굶기거나 묶어놓는 처벌까지 있었다. 다른 것은 차치하고 이들의 방식을 보고 있자면 내가 어린 시절에 보내졌던 기숙학교의 그 변덕스럽고 가학적인 교장이 걸핏하면 나(나 다른 아이)를 벌주던 일이 떠올라 견딜 수 없었다. 때로는 나도 모르게 내가 그 환자가 된 것 같은 분노와 고통에 사로잡히기도 했다.

나는 이 어린 환자들을 가까이서 지켜보며 이들에게 깊이 공감했고, 한 사람의 의사로서 이들이 지닌 긍정적인 잠재력을 이끌어내기 위해 노력했다. 또 틈 날 때마다 이들과 도덕적으로 중립적인 범주의 놀이를 함께 하곤 했다. 달력과 수 방면에 천재인 정신지체 쌍둥이 존과 마이클하고는 인수와 소수 찾기 놀이를 했고, 시각적 재능이 뛰어난 자폐증 소년 호세와는 그림 그리기와 시각예술 영역 놀이를 했다. 그런가 하면 나이절(말 못 하는 자폐아이며 정신지체도 있어 보이는 청소년)에게는 음악이 아주 중요했다. 23병동으로 내 고물 피아노를 옮겨놓았다. 내가 연주를 할 때면 나이절과 다른 어린 환자들이 피아노 주위로 모여들었다. 나이절은 내가 연주하는 곡이 마음에 들 때면 요상하면서 정교한 춤을 선보이곤 했다(한 진료 기록에다 나는 나이절에 대해 "백치 니진스키〔20세기 초 가장 위대한 남성 무용가로 평가받는 폴란드계 러시아 발레 무용수이자 안무가 — 옮긴이〕"라고 적어놓았다).

스티브 역시 말 못 하는 자폐아로 내가 병원 지하실에서 찾아내어 병동으로 갖다놓은 당구대에서 떨어질 줄을 몰랐다. 그 아이는 놀라운 속도로 기술을 익혔고, 비록 보통은 혼자서 몇 시간씩 놀았지만 나하고 당구 치면서 굉장히 즐거워했다. 내가 직접 본 것으로는 이것이 스티브의 유일한 사교 또는 대인 활동이었다. 스티브는 당구대에 빠져 있을 때가 아니면 이리저리 마구 달리고, 부산하게 움직이고, 아무 물건이나 집어 들고 조사하는(놀이의 성격도 있고 강박충동의 성격도 있는 일종의 탐색 행동으로, 투렛증후군Tourette's syndrome이나 일련의 전두엽 장애에서 나타날 수 있는 행동) 등 과잉 활동 상태가 되었다.

나는 이 환자들에게 매료되어 1974년 초부터 이들에 관한 글을 쓰기 시작했다. 4월 무렵까지 스물네 꼭지를 썼는데 이쯤이면 작은 책으로 묶을 수 있겠다고 생각했다.

23병동은 자물쇠를 채워 관리하는 병동이었다. 스티브는 그 안에 갇혀 있는 것을 누구보다 견디기 힘들어했다. 때로는 바깥에 나가고픈 간절한 눈빛으로 창가나 창살 달린 유리 격자문 옆에 앉아 있곤 했는데, 병동 직원은 절대로 내보내주지 않았다. "그대로 달아날 겁니다." 병동 사람들은 말하곤 했다. "재는 탈출할 아이라고요."

그런 스티브가 너무 짠했다. 말은 하지 못하는 아이였지만 나를 찾는 눈빛, 당구대에서 놀 때면 나하고 딱 붙어서 떨어지지 않는 모습을 보면서 나한테서 달아날 아이가 아니라는 믿음이 들었다. 브롱크스 발달장애복지센터(나도 일했던 주 1회 진료 프로그램)에서 일하는 한 동료 정신의와 이 문제를 의논했다. 그는 스티브를 만나본 뒤 우리 둘이서 같이 데리고 간다면 안전한 외출이 될 수 있겠다면서 내 제안에 응했다. 우리는 23병동의 책임자인 다케토모 박사에게 이 생각을 이야기했다. 다케토모 박사는 신중하게 생각하더니 동의하면서 이렇게 말했다. "그 아이를 외부로 데리고 나가면 두 분 책임입니다. 반드시 안전하고 무사하게 돌아와야 합니다."

스티브는 우리가 병동 밖으로 데리고 나가자 소스라치게 놀랐지만 이것이 외출이라는 것을 이해한 듯했다. 스티브가 차에 올랐고, 우리는 병원에서 10분 거리에 있는 뉴욕식물원으로 달렸다. 스티브는 식물을 사랑했다. 5월이어서 라일락이 활짝 피어 있었다. 스티브는 또 푸른 풀 우거진 작은 골짜기와 툭 트인 너른 공간을 만끽했다. 어느 순간 꽃 한 송이를 꺾어 한참을 들여다보던 스티브가, 병동의 어느 누구도 말하는 것을 들어본 적 없는 그 스티브가, 최초의 낱말을 내뱉었다. "민들레!"

우리는 놀라 입을 다물지 못했다. 스티브가 꽃의 이름을 말하기는커녕 아는 꽃이 있을 거라고는 생각도 하지 못했으니 말이다. 식물원에서 30분 있다가 나와서 돌아가는 길에는 앨러턴 애버뉴의 인파와 가게들, 23병동에서는 차단당해야 했던 분주한 일상을 구경하느라 천천히 차를 몰았다. 스티브는 병동으로 들어갈 때 조금 저항했지만 다음에 또 외출할 수 있다는 생각으로 받아들이는 듯했다.

초지일관 외출에 반대하며 재앙으로 끝나리라고 장담해왔던 직원은 스티브가 얼마나 얌전히 굴었는지, 식물원에서는 얼마나 행복해했는지, 또 처음으로 말까지 했다는 이야기를 해주자 붉으락푸르락 험악한 표정이 되었다.

나는 수요일 전체 직원회의에는 무슨 핑계를 대서든 빠졌다. 그런데 우리가 스티브와 외출한 다음 날 다케토모 박사가 반드시 회의에 참석할 것을 요구했다. 나는 그 자리에서 무슨 소리를 들을까 불안했고, 그보다는 내가 무슨 소리를 하게 될지가 더 염려스러웠다. 내 불안은 한 치도 벗어나지 않고 적중했다.

책임 정신의가 회의석상에서 발언했다. 아주 일관되고 성공적인 행동 수정 프로그램이 수립되어 있는데 내가 외적 보상이나 처벌이라는 조건에 근거하지 않은 "놀이" 개념으로 이 방침을 허물어뜨리고 있다고. 이에 나는 놀이의 중요성을 옹호하고 상벌 모델을 비판했다. 이 방침이 과학이라는 미명 아래 환자들에게 극악무도한 학대를 행사하고 있으며, 때로는 사디즘의 기미마저 느껴진다고 말했다. 내 발언은 썩 환영받는 분위기가 아니었고 직원회의는 성난 침묵으로 파했다.

이틀 뒤 다케토모가 나를 찾아왔다. "박사님에 대한 소문이 돌더군요. 박사님이 어린 환자들을 성적으로 학대한다는."

나는 경악했고, 머리에 그런 생각을 떠올린 일조차 없다고 말했다. 나는 환자들을 내 의무이자 책임으로 여기는 사람이며, 치료를 맡은 사람으로서 주어진 권위를 미끼로 환자를 착취한다는 것은 내게 절대로 있을 수 없는 일이라고.

분이 끓어올라 이렇게 덧붙였다. "어니스트 존스를 아시겠죠? 프로이트의 동료이자 그의 전기 작가죠. 런던에서 정신지체, 정신장애 어린 환자를 돌보던 전도유망한 신경의였습니다. 그랬던 사람에게 어린 환자들에 대한 성학대 소문이 돌았습니다. 이 소문에 그는 잉글랜드를 떠나야 했고 결국 캐나다로 갔습니다."

다케토모가 말했다. "물론, 알죠. 내가 어니스트 존스의 전기를 썼으니까."

나는 멱살을 잡고 말하고 싶었다. '이 나가 뒈질 멍청아, 어디서 이따위 수작이야?' 하지만 그러지 않았다. 자기가 지금 꽤나 교양 있는 토론을 주재하고 있다고 믿지나 않으면 다행이었다.

리언 샐즈먼 원장을 찾아가 상황을 설명했다. 그는 내 심정을 이해해주고 대신 분노까지 하더니 23병동을 떠나는 게 최선일 것 같다고 했다. 비록 비이성적일지는 몰라도, 내가 돌보던 어린 환자들을 버리고 가야 한다는 생각에 주체할 수 없는 죄책감에 휩싸여, 병동을 떠나는 날 밤 그동안 썼던 스물네 꼭지의 원고를 불 속에 던져버렸다. 절망에 빠진 조너선 스위프트가《걸리버 여행기Gulliver's Travels》원고를 불 속으로 던져버리자 친구 알렉산더 포프가 구해냈다는 이야기를 읽은 적이 있었다. 하지만 나는 혼자였다. 사방 천지에 내 책을 꺼내줄 포프는 없었다.

내가 떠난 다음 날, 스티브가 병원을 탈출해 스로그스넥 다리 꼭대기까지 기어 올라갔다. 다행히 뛰어내리기 직전에 구조되었다. 이 소식을 듣고 비로소 깨달았다. 하루아침에 강제로 환자들에게서 떠나야 하는 상황이 나만 힘든 줄 알았더니 그게 아니었다. 내 환자들도 그만큼 힘들었고 심지어 그 아이들에게는 위험하기까지 한 상황이었다.

23병동을 떠나면서 죄의식과 후회와 격노로 부글거렸다. 환자들을 두고 떠나야 한다는 죄의식과 책을 날려버린 후회, 그리고 성학대 소문에 대한 격노로. 물론 거짓 소문이었지만 나는 견딜 수 없이 불쾌해서 다짐했다. 내가 그 수요일 직원회의에서 병동 운영에 대해 독하게 던졌던 그 몇 마디를, 이제는 더 독한 책으로 써서 온 세상에다 알려주마고. 이름하여 "23병동".

23병동을 나오고 나서 얼마 뒤 노르웨이로 떠났다. 통렬한 비난으로 몰아칠 책을 쓰기에 적합한 평화로운 장소가 될 것 같았다. 그런데 사고에 사고가 이어지고, 게다가 갈수록 중해졌다. 처음에는 노르웨이에서 가장 큰 피오르의 하나인 하르당게피오르로 배를 저어 가는데 너무 멀리 나갔다. 다음으로는 어설프게 배 밖에다 노를 떨궈버렸다. 어찌어찌해서 노 하나로 저어 돌아오기는 했지만 몇 시간이 걸렸고, 도중에는 내가 살아서 돌아가겠나 하는 생각마저 한두 번 했던 것 같다.

다음 날 아침에는 가벼운 등산이나 해보자며 나섰다. 혼자였고 아무도 길을 알려주지 않았다. 산기슭에 이르니 "황소 조심"이라는 경고문이 붙어 있었다. 그 간판에는 사람이 황소에 받혀 내동댕이쳐지는 익살스러운 그림까지 그려져 있었다. 그냥 노르웨이 사람들의 유머감각이려니 했다. 세상에 산속에서 황소를 키우는 사람이 어디 있다고?

경고문은 무시하고 그대로 산을 올랐다. 몇 시간 뒤 집채만 한 바위를 무심히 돌아서 걷는데, 길 한복판을 떡하니 가로막고 네모반듯 앉아 있는 거대한 황소와 정면으로 맞닥뜨렸다. '공포'라는 말로는 그 순간 내가 느낀 것이 다 표현되지 않는다. 두려움이 지나쳐 황소의 얼굴이 점점 팽창하더니 우주를 뒤덮어버리는 것 같은 환각마저 일어났다. 나는 마치 이쯤에서 그만 산책을 접기로 한 사람처럼 아주 의젓하게 180도 돌아서서 왔던 길로 걷기 시작했다. 그러다 갑자기 머릿속에서 뭔가가 뚝 끊어지더니 공포가 엄습하면서 냅다 달리기 시작했다. 가파르고 미끄러운 진흙길을 죽어라 뛰었다. 등 뒤에서는 쿵쿵거리는 육중한 발소리와 씩씩거리는 숨소리가 들려왔다. 황소한테서 나오는 소린지 나한테서 나오는 소린지도 분간할 수 없는데, 중간에 무슨 일이 있었는지 모르겠으나, 문득 내가 벼랑 바닥에 쓰러져 있었다. 그리고 왼쪽 다리가 기괴하게 뒤틀린 채 몸 아래 깔려 있었다.

극한 상황에 처하면 분열이 일어날 수 있다. 처음에는 누군가가, 내가 아는 누군가가 사고를, 아주 심한 사고를 당했다고 생각하다가 그 누군가가 나라는 사실을 깨달았다. 일어서보려 했지만 다리가 스파게티 가락처럼 무너져 다시 픽 쓰러졌다. 나는 학생들에게 어떤 부상에 대해 강의하는 정형외과 의사라도 된 듯 아주 전문가다운 태도로 왼쪽 다리를 '진찰'했다. "자, 네갈래근이 완전히 파열된 것이 보이죠? 이 상태라면 무릎뼈가 멋대로 휙휙 뒤집힐 수 있어요. 무릎이 힘없이 쑥 빠질 수도 있죠. 이렇게…." 이 말과 함께 비명이 터졌다.

"요 부분이 이 환자가 비명을 지르게 만든 겁니다." 이 말을 하고는 내가 부상 환자 사례를 강의하는 교수가 아니라는 사실을 다시 깨달았다. 내가 바로 그 부상 환자라는 사실을. 나는 우산을 들고 다니면서 지팡이 삼아 짚는 버릇이 있었다. 이번에는 그러는 대신 우산 손잡이를 뚝 부러뜨려 우산대를 다리에 부목 삼아 댄 다음 파카에서 찢어낸 천 조각으로 칭칭 동여매고는 두 팔로 땅을 짚어가며 비탈을 기어내려가기 시작했다. 황소가 아직 가까이 있을지 몰라 처음에는 소리를 내지 않도록 조심하며 움직였다.

두 팔에 의지해 쓸모없어진 다리를 끌고 내려가는 동안 여러 단계로 심경 변화를 겪었다. 살면서 일어난 일들이 주마등처럼 훑고 지나갔다. 대부분이 좋은 기억이었다. 고마웠던 일들, 여름날 오후의 기억들, 사랑받았던 일들, 선물 받았던 일들, 그리고 나도 무언가를 되돌려줄 수 있어서 감사했던 기억들. 또 내가 좋은 책 한 권, 훌륭한 책 한 권을 썼다는 생각도 스쳐지나갔다. 떠오르는 모든 생각이 과거시제로 쓰이고 있었다. "삶의 마지막에 떠오르는 모든 생각이 고마운 생각이게 하라"는 위스턴 휴 오든의 시구가 계속해서 머릿속을 맴돌았다.

기나긴 여덟 시간이 흘렀다. 나는 준쇼크 상태에 빠져 있었다. 다리가 엄청나게 부어올랐지만 다행히 출혈은 없었다. 금세 날이 지게 생겼고 기온은 벌써 떨어지고 있었다. 나를 찾는 사람은커녕 내가 어디로 갔는지 아는 사람조차 없었다. 그런데 홀연히 목소리가 들려왔다. 위를 보니 산등성이에 두 사람(총 든 한 사람과 그 옆에 붙어 있는 좀 작은 한 사람)의 형상이 보였다. 두 사람이 내려와 나를 구조했다. 죽음의 코앞에서 구조되는 것보다 더 달콤한 삶의 순간은 없으리라.

◆

나는 잉글랜드행 비행기에 올랐고, 48시간 뒤 파열된 네갈래근의 힘줄과 근육 봉합 수술을 받았다. 수술을 받고 두 주 넘게 다리를 움직일 수 없었고 다리에 감각도 느껴지지 않았다. 그 다리가 내 신체가 아니라 이물질처럼 느껴졌다. 너무나 당황스럽고 당혹스러웠다. 처음 떠오른 생각은 '마취했을 때 뇌졸중이 왔나'였다. 다음으로는 '히스테리마비인가' 하는 생각이 들었다. 수술을 맡았던 외과의하고는 내 느낌을 소통하는 것이 불가능했다. 그가 한 말은 이게 다였다. "색스 씨, 굉장히 특이하신데요. 이런 경우는 처음 봐요!"

결국 끊겼던 신경이 다시 붙고 네갈래근 역시 살아났다. 먼저 움직이지 않던 근육 속의 개별 신경섬유 다발들이 불수의적으로 움찔거리는 근육다발수축현상이 나타나더니, 이어서 네갈래근을 조금씩 수의적으로 수축시켜 (지난 열이틀 동안 수축이 되지 않는 젤리 같은 상태였던) 근육을 긴장시킬 수 있었다. 끝으로 고관절을 굽힐 수 있었다. 움직임이 제멋대로고, 힘도 약하고, 쉽게 지치기는 했지만.

이 단계에서 깁스실로 옮겨졌다. 깁스를 교체하고 실밥도 뽑기로 한 날이었다. 깁스를 풀었을 때 나온 다리는 '내 것'이 아닌 낯선 다리로 보였다. 해부학 박물관에 서 있는 아름다운 밀랍인형 같다고나 할까, 실밥을 뽑는데도 아무런 감각이 느껴지지 않았다.

새 깁스를 씌운 뒤 물리치료실로 옮겨져 두 발로 일어서지고 걸음이 걸어지는 연습을 했다. 이 문장을 별스럽게 수동태("일어서지고 걸음이 걸어지는")로 쓴 것은 스스로 일어서서 걷는 법, 이 동작을 내 힘으로 능동적으로 하는 법을 잊어버린 까닭이다. 물리치료사 두 사람이 나를 들어 올려 세워주고 서 있게 하려고 기를 쓰는데 왼쪽 다리의 심상이 아주 긴 다리에서 짤막한 다리로, 늘씬한 다리에서 땅딸막한 다리로 홱홱 바뀌었다. 그러다가 심상의 변화 속도가 1~2분 정도로 안정되었다. 2주 동안 감각도 운동도 없었던 다리로 쇄도하듯 입력되는 감각 정보에다 처음으로 다급하게 운동 수행을 처리하느라 고유수용성 감각이 재조정되는 과정에서 일어나는 현상이리라고 짐작했다. 한 동작 한 동작 의식해서 한 번에 한 걸음씩 시험 가동하듯 움직이는 다리 운동은 흡사 로봇의 팔다리를 조작하는 기분이었다. 정상적이고 물 흐르듯 자연스러운 걸음 같은 건 없었다. 그러더니 갑자기 환각처럼, 멘델스존의 바이올린 협주곡(내가 입원할 때 조너선 밀러가 테이프를 주고 가서 계속 들었던 곡)의 우아하고 리드미컬한 악절이 "들려왔다". 이 음악이 머릿속에서 시작되면서 갑자기 걸을 수 있게 되었다. 걷기의 (신경의들이 말하는) '운동 멜로디'가 되돌아온 것이다. 몇 초 뒤 머릿속 음악이 멈추자 걸음도 멈추었다. 멘델스존이 있어야 계속 걸을 수 있었다. 그러더니 한 시간도 되지 않아서 본연의 자연스럽고 무의식적인 걸음이 돌아와 더이상 가상의 음악 길동무가 필요치 않았다.

이틀 뒤 켄우드하우스Caenwood House(햄스테드히스에 있는 웅장한 저택형 재활원)로 옮겨졌다. 여기에서 보낸 한 달은 무척이나 사교적인 시간이었다. 아버지와 레니 이모는 물론 데이비드 형(형이 노르웨이에서 귀국하는 비행기 편을 예약해주고 런던에서 응급 입원 수속을 처리해주었다)과 심지어 마이클 형까지 방문했다. 조카들과 사촌들이 찾아왔고 이웃 사람들과 유대교 회당 사람들이 왔고 오랜 친구 조너선과 에릭은 하루가 멀다 하고 찾아왔다. 이렇듯 나를 아끼는 사람들의 환대와 죽음의 문턱에서 살아 돌아왔다는 기분, 그리고 나날이 호전되는 운동 능력과 자립성에 힘입어 재활원에 보낸 몇 주는 내게 특별한 축제 같은 시간이 되었다.

아버지는 가끔 오전 진료만 하고 들렀다(여든이 다 된 연세에도 여전히 종일 진료를 하고 있었다). 그런 날이면 아버지는 켄우드하우스에 입소해 있는 고령의 파킨슨병 환자들을 찾아 1차 세계대전 시기 유행가를 함께 부르는 시간을 가졌다. 말을 거의 못 하는 사람들이 아버지가 흥을 돋우면 함께 어울려 노래를 불렀다. 레니 이모는 보통 오후에 들러 정원에서 10월의 따사로운 해를 받으며 몇 시간씩 수다를 떨고 갔다. 점차 움직임이 자유로워지고 목발에서 지팡이로 바꾼 뒤부터는 햄스테드히스나 하이게이트빌리지의 카페까지 걸어가기도 했다.

이번 다리 사고는 내게 사람의 몸과 몸을 둘러싼 공간이 뇌 안에 어떻게 구획되어 있는지, 사람의 사지 하나가 손상되었을 때, 특히 그 손상으로 운동 능력과 신체의 자유를 상실하는 경우에 이 중추적 지도가 어떻게 심각하게 교란될 수 있는지를 가르쳐주었다. 사고가 아니었다면 그 사실을 몸으로 배우지는 못했을 것이다. 이번 사고를 통해 또한 내가 연약한 존재, 죽을 수 있는 존재라는 사실을 몸으로 느꼈다. 나는 어느 모로 보나 연약한 사람이 아니었고 죽음의 문제를 진지하게 생각해본 사람도 아니었다. 모터사이클 타던 젊은 시절에는 겁이라고는 몰랐다. 오죽하면 친구들이 자기가 불사신인 줄 아는 놈이라고 했을까. 낙상 사고로 죽을 고비를 넘긴 뒤로 내 인생에는 조심과 두려움이 깃들었고, 지금까지 눈이 오나 비가 오나 내내 함께하고 있다. 무사태평 인생이 유비무환 인생이 되었다고 해야 할까. 이로써 내 청춘이 막을 내리고 중년이 시작되는구나 느꼈다.

사고가 나자마자 그것이 책 한 권 분량을 쓸 소재임을 간파한 레니 이모는 내가 손에 펜을 들고 공책에 뭔가 쓰는 모습을 보고 싶다고 말했다("볼펜은 쓰면 안 된다!" 이모는 준엄하게 경고했다. 이모의 알아보기 쉬운 둥글둥글한 필기체는 언제나 만년필로 쓴 글씨였다).

콜린은 내 사고 소식에 화들짝 놀랐다. 하지만 사고 경위와 병원에서 일어난 일에 대해 이야기해주자 아주 재미있어했다. "이거 굉장한 이야긴데요!" 콜린은 감탄해서 외쳤다. "꼭 책으로 써야 합니다." 그러고는 잠시 멈췄다가 말했다. "지금 박사님이 그 책을 실제로 살고 있는 것처럼 들려요." 며칠 뒤 콜린은 병상에 누워서 쓰라면서 어마어마하게 두꺼운 갓 출간된 책의 가제본 한 부를 보내왔다(표지만 제본한 700쪽짜리 미색 백지 가제본이었다). 난생처음 보는 엄청난 두께의 공책이 마음에 쏙 들었다. 신경학적 연옥에서 생환하는 과정이라는 관점으로, 내 불수의적 여정의 모든 것을 처음부터 차근차근 자세하게 적어나갔다(그 두툼한 공책을 본 환자들은 이렇게 농을 던지곤 했다. "이런 복 받은 친구 같으니라고. 우리는 이 신세를 살아내기에 급급한데 자네는 그걸로 책을 쓴단 말이지.").

내가 쓰고 싶은 책은 사지 가운데 하나를 잃었다가 되찾는 이야기가 될 터였다. 지난 책 제목이 "깨어남Awakenings"이었으니 다음 책은 "빨라짐Quickenings"으로 하면 어떨까 생각했다.

그런데 이번 책 집필에는 전에는 없었던 종류의 문제가 있었다. 이 책을 쓰려면 사고 상황을 다시 체험하고 환자로서 겪었던 수동적 처지와 공포를 또다시 체험할 수밖에 없었기 때문이다. 또 내 안의 내밀한 감정까지 어느 정도 드러날 수밖에 없는 글쓰기가 될 텐데, 기존의 좀더 '의사다운' 저술에서는 해보지 않은 고민이었다.

다른 문제도 많았다. 나는《깨어남》에 대한 반응에 의기양양해하면서 동시에 조금 겁을 느끼고 있었다. 위스턴 휴 오든을 비롯한 많은 이로부터 나로서는 감히 생각할 수 없는 평을 받았다.《깨어남》이 대작이라는. 그 말이 맞다면 앞으로 무슨 수로 그에 필적하는 것을 더 내놓을 수 있겠는가? 또 풍부한 사례를 다룬《깨어남》이 의학계 동료들에게 무시당했는데 오로지 한 환자, 그것도 바로 나 자신의 기이하고 주관적인 경험에만 초점을 맞춘 책으로 무슨 기대를 할 수 있겠는가?

1975년 5월 무렵 "빨라짐"의 초고가 끝났다(나중에 조너선 밀러의 제안으로 "A Leg to Stand On"〔한국어판《나는 침대에서 내 다리를 주웠다》— 옮긴이〕라는 제목을 붙이게 되었다). 나나 콜린이나 이 원고를 손질해 완전 원고로 만드는 데는 그리 오래 걸리지 않겠다고 생각했다. 콜린이 얼마나 자신만만했느냐면 1976~1977년 근간 목록에 이 책을 보란 듯이 올려놓았다.

그러나 내가 이 책을 끝내기 위해 분투하던 1975년 그 여름, 콜린과 나 사이에 뭔가 문제가 생겼다. 밀러 부부가 8월에 스코틀랜드로 올라가면서 내게 런던 자기네 집을 쓰라고 했다. 밀러의 집은 그보다 더 가까워질 수 없는, 콜린의 집 바로 맞은편이었다. 한창 진행 중인 작업에 이보다 이상적인 환경이 있겠는가? 그런데《깨어남》때는 그토록 반갑고 생산적이던 그 가까움이 이번에는 유감스럽게 정반대 효과를 가져왔다. 나는 매일 오전에 글을 쓰고 오후에는 산보나 수영으로 보냈고, 저녁 7시나 8시가 되면 콜린이 들렀다. 그 즈음이면 저녁은 먹은 뒤여서 보통 술을 몇 잔 걸치고 불콰해져 찾아왔는데, 그러다 시비를 걸고 주사를 부리는 날도 많았다. 8월의 밤공기는 무덥고 답답했다. 어쩌면 내 원고에 불만이 있거나 내게 못마땅한 구석이 있어서 그렇게 분노를 터뜨렸을지 모른다. 그해 여름 나는 불안하고 신경이 곤두서 있었고, 원고에는 확신이 없었다. 콜린은 내가 방금 타이핑을 끝낸 원고 뭉치에서 한 장을 골라 들고 한 문장이나 한 단락을 읽고 나서는 어조며 문체며 내용에 대해 비판했고 문장이면 문장, 생각이면 생각을 하나하나 지적하면서 땅이 꺼져라 걱정했다(내게는 그렇게 느껴졌다). 예전에 나를 성장시켜준 유머감각과 온화한 성품은 어디 가고 검열관처럼 꼬치꼬치 트집 잡는 그 앞에서 나는 마냥 쪼그라들었다. 그런 저녁 만남을 마치고 나면 그날 쓴 원고를 다 찢어버리고 싶은 충동에 시달렸다. 내 책이 멍청하게만 느껴지고 더이상 쓸 수도 없고 써서도 안 될 것 같았다.

1975년 여름은 불길한 분위기로 끝났고, (콜린이 그런 상태가 되는 것을 다시는 보지 못했지만) 그 어두운 그림자는 앞으로 몇 년 동안 가시지 않았다. 결국《나는 침대에서 내 다리를 주웠다》는 그해에 완결을 보지 못했다.

레니 이모는 나를 걱정했다.《깨어남》은 끝났고,《나는 침대에서 내 다리를 주웠다》는 난국에 봉착했고, 뭔가 기운을 낼 만한 특별한 계획은 없어 보이고…. 이모가 편지를 했다. "내가 진심으로 바라는 건… 너한테 맞는 일이 와주고, 앞으로도 계속 그렇게 되는 거야. 나는 네가 글을 써야 한다고 굳게 믿어. 글 쓰고 싶은 기분이든 아니든 상관없이 무조건." 2년이 지난 뒤에는 이렇게 이야기했다. "그 다리 책일랑은 부디 머리에서 털어내버리고 다음 책을 쓰렴."

◆

그로부터 몇 년 동안 많은 버전의 《나는 침대에서 내 다리를 주웠다》를 썼는데, 새로 쓸 때마다 점점 더 길어지고 더 복잡해지고 더 미로처럼 뒤얽히기만 했다. 콜린에게 보내는 편지마저 장황해지더니 1978년에는 본문만 5,000단어가 넘어가는 데다 추신으로 2,000단어가 더 늘어난 편지까지 나왔다.

루리아에게도 많은 편지를 썼다. 그는 내 구구절절한 편지에 참을성 있게 사려 깊은 답장을 보내주곤 했다. 내가 이렇게 쓰겠다 저렇게 쓰겠다 하며 있지도 않은 책에 끝없이 강박적으로 매달리고 있다고 느낀 그는 끝으로 두 마디짜리 전보를 보냈다. "그냥 써요."

이 전보 이후로 루리아는 편지를 한 통 더 보내와 "말단부 손상을 중심으로 가져와 조명하는" 작업의 의미를 이야기했다. "이것은 완전히 새로운 분야를 발굴하는 겁니다. (…) 선생의 관찰이 모쪼록 책으로 출판되기를 빕니다. 그 책이 말단부 질환을 '수의학 정도'로 취급하는 풍토를 바꾸어 더 깊이 있는, 더 인간적인 의학의 길을 터주는 데 힘이 되어줄 겁니다."

그러나 집필은 계속해서 썼다가는 찢어버리고 썼다가는 찢어버리는 고리를 벗어나지 못했다. 《나는 침대에서 내 다리를 주웠다》를 쓰는 일은 그동안 써왔던 어떤 것보다 어렵고 고통스럽게 느껴졌다. 몇몇 친구는(특히 에릭이) 내가 거기에 사로잡혀 꼼짝없이 붙들려 있는 것을 보고 아무래도 나한테 해로운 책 같다고 그만 좀 포기하라고 설득하려 들었다.

1977년, UCLA 신경과 레지던트 시절 멘토였던 찰리 마컴이 뉴욕을 방문했다. 나는 찰리를 좋아해서 그가 운동장애 연구를 진행하는 동안 자주 만났다. 어느 날 같이 점심을 먹는데 찰리가 내 일에 대해 이것저것 묻다가 목소리를 높였다. "하지만 자넨 직위가 없잖나!"

나도 직위 있다고 말했다.

"무슨 직위? 어떤 종류의 직위가 있다는 소린가?" 찰리가 물었다(그는 최근 UCLA 신경학과장으로 승진한 터였다).

"의학의 핵심, 거기가 제 자립니다."

"휴." 찰리는 탄식하고는 아서라 하는 손짓을 했다.

내 환자들이 '깨어남'을 겪던 시기에, 병원 바로 옆에 살면서 때로는 하루에 열두 시간, 열세 시간씩 일하던 시기에 나는 의학의 핵심이란 어떤 것인지 많이 생각했다. 내 환자들은 언제든 나를 찾아올 수 있었고, 거동이 다소 자유로운 몇 사람은 일요일 아침에 찾아와 함께 코코아를 마시기도 했다. 내가 길 건너에 있는 뉴욕식물원으로 산보를 데려가는 날도 있었다. 그들의 약물치료 상황과 흔히 불안정한 신경학적 상태를 점검하고 살피는 것이 내 역할이었지만, 또한 그들이 처한 육체의 제약 속에서나마 가능한 충만한 삶을 누릴 수 있도록 나는 최선을 다했다. 몸이 굳은 채로 오랜 세월 병원 안에 갇혀 살아온 이들에게 삶다운 삶을 살 수 있게 하는 것, 바로 이것이야말로 치료를 맡은 의사로서 해야 할 핵심 역할이라고 느꼈다.

나는 베스에이브러햄병원에서 누리던 직위와 봉급이 없어진 뒤에도 꼬박꼬박 그들을 찾아갔다. 그곳 환자들과 유대는 어떤 단절로든 막을 수 없을 만큼 깊었다. 다른 기관(스태튼아일랜드에서 브루클린, 퀸스까지 뉴욕 시 전역의 요양원)의 환자들을 보기 시작한 후로도 마찬가지였다.◆ 그렇게 나는 떠돌이 신경의가 되었다.

흔히 '장원manor'(유럽 중세시대 영주 저택 — 옮긴이)으로 불리는 이 요양원들 가운데 몇몇 곳에서 나는 의료적 오만과 기술이 철저하게 인간성 위에 군림하는 현실을 목격했다. 환자들을 몇 시간씩 방치하거나 심지어 육체적·정신적으로 학대하는, 고의적이고 범죄 수준의 태만이 횡행하는 곳들이 있었다. 한 '장원'에서는 환자가 고관절 골절상을 입고 끔찍한 고통을 호소하면서 소변이 질편한 바닥에 나뒹굴고 있는데 직원은 본체만체하고 있었다. 그런 태만은 없지만 아주 기본적인 의료 조치 외에는 아무것도 하지 않는 요양원들도 있었다. 그런 요양원에 들어가는 사람들에게도 일상적인 생활, 주체성, 존엄성, 자존감, 어느 정도의 자율성이 있는 의미 있는 삶이 필요하다는 사실이 무시되거나 회피되었다. '간호'는 오로지 기술적이고 의료적인 차원의 행위일 뿐이었다.

이 요양원들이 내게는 23병동 못지않게 몸서리쳐졌고, 어떤 면에서는 더 심란했다. 이곳들이 우리 사회 미래의 전조나 '모범'으로 자리잡는 것 아닌가 하는 생각을 떨쳐내기가 어려웠다. 그런 요양원들과 정반대되는 곳이 '가난한 이들의 작은자매회'(일명 '경로수녀회'. 프랑스의 수녀 잔 쥐강Jeanne Jugan이 노인들을 돌보기 위해 1839년 설립했다 — 옮긴이)가 운영하는 요양원이었다.

◆ 1970년대 말부터 1980년대 초까지 알베르트아인슈타인의대의 알츠하이머 클리닉에서도 얼마간 일했다. 그 가운데 다섯 환자 사례를 토대로 장편 병례사를 준비해 완성된 원고를 알베르트아인슈타인의대의 전 주임교수 밥 카츠먼에게 보냈다. 이후 그는 캘리포니아대학교 샌디에이고의 신경학과 학과장으로 자리를 옮기게 되었는데 그 와중에 원고가 유실되었다. "간헐성근육발작" 정도가 되었을 그 책은 그렇게 해서 세상의 빛을 못 보고 말았다.

'작은자매회'에 대해서는 어릴 때부터 들어서 알고 있었다. 아버지는 일반 내과의로 어머니는 외과의로, 두 분 다 런던에서 자택 진료를 했기 때문이다. 레니 이모는 이렇게 말하곤 했다. "올리버, 내가 뇌졸중 환자가 되거나 장애가 생긴다면 작은자매회로 데려다 다오. 세계 최고의 보살핌을 받을 수 있는 요양원이란다."

작은자매회의 요양원들은 삶을 중시하는 곳, 거주자들의 한계와 욕구를 감안하여 가능한 가장 충만하고 의미 있는 삶을 제공하는 곳이다. 이곳에는 뇌졸중 환자, 치매나 파킨슨증 환자, (암, 폐기종, 심장질환 등) '의학적' 질환을 앓는 환자, 시각장애인과 청각장애인, 또 몸은 건강하지만 사람의 온기와 공동체라는 테두리가 그리운 외롭고 소외된 사람들이 입소해 있다.

작은자매회는 의료뿐 아니라 물리치료, 작업치료, 언어치료, 음악치료, 그리고 (필요한 경우에는) 심리치료와 상담까지 다양한 요법을 제공한다. 요법 외에 (치료 효과가 결코 떨어지지 않는) 각종 활동도 마련하고 있는데, 인위적인 프로그램이 아니라 정원 가꾸기나 요리 같은 실생활 활동들이다. 거주자 다수가 요양원 안에서 (세탁 도우미에서 성당 오르간 연주자까지) 특별한 역할이나 독자 영역을 지니고 있으며, 어떤 이들은 반려동물을 돌보며 지낸다. 박물관, 경마장, 극장, 식물원 등으로 외출하는 외부활동을 하며, 가족이 있는 입소자들은 주말에 외식을 하거나 명절 때 친척집에서 묵기도 한다. 이웃 학교 어린이들이 매번 작은자매회 요양원을 방문한다. 어린이들은 자기보다 일흔 살에서 여든 살까지 많은 어른들과 거리낌 없이 자유롭게 어울리다 흠뻑 정이 들어 돌아가곤 한다. 종교 활동은 작은자매회의 중심 요소지만 의무는 아니어서 설교나 전도 활동은 일절 없으며 어떤 식으로든 신앙을 강요하는 일은 없다. 모든 입소자가 신자는 아니지만 작은자매회가 실천하는 종교적 헌신은 어마어마하다. 충심에서 우러난 헌신 없이 그런 수준의 보살핌이 가능하리라곤 상상하기 어렵다.◆

자신의 가정을 포기하고 공동체 생활을 하자면 힘든 적응 기간을 겪을 수 있다(어쩌면 당연한 일이다). 하지만 작은자매회의 요양원에 입소한 사람들 대다수는 (때로는 그동안 살아왔던 삶보다 더) 의미 있고 쾌적한 자신만의 삶을 꾸려간다. 또한 이들에게는 자신이 안고 살아가는 온갖 지병을 세심하게 지켜보고 치료해주는 손길이 있으며, 때가 되면 인간으로서 존엄을 지키며 평온한 죽음을 맞이할 수 있다는 사실이 큰 위안을 준다.

이 모두가 현대 의학이 제공할 수 있는 최고의 의료 환경과 결합된 더 오랜 보살핌의 전통을 대변한다. 1840년 이래로 작은자매회가 지켜온, 아니 사실은 중세 교회로 거슬러 올라가는 전통(빅토리아 스위트가 《신의 호텔God's Hotel》(2012; 와이즈베리, 2014)에서 너무나 감동적으로 이야기한 전통) 말이다.

'장원형' 요양원에 환멸을 느낀 나는 얼마 못 가서 그곳 활동을 그만두었다. 반면에 작은자매회 요양원들은 내게 힘과 용기를 준다. 나는 그곳에 가는 것을 사랑한다. 그중 몇 곳은 지금까지 40년이 넘게 가

◆ 요양원에서는 사뭇 색다른 유형의 딜레마가 드물지 않게 발생한다. 작은자매회의 도덕적 포용력과 분별력을 보여주는 사례가 있다. 입소자 가운데 파킨슨병을 앓는 여성 플로라 D.는 엘도파 투약으로 크게 호전되었지만 너무나 생생한 꿈을 꾸기 시작하면서 걱정이 많았다. 엘도파 복용으로 에로틱한 꿈이나 악몽을 꾸는 경우는 드문 일이 아니다. 하지만 플로라의 꿈은 근친상간, 그중에서도 아버지와 성관계하는 내용이었다. 플로라는 이 일로 죄의식을 느끼고 극도로 불안해하다가 한 수녀에게 꿈 내용을 이야기했다. 그 수녀는 이렇게 말해주었다. "밤에 꾸는 꿈은 자매님 잘못이 아닙니다. 대낮에 그런 상상을 하는 것은 경우가 좀 다르겠지만요." 이 말은 도덕성과 생리 현상을 명확하게 정의할 때 나올 수 있는 대응이었다.

고 있다.

1976년 초, 런던 미들섹스병원의 의대생 조너선 콜에게서 편지를 한 통 받았다. 그는《편두통》과《깨어남》을 재미있게 읽었다면서, 옥스퍼드대학교에서 1년 동안 감각신경생리학 연구 과정을 마쳤고 이어서 임상을 했다고 덧붙였다. 그는 약 2달간의 전공 탐색 기간을 내 곁에서 보낼 수 있는지 물으면서 이렇게 썼다. "선생님 분야의 진료법을 참관하고 싶습니다. 또 어떤 강의든 있다면 기꺼이 맞추어 준비해 가겠습니다."

거의 20년 먼저 내가 의대생으로 훈련받았던 병원의 학생이 나를 찾는다는 사실이 뿌듯해 가슴이 훈훈해졌다. 하지만 현재의 내 직위 문제며 의대생을 대상으로 강의를 할 수 있는 능력과 관련해 여러 가지로 설명을 해줘야 했기에 이렇게 답장했다.

친애하는 콜 군,

2월 27일 편지 고맙게 받았습니다. 그리고 답장이 이렇게 오래 걸린 점 미안합니다.

답장이 늦어진 것은 뭐라고 답을 해야 할지 알 수 없었기 때문입니다. 이것이 대략적인 내 상황입니다.

나에게는 내 과가 없습니다.

나는 소속이 없습니다.

나는 집시입니다. (다소 보잘것없고 불안정하게) 여기저기서 잡다한 일을 하며 연명하고 있다는 뜻입니다.

베스에이브러햄병원에 정식 고용되어 일할 때는 선택과목으로 들어온 학생들을 지도한 적이 여러 번 있었어요. 무척이나 즐겁고 보람된 경험이었죠.

하지만 지금은 그러니까 직위나 근거지나 터전 없이 여기로 저기로 떠돌면서 일하는 상황이고, 해서 어떤 정식 강의도 제공해줄 수가 없습니다. 귀군의 이력에 공식적으로 넣을 만한 강의는 어떤 식으로든 안 될 거라는 말입니다. 그렇지만 나는 많은 클리닉과 요양원에서 엄청나게 다양한 환자들을 보면서 많은 것을 배우고 또 다양한 의술을 행하고 있습니다. 나는 이것 또한 비공식적이나마 훌륭한 수업이라고 생각합니다. 눈으로 직접 보고 몸으로 배우고 행하는 모든 상황 자체가 우리에게 많은 것을 가르쳐주죠. 내게는 흥미롭지 않은 환자, 가치 없는 환자가 없습니다. 그들은 도처에, 생생하고 또렷이 존재합니다. 뭔가 새로운 것을 가르쳐주지 않는 환자, 나도 모르던 내 감정을 일깨우고 새로운 흐름의 사고를 불러일으키지 않는 환자는 지금껏 만나보지 못했습니다. 이런 상황 속에서 나와 함께하는 사람들은 이 모험정신에 공감하고 또 기여하리라고 생각합니다(나는 모든 신경학이, 세상 모든 것이 일종의 모험이라고 믿습니다).

귀군 상황이 어떻게 돌아가는지 알려줘요. 비공식적이고 우발적이고 떠도는 환경에서 귀군과 함께할 수 있다면 더없이 기쁘겠지만, 정식 강의 자리는 결코 '마련하지' 못한다는 점, 다시 한 번 확인합니다.

안부와 감사를 담아,

올리버 색스

준비와 자금 마련에 1년 가까운 시간을 들인 끝에 1977년 초 조너선은 나와 선택과목 수업을 하기 위해 뉴욕에 왔다.

처음에는 둘 다 조금 긴장했던 듯싶다. 소속이나 직위는 없다지만 어쨌거나 나는《깨어남》의 저자였고, 옥스퍼드대학교에서 최근에 감각신경생리학을 연구한 조너선은 생리학에 관해서라면 나보다 훨씬 더 조예가 있고 최신 경향에 대해서도 밝은 상황이었으니 말이다. 이 시간은 우리 둘 다에게 새로운, 미답의 경험이 될 터였다.

우리는 얼마 가지 않아서 강력한 공통의 관심사를 찾아냈다. 둘 다 '육감', 즉 고유수용성감각에 단단히 빠져 있었다. 고유수용성감각은 의식되지 않고 눈에 보이지 않지만 우리의 생명 활동에, 이론의 여지는 있으나, 오감 중의 어느 감각보다 아니 어쩌면 오감을 다 합친 것보다 더 중요할 수 있는 감각이다. 사람은 시각이나 청각을 잃더라도 헬런 켈러가 그랬듯이 여전히 아주 풍부한 삶의 경험을 누릴 수 있다. 그런데 고유수용성감각은 공간 속에서 자신의 위치를 지각하고 팔다리의 움직임을 지각하는 데, 실로 자신의 존재를 지각하는 데 결정적으로 중요한 능력이다. 만일 이 고유수용성감각이 사라진다면 사람은 생존할 수 있을까?

이런 의문은 일상생활 속에서는 거의 떠오르지 않는다. 고유수용성감각은 늘 그냥 거기서, 돌출하는 법 없이, 소리 없이, 우리가 취하는 모든 움직임을 인도하고 있을 따름이다.《나는 침대에서 내 다리를 주웠다》에서 써지지 않아 몹시 고생했던(바로 그 시점에 조너선이 뉴욕에 왔다) 그 기이한 증상을 겪지 않았어도 내가 고유수용성감각에 대해 그토록 많이 생각하게 되었을지 잘 모르겠다. 나는 그것이 크게는 고유수용성감각의 붕괴가 야기한 증상이라고 생각했는데, 어느 정도로 심각했느냐면, 내 왼쪽 다리가 어디에 있는지 눈으로 보지 않고는 알 수 없었고 눈으로 봐도 '내 것'으로 느껴지지 않아 그것이 내 다리인지 알 수가 없었다.

그런데 공교롭게 그 무렵 조너선이 뉴욕으로 왔고, 또 친구이자 동료인 이사벨 래핀이 바이러스 감염으로 갑자기 고유수용성감각을 완전히 상실하고 목 아래쪽의 촉각을 상실한 젊은 여성 환자 한 사람을 내게 보냈다.♦ 조너선은 1977년 당시에는 똑같은 장애로 찾아온 또 다른 환자가 자신의 미래에 얼마나 심오한 영향을 미치게 될지 알 도리가 없었다.

조너선은 작은자매회를 비롯하여 뉴욕에 있는 많은 요양원을 나와 함께 다니면서 다양한 환자를 보았다. 우리 둘 다 한 환자에게 깊은 인상을 받았는데 기억상실로 인해 끊임없이 작화증作話症(자기 공상을 실제처럼 말하면서 그것이 허위임을 인식하지 못하는 증상 — 옮긴이)에 시달려야 했던 코르사코프증후군 환자였다. "톰슨 씨"(나는 나중에 그를 이렇게 불렀다)는 3분 사이에 (흰색 의사 가운을 입은) 나를 자기 식료품점 손님이라고 했다가 경마장에 같이 다니던 옛 친구라고 했다가 유대교 율법식 정육점 주인이라고 했다가 주유소 지배인이라고 했다가 뭔가 힌트를 주면 겨우 내가 의사일지 모르겠다고 추측할 수 있었다.♦♦ 톰슨 씨가 계속 익살스러운 오해와 작화증을 오락가락하는 모습에 내가 웃음을 터뜨리자 진지하던 조너선은 (나중에 이야기해주기를) 내 반응에 충격을 받았다. 환자를 비웃는 것으로 보였다고. 하지만 원기 왕성한 아일랜드 남자인 톰슨 씨도 코르사코프증후군으로 인한 자신의 우스꽝스러운 상상에 웃기 시작하자 조너선 역시 긴장이 풀리면서 같이 웃기 시작했다.

나는 보통 환자를 보러 갈 때는 비디오카메라를 들고 갔다. 조너

♦ 나는 몇 년 뒤 이 여성의 이야기를 〈몸이 없는 크리스티나The Disembodied Lady〉라는 제목의 글로《아내를 모자로 착각한 남자》에 소개했다.

♦♦ 톰슨 씨에 대해서는《아내를 모자로 착각한 남자》의 〈정체성의 문제A Matter of Identity〉에서 이야기했다.

선은 비디오 촬영 기록과 즉시 재생 기술을 어떻게 환자 진료에 이용하는지 궁금해했다. 당시만 해도 비디오 촬영은 신기술이어서 이런 방법을 활용하는 병원은 드물었다. 조너선은 가령 파킨슨증 환자가 자신이 걸을 때 속도가 빨라지거나 한쪽으로 쏠리는 경향이 있다는 사실을 인지하지 못하다가 영상으로 자기 자세나 걸음걸이를 보고 나서는 바로 알아차리고 교정하기 위한 요령을 익히는 것을 흥미롭게 지켜보았다.

베스에이브러햄병원에도 조너선을 여러 번 데려갔는데 그는 특히 《깨어남》에서 읽었던 환자들을 꼭 만나보고 싶어했다. 그는 내가 이 환자들에 대한 책을 쓰고 다큐멘터리 영화까지 찍었지만 환자들로부터 자기네를 이용하고 팔아먹은 사람으로 취급받지 않고 여전히 자신들의 의사로 신뢰받는다는 사실에 무척이나 놀라워했다. 8년이 지나 조너선이 자신의 인생을 바꿔놓을 환자, 이언 워터민을 만났을 때 그의 머릿속에 이때 일이 떠올랐으리라 생각한다.

이언은 크리스티나(몸이 없어진 여성 환자)와 마찬가지로 지독한 감각 신경병증으로 고통받는 환자였다. 그는 튼튼한 열아홉 살 청년 시절 어느 날 바이러스에 감염되면서 목 아래쪽의 고유수용성감각을 완전히 잃어버렸다. 이 희귀한 상황을 겪는 대부분의 사람들이 팔다리를 제어하는 능력을 상실하여 누워 지내거나 휠체어 신세가 된다. 그러나 이언은 이런 상태에 대처하는 수많은 방법을 고안해내어 중증 신경학적 결손에도 상당히 정상적인 생활을 해나갈 수 있었다.

우리에게는 의식적인 제어 없이 자동으로 일어나는 많은 것을 이언은 신중하게 의도적으로 의식하고 관찰하면서 이행해야 한다. 자리에 앉을 때면 앞으로 쓰러지지 않기 위해 의식적으로 상반신을 똑바로 세워야 하고, 걸을 때는 시선을 목표물에서 떼지 않은 채 무릎에 힘을 주고 움직여야 한다. 고유수용성감각이라는 '육감'이 없는 이언은 대신 시각을 사용해야만 한다. 이렇게 목표물에 초점을 맞추고 집중한다는 것은 동시에 두 가지 행동을 자연스럽게 할 수 없다는 뜻이다. 즉 서 있을 수도 있고 말도 할 수 있지만, 일어선 채로 말을 하기 위해서는 든든히 받쳐주는 곳에 몸을 기대고 있어야 한다. 겉으로는 완벽하게 정상으로 보일지 몰라도 예고 없이 조명이 꺼져버린다면 그 자리에서 땅바닥에 맥없이 주저앉아버릴 것이다.

조너선과 이언은 오랜 세월 함께하면서 의사와 환자, 조사연구자와 수검자에서 점차 동료이자 친구로 깊은 유대를 맺어왔다(두 사람은 지금까지 30년째 함께 작업해오고 있다). 이 수십 년에 걸친 협력 과정에서 조너선은 10여 편의 과학 논문과 이언의 이야기를 다룬 주목할 만한 저서 《자부심과 날마다 달리는 마라톤Pride and a Daily Marathon》을 썼다(현재는 후속 연구를 하고 있다).♦

내 학생이었던 조너선이 그 시간 속에서 성장하면서 훌륭한 의사이자 생리학자로 또 작가로 스스로 우뚝 선 것만큼 감동적인 일이 내게 얼마나 더 있었을까. 조너선은 지금까지 중요 저작 네 권과 100편이 넘는 생리학 논문을 썼다.

1965년 뉴욕으로 온 뒤 나는 모터사이클로 시골길을 돌아다니

♦ 1990년대 초에 나는 조너선을 왕복우주선 비행을 다섯 차례 수행한 우주비행사 친구 마샤 아이빈스에게 소개해주었다(마샤는 〈몸이 없는 크리스티나〉를 궤도에서 읽었다고 했다). 우리는 이언이 우주에 간다면 어떻게 될지 궁금했다. 마샤는 중력 면에서 가장 근접한 방법이 '구토혜성Vomit Comet'이라는 별명으로 익히 알려진 무중력 훈련기로 비행을 해보는 것이라고 제안했다. 이 무중력 비행기는 급상승했다가 급강하하여 비행기에 탄 사람들을 중력 상태 약 2G(중력가속도의 2배)에서 0G로 떨어뜨린다. 보통 사람들은 0G에서 완전한 무중력상태가 되며 2G에서는 몸이 무거워지는 것을 느끼는데, 이언은 어느 쪽도 느끼지 못했다.

면서 가끔씩 주말에 보낼 만한 장소를 물색했다. 어느 일요일, 캐츠킬 산맥 지역을 지나다가 호숫가에 자리 잡은 그림처럼 고풍스러운 목조 호텔(레이크제퍼슨호텔)을 발견했다. 호텔 운영자는 친절한 독일계 미국인 부부인 루와 버사 그러프였는데 우리는 금세 친해졌다. 모터사이클이 위험하다고 걱정해주는 두 사람이 무척 고마웠다. 모터사이클은 호텔 로비에 둬도 된다고 했다. 모터사이클 타고 찾아오는 내 모습은 금세 이곳 주민들에게 익숙한 주말 풍경이 되었다. 주민들은 모터사이클이 보이면 말하곤 했다. "저기 또 그 의사 양반 올라오는구먼."

특히 나는 토요일 밤의 오래된 술집을 좋아했다. 왁자지껄 떠들며 마시는 다채로운 군상들과, 1920년대와 1930년대 전성기 시절 호텔 모습을 보여주는 오래된 사진들로 가득한 곳이었다. 그곳 바 옆 후미진 자리에서 많은 글을 썼다. 홀로 은밀히 눈에 띄지 않게 머물 수 있는, 그러면서도 생동감 넘치는 술집 분위기 속에서 온기를 느끼고 기운을 얻을 수 있는 그런 자리였다.

석 달가량 그렇게 오가다가 그러프 부부와 계약을 했다. 아무 때고 편하게 찾아와 묵었다 갈 수 있고 (타자기 한 대와 수영 장비 정도지만) 내 물건도 보관하려고 호텔 지하에 방을 하나 세냈다. 단돈 200달러 월세로 내 방이 생겼고 주방과 술집 그리고 호텔의 각종 편의시설을 마음껏 이용할 수 있게 되었다.

제퍼슨 호숫가 생활은 건전하고 건강했다. 모터사이클은 1970년대 초에 (뉴욕 시의 교통이 너무 위험하다고 느껴졌고 모터사이클 타는 일도 예전만큼 즐겁지 않아서) 팔아치웠다. 대신 차에 자전거 거치대가 있어서 낮이 긴 여름에는 몇 시간씩 자전거를 탔다. 가끔은 호텔 근처 오래된 사과주 공장에 들러 반 갤런짜리 도수 높은 사과주를 두 병 사서 자전거 손잡이 양쪽에 하나씩 걸고 돌아오기도 했다. 나는 사과주를 사랑했다. 양쪽에서 대롱거리는 반 갤런들이 두 병을 균형이 무너지지 않도록 번갈아가며 한 모금씩 홀짝홀짝 마시노라면 수분 보충에 그만이었다. 하루의 자전거 여행을 끝내고 돌아올 때면 어느덧 술기운에 비틀거리기도 했다.

호텔에서 멀지 않은 곳에 마구간이 있었다. 가끔 토요일 아침에 그리로 가서 덩치 좋은 페르슈롱Percheron종 등에 올라타 두어 시간 승마를 했다. 등판이 어찌나 넓은지 코끼리 위에 걸터앉은 느낌이었다. 당시 나는 110킬로그램이 넘어가는 과체중이었다. 하지만 이 거대한 녀석한테는 내 무게쯤은 기별도 가지 않는 듯했다. 곰곰 생각해보면 완전무장 한 기사며 왕을 태웠던 종이니…. 헨리 8세가 완전무장 했을 때는 약 230킬로그램이 나갔다고 한다.

물론 최고의 즐거움은 잔잔한 호수에서 즐기는 수영이었다. 이따금 어부가 노 젓는 거룻배가 슬렁슬렁 지날 뿐 무방비 상태의 헤엄꾼을 위협하는 동력선이나 수상스키 같은 것은 없었다. 레이크제퍼슨호텔은 전성기를 지난 곳이어서 장식 정교한 수영 플랫폼과 뗏목, 대형 천막 따위가 다 방치된 채 조용히 썩어가고 있었다. 속박 없이 근심걱정 하나 없이 헤엄치다 보면 몸은 편안해지고 머리는 빠릿빠릿하게 돌아갔다. 생각이 떠오르고, 이미지가 떠오르고, 때로는 단락 하나가 통째로 머릿속에서 헤엄치기 시작하는 바람에 수시로 물 밖으로 튀어나와 호수 옆 야외 탁자에 놔둔 메모지에다가 쏟아 붓곤 했다. 얼마나 마음이 다급했는지 가끔은 제대로 말리지 못한 물기에 메모장이 흠뻑 젖기도 했다.

에릭 콘은 (어른들 말로는) 유모차 타던 시절에 만나 지금까지 거의 80년을 가장 절친한 관계로 지내온 그야말로 평생지기다. 우리는 여행을 자주 다녔다. 1979년에는 배를 타고 네덜란드로 가서 자전거를 빌려 전국을 한 바퀴 돌고 우리가 가장 좋아하는 도시 암스테르담으로 돌아오는 여행을 했다. 네덜란드가 오랜만이었던 나는(영국 사는 에릭은 자주 갔지만) 어떤 카페에 들어갔다가 아주 대놓고 대마초를 사겠느냐는 사람이 있어서 화들짝 놀랐다. 우리가 앉은 테이블로 한 젊은 남자가 다가오더니 숙련된 손놀림으로 가죽지갑을 펼치는데 대마초 10여 종이 들어 있는 게 아닌가. 1970년대 네덜란드에서는 적당량의 대마초 소지와 사용이 온전히 합법으로 허용되었다.

에릭과 나는 한 쌈지 사놓고는 잊어버리고 피우지 않았다. 심지어는 샀다는 사실까지 잊어버린 채 잉글랜드행 배를 타기 위해 헤이그까지 갔다. 세관에 줄을 섰고, 차례가 되어 통상적인 질문을 받았다.

네덜란드에서 구입한 물건이 있는가? 주류는?

"네, 예네버르Jenever(전통 네덜란드 진gin — 옮긴이)를 샀어요." 우리가 대답했다.

담배는? 안 샀다, 우리는 담배를 피우지 않는다.

대마초는? 아, 맞다, 깜박 잊고 있었다. "잉글랜드에 도착하기 전까지 버리면 됩니다." 세관원이 말했다. "거기에선 합법이 아니니까요." 우리는 배 위에서 맛이나 볼까 하는 요량으로 그냥 들고 탔다.

정말로 조금 피우다가 나머지는 다 배 밖으로 던져버렸다. '조금'보다 많았는지 어땠는지, 둘 다 몇 년간 안 피워서 그랬는지, 그 대마초는 우리가 생각했던 것보다 훨씬 독했다.

잠시 후 나는 어슬렁어슬렁 돌아다니다 선장의 조타실 가까이까지 가게 되었다. 땅거미 속에 빛나는 그 방은 동화 속에 나오는 무언가처럼 사람을 홀렸다. 선장이 두 손으로 키를 잡고 조종하고 있었고, 그 옆에 열 살쯤 돼 보이는 소년이 선장 제복과 황동과 유리로 된 계기판

그리고 뱃머리 앞에서 갈라지는 물길을 보며 홀린 듯 서 있었다. 문이 잠겨 있지 않아 조타실로 들어갔다. 선장이나 옆에 선 소년이나 내가 들어온 것을 신경 쓰지 않았다. 나는 소리 없이 선장의 다른 쪽 옆에 자리를 잡았다. 선장은 키를 움직여 방향 잡는 법이며 계기판의 각종 눈금에 대해 설명해주었고, 소년과 나는 산더미 같은 질문을 던졌다. 시간이 어떻게 가는지도 모르고 몰입해 있다가 선장이 해리치에 거의 다 왔다고 말해서 깜짝 놀랐다. 어느덧 잉글랜드 해안선에 들어선 것이다. 우리는 조타실을 나왔다. 꼬마 소년은 부모 찾으러 가고 나는 에릭을 찾으러 갔다.

에릭의 낯빛이 근심으로 초췌해져 있었다. 에릭은 나를 보는 순간 당장 눈물이라도 쏟을 듯한 얼굴로 안도했다. "어디 갔었어?" 에릭이 말했다. "얼마나 찾아다녔는지 알아? 네가 바다로 뛰어든 줄 알았다고. 살아 있어서 정말 다행이다!" 나는 선장이 있는 상갑판에 갔었고 어떻게 재미있는 시간을 보냈는지 늘어놓았다. 그러다 뒤늦게 에릭의 정색한 말과 표정에 깜짝 놀랐다. "너 진짜 걱정했구나. 네가 날 이렇게나 생각해주는지 몰랐어!"

"당연하지, 어떻게 그걸 의심할 수가 있어?"

내게는 누군가 그렇게 마음을 써준다는 사실을 받아들이는 게 쉬운 일이 아니었다. 생각해보면 부모님이 나를 얼마나 생각해주는지조차 믿지 못할 때가 있었던 것 같다. 지금에야, 50년 전 미국으로 떠나올 때 부모님이 쓴 편지를 읽으면서야, 그분들이 얼마나 마음 깊이 나를 염려하고 생각해주었는지를 깨닫는다.

그리고 다른 많은 이들이 나를 진심으로 염려하고 생각해주었다는 사실도. 내게 마음을 써주는 사람이 없다고 느낀 것은 어쩌면 내 내면의 어떤 결핍 또는 억압이 투영된 것이었을까? 언젠가 라디오를 듣는데 2차 세계대전 때 나처럼 어린 나이로 가족과 떨어져 대피해야 했던 사람들의 기억과 생각을 나누는 프로그램이었다. 진행자는 이들이 고통스러운 어린 시절의 상처를 대단히 잘 이겨냈다는 발언을 했다. 한 남자가 말했다. "맞습니다. 하지만 저는 여전히 세 가지 문제로 고통받고 있습니다. 사람들과 유대를 형성하는 문제, 어딘가에 소속되는 문제, 사람들의 말을 믿는 문제요." 이 이야기가 어느 정도는 나에게도 해당된다고 생각한다.

1978년 9월, 레니 이모에게 《나는 침대에서 내 다리를 주웠다》의 추가 원고를 부쳤다. 이모는 답장에서 이제는 이 책이 "흥겨운 댄스 교습서"가 되려는 게 아닌가 생각했다면서, 내가 드디어 다른 관심사로 넘어가게 된 것 같아 안심이 된다고 말했다. 편지 말미에 이모가 무거운 이야기를 덧붙였다.

> 입원 날짜를 기다리고 있단다. 상냥하고 유능한 외과의가 내 눈치 없는 식도틈새탈장을 수술로 처치할 때가 된 것 같다고 하더구나. 네 아빠와 데이비드는 탐탁해하지 않는 눈친데, 나는 내 외과의를 전적으로 신뢰해.

이것이 레니 이모가 내게 보낸 마지막 편지였다. 입원까지 잘 했는데 일이 잘못되었다. 단순하게 끝날 것으로 예상했던 수술이 열고 보니 상태가 심각해 내장 적출술에 가까운 수술이 된 것이다. 이모는 이 사실을 알고 정맥주사 영양분에 의존해 살면서까지 항암치료를 받아야 할 가치를 못 느끼겠다고 판단하고 물은 마시되 음식물 섭취를 거부했다. 아버지는 이모에게 정신과 상담을 받아야 한다고 했지만 정신과 의사는 이렇게 말했다. "환자분은 제가 만난 어떤 사람보다 정신이 온전한 분입니다. 환자분 결정을 존중해주셔야 합니다."

나는 이 소식을 듣자마자 잉글랜드로 날아가 갈수록 쇠약해지는 레니 이모 곁을 지키며 행복하나 무한히 슬픈 많은 날을 함께 보냈다. 몸은 쇠약해졌지만 이모는 단 하루도 당신 본연의 모습을 잃지 않았다. 미국으로 돌아갈 시간이 다가오자 아침 내내 햄스테드히스를 돌아다니면서 찾을 수 있는 온갖 종류의 나뭇잎을 한 장씩 모아 가져다드렸다. 이모는 너무나 마음에 들어하며 모든 나무의 이름을 맞혔다. 이모는 델라미어 숲에 살던 시절로 되돌아간 기분이라며 기뻐했다.

나는 1978년 말에 마지막 편지를 보냈다. 이 편지를 이모가 읽었는지는 알지 못한다.

사랑하는 레니 이모,

이번 달에는 이모가 건강을 회복하기를 우리 모두 내내 간절히 빌었어요. 아아, 그런데 유감스럽게, 아직은 아닌가 봐요.

이모가 기력이 쇠하고 고통스러워하신다는 이야기, 그리고 이제는 어서 죽고 싶어하신다는 이야기에 가슴이 찢어집니다. 늘 인생을 사랑했고, 그토록 많은 이들에게 살아갈 힘의 원천이 되어주신 이모이기에, 죽음을 직시하고 심지어는 차분하고 용감하게 죽음을 선택하실 수 있는 거겠죠. 그러나 거기에 모든 죽어가는 것에 대한 슬픔이 어찌 없었을까요. 우리는, 저는, 이모를 잃는다는 생각만으로 무너지는 것 같습니다. 이모는 저에게 이 세상 어떤 사람보다 소중한 분이셨어요.

이모가 이 비참을 이겨내시길, 충만한 삶의 기쁨을 되찾으시기를 빌고 또 빕니다. 하지만 그것이 허락될 수 없다면 이 자리에서 이모에게 감사드리고 싶어요. 고마워요, 이모. 다시 한 번, 마지막으로, 이모여서, 이모로 살아주셔서, 고맙습니다, 이모.

사랑을 담아,

올리버

나는 일상에서 사람 대하는 일에 수줍음이 많다. 평범한 '잡담'이 내게는 결코 쉽지가 않다. 사람 얼굴 알아보는 데도 문제가 있고(이것은 평생 문제였지만 지금은 한쪽 시각을 잃으면서 더 심해졌다), 정치건 사회건 성이건 시사 문제에는 거의 아는 바도 관심도 없다. 게다가 난청까지 왔다. 정중하게 표현해 그렇다는 거고 귀가 멀었다는 소리다. 종합하자면 나는 눈에 띄지 않게 구석자리로 물러나는 쪽이며 누구든 알은척하지 말고 지나가줬으면 하고 바라는 사람이라는 이야기다. 1960년대에 사람들을 만나려고 게이바에 다닐 때는 이 기질 탓에 아무것도 하지 못했다. 속만 태우면서 구석에 처박혀 있다가 한 시간쯤 지나 혼자 빠져나오면 서글프면서도 한편으로는 왠지 홀가분했다. 하지만 파티든 어디서든, 나와 같은 관심사(보통은 과학)를 가진 사람을 만나면 순식간에 활발한 대화에 빠져들곤 한다(방금 대화 나눈 사람을 조금 있다 마주치면 못 알아볼 수는 있지만 말이다).

나는 길거리에서 사람들하고 말해본 적이 거의 없다. 그런데 몇 해 전 개기월식이 있던 날 20배율 소형 망원경을 들고 밖으로 나갔다. 분주히 걸어가는 사람들은 바로 머리 위 천체에서 무슨 일이 벌어지고 있는지 모르는 것 같았다. 그래서 사람들을 멈춰 세우고 말했다. "보세요! 달이 어떻게 됐는지 봐요!" 그러고는 내 망원경을 사람들 손에 들려줬다. 사람들은 낯선 사람이 접근하니 처음에는 놀라서 물러섰다. 하지만 내가 순수하게 열광하는 것을 알고 호기심을 보이면서 망원경을 눈에 갖다 대고는 "와" 감탄하고 망원경을 돌려줬다. 그러고는 "저런 걸 보게 해주다니, 고맙습니다" 하거나 "아이고, 보여줘서 고마워요"라며 인사했다.

우리 건물 반대편 주차장을 지나는데 한 여성이 주차 안내원과 심하게 말다툼을 하고 있었다. 그들에게 다가가서 말했다. "싸움은 잠시 멈추고 달을 보세요!" 두 사람은 깜짝 놀라 멈추고는 사이좋게 망원경을 주고받으며 월식을 관찰했다. 그러고는 망원경을 돌려주며 고맙다고 인사하고는 곧바로 다시 격렬한 말다툼을 시작했다.

몇 년 뒤 비슷한 일이 일어났다. 《엉클 텅스텐》의 분광기에 관한 장을 쓸 때였다. 나는 작은 휴대용 분광기를 들고 길을 돌아다니며 갖가지 조명을 분광기로 들여다보면서 다양한 스펙트럼 선(나트륨 조명의 찬란한 황금빛 선, 네온 조명의 빨간 선, 할로겐수은 램프의 복합적인 선과 희토류원소 형광체 등)에 경탄하고 있었다. 동네의 한 술집을 지나다가 안에서 흘러나오는 색색가지 조명이 맘에 들어 유리창에 분광기를 대고 살펴보았다. 당연히 술집 안에 있던 손님들은 이 별난 행동에 기함했다. 웬 이상한 놈이 이상하게 생긴 물건으로 자기네를 지켜보고 있었(다고 생각했)으니…. 나는 (게이바였는데) 과감히 안으로 들어가 말했다. "섹스 이야기는 그만하고, 여러분! 여기 정말 흥미로운 걸 좀 보십시오." 다들 어안이 벙벙해졌지만 이번에도 내 어린아이 같은 천진한 열정이 승리했다. 모든 이가 손에서 손으로 분광기를 건네며 한마디씩 내뱉었다. "우와, 멋지다!" 한 바퀴 다 돌자 고맙다는 인사와 함께 분광기가 내게로 돌아왔다. 그러고는 일제히 섹스 이야기로 돌아갔다.

《나는 침대에서 내 다리를 주웠다》를 붙들고 몇 해를 더 씨름했다. 그러다 1983년 1월에 마침내 완성된 원고를 콜린에게 보냈다. 시작한 지 거의 9년이 걸려 끝난 것이다. 장章별로 각각 다른 색 종이에 정갈하게 타자로 친 원고는 다 합치니 30만 단어가 넘어갔다. 콜린은 원고 분량에 격분했고, 편집 작업에 사실상 1983년이 통째로 들어갔다. 그렇게 해서 나온 최종 원고는 원래 분량의 5분의 1이 채 되지 않는 단 5만 8000단어로 축소되었다.

그럼에도 원고 전체를 콜린에게 넘기고 나니 그렇게 안심이 될 수가 없었다. 1974년 사고의 전 과정을 책에다 몽땅 털어놔 액땜을 하지 않는 한 다시 그런 사고가 일어날 것이라는 미신 같은 생각을 내내 떨쳐버릴 수가 없었다. 이제 다 끝내서 보냈으니 그런 사태가 재현될 위험도 날려 보낸 셈이었다. 그렇지만 무의식은 우리가 생각하는 것보다 훨씬 힘이 세다. 열흘 뒤(브롱크스가 꽁꽁 얼어붙은 날) 어쩌다가 아주 볼썽사납게 넘어지는, 그토록 두려워하던 사고가 현실에서 재현되고 말았다.

그날 나는 시티아일랜드에 갔다가 한 주유소에 들어갔다. 종업원에게 신용카드를 건네고는 잠깐 나가서 다리나 좀 풀어줄까 하고 차 문을 열었다. 차 밖으로 나오는 순간 시커먼 얼음조각을 밟고 미끄러져버렸다. 종업원이 영수증을 들고 돌아왔다가 차 밑에 몸이 절반쯤 들어간 채 땅바닥에 누워 있는 나를 발견했다.

종업원이 말했다. "뭐하고 계세요?"

"일광욕하고 있죠."

"그게 아니라, 어떻게 되신 거냐고요."

"팔 하나와 다리 하나가 부러졌습니다."

그러자 종업원이 대꾸했다. "자꾸 농담하시지 말고요."

"농담 아닙니다." 내가 말했다. "이번에는 농담이 아니니, 가서 구급차 좀 불러주면 좋겠군요."

병원에 도착하자 외과 레지던트가 물었다. "박사님 손등에 이거

뭐라고 적어놓은 건가요?"(나는 거기다 C B S라고 써놓았다.)

"아, 그거요, 환각을 겪는 환자입니다. 샤를보네증후군Charles Bonnet syndrome 환자예요. 그분을 보러 가는 길이었어요."♦

그러자 레지던트가 말했다. "색스 박사님, 지금 환자는 박사님입니다."

◆

콜린은 내가 입원했다는 소식을 듣고 말했다(《나는 침대에서 내 다리를 주웠다》 교정본이 도착했을 때까지도 나는 아직 병원에 있었다). "올리버! 각주 쓰려고 별짓을 다 하는군요."

1977년에 시작해 1982년에 탈고한 《나는 침대에서 내 다리를 주웠다》의 원고 일부는 제퍼슨 호수에서 수영을 하며 썼다. 미국의 내 편집자이자 출판인인 짐 실버먼은 제퍼슨 호수 원고를 받고는 혼비백산했다. 육필 원고는 30년 동안 받아보질 못했다면서, 이 원고는 욕조에 한 번 담갔다 뺀 것 같다고 했다. 그러면서 타이핑만 해서는 될 일이 아니고 해독이 필요한 수준이라며 샌프란시스코에서 프리랜서로 일하는 전 편집자 케이트 에드거에게 보냈다. 글자는 알아먹을 수 없고 물에 번진 얼룩투성이에다 불완전한 문장들, 화살표 표시와 확실치 않은 삭제 표시로 너덜너덜하던 원고가 아름답게 타이핑되고 신중한 편집자 주까지 달려서 돌아왔다. 나는 에드거 양에게 굉장히 까다로운 원고였을 텐데 훌륭하게 작업해주어서 고맙고 동부로 돌아온다면 꼭 연락해주기 바란다고 편지를 보냈다.

♦ 이 환자의 이야기는 원래 《아내를 모자로 착각한 남자》에 포함시킬 생각이었다. 그런데 어쩌다 보니 25년이 지나 《환각》에서 샤를보네증후군(부분적으로 또는 완전히 시각을 상실한 사람이 시각 경로 손상으로 인해 생생하고 복잡한 환상을 보게 되는 현상 — 옮긴이)을 다루게 되었다.

케이트는 이듬해인 1983년 동부로 돌아왔고, 그 뒤로 줄곧 내 편집자이자 협력자로 함께 일하고 있다. 메리케이와 콜린은 내 원고에 미쳐버리고 싶은 심정이었을지 모른다. 그런데 지난 30년 동안에는 운 좋게도 케이트가 그 두 사람이 했던 것처럼 끝없이 날아드는 원고를 다듬고 걸러주는 일과 앞뒤를 긴밀히 연결하여 통일성 있는 하나의 글로 만드는 일을 맡아주었다(케이트는 나아가 《나는 침대에서 내 다리를 주웠다》 이후로 나온 나의 모든 책을 위한 조사를 맡아주었으며, 환자들을 만나고 내 이야기를 들어주고 수화 배우기에서 화학실험실 방문까지 나의 수많은 모험에 함께해준 동료였다).

정체성의 문제

《나는 침대에서 내 다리를 주웠다》를 쓰는 데 거의 10년이 걸렸지만, 나는 동시에 다른 주제들도 추진하고 있었다. 그 가운데 가장 큰 것이 투렛증후군이었다.

1971년 〈뉴욕 타임스〉의 이즈리얼 셴커로부터 다시 연락이 왔다. 그는 1969년 여름에 베스에이브러햄병원을 취재하여 엘도파의 초기 효과에 관한 상세한 기사를 쓴 기자였다. 이번에는 그 환자들이 현재 어떻게 지내는지를 물었다.

많은 환자들이 엘도파로 '깨어남' 효과를 누리고 있지만 개중에는 엘도파에 복합적인 반응을 겪는 분들이 있다고 답해주었다. 그들의 주된 증상은 틱tic이었다. 그들 다수에게서 갑작스럽고 발작적인 동작이나 소리가 나타나기 시작했으며 가끔은 욕설이 쏟아져 나오기도 했다. 나는 이 현상이 원래 질환으로 손상돼 있던 대뇌피질의 메커니즘이 엘도파의 지속적인 자극으로 휘저어지면서 폭발적으로 활성화된 결과일 것으로 추정했다. 나는 셴커에게 뇌염후 환자 일부에게서 이 모든 다중 틱 경련과 욕설 반응, 그와 더불어 질 드 라 투렛(1857~1904, 투렛증후군을 최초로 보고한 프랑스의 의사 — 옮긴이) 증후군이라 불리는 희귀 질환처럼 보이는 증상이 나타났음을 지적했다. 투렛증후군에 대해서는 읽어만 보았지 실제로 환자를 본 적은 없다는 사실도 짚어두었다.

센커는 다시 병원을 방문하여 환자들을 관찰하고 인터뷰를 진행했다. 기사가 나오기 전날 밤 앨러턴 애버뉴의 가판대로 달려가 이 조간신문의 초판을 샀다.

센커는 조심스러운 어조로 그 환자들의 상황을 기술하면서 "놀라운 틱의 지형도"라는 표현을 사용했다. 그는 눈을 질끈 감는 틱을 주먹 쥐는 틱으로 전환할 수 있는 여성 환자와 타이핑이나 뜨개질에 집중함으로써 틱을 쫓아버릴 수 있는 환자 사례를 소개했다.

이 기사가 나간 뒤 온갖 틱을 겪는 사람들이 소견을 구하는 편지가 쇄도하기 시작했다. 그렇다고 그 환자들을 내가 본다는 것은 적절치 못한 행동으로 느껴졌다. 어떤 면에서는 신문 기사를 통해 이익을 추구하는 행위가 될 것 같았다(어쩌면 그해 초《편두통》의 〈타임스〉 서평에 대한 아버지의 반응과 맥을 같이하는 생각이었을지 모르겠다). 그런데 한 젊은 환자가 대단히 적극적으로 끈질기게 나오는 바람에 그 환자는 직접 만났다. 레이는 자신이 겪는 온갖 발작적 틱이 "익살꾼 틱"인지 "틱 익살꾼"인지 모르겠다면서 스스로를 "익살꾼 틱 레이"라고 불렀다. 그의 속사포 같은 틱만이 아니라 엄청난 속도로 돌아가는 생각과 재치 있는 반응은 물론 스스로 발견한 투렛 대처법까지, 그에게 일어나는 모든 일이 무척이나 흥미로웠다. 그는 좋은 직업에다 결혼해서 행복하게 사는 사람이었지만 다섯 살 이후로 밖에만 나가면 사람들의 당혹스러운 시선, 못마땅한 눈초리를 한 몸에 받으며 살아왔다.

레이는 때때로 '진짜' 자아와 투렛 자아(그는 '미스터 티'라고 불렀다)가 따로 있다고 생각했다. 평소 말없이 조용한 뇌염후 환자 프랜시스 D.가 문명인인 '진짜' 자아와 전혀 다른 "야생적 도파dopa 분신"이 있다고 느꼈던 것하고 아주 비슷한 이야기였다.

투렛 자아일 때의 레이는 의식적인 노력으로 억제가 되지 않는 충동적인 사람, 사람들과 대화에서는 엄청난 속도의 기지 넘치는 대답으로 응하는 사람, 두뇌 회전이며 행동이며 모든 면에서 다 빠른 사람이었다. 탁구를 치면 거의 지는 법이 없었다. 기술이 좋아서라기보다 예측을 불허하는 서브와 번개 같이 받아치는 속도 덕분이었다(뇌염후증후군 환자들이 아직 파킨슨증과 긴장증이 나타나지 않는 발병 초기에는 운동 과잉과 충동성을 보이는 경향이 있는데, 이 상태에서는 일반인과 축구를 하면 쉽게 이길 수 있었다). 또한 투렛증후군으로 인한 가속성과 충동성이 그의 빼어난 음악성과 결합하여 레이는 청중의 혼을 빼놓는 드럼 즉흥연주의 달인이 되었다.

1968년 여름과 가을에 내 뇌염후 환자들에게서 본 것을 결코 다시는 볼 수 없으리라 생각했다. 그런데 레이를 만난 뒤로 투렛증후군이 또 하나의, 어쩌면 뇌염후증후군과 마찬가지로 희귀하면서도 풍부한 (어떤 면에서는 비슷한) 연구 주제가 될 수 있음을 깨달았다.

레이를 진찰한 다음 날 나는 뉴욕 시내에서 같은 증후군 환자 세 명을 발견했고, 그다음 날에 두 명 더 발견했다. 머리가 혼란스러웠다. 투렛증후군은 100만 명에 한두 명 꼴로 나타나는 지극히 드문 질환으로 알려져 있었기 때문이다. 하지만 그 발병률이 1,000배는 더 흔할 것이라는 사실을 깨달으면서 내가 전에는 이 증상을 보고도 그냥 지나쳤던 것이 분명하다는 생각이 들었다. 레이와 함께한 경험은 투렛증후군을 알아볼 수 있게 된 일종의 신경학적 개안의 시간이었다.

레이 같은 사람이 많을 텐데 그들을 다 모아서 자신들이 생리학적으로 심리학적으로 형제자매 같은 관계임을 인식하고 하나의 혈맹연합을 조직할 수 있지 않을까 하는 공상 같은 생각이 떠올랐다. 1974년 봄, 나의 이 공상이 현실화되었다는 것을 알았다. 2년 전 뉴욕에서 어린이 투렛증후군 환자들의 부모들이 투렛증후군협회Tourette Syndrome Association(이하 TSA)를 결성했고 이제 성인 투렛증후군 환자 약 20명도 회원으로 가입해 있었다. 1973년에 투렛증후군을 겪는 어린 여자아이를 진찰한 적 있었는데, 정신의이면서 TSA의 창립회원인 이 아이의 아버지가 나를 모임에 초대했다.

투렛증후군을 겪는 사람들은 보통 최면과 암시가 유달리 잘 통하며 무의식인 반복과 모방 경향을 보인다. 이런 경향을 발견한 것은 내가 TSA 모임에 처음 참석했을 때였다. 회의가 진행되는 도중 회의장 바깥쪽 창턱에 비둘기 한 마리가 날아와 앉았다. 비둘기는 퍼덕거리면서 날개를 폈다 접었다 하다가 앉았다. 그때 내 앞줄에 앉아 있던 투렛 환자 예닐곱 명이, 비둘기를 흉내 내는 것인지 서로를 흉내 내는 것인지 팔과 어깻죽지로 퍼덕이는 동작을 하고 있었다.

1976년이 끝나갈 무렵 TSA 모임에서 존 P. 라는 젊은이가 말을 걸어왔다. "저는 세계 최고의 투렛 환자입니다. 저만큼 복잡한 투렛 환자는 만나보지 못하셨을 겁니다. 투렛에 대해 저만 아는 몇 가지가 있는데 그걸 박사님에게 가르쳐드릴 수 있습니다. 저를 연구 표본으로 써보실 의향이 있으신지요?" 나는 허세와 자기비하가 묘하게 섞여 있는 이 제안에 조금 당황했지만, 내 사무실에서 얘기를 나눠보고 심층 연구가 의미가 있을지 판단해보자고 했다. 그는 자신은 도움이나 치료가 필요한 사람이 아니라 하나의 연구 프로젝트임을 분명히 했다.

그의 틱 경련과 발화의 속도와 복잡도를 보면서 나는 비디오 녹화장비가 있는 것이 유용하겠다 싶어 당시 시중에 나와 있는 제품 중 가장 작은 비디오카메라를 임대했다(소니 사의 포타팩Portapak으로 무게가 9킬로그램 정도 나가는 모델이었다).

우리는 두 차례 사전조사 시간을 가졌는데 과연 존은 큰소리칠 만한 사람이었다. 존의 영상에서 나타나는 것처럼 복잡하고 심한 증상은 본 적 없었고, 그 비슷한 정도를 다룬 문헌조차 접해본 적이 없었다. 존이 그런 증상을 견디며 살아야 했다는 이야기다. 나는 속으로 '슈퍼투렛super-Tourette'이라는 제목을 붙여보았다. 비디오 녹화는 참으로 현명한 선택이었다. 틱 경련과 기이한 행동이 1초 만에 다음으로 넘어가거나 두세 종 또는 그 이상의 증상이나 행동이 동시다발로 나타나는 경우가 있었기 때문이다. 육안으로는 포착하기 어려운 속도로 많은 장면이 지나갔지만 비디오카메라로 녹화한 덕분에 모든 장면을 슬로모션으로 한 컷 한 컷 재생해서 볼 수 있었다. 또한 함께 영상을 볼 때면 존이 각 틱 경련마다 그때 무슨 생각을 했는지 기분이 어땠는지를 말해주었다. 이렇게 해서 꿈 분석과 유사한 틱 분석이 가능할 수 있겠다는 생각이 들었다. 틱은 어쩌면 무의식을 이해하기 위한 '왕도'가 될 수 있을 터였다.

이 생각은 나중에 접었다. 대다수의 틱 경련과 틱장애 행동(돌진하기, 깡충거리며 뛰기, 짖기 등)은 뇌줄기나 선조체 신경계 병변에 의한 반응이거나 자발적으로 일어나는 발작으로 보였고, 이런 의미에서 이들 틱이나 행동은 생물학적 현상이지 심리학적 현상이 아닌 것으로 보였기 때문이다. 그러나 분명 예외인 경우도 있었는데, 욕설이나 공격적인 언어를 강박적이고 발작적으로 사용하는 외설어증(과 운동 영역의 외설어증격인 외설행동증 또는 음란한 몸짓) 영역의 증상이 대표적이었다. 존은 눈길 끄는 것을 좋아해 사람들을 언어나 동작으로 도발하거나 격분하게 만들곤 했다. 사회적인 허용 범위, 적정선을 시험하려는 강박은 투렛증후군을 겪는 사람들에게 드물지 않게 나타나는 행동이다.

특히 인상적인 것은 존이 틱 발작을 일으켰을 때 종종 내는 한 가지 이상한 소리였다. 이 부분을 녹화해서 느리게 재생해서 소리를 늘려보았다. 그랬더니 그 소리는 아닌 게 아니라 독일어 단어 "페어보텐 verboten(금지)!"이 틱장애로 빨라져서 알아들을 수 없는 한 음으로 뭉개진 것이었다. 존에게 이 이야기를 하자 자기가 어렸을 때 틱 발작을 일으키면 독일어 쓰는 아버지가 혼낼 때 하던 말이었다고 했다. 이 테이프 복사본을 루리아에게 보냈더니 매우 흥미롭다면서 "아버지의 목소리가 틱으로 동화된 현상"으로 보인다는 의견을 보내주었다.

나는 많은 틱과 틱장애 행동이 불수의 행동과 고의적 행동, 경련과 동작 사이 어딘가에 위치하며, 기원은 대뇌피질하 구조이지만 때로는 의식적으로든 잠재의식적으로든 의미와 의도가 부여된 결과물이라고 생각하게 되었다.

어느 여름날, 존이 내 사무실에 있을 때 나비 한 마리가 열린 창문으로 날아 들어왔다. 나비가 높이 올라가 지그재그로 오락가락 날아다니는데, 존의 머리와 눈동자가 그 움직임을 따라 갑자기 이리저리 불규칙한 경련을 일으켰고 그 와중에 입에서는 애정 어린 말과 저주의 말이 동시에 쏟아져 나왔다. 처음에는 "너한테 키스할 거야, 널 죽일 거야"를 반복하더니 조금 있다가는 "키스한다, 죽인다"로 짧아졌다. 2~3분 이 행동이 지속되길래(나비가 날아다니는 동안에는 멈출 수가 없는 듯했다) 내가 농담조로 말했다. "정신을 확실하게 집중하면 저 나비를 무시할 수 있어요. 재가 콧등에 앉는다 해도 가능해요."

존은 내 말이 떨어지기가 무섭게 자기 콧등을 쥐고는 비틀었다. 콧등에 앉은 어떤 거대한 나비를 떼어내는 듯한 행동이었다. 투렛증후군으로 인한 과도하게 선명한 상상력이 환각으로 발전해 허깨비 나비를 진짜로 있는 실물 나비로 지각하게 된 것이 아닐까 생각했다. 내게는 그 상황이 어떤 짤막한 악몽이 완전한 무의식 상태로 재현되는 장면으로 느껴졌다.

1977년의 첫 석 달을 존과 함께 맹렬한 분석 작업에 임했다. 그러면서 뇌염후 환자들이 깨어났던 1969년 여름 이후로 다른 어느 곳에서 경험하지 못한 강렬한 경이와 발견, 지적인 설렘을 얻었다. 레이를 만나고 나서 들었던 아주 강한 기분, 투렛증후군에 대한 책을 써야겠다는 생각도 되살아났다. 존을 중심인물로 하는 책을 써보면 어떨까(어쩌면 슈퍼투렛 환자의 실제 '하루'를 구성하거나 기술한 책은 어떨까) 궁리해보았다.

그렇게 희망찬 첫걸음을 뗀 후, 나는 본격 연구가 이루어지면 엄청나게 유익한 정보를 제공할 수 있겠다는 생각이 들었다. 하지만 존에게 그런 연구는 기본적으로 탐구와 조사 작업을 밑바탕으로 하면서 치료 효과는 약속할 수 없는 성격이 될 것이라고 미리 주의를 주었다. 그렇다면 이 연구는 루리아의 《모든 것을 기억하는 남자》나 프로이트의 《꿈의 해석Die Traumdeutung》과 유사한 작업이 될 수 있을 터였다(나는 우리의 '투렛 분석' 기간 내내 이 두 책을 옆에 두고 작업에 임했다).

매주 토요일 내 사무실에서 존을 만났다. 그때마다 비디오카메라 두 대를 설치해 한 대는 존의 얼굴과 손에 초점을 맞추고 또 한 대는 더 넓은 각도로 나와 존을 한 화면에 잡아 전 시간을 녹화했다.

존은 매번 내 사무실로 차를 운전해서 왔는데, 오는 길에 이탈리아 식료품점에 들러 자기가 먹을 샌드위치와 콜라를 사오곤 했다. 이 식료품점은 항상 손님이 북적거리는 인기 높은 가게였다. 존은 거기에서 기다리면서 본 사람들의 특징을, 말로 묘사하는 것이 아니라 몸짓으로 생동감 있게 흉내 냈다. 나는 당시 읽고 있던 발자크의 책에 대해 이야기하면서 이 문장을 존에게 들려주었다. "내 머릿속에는 사회 전체가 들어 있다."

그러자 존이 말했다. "저도 그래요. 형식이 글이 아니라 흉내이긴 하지만." 존의 즉흥적이고 불수의적인 흉내와 모방 행동에는 풍자만화 같은 조롱의 기미가 없지 않았다. 그렇기에 흉내를 당한 사람들은 움찔하거나 째려보았고 그러면 존은 그 반응을 또다시 과장된 몸짓으로 흉내 냈다. 존이 사무실에 앉아 그런 장면을 몸으로 재현해가면서 묘사하는 것을 보자 존하고 같이 바깥으로 나가 그 상황을 직접 보면 좋겠다는 생각이 들었다.♦ 하지만 한편으로는 굉장히 망설여졌다. 존이 누군가 자기를 관찰하고 있다는(내가 포타팩을 들고 나간다면 문자 그대로 '카메라에 찍힌다'는) 생각에 남의 시선을 의식하게 되는 것을 원치 않았고, 우리의 토요일 약속을 제외한 그의 삶 영역에 지나치게 끼어들고 싶지도 않았다. 하지만 그런 슈퍼투렛 환자의 일상 중 하루 또는 일주일을 담을 수 있다면 대단히 가치 있는 기록이 되리라는 생각 또한 강했다(진료실 안에서 이루어지는 임상적이고 현상적인 관찰을 보완하는 인류학적 또는 비교행동학적 관점이 되리라고).

(뉴기니의 한 부족을 촬영하고 막 돌아온) 어느 인류학 다큐멘터리 제작팀에 연락했더니 일종의 의학적 인류학이라는 개념에 흥미를 보였다. 그런데 일주일 촬영에 5만 달러를 요구했다. 내게는 그만 한 돈이 없었다. 내가 1년에 버는 돈보다 큰 액수였다.

♦ 나는 외부로 나간 첫날에 대해 《아내를 모자로 착각한 남자》의 〈투렛증후군에 사로잡힌 여자The Possessed〉에서 기술했는데, 거기서는 존 P.를 길에서 만난 어떤 노부인으로 위장했다.

〈어웨이크닝〉 다큐멘터리를 제작한 던컨 댈러스에게 이 이야기를 언급하자(요크셔텔레비전에서 가끔 현지조사 다큐멘터리 작업에 보조금을 주는 일이 있다고 들었다) 이렇게 대답했다. "제가 가서 그분을 만나보면 어떨까요?" 2주 뒤에 도착한 던컨은 존이 지금껏 만나본 어떤 사람과도 다르다는 점, 존이 말을 잘하는 사람이고 자신을 표현하는 능력이 아주 뛰어난 사람이라는 점에 수긍했다. 던컨은 존을 본격적으로 다룬 다큐멘터리를 만들고 싶어했고, 존은 〈어웨이크닝〉을 본 터라 이 제안에 흥분했다. 하지만 존의 기대와 열정이 과도하게 느껴지면서 불안감도 들고 열정도 좀 식었다. 존하고 둘이 조용하게 탐구 작업을 지속하고 싶었지만 이제 존은 텔레비전 다큐멘터리의 주인공이 된다는 꿈에 한껏 부풀어 올라 있었다.

언젠가 존이 사람들 시선을 한 몸에 받으며 "공연"하고 "장면"을 연출하는 걸 좋아하지만 그런 장면을 한 번 창조했던 장소로 돌아가는 일은 피하게 되더라는 말을 한 적이 있었다. 그런 존인데 자신의 (자기과시적이지만 틱장애에서 비롯된) "장면"이나 "공연"이 영화 속에 담겨 있는 걸 본다면 어떻게 반응할까? 일단 만들어지면 지울 수 없는 영구적인 형태인데? 이런 사항들을 던컨과 상견례 자리에서 셋이 꼼꼼하게 논의했고, 던컨은 존에게 어떤 단계에서든 잉글랜드로 와서 편집에 참여할 수 있음을 누누이 설명하고 확인했다.

촬영은 1977년 여름에 마쳤고, 존의 상태는 최상이었다. 갖은 틱 경련과 익살맞은 광대극을 있는 대로 다 선보이면서 마치 발작이 아닌 듯 재미있어했다. 또 관객이 있는 곳에서는 즉흥 흉내 내기를 뽐냈을 뿐 아니라 자신과 같은 처지에 있는 사람들이 어떤 삶을 살아가는지를 신중하고 차분하게 그리고 아주 감동적으로 이야기했다. 우리는 극적인 이야깃거리지만 균형 잡힌 시각으로 담아낸 대단히 인간적인 다큐멘터리가 나올 것이라고 모두 확신했다.

촬영이 끝난 뒤 존과 나는 예전의 조용한 분석 작업으로 돌아갔다. 하지만 존에게서 긴장한 조짐(예전에는 보지 못한 뭔가를 억누르는 듯한 느낌)을 받았다. 존은 런던으로 와서 편집에 참여해달라는 초청을 받았으나 거절했다.

다큐멘터리 영화는 1978년 영국 텔레비전에서 방송되어 호평일색의 높은 반응을 이끌어냈고, 존에게 연민과 찬사를 보내는 시청자들의 편지가 밀려들었다. 존은 처음에는 자랑스러워하며 친구들과 이웃들에게 다큐멘터리를 보여주더니 조금 지나서는 심하게 언짢은 기색이 되었다가 결국에는 화를 내면서 나를 공격했다. 내가 자기를 방송국 손에 "팔아넘겼다"면서(누구보다 영화를 원했던 것이 자신이고 누차 신중할 것을 권고한 사람이 나였다는 사실은 다 잊어버렸다). 그는 다큐멘터리 방영을 중단하고 다시는 내보내지 않기를 바라며 내가 그동안 찍어온 자기 녹화 테이프(그때까지 100개가 넘는 분량) 역시 폐기해달라고 했다. 다큐멘터리 영화가 다시 한 번 방영된다면, 내가 찍은 테이프가 다시 한 번 눈에 띈다면, 나를 찾아와 죽이겠다고 했다. 그의 이야기를 들으면서 큰 충격을 받았고 또 어리둥절했지만(물론 무섭기도 했다) 존이 바라는 대로 응해주었고 다큐멘터리는 다시 방영되지 않았다.

그런데, 맙소사. 이것으로는 성이 풀리지 않았던 모양이다. 내게 협박성 전화를 걸어오기 시작했다. 처음에는 두 단어로 된 문장으로 시작했다. "투렛을 기억하십쇼." 질 드 라 투렛이 자신이 진료한 환자가 쏜 총에 머리를 맞았다는 사실을 내가 아주 잘 알고 있다는 걸 알고 하는 소리였다.♦

상황이 이렇다 보니 존의 기록 영상을 의학계 동료들에게조차 보여줄 수 없어 분통이 터졌다. 투렛증후군의 많은 측면을 보여줄 뿐 아니라 신경과학과 사람의 본성 일반에 관해 거의 탐구된 적 없는 다양한 문제를 조명하는 계기가 될 수 있는 너무나 귀중한 자료라고 믿었기 때문이다. 이 비디오 기록의 5초만 갖고도 책 한 권은 거뜬히 쓸 수 있었지만 하지 않았다.

《뉴욕 리뷰 오브 북스The New York Review of Books》에 기고한 존에 대한 글 또한 철회했다. 이미 교정쇄가 나왔지만 그대로 발간되었다가 존을 자극할까봐 두려웠다.

1977년 가을 한 심리학회에서 〈어웨이크닝〉 다큐멘터리를 상영할 때 저간의 상황이 이해가 됐다. 상영 도중 어떤 사람이 자꾸 나와서 훼방을 놓았는데 알고 보니 존의 누이였다. 나중에 이야기를 나누었는데 존의 누이는 그런 환자들을 노출하는 이 다큐멘터리가 "충격적"이라고 말했다. 자기 동생이 텔레비전에 나올까봐 초긴장하고 있다면서 존 같은 사람들은 남들 눈에 띄지 않게 지내야 한다고 말했다. 나는 그 다큐멘터리에 대한 존의 이중적인 태도의 연원을, 너무 늦은 감은 있었지만 이해할 수 있었다. 존에게는 사람들의 관심을 받고 싶고 자신을 과시하려는 충동과 더불어 사람들 눈에 띄지 않으려는 강박이 공존했던 것이다.

1980년, 도무지 진척될 기미가 보이지 않는《나는 침대에서 내 다리를 주웠다》 집필은 잠시 내려놓고 레이에 관한 글을 한 편 썼다. 이 매력적이고 재기 넘치는 틱 증상에 사로잡힌 사내는 이후로 거의 10년

♦ 질 드 라 투렛의 환자는 사실 투렛증후군이 아니라 그에게 성애적 집착이 생긴 사람이었다. 그런 집착은 존 레넌의 경우에서 볼 수 있듯이 살인으로 나아가기까지 한다. 투렛은 그때 입은 총상으로 편마비가 되었고 실어증을 얻었다.

을 진료하면서 만나게 된다. 내가 자신에 대한 글을 쓴다는 것을 레이가 어떻게 생각할지 걱정되었다. 그래서 그 원고가 발표되면 기분이 어떨지 물으면서 원고를 읽어주겠다고 했다.

레이는 말했다. "아니요, 괜찮습니다. 그러실 필요 없어요." 내가 계속 고집을 부렸더니 집으로 같이 가 저녁을 먹고 나서 자신과 아내에게 읽어달라고 했다. 내가 원고를 읽는 동안 레이는 계속해서 틱 경련을 일으키고 몸을 움찔거리다가 어느 순간 버럭 소리를 질렀다. "좀 멋대로 고치셨군요!"

나는 읽기를 멈추고 빨간 색연필을 꺼내들었다. "어딜 삭제할까요? 레이의 뜻대로 할 겁니다."

하지만 레이는 말했다. "아닙니다, 계속 읽어주세요."

원고 읽기가 끝나자 레이가 말했다. "사실에서 어긋나는 게 없군요. 하지만 여기에서는 발표하지 마세요. 런던에서 하세요."

나는 원고를 조너선 밀러에게 보냈다. 조너선은 원고가 마음에 든다면서 메리케이 윌머스에게 전달했다. 메리케이는 최근에 (조너선의 처남인 칼 밀러와 공동으로) 《런던 리뷰 오브 북스London Review of Books》를 창간한 터였다.

〈익살꾼 틱 레이Witty Ticcy Ray〉는 내가 지금까지 쓴 어떤 것과도 다른 글이었다. 복합적인 신경질환을 안고도 삶다운 삶, 충만한 삶을 사는 한 사람의 생애를 전면적으로 다룬 이 첫 병례사가 호응을 얻으면서 나는 앞으로 계속 이런 유형의 병례사를 쓰리라는 용기를 얻을 수 있었다.

◆

1983년, 친구이자 모스크바에서 루리아에게 사사한 동료 엘코넌 골드버그가 알베르트아인슈타인의과대학교에서 열리는 세미나를 같이 주최해줄 수 있겠는지 물어왔다. 루리아가 개척한 신경심리학 분야에 관한 세미나였다.

실인증(의미가 제거된 지각 또는 착각 증상)이 중심 주제였는데, 도중에 골드버그가 나를 향해 시각실인증의 예를 좀 들어줄 수 있겠는지 물었다. 바로 내 환자 한 사람이 떠올랐다. 음악 교사로 제자들을(아니 누구든) 시각적으로 알아보지 못하게 된 사람이었다. 그 P선생이 소화전이나 주차요금징수기 '머리'를 아이들로 착각하고 쓰다듬은 이야기, 가구 손잡이에게 상냥한 인사말을 건넸다가 대꾸가 없어 소스라치게 놀란 이야기를 들려주었다. 그러다가 심지어 아내의 머리를 모자로 착각한 이야기까지 나왔다. 학생들은 그 질환의 엄중함에 대해서는 십분 이해하고 공감하고 있었지만 이 우스꽝스러운 상황에 이르자 참지 못하고 웃음을 터뜨리고 말았다.

P선생 진료 기록을 글로 다듬어볼 생각은 해보지 않았다. 그런데 학생들에게 그의 사례를 들려주다가 우리가 만났던 일이 다시 생각났고 그날 밤에 그의 병례사를 적어 내려갔다. 나는 그 글에 〈아내를 모자로 착각한 남자〉라는 제목을 붙이고 《런던 리뷰 오브 북스》로 보냈다.

당시에는 이 글이 어떤 병례사 모음집의 대표 사례가 되리라고는 생각하지 못했다.

◆

1983년 여름, 나는 한 달 동안 예술가와 작가를 위한 활동 공동체인 블루마운틴센터에 들어갔다. 호수 위에 세운 건축물이어서 수영하기에 좋았다. 산악자전거도 가지고 갔다. 여태껏 작가와 예술가만 모인 곳에 가본 적이 없었는데, 낮에는 글 쓰고 생각하는 고독한 창작의 시간을 보내고 하루 일과가 끝나면 다른 입주자들과 화기애애하게 저녁 먹으며 시간을 보내는 이곳 생활이 즐거웠다.

하지만 블루마운틴센터의 첫 두 주는 꼼짝도 하지 못하는 고통스러운 시간이었다. 자전거를 너무 심하게 탔다가 허리를 못 쓰게 된 것이다. 16일째 되던 날 루이스 부뉴엘(1900~1983, 초현실주의 작품 〈안달루시아의 개〉로 유명한 에스파냐의 영화감독 — 옮긴이)의 회고록을 꺼내 뒤적이던 중, 치매를 앓는 연로한 어머니처럼 자신 또한 기억과 정체성을 잃을지 모른다는 두려움을 털어놓은 문장을 찾았다. 이 문장을 읽으면서 1970년대 초에 진료를 시작한 기억상실증 환자인 뱃사람 지미 이야기가 기억났다. 나는 바로 시작해서 열두 시간에 걸쳐 지미에 대한 글을 썼다. 해질녘에 그의 병례사 〈길 잃은 뱃사람The Lost Mariner〉이 완성되었다. 17일째부터 마지막 날까지는 아무것도 쓰지 못했다. 블루마운틴센터에서 보낸 시간이 '생산적'이었느냐고 사람들이 물었을 때는 어떻게 대답해야 할지 알 수 없었다. 최상의 생산적인 하루와 꽉 막힌 또는 결실 없는 나머지 29일, 그것이 진실이다.

그 글을《뉴욕 리뷰 오브 북스》의 밥(로버트) 실버스에게 보냈다. 밥은 그 원고를 마음에 들어하면서 한 가지 흥미로운 요청을 해왔다. "그 환자의 진료 기록을 좀 볼 수 있을까요?" 내가 지미를 만날 때마다 썼던 진료 기록을 훑어보고 그는 이렇게 말했다. "이 진료 기록들이 보내주신 글보다 더 생생하고 직관적입니다. 이 기록 일부를 선생님 글에 섞어 넣어 구성해보는 것은 어떨까요? 환자를 진찰하는 시점의 즉각적인 견해와 몇 해가 지나 돌아보면서 느끼는 다소 사색적인 생각을 함께 볼 수 있다면 더 좋을 것 같습니다." 나는 밥의 조언에 따라 글을 보완했고, 1984년 2월《뉴욕 리뷰 오브 북스》에 발표되었다.♦ 이 글은 내게 엄청난 힘이 되어 그 뒤로 18개월 동안 밥에게 다섯 편의 글을 더 보냈고 그것이《아내를 모자로 착각한 남자》의 중심이 되었다. 밥의 지원과 우정 그리고 한없이 신중하고 건설적인 편집 태도는 전설의 경지였다. 한번은 오스트레일리아에 가 있는데 밥에게서 국제전화가 왔다. 어떤 문장에 쓴 쉼표를 쌍반점(;)으로 바꾸면 어떻겠는지 물어보려고 말이다. 밥은 또 나를 슬쩍슬쩍 찔러서 많은 에세이를 쓰게 만들었다. 그가 아니었더라면 그 글들은 나오지 못했을 것이다.

나는 계속해서 여기저기에 토막글을 발표했다(일부는《뉴욕 리뷰 오브 북스》에 실렸고《사이언시스The Sciences》와《그랜타》 같은 과학지이며 문예지에도 썼다). 처음에는 그 글들을 한데 묶을 수 있다는 생각은 하지 않았다. 콜린과 미국 쪽 출판 담당자 짐 실버먼은 그 글들의 분위기에 어떤 통일성이 있다고 했지만 나는 그것으로 책 한 권을 만든다는 생각에 확신이 들지 않았다.

1984년의 마지막 나흘 동안《아내를 모자로 착각한 남자》의 마지막에 실릴 네 편의 글을 썼다. 나는 이 글들을 한 편의 사중주곡으로 구상했고, 어쩌면 "단순함의 세계The World of the Simple"라는 제목의 작은 책으로 묶을 수 있겠다고 생각했다.

그다음 달 나는 샌프란시스코 연방재향군인병원에서 신경의로 일하던 조너선 멀러를 방문했다. 병원이 있는 프레시디오 근처를 산책하는데 조너선이 후각에 흥미가 있다는 이야기를 했다. 나는 두 사람 이야기를 들려주었다. 한 사람은 머리를 다쳐 후각이 영구 손상된 뒤로 상황에 맞는 냄새를 상상(어쩌면 환각)하기 시작했다. 가령 커피가 끓

♦ 〈길 잃은 뱃사람〉이 발표된 뒤 미국에서 가장 독보적이고 창의적인 신경학자의 한 사람인 노먼 게슈윈드(1926~1984, 행동신경학behavioral neurology의 선구자 — 옮긴이)로부터 편지가 왔다. 그의 편지를 받고 무척 기뻐서 바로 답장을 썼으나 더이상의 답신은 없었다. 치명적인 뇌졸중으로 쓰러졌던 것이다. 게슈윈드는 58세를 일기로 안타깝게 세상을 떠났지만 신경학계에 거대한 유산을 남겼다.

는 것을 보면 커피 냄새를 상상하는 식이다. 또 하나는 암페타민 중독으로 인한 조증 상태에서 극도로 예민한 후각을 갖게 된 의대생 이야기였다(이 이야기는 사실 내 경험에 관한 것이었지만 《아내를 모자로 착각한 남자》에서는 의대생 스티븐 D.의 이야기로 소개했다). 다음 날 아침 한 베트남 식당에서 아주 오랜 시간 아침을 먹으면서 두 이야기가 한 제목 아래 묶인 한 편의 글(〈내 안의 개The Dog Beneath the Skin〉)을 써서 출판 담당자들에게 보냈다. 이 책에서 뭔가 빠져 있다고 느끼고 있었는데 〈내 안의 개〉로 그 빠진 고리가 메워진 셈이었다.

그렇게 원고를 보내고 나니 다 끝냈다는 기분에 경이로운 해방감을 느꼈다. 마침내 '임상 사례 이야기들'로 이루어진 내 책을 완성했다. 나는 자유인이다. 10년이 넘도록 누리지 못한 진짜 휴가다운 휴가를 보내보자. 그 순간 충동적으로 오스트레일리아로 가자고 마음먹었다. 한 번도 가보지 못한 곳이고 또 시드니에는 마커스 형네 부부와 조카들이 살고 있고. 마커스 형네 가족은 1972년 부모님 금혼식을 맞아 잉글랜드에 왔을 때 만나고는 죽 보지 못하고 지냈다. 당장 샌프란시스코의 유니언스퀘어로 걸어 내려가 콴타스항공사 사무실에 찾아가 여권을 내밀며 지금 갈 수 있는 가장 빠른 비행기 편으로 시드니에 가고 싶다고 말했다. 문제없다고, 빈자리는 많다고 했다. 부지런히 호텔로 돌아가 물건을 챙겨서 바로 공항으로 향했다.

여태껏 해본 가운데 가장 긴 비행이었지만 이번 여행에 대해 신나서 일기를 쓰다 보니 시간은 쏜살같이 흘렀고, 열네 시간 뒤 우리 비행기는 시드니에 착륙했다. 도시 상공을 한 바퀴 도는데 유명한 다리며 오페라하우스가 보였다. 입국심사대에서 여권을 보여주고 나가려는데 출입국 관리가 물었다. "비자는요?"

"비자요?" 내가 대답했다. "무슨 비자요? 비자 얘기 해준 사람 없었는데요." 친절하던 출입국 관리의 얼굴이 한순간 준엄하고 진지하게 바뀌었다. 오스트레일리아에는 무슨 용무로 왔는지? 내 신원을 보증해줄 사람이 있는지? 나는 형 가족이 공항에서 기다리고 있다고 말했다. 그러자 내 말이 사실인지 확인해야겠으니 앉아서 기다리라고 했다. 출입국 당국은 10일간의 임시 비자를 내주면서 경고했다. "이번뿐입니다. 다시 이런 일이 생기면 바로 미국으로 돌려보낼 겁니다."

오스트레일리아에서 보낸 열흘은 행복한 재발견의 시간이었다. 거의 알지 못하는 형제의 재발견 말이다(마커스 형은 나보다 10살이 많았고 1950년에 오스트레일리아로 이주했다). 형수 게이는 만나자마자 가족처럼 느껴졌고(형수도 나처럼 광물과 식물, 수영과 다이빙에 열광했다) 어린 두 조카는 처음 만나는(그리고 그 아이들 눈에는 이국적인) 삼촌하고 금방 친해졌다.

나는 마커스 형에게서 잉글랜드에 있는 다른 형들에게서는 얻지 못했던 유대감을 얻고 싶었고 얻을 수 있었다. 나와는 너무 다른 단정하고 유쾌하고 사교적인 데이비드 형이나 조현병의 심연에서 헤어 나오지 못하는 마이클 형에게서는 발견하지 못한 관계를 말이다. 조용하고 학구적이고 생각 깊고 다정한 마커스 형과는 더 깊은 관계를 맺을 수 있을 것 같았다.

나는 시드니와 사랑에 빠졌다. 나중에는 퀸즐랜드에 있는 데인트리 열대림과 그레이트배리어리프(대산호초)와도. 그레이트배리어리프는 사람을 압도하는 아름다움과 신기함을 간직한 곳이었다. 오스트레일리아에서만 자라는 동식물군을 보면서 다윈이 그것에 대해 그토록 놀라워하며 쓴 말이 떠올랐다. "필시 다른 두 창조주가 동시에 일을 하고 있었던 게다."

◆

콜린과 나는 《깨어남》과 《나는 침대에서 내 다리를 주웠다》로 정점에서 바닥까지 두루 겪은 뒤로 서로에게 너그러워지고 편안해졌다. 꼬박 1년이 들어간 《나는 침대에서 내 다리를 주웠다》 편집 과정이 우리 둘 모두에게 죽음과도 같은 고역의 시간이었다면, 우리가 "모자책"이라고 부른 《아내를 모자로 착각한 남자》 작업은 일사천리였다. 많은 꼭지가 이미 매체를 통해 발표된 글이어서 콜린은 나머지 꼭지의 편집을 진행하면서 책 전체를 네 단원으로 나누고 각 단원에 머리글을 넣으면 어떻겠느냐고 제안했다.

콜린은 전체 원고가 완성된 지 딱 6개월 뒤인 1985년 11월에 이 책을 출간했다. 미국판은 1986년 1월에 1만 5000부라는 적당한 부수로 초판을 발간했다. 《나는 침대에서 내 다리를 주웠다》가 특별히 잘 팔린 책이 아니었기에 신경질환 환자들 이야기를 담은 책이 상업적으로 성공하리라는 기대는 아무도 하지 않았다. 그러나 몇 주 만에 서밋북스Summit Books 출판사는 2쇄, 3쇄를 찍어야 했다. 입소문을 타면서 인기가 점점 더 올라가더니 4월에는 그 누구도 예상치 못한 〈뉴욕 타임스〉 베스트셀러 목록에 등장했다. 나는 무슨 실수가 있거나 반짝 인기려니 했지만 베스트셀러 자리를 26주 동안이나 지켰다.

'베스트셀러'가 된 것보다 훨씬 더 큰 놀라움과 감동을 준 것은 쏟아져 들어온 편지들이었다. 많은 편지가 《아내를 모자로 착각한 남자》에서 다룬 문제들(얼굴맹, 음악적 환각 등)을 직접 겪고 있지만 어느 누구한테도 인정하지 못한, 심지어 더러는 스스로에게조차 인정하지 못한 사람들의 사연이었다. 책 속에 나오는 사람들에 대해 묻는 편지 또한 많았다.

"길 잃은 뱃사람 지미는 어떻게 지내고 있어요?" 사람들은 이렇게 묻곤 했다. "지미에게 안부 전해주세요. 진심으로 응원한다고요." 그들에게 지미는 책 속 인물이 아니라 실제 사람이었다. 책 속 다른 인물들에 대해서도 마찬가지였다. 그들이 처한 상황의 현실성과 그들의 고된 노력이 수많은 독자들의 심금을 울리고 영감을 준 것이다. 독자들은 지미와 같은 처지에 놓인 자신을 그려볼 수 있었다. 반면에 《깨어남》 속 환자들이 처한 극단적이고 비극적인 곤경은 아무리 공감 능력 뛰어나더라도 상상해내기 힘들었다.

《아내를 모자로 착각한 남자》 서평을 쓴 한두 사람은 나를 "기이한" 또는 "이국적인" 질환을 전담하는 사람으로 보았지만 내가 느끼기에는 그 반대였다. 나는 내가 다룬 병례들이 '전형적인 사례'(나는 책은 예로 채워야 한다는 비트겐슈타인의 명언을 아주 좋아했다)라고 보았다. 다만 이례적인 중증 사례를 기술함으로써 신경계 이상을 안고 살아간다는 것이 어떤 것인지, 그것이 사람의 삶에 어떤 영향을 미치는지를 생생하게 보여줄 수 있기를 바랐다. 더불어 이를 통해 뇌의 구조와 작용에서 중대한 측면, 어쩌면 뜻밖의 측면을 뚜렷이 밝혀주기를 희망했다.

◆

《깨어남》이 출간된 뒤 조너선 밀러가 "너 이제 유명인이야"라고 말한 적이 있었다. 사실은 그렇지 않았다. 《깨어남》은 문학상을 받고 영국에서 호평을 받았지만 미국에서는 거의 주목받지 못했다(《뉴스위크》의 피터 프레스콧이 쓴 서평이 유일했다). 그런데 《아내를 모자로 착각한 남자》의 갑작스러운 인기와 함께 나는 이제 원하건 원하지 않건 대중의 영역으로 들어와버렸다.

유명세에는 확실히 좋은 점이 있었다. 갑자기 아주 많은 사람들과 접촉하게 되었다. 또 사람들을 도와줄 수 있는 힘이, 그렇지만 해칠 수도 있는 힘이 생겼다. 더이상 익명으로는 글을 쓸 수가 없었다. 《편두통》이나 《깨어남》《나는 침대에서 내 다리를 주웠다》를 쓸 때는 독자를 염두에 두지 않았는데 이제는 어느 정도 읽는 사람을 의식하게 되었다.

전에도 이따금 대중 강연을 했지만 《아내를 모자로 착각한 남자》가 나온 뒤에는 온갖 종류의 강연 초빙과 요청이 쏟아져 들어왔다. 좋든 싫든 《아내를 모자로 착각한 남자》 출간과 함께 나는 사회적 얼굴을 지닌 공인이 되었다. 비록 혼자 있는 것을 선호하는 기질과, 외람되나 내게 최고의 환경, 적어도 가장 창조적으로 만들어주는 조건은 고독이라는 믿음은 변치 않았지만. 하지만 이제 고독, 창조를 위한 고독은 좀처럼 얻기 힘든 환경이 되었다.

동료 신경의들의 무시하는 듯 냉랭한 분위기는 달라지지 않았고 거기에 이제는 일련의 의혹까지 더해진 듯했다. 그동안 나는 '대중적' 글쓰기를 하는 사람으로 자처해왔고 또 그래 보였다. 만일 누군가가 대중적이라면 바로 그 사실 때문에 그 사람은 진지하게 받아들여지지 않는다. 그렇다고 모두가 그랬다는 이야기는 아니다. 동료들 중에는 《아내를 모자로 착각한 남자》가 고전적 이야기 형식 속에 신경학의 세계를 깊이 있고 상세하게 심어넣은 충실하고 훌륭한 책이라고 평가하는 사람들도 있었다. 하지만 의학계 전반의 분위기는 여전히 침묵이었다.

《아내를 모자로 착각한 남자》가 출간되기 몇 달 전인 1985년 7월, 투렛증후군에 대한 관심이 다시 살아났다. 며칠에 걸쳐 생각나는 대로 적어 내려가다 보니 공책 한 권을 채웠는데, 어쩌면 책을 하나 낼 수 있겠다는 가능성이 보였다. 당시 잉글랜드를 방문한 참이었던 나는 이 구상에 설레는 마음을 가득 안고 뉴욕행 비행기에 올랐다. 그런데 뉴욕으로 돌아온 지 하루나 이틀쯤 뒤 시티아일랜드에 있는 내 거처로 소포가 하나 배달되면서 이 흐름이 끊겨버렸다.《뉴욕 리뷰 오브 북스》에서 보낸 우편물로 청각장애와 수화의 역사를 다룬 할런 레인의 책《마음으로 듣는 소리When the Mind Hears》(1984)였다. 밥 실버스는 이 책의 서평을 써줄 수 있겠는지 물으며 이렇게 썼다. "선생님은 언어에 대해서는 생각해보지 않으셨을 텐데, 이 책을 읽으면 생각하지 않을 수 없을 겁니다."

나는 투렛 책 집필 계획을 내려놓고 다른 것으로 눈을 돌려도 되나 망설였다. 처음 투렛 책을 쓰려고 했던 것은 1971년 레이를 만난 뒤였다. 그때는 다리 사고로, 그러고 나서는 존과의 일로 어그러졌는데 또다시 좌절할 위험에 처했다는 생각이 들었다. 그런데 할런 레인의 책을 읽어보니 빠져드는 동시에 분노가 일었다. 그 책은 청각장애인들의 이야기, 시각언어인 수화를 바탕으로 한 그들의 독특하면서 풍부한 문화, 그리고 청각장애인의 교육 문제에 관한 끝나지 않는 논쟁을 소개하고 있었다. 논쟁은 청각장애인이 자신들만의 시각언어로 교육받도록 할 것인지, 아니면 선천성 청각장애인에게 흔히 치명적인 결과를 초래하는 '구화법口話法'(난청자가 수화가 아닌 독순술과 발화 훈련으로 의사소통하게 하는 방법 — 옮긴이)을 강제로 쓰도록 할 것인지를 가리는 것이었다.

과거에 흥미를 불러일으킨 주제들은 다 직접 임상 경험에서 나왔다. 하지만 이번에는 내 의지와는 거의 무관하게 청각장애의 역사와 수화의 본질과 문화에 대해 파고들기 시작했다. 직접 경험이 전무한 주제였기에 지역에 있는 청각장애학교를 몇 군데 방문해서 많은 청각장애 어린이를 만났다. 또 노라 엘렌 그로스의 책《여기서는 모두가 수화로 말했다Everyone Here Spoke Sign Language》(1985)를 읽고 영감을 받아서 한 세기 전에는 인구의 4분의 1 가까이가 선천성 청각장애인이었던 마서스비니어드 섬의 작은 마을을 방문했다. 그 마을에서는 청각장애가 있는 사람들을 '청각장애인'으로 여기지 않았다. 그들은 그저 농부, 학자, 교사, 자매, 형제, 아주머니, 아저씨였다.

1985년, 이 마을에는 더이상 청각장애 인구가 남지 않았다. 그러나 청각이 건강한 고령자들은 여전히 청각장애 친척과 이웃을 선명하게 기억하고 있었고 더러는 자기들끼리 여전히 수화로 의사소통했다. 오랜 세월 모두가 사용할 수 있는 하나의 언어를 채택해온 이곳 공동체는 귀가 들리는 사람이나 들리지 않는 사람 모두 수화에 능통했다. 그때까지 문화적 주제에 대해서는 깊이 생각해보지 않았던 나는, 공동체 전체가 이런 방식으로 적응해 살아가는 곳을 직접 찾아가 만나본다면 어떨까 하는 궁금증이 일었다.

내가 워싱턴 D.C.에 있는 갤러뎃대학교(세계 유일의 청각장애와 청력 손상 학생을 위한 대학교)을 방문했을 때는 토론이 한창이었다. 한 청각장애 학생이 수화로 "청력 손상"에 대해 말하며 물었다. "박사님 자신이 '수화장애'라고 여기는 게 어떻겠습니까?"♦ 굉장히 흥미로운 역발상이었다. 왜냐하면 수백 명의 학생들은 모두 수화로 의사소통하고 있는데 나만 통역을 통하지 않고는 아무것도 알아듣지도 표현하지도 못하는 벙어리였기 때문이다. 나는 청각장애 문화에 점점 더 깊이 빠져들었고, 서평으로 계획했던 글은 내 경험이 추가된 에세이로 확장되었다. 이 에세이는 1986년 봄《뉴욕 리뷰 오브 북스》에 실렸다.

♦ 청각장애인들과 그들의 언어로 소통하고 싶은 갈망에 케이트와 함께 몇 달 동안 미국 수화 수업을 들었다. 그러나 슬프게도 나는 다른 언어를 배우는 데 젬병이었고, 결국 단어 몇 개와 문장 몇 개 이상은 배우지 못하고 끝났다.

이것으로 청각장애 세계와 만남은 끝났다고 생각했다. 짧지만 환상적인 여행이었다.

1986년 여름 어느 날, 젊은 사진작가 로웰 핸들러에게서 전화를 받았다. 그는 스트로보스코프stroboscope(연속 순간 촬영) 기법을 활용해 투렛증후군 사람들이 틱 경련을 일으키는 순간을 포착하는 작업을 해오고 있다고 했다. 작품집을 가져와 보여줄 수 있는지 물었다. 핸들러가 이 주제에 특별히 공명하는 것은 그 자신이 투렛증후군을 겪는 사람이기 때문이었다. 우리는 일주일 뒤에 만났다. 그의 인물사진이 굉장히 인상적이어서 함께 전국을 돌며 다른 투렛증후군 사람들을 만나 그들의 삶을 글과 사진으로 엮는 기록 작업을 해보면 어떻겠는가 하는 논의를 시작했다.

우리 둘 다 캐나다 앨버타 주의 한 작은 마을에 투렛증후군을 겪는 사람들이 놀랍도록 밀집해 있는 메노파Mennonite(재세례파) 공동체에 대한 감질 나는 보고서를 접한 적이 있었다. 로체스터대학교의 신경학자 로저 컬런과 피터 코모는 그곳 라크레트La Crête(영어식 발음은 러크리트 — 옮긴이)를 수차례 방문해 투렛증후군의 유전자 분포도를 작성했다. 이 투렛 공동체 사람들은 자기네 마을을 농담처럼 투렛빌이라고 부르기도 했다. 그렇지만 라크레트 주민 개개인에 대해서나, 그토록 유대가 긴밀한 종교 공동체에서 투렛증후군과 더불어 살아간다는 것이 어떤 의미인지를 상세히 다룬 연구는 전무했다.

로웰이 라크레트로 사전답사를 다녀온 뒤 더 장기적인 탐사 계획을 짰다. 여행과 방대한 필름 인화에 들어가는 비용에 후원이 필요했다. 나는 구겐하임재단에 투렛증후군에 대한 '신경인류학적' 연구 제안으로 연구기금을 신청해 보조금 3만 달러를 받았다. 로웰은 포토저

널리즘의 주역으로 당시 전성기를 구가하던 《라이프Life》지로부터 보도 의뢰를 받아냈다.

1987년 여름, 라크레트 방문을 위한 모든 준비가 갖춰졌다. 로웰은 카메라와 각종 렌즈를 바리바리 짊어졌고, 나는 평소 들고 다니던 공책과 펜만 챙겼다. 라크레트 방문은 투렛증후군의 범위가 어느 정도인지, 그리고 사람들이 이 증후군을 어떻게 받아들이며 살아가는지를 알려주고 시야를 넓혀준, 내게는 많은 면에서 특별한 경험이었다. 이 여행은 또한 투렛증후군이 그 뿌리는 신경 이상이지만 그럼에도 환경과 문화에 따라 얼마나 크게 완화될 수 있는지를 배운 시간이었다. 신앙심 깊은 종교 공동체인 라크레트는 투렛증후군을 신의 의지로 받아들였는데, 훨씬 더 관용적인 환경에서 투렛 증상과 더불어 살아가는 삶은 어떨지 궁금했다. 우리는 암스테르담을 방문해 이 의문을 풀어보기로 했다.♦

로웰과 나는 런던을 경유해 암스테르담으로 가기로 했다. 아버지 생신(92세가 되셨다)에 참석하고 싶은 마음도 있었고, 《아내를 모자로 착각한 남자》 문고판이 막 출간돼 BBC의 월드서비스 채널에서 투렛증후군에 대해 이야기해달라는 출연 요청도 받았기 때문이다. 방송 인터뷰가 끝나 호텔로 가려고 방송국 앞에 대기 중인 택시를 탔는데 기사가 무척이나 독특했다. 운전하면서는 경련하고 몸을 비틀고 짖고 욕설을 했다. 그러다 빨간불로 바뀌자 택시 밖으로 나가 보닛 위로 올라가서 껑충껑충 뛰다가 파란불로 바뀌기 전에 펄쩍 뛰어내려 운전석으로 돌아와 앉았다. 실로 놀라운 광경이었다. 내가 투렛 이야기를 한다

♦ 뒤이어 나올 책에서 우리가 캐나다와 유럽, 미국 전역을 여행하면서 경험한 것을 더 상세하게 기술한다.

는 걸 알고 특별히 투렛 택시 기사를 선택해서 보내주다니, BBC의 배려인지 출판사의 배려인지 재치가 대단한걸! 그래도 어리둥절했다. 택시 기사는 아무 말 없었지만, 내가 투렛증후군에 특별히 관심이 있는 사람이라서 자신이 선택되었다는 사실은 분명히 알았을 것이다. 나도 한동안 말없이 가다가 머뭇머뭇 물었다. 이 이상이 나타난 지 얼마나 되셨냐고.

"무슨 말이쇼? '이상'이라니요?" 기사가 성난 듯 말했다. "내가 무슨 '이상'이 있다고 그러쇼?"

나는 사과하고 기분을 상하게 하려는 뜻은 아니었다고 말했다. 내가 의사고 몸짓이 특이해서 눈여겨보았는데 혹시 투렛증후군이라는 이상이 아닌가 싶었다고. 기사는 고개를 격하게 젓고는 다시 한 번 자기는 아무 '이상'이 없다고, 자기한테 좀 초조한 동작이 나오기는 해도 군대에서 아무 문제 없이 하사관을 지냈고 다른 데서도 아무 문제 없었다고 말했다. 나는 더이상 이야기하지 않았다. 호텔에 도착했을 때 택시 기사가 물었다. "아까 말한 게 무슨 증후군이라고 하셨소?"

"투렛증후군입니다"라고 대답하고는 런던에 있는 한 신경의의 명함을 주면서 아주 따뜻하고 이해심 있는 사람일 뿐 아니라 투렛증후군에 관해서라면 따라올 이 없는 정통한 의사라고 이야기해주었다.

◆

투렛증후군협회TSA는 1972년 설립된 이래로 꾸준히 성장해와 미국 전역(과 전 세계)에 위성 단체들이 생겨났다. 1988년, TSA가 최초로 전국 모임을 개최했다. 200명에 달하는 투렛증후군 환자들이 신시내티의 한 호텔에 모여 사흘을 함께 보냈다. 그들 대다수가 다른 투렛 환자와 만나본 적이 없었다. 그들은 서로 틱이 "옮을까봐" 두려워했다. 이 두려움이 사실무근은 아닌 것이, 투렛증후군 환자들이 만나면 실제로 서로의 틱 증상을 따라하는 일이 발생할 수 있기 때문이다. 실제로 몇 년 전 런던에서 침 뱉는 틱이 있는 한 투렛증후군 남자를 만나고 나서 스코틀랜드에서 만난 다른 투렛 환자에게 그 이야기를 했다가 그 사람도 바로 침을 뱉기 시작한 일이 있었다. 그는 침을 뱉으면서 말했다. "그 얘길 왜 하셨어요!" 이미 차고 넘치는 그의 틱 목록에 하나가 더 추가되었던 것이다.

신시내티 모임을 기리는 뜻에서 오하이오 주 주지사가 '투렛증후군 알기 주간'을 선포했다. 물론 그 사실을 모든 사람이 인지하지는 못했다. 모임에 참가한 사람 중에 두드러진 투렛 증상과 외설언어증이 있는 젊은 남자 스티브 B.가 햄버거를 먹으려고 웬디스 매장에 갔다. 시킨 음식을 기다리는 동안 그가 경련을 일으키면서 음란한 말을 한두 마디 뱉었더니 식당 매니저가 나가달라면서 말했다. "우리 식당에서는 그런 행동이 용납되지 않습니다."

스티브가 말했다. "저도 어쩔 수가 없어요. 저는 투렛증후군이 있습니다." 그러고는 매니저에게 TSA 모임 안내책자를 보여주면서 덧붙였다. "지금이 투렛증후군 알기 주간인데, 못 들으셨어요?"

매니저가 말했다. "그런 거 몰라요. 이미 경찰 불렀으니까 당장 나가요. 체포돼 끌려 나가기 전에."

스티브는 호텔로 돌아와서 노발대발하며 우리에게 있었던 일을 이야기했고, 얼마 지나지 않아 웬디스로 향하는 투렛인 200명의 시가행진이 시작되었다. 틱 증상과 구호 한가운데에 나도 있었다. 우리는 언론에 미리 알렸고 이 소식은 오하이오 주 언론을 뒤덮었다. 웬디스도 이제는 투렛증후군에 대해 알았으리라. 이것이 종류를 불문하고 내 평생 유일하게 참여한 시위 또는 행진이었다. 같은 해인 1988년 또 다른 일이 있기 전까지는.

1988년 3월, 밥 실버스가 전화를 걸어 불쑥 물었다. "청각장애인 혁명 이야기 들어보셨습니까?" 갤러뎃대학교 청각장애 학생들이 일으킨 혁명이었다. 청각이 정상인 사람을 총장으로 임명하려 하자 반대 시위가 벌어진 것이다. 학생들은 청각장애인 총장, 유창한 미국수화로 학생들과 소통할 수 있는 총장을 요구하며 캠퍼스에 바리케이드를 치고 교문을 봉쇄했다. 밥은 나더러 갤러뎃대학교에 두어 번 가보지 않았느냐면서, 이번에 다시 방문해 이 혁명을 취재해보지 않겠느냐고 물었다. 나는 그러마고 대답하고는 로웰을 불러 사진 촬영을 요청했다. 친구인 갤러뎃대학교의 언어학 교수 밥 존슨에게는 통역을 부탁했다.

일주일 넘게 지속되던 '청각장애인을 총장으로' 시위는 국회의사당 행진으로 절정에 달했다(갤러뎃대학교는 의회법으로 설립되고 유지되는 학교였다). 치우침 없는 취재자로서 내 역할은 곧 내려놔야 했다. 시위 대열 옆에서 메모를 하며 따라 걷고 있는데 한 청각장애인 학생이 내 팔을 잡아끌면서 수화로 말했다. "어서요, 우리와 함께해요." 그렇게 해서 나도 (2,000명이 넘는) 학생들 대오에 합류해 항의 행진에 나섰다. 이 시위에 관해 쓴 에세이는《뉴욕 리뷰 오브 북스》에 실렸는데 나로서는 최초의 '보도'였다.

캘리포니아대학교출판부(미국판《편두통》출판사)의 스탠 홀위츠가 청각장애에 관한 이 두 편의 에세이가 좋은 책이 될 것 같다고 제안했다. 그 생각이 마음에 들었지만 그러려면 두 부분을 연결해주는 몇 단락이 필요하겠다고 느꼈다. 언어와 신경계에 대한 개관 같은 것으로 말이다. 이때는 전혀 그렇게 될 줄 몰랐는데, 이 몇 단락은 오히려 책에서 가장 큰 부분이 되었고, 그렇게 해서 나온 책이《목소리를 보았네 Seeing Voices》(1989; 알마, 2012)다.

《나는 침대에서 내 다리를 주웠다》가 1984년 5월 잉글랜드에서 처음 출간되었을 때 좋은 서평이 쏟아졌다. 그런데 시인 제임스 펜턴이 쓴 유일하게 아주 비판적인 서평이 내 마음속에서 이 모든 것을 앗아가버렸다. 그 서평에 얼마나 속상했는지 석 달 동안 우울한 기분에서 헤어날 수가 없었다.

그러다 그해 7월 미국판이 나왔을 때 《뉴욕 리뷰 오브 북스》의 근사하고 관대한 서평에 기운을 되찾았다. 그 서평 덕분에 얼마나 기운이 나고 힘이 샘솟고 안심을 했는지, 그야말로 폭발적인 글쓰기에 돌입하여 단 몇 주 만에 열두 편을 써서 《아내를 모자로 착각한 남자》를 탈고했다.

그 서평을 쓴 사람은 제롬 브루너(1915~)로, 인지심리학cognitive psychology을 창시하여 1950년대 심리학계에 혁명을 일으킨 전설적인 인물이었다. 당시 심리학은 B. F. 스키너(1904~1990)를 필두로 하는 행동주의behaviorism가 지배하고 있었는데, 행동주의에서는 자극과 반응(겉으로 드러나는 가시적인 행동)만을 연구 대상으로 삼았다. 스키너의 이론에는 '마음'이라는 개념이 거의 존재하지 않았는데, 바로 이것이 브루너와 그의 동료들이 복원하고자 한 것이었다.

브루너는 루리아와 절친한 사이였고 지적으로도 많은 면에서 서로 잘 맞았다. 브루너는 자서전 《마음을 찾아서In Search of Mind》(1983)에서 1950년대에 러시아에서 루리아를 만났던 일을 이렇게 회고했다. "초기 발달에서 언어의 역할에 대한 루리아의 견해를 들었을 때 나는 지기지우知己之友를 만난 느낌이었다. 그의 다른 열정들도 내게는 반가울 따름이었다."

브루너도 루리아처럼 아기가 언어를 습득하는 과정은 실험실 환경이 아니라 아기의 원래 환경에서 관찰해야 한다고 주장했다. 그의 저서 《아이의 말Child's Talk》(1983)은 사람이 언어를 습득하는 과정에 대한 우리의 생각을 확장시키고 풍요롭게 해준 책이다.

1960년대에는 노엄 촘스키(1928~)의 혁명적인 작업으로 언어학에서 통사론을 크게 강조하는 경향이 형성되었다. 촘스키는 사람의 뇌에는 "언어습득장치"가 내장돼 있다고 주장했다. 뇌가 스스로 언어를 습득하도록 설계되고 준비되어 있다는 촘스키의 가설은 언어의 사회적 기원과 의사소통이라는 근본 기능을 무시하는 것으로 보였다. 브루너는 문법이 의미나 의사소통의 의도와 분리될 수 없다고 주장했다. 브루너의 관점에 따르면 통사론과 의미론, 화용론은 다 함께 어우러져서 간다.

브루너의 저서를 읽고 난 뒤 나는 언어를 단지 언어학적 측면만이 아니라 사회적 측면까지 함께 고려하여 생각하게 되었고, 이 생각은 내가 수화와 청각장애인 문화를 이해하는 데 절대적으로 중요하게 작용했다.

브루너는 좋은 친구였으며 여러 면에서 길잡이이자 알게 모르게 훌륭한 스승이 되어주었다. 그의 호기심과 지식에는 한계가 없어 보였다. 그는 내가 만났던 어떤 사람보다 넓고 깊이 사유하는 사람이었으며, 장르와 분야를 넘나드는 그의 무량한 지식은 끊임없는 질문과 탐구의 출발점일 뿐이었다(한번은 브루너가 문장 중간에서 말을 뚝 끊었다. "지금 하려던 말을 더이상 지지하지 않게 되었네.") 백수白壽에 이르러서도 변함없는 그의 힘이 놀랍기만 하다.

◆

나는 환자들의 언어 상실(다양한 형태의 실어증)은 여러 차례 보았지만 어린이의 언어 발달에 대해서는 굉장히 무지했다. 다윈은 사랑스러운 에세이 〈유아에 관한 전기적 단상A Biographical Sketch of an Infant〉(여기서 유아는 다윈의 장남이다)에서 언어와 사고의 발달에 대해 조명한 바 있었다. 하지만 내게는 지켜볼 자식이 없었고, 또 어느 누구든 언어 습득의 중대 시기인 두 살이나 세 살 때 일을 기억하는 사람은 없다. 어떻게 해서든 더 찾아봐야 할 일이었다.

알베르트아인슈타인의대 시절 가까운 친구였던 스위스 출신 소아신경의 이사벨 래핀은 어린이의 신경퇴행성 질환과 신경발달장애에 대해 아주 관심이 많았다. 당시에는 나 역시 이 분야에 관심이 커서 일란성쌍둥이의 "해면변성spongy degeneration(카나반병Canavan's sclerosis)"〔뇌의 백질이 해면처럼 변하는 유전 질환 — 옮긴이〕에 대한 논문까지 한 편 썼다.

신경병리학과에서는 매주 1회 뇌 해부 실습을 했다. 알베르트아인슈타인의대 연구원 생활 초기 이 실습 시간에 이사벨을 만났다.♦ 이사벨은 사고가 정교하고 엄밀한 사람이었다. 나는 얼렁뚱땅 되는 대로 생각하다가 온갖 기괴한 연상과 정신적 일탈로 빠지기 일쑤였는데, 그런 나와 의외로 처음부터 죽이 잘 맞았고 지금까지 아주 가까운 친구로 지내고 있다.

이사벨은 부정확하거나 과장되거나 확증 없는 발언은 내게는 물론 자신에게도 절대 허용하지 않았다. "근거를 대봐." 이사벨이 늘 하던 말이다. 이런 점에서 이사벨은 부끄러운 오류가 될 뻔했던 나의 논지를 허다하게 구제해준 내 과학적 양심의 파수꾼이었다. 반면에 내 주장이 탄탄한 근거를 갖추고 있다고 느껴질 때면 엄정한 논쟁에 부쳐지도록 관찰한 것을 있는 그대로 명확하게 발표할 것을 역설했던 이사벨은, 내 많은 책과 논문의 지지자이기도 했다.

♦ 이 뇌 해부 시간은 인기가 있었는데, 특히 진단에 어려움을 겪는 임상의들이 많이 참관했다. 살아 있을 때 다발성경화증 진단을 받은 다섯 환자의 뇌를 검사한 시간이 지금까지 기억난다. 해부를 하고 보니 모두 오진이었던 것으로 판명 났다.

나는 주말이면 모터사이클로 허드슨 강가에 있는 이사벨의 주말 별장에 자주 갔다. 이사벨과 해럴드, 그리고 두 사람의 네 자녀는 나를 가족처럼 반겨주었다. 그런 시간이면 이사벨과 해럴드와 이야기를 나누고 또 아이들에게 모터사이클을 태워주거나 강에서 같이 수영하면서 보냈다. 1977년 여름에는 루리아의 부고문을 쓰느라 꼬박 한 달을 이 별장 차고에서 살았다.◆◆

그로부터 몇 해 뒤, 청각장애와 수화에 대한 고민을 시작하면서 책을 찾아 읽던 시기에 사흘 동안 이사벨에게서 수화와 청각장애인들의 특별한 문화에 대해 강도 높은 교육을 받았다. 이사벨이 오랜 기간 청각장애 어린이들을 진료하면서 직접 겪고 배운 내용들이었다.

이사벨은 루리아의 스승인 비고츠키(1896~1934)가 쓴 이 글을 귀에 못이 박이도록 내게 주입했다.

시각장애나 청각장애가 있는 어린이가 일반 어린이와 같은 수준의 발달을 성취하려면, 결손 있는 그 아이는 또다른 방식, 또다른 과정, 또다른 수단으로 이를 이루어내야 한다. 교육자에게는 그 과정이 독특하다는 점을 이해하는 것이 무엇보다 중요하며, 아이를 지도할 때는 반드시 그 이해가 기반이 되어야 한다. 장애에 따른 약점을 보상작용에 의한 강점으로 변모시키는 것이 독창성의 핵심이다.

◆◆ 1977년 9월에 레니 이모가 내 생일 축하 전보에 대한 답장으로 편지를 보내왔다("[네 전보에] 이 여든다섯 노인의 다 쪼그라든 심장이 얼마나 훈훈해졌는지…"). 하지만 계속해서 이렇게 썼다. "루리아 교수가 작고했다는 소식에 우리 모두 충격을 받았단다. 넌 얼마나 상심이 컸겠니. 네가 그분과 우정을 얼마나 소중히 여겼는데. 그런데 〈타임스〉에 실린 부고문은 네가 쓴 거니?"(그랬다.)

청각이 건강한 어린이에게는 언어 습득이라는 엄청난 성취가 (거의 자동으로) 상대적으로 수월하게 이루어지지만, 청각장애 어린이에게는, 특히 시각언어에 노출되지 않는 경우, 언어 습득은 극도의 난제가 될 수 있다.

수화를 사용하는 청각장애 부모는 갓난아기에게 수화로 '재잘거리'는데 일반 부모가 갓난아이를 보면서 말로 재잘거리는 것과 같은 이치다. 아기는 이렇듯 말을 통해 언어를 습득한다. 세 살에서 네 살 사이 유아의 뇌는 특히 언어 습득에 초점이 맞춰져 있다. 그 언어가 구술 언어건 수화 언어건 매한가지다. 이 결정적 시기에 아무 언어도 학습하지 못하면 이 시기를 지나서는 언어 습득이 극도로 어려워질 수 있다. 따라서 청각장애 부모의 청각장애 자녀는 수화를 '말하면서' 성장할 수 있지만, 일반 부모의 청각장애 자녀는 일찍이 수화 공동체에 노출되지 않는 한 언어라 할 만한 것을 전혀 학습하지 못한 채 성장하는 경우가 적지 않다.

브롱크스에 있는 한 청각장애학교에서 이사벨과 함께 만난 많은 어린이가 독순술과 구술 언어를 익히고 있었는데, 몇 년에 걸쳐 막대한 인지 부하가 요구되는 아주 힘든 과정이다. 그렇게 하고 나서도 이들의 언어 이해력이나 구사력은 평균을 크게 밑돈다. 나는 그곳에서 충분히 유창한 언어 능력을 얻지 못했을 때 인지 능력과 사회 능력에 어떤 파괴적인 효과를 가져오는지 확인할 수 있었다(이사벨은 이 문제를 상세하게 다룬 논문을 발표한 적 있다).

지각 체계에 굉장히 관심이 많았던 나는 선천성 청각장애인의 뇌에서, 특히 처음 배운 것이 시각언어일 경우에, 어떤 일이 일어나는지 알고 싶었다. 최신 연구 결과들은, 일반인의 뇌에서라면 청각피질인 부위가 청각장애를 안고 태어난 수화 사용자의 뇌에서는 시각적 명령,

특히 시각언어 처리 명령을 수행하도록 '재할당'되었음을 보여주었다. 청각장애인은 일반인에 비해 시각 능력이 '초활성화'되는 경향을 보이지만(이는 태어난 첫해부터 두드러진다) 수화를 학습할 경우에는 그 능력이 더욱 향상된다.

대뇌피질은 각 부위가 특정 감각 또는 다른 기능에 전용專用되도록 사전 할당된다는 것이 전통적인 시각이었다. 그런데 대뇌피질의 부위들이 다른 기능에 재할당될 수 있다는 이야기는 대뇌피질의 가소성이 기존에 생각해온 것보다 훨씬 더 높고 설계는 훨씬 더 느슨할 수 있음을 시사한다. 청각장애인의 특별한 사례는 개인의 조건에 따라 특정 기능을 수행하는 신경 구조물을 선택함으로써(그리고 증대시킴으로써) 뇌 기능이 향상될 수 있음을 명백하게 보여주었다.

이 경험은 내게 우리 뇌의 특성과 메커니즘을 새로운 눈으로 바라보는 중대한 계기가 되었다.

블루마운틴센터에서. 2010년.

OLIVER SACKS
3m

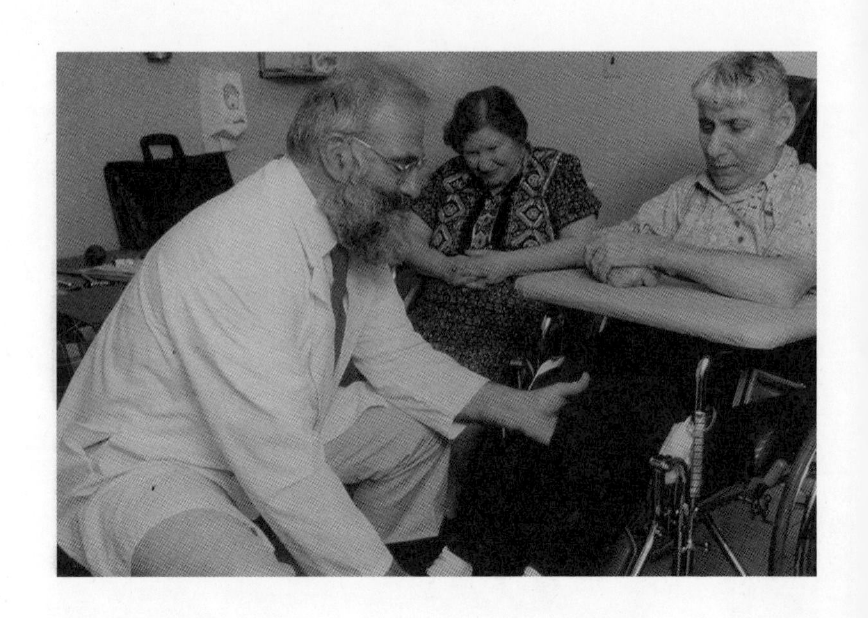

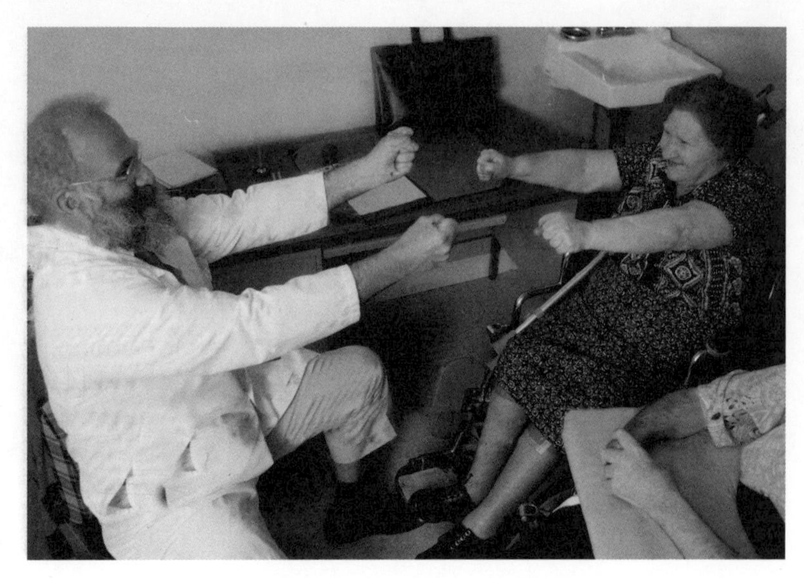

베스에이브러햄병원에서 환자 진료. 1988년 무렵.

피터 브룩과 우리의 투렛증후군 친구 셰인 피스텔과, 1995년.

템플 그랜딘과, 1994년.

1989년 로빈 윌리엄스와 영화 〈사랑의 기적〉 촬영장에서.

오징어와 갑오징어를 비롯한 두족류는 로저 핸런과 나의 공통 관심사다.

1974년 다큐멘터리 영화 〈어웨이크닝〉의 한 장면.

집필 시간을 확보하기 위해 초대에 거절하라는 사실을 상기하려고
시티아일랜드의 집에 붙여놓았던 'NO!'

1972년 부모님의 금혼식 때 세 형과 함께. 왼쪽부터 나, 데이비드, 마커스, 마이클 형.

1987년 아버지의 92세 생신을 맞아 아버지와 함께.

1988년 피렌체. 제럴드 M. 에덜먼과 함께한 만찬에서 깨달음을 얻었다.

몇 해 뒤 볼로냐에서 열린 또다른 학회에서 에덜먼과 대화하는 나.

작은자매회 수녀님들과 함께. 1995년.

랠프 시걸, 밥 와서먼, 나, 세미르 제키.
1992년 신경과학회 연례학술회의에서 색맹 화가에 관한 포스터를 소개하고 있다.

2010년 다윈의 모래산책로에서 어릴 적 친구 에릭 콘과.

1987년 조너선 밀러의 런던 자택에서.

30년 이상 나의 조수이자 협력자로
일해온 케이트 에드거와. 1995년.

멜버른 인근 오리너구리 보호소에서 랠프 시걸과.

나는 땅 위에 있는 것보다 물 속에 또는 물 위에 있을 때 더 행복하다. 스쿠버다이빙 장비를 하고 타호 호에서 막 나온 모습, 그리고 쿠라사웅 해변에서 스노클링과 산보를 즐기는 모습.

엘리자베스 여왕으로부터 훈장을 받던 날.

2014년 암스테르담 식물원의 내가 좋아하는 소철 앞에서.

빌리 헤이스와. 2014년.

마추픽추에서 일기를 쓰며. 2006년.

시티아일랜드

1965년에 서부 해안을 떠나 뉴욕으로 갔지만 시인 톰 건과는 꾸준하게 연락을 이어가 샌프란시스코에 갈 때마다 그의 집을 방문하곤 했다. 톰은 마이크 키타이와 낡은 집에서 같이 살고 있었는데, 내 판단으로는 그 집에는 두 사람 말고도 네다섯 명이 더 살고 있었다. 톰은 책 수천 권이 있었다(그는 진지하고 열정적인, 그칠 줄 모르는 독서광이었다). 또 맥주 광고를 수집했는데 오래된 것은 1880년대까지 거슬러 올라갔다. 거기다 다량의 음반이 있었고, 부엌은 온갖 희한한 향신료와 향이 가득했다. 톰과 마이크 두 사람 다 요리를 좋아해서 항상 맛있는 냄새가 나는 그 집은 드나드는 사람들의 개성과 독특한 취향으로 언제나 활기가 넘치는 공간이었다. 줄곧 혼자 살아온 나는 이곳에서 잠깐씩 맛보는 화기애애한 공동체적 삶이 즐거웠다(갈등과 충돌 또한 없을 리 만무했겠으나 나는 거의 느끼지 못하고 지냈다).

톰은 항상 걸어 다녔다. 샌프란시스코의 그 가파른 언덕길들을 긴 다리로 성큼성큼 활보했고 차나 자전거 타는 것은 본 적이 없었다.

걷기가 그의 정수라고 해야 할까. 그는 디킨스처럼 걸어 다니면서 아주 작고 사소한 것까지 놓치지 않고 관찰하고 흡수하여 언젠가는 글에다 쓰는 사람이었다. 톰은 뉴욕 시내를 배회하는 것도 좋아했다. 톰이 뉴욕에 올 때면 같이 스태튼 섬 여객선을 타거나 기차를 타고 좀 외딴 데로 벗어나거나 아니면 그냥 시내를 걸어 다녔다. 우리는 보통 그렇게 걷다가 식당에 들어가는 것으로 일정을 마치곤 했는데, 한번은 내 아파트에서 내가 직접 요리를 시도했다(그때 항히스타민제〔각종 알레르기나 초기 감기 따위의 치료약 — 옮긴이〕를 복용하고 있던 톰은 약기운에 너무 까라진다면서 밖에 나가고 싶지 않다고 했다). 요리에 젬병인 나였지만 그날따라 더 엉망이었다. 카레 봉투가 터져 온몸에 노란 가루를 뒤집어썼다. 톰에게는 이 일이 굉장히 인상에 남았던지 1984년에 시 〈노란벌레잡이풀Yellow Pitcher Plant〉을 내게 보내주면서 원고에 "샛노란 사프란 범벅 색스에게, 졸린 건으로부터"♦라고 써놓았다.

그러고는 이런 편지를 동봉했다.

> 만나서 얼마나 반가웠던지, 사프란 범벅 씨! 내가 항히스타민제 약기운에 조는 것처럼 보였을지 모르지만 핵심이 되는 것은 하나도 놓치지 않고 지켜보았다네. 네가 말한 일화와 이야기에 대해 생각해봤어. 우리는 모두 일화의 소용돌이 속에서 살아간다고 생각해. (…) 우리(대다수)는

♦ 나의 식물 사랑을 아는 톰은 자신의 모든 '식물' 시를 보내주었다. 〈한련Nasturtium〉을 받은 뒤에 나는 이렇게 답장했다. "이런 시를 더 많이 쓸 수 있으면 좋겠어. 황무지에서, 개골창에서, 바위틈에서 피어나는 용감한 식물을 찬미하는 시 말이야. 톨스토이가 밭두둑에서 수레바퀴에 짓밟히고도 단 하나 남은 뿌리에서 꽃을 피운 엉겅퀴꽃을 보고 하지 무라트Hadji Murad(19세기 러시아제국의 병합에 저항한 아바르족 지도자 — 옮긴이)라는 인물이 떠올랐다고 한 이야기, 기억할 거야."

그 인생을 빗어 이야기로 쓰지. (…) 자기 이야기를 쓰지 않고는 못 배기는 충동의 뿌리는 무엇일까, 궁금해.

◆

대화가 어디로 흘러갈지는 우리 둘 다 알지 못했다. 그날 나는 톰에게 매번 자신과 자신이 사는 세계를 급조해내야 했던 기억상실증 환자 '톰슨 씨'에 관한 미발표 원고의 일부를 읽어주었다. 나는 그 글에서 우리는 누구나 자신의 인생 이야기, 내면의 이야기를 지니고 있으며 그 이야기가 곧 자신의 정체성이기도 하다고 썼다. 톰은 환자들에 관한 이야기에 매료되었고 이 주제에 대해 더 많이 이야기해달라고 물고 늘어지곤 했다(사실 톰이 그렇게 조를 필요도 없긴 했지만). 우리가 주고받은 편지를 훑는데 톰의 초기 편지가 눈에 띄었다. "지난 주말 만나서 반가웠어. 마이크와 나는 그날부터 지금까지 환각지幻覺肢(수술이나 사고로 없어진 손발이나 팔다리가 마치 멀쩡히 존재하는 듯 느껴지는 현상 — 옮긴이) 생각을 떨쳐버리지 못하고 있어." 또 한 편지에는 이렇게 썼다. "네가 고통에 대해 들려준 이야기를 기억해. 그걸로 멋진 책을 쓸 수도 있겠다는 생각이 들었어."(슬프게도 그 책은 끝내 쓰지 못했다.)

톰은 1960년대부터 자신의 모든 책을 (언제나 톰 특유의 제사題詞를 달아서) 보내주었지만 나는 1971년 초에 이르러서야 《편두통》으로 겨우 보답할 수 있었다. 그 뒤로는 둘이 주거니 받거니 서로 책을 보내주면서 틈틈이 편지를 썼다(내 편지는 몇 장이 넘어가는 긴 글이 될 때가 많았던 반면, 톰의 편지는 늘 예리하고 간결했고 엽서 한 장으로 보내오는 날도 많았다). 우리는 글 쓰는 과정에 대해서도 자주 이야기했는데 글이 휘몰아치는 시기든 막히는 시기든, 빛이 보이는 순간이든 암흑뿐인 순간이든 다 창조 과정의 본질임을 공감했다.

1982년에 나는 톰에게 지연되고 중단되고 막히고 열정마저 잃고 견디기 힘들었던 그《나는 침대에서 내 다리를 주웠다》집필 과정이 8년 만에 끝이 보이고 있다고 편지했다. 톰은 이런 답장을 보내왔다.

> 네가 우리한테《나는 침대에서 내 다리를 주웠다》를 보내주지 않는다고 계속 서운해하고 있었어. 개정판을 보내줄 생각인가 보다 했지. (…) 요샌 좀 게으름을 부리고 있어. 내 패턴은 이런 식인 듯해. 원고 하나가 완성되면 긴긴 휴지기가 끝나야 뭔가 조금씩 꿰어지기 시작해. 그래서 쭈뼛쭈뼛 시작해 한 몇 년 동안 몇 번에 나누어 활발한 창작기를 맞이하다 보면 책 하나로 묶일 만큼 되었다는 느낌이 오거든. 그런데 그 안에서 내가 전혀 기대하지 않았던 어떤 주제를(또는 여러 주제를) 발견하게 돼. 글쟁이의 심리라는 거, 웃기지? 하지만 그저 쉽게 되기만 하는 것보다는 꽉 막힌 상태, 마비된 느낌, 언어 자체가 죽어버린 것 같은 시간, 이 모든 것이 결국에는 도움이 된다고 생각해. 그 시기가 있었던 덕분에 언젠가 '빨라짐'이 왔을 때 훨씬 더 힘에 넘칠 수 있는 게 아니겠어?

톰에게는 스스로 필요한 만큼의 시간을 갖는 것이 중요했다. 그에게 시는 서두른다고 나오는 것이 아니라 시가 스스로 침잠하여 무르익은 뒤에 나오는 무엇이었다. 그는 학생들 가르치는 것을 좋아했지만(학생들이 엄청나게 사랑하는 교수였다) 시 창작을 위해 버클리대학교 강의도 1년에 한 학기로 제한해야 했다. 가끔씩 서평이나 에세이를 청탁받는 경우 외에는 강의가 사실상 유일한 소득원이었다. "내 수입은 동네 버스 기사나 거리 청소부가 버는 것의 절반 수준밖에 안 되지만 이건 내 선택이었어. 어떤 데 정직원으로 매여 일하는 것보다는 한가하게 내 시간 갖는 것이 더 좋으니까." 하지만 나는 톰이 빈약한 생계수단에 위축되거나 그럴 사람은 아니었다고 생각한다. 그는 (남에게는 후하게 베풀었지만) 사치와는 거리가 먼, 태생이 검소한 사람이었다.

우리는 읽고서 흥분한 책 이야기를 많이 썼고, 좋아할 것 같은 글귀나 생각을 편지로 자주 공유했다("요 몇 년 사이에 새로 발굴한 최고의 시인은 로드 테일러Rod Taylor야 …. 아주 전위적인 작가야. 읽어봤어?" 내게는 생소한 이름이었기에 그대로 나가서 《플로리다 동부 해안 챔피언Florida East Coast Champion》을 구했다). 우리의 취향이 항상 일치하는 것은 아니었다. 한번은 내가 열광하면서 소개한 어떤 책에 톰이 얼마나 지독한 경멸과 분노와 비판을 쏟아붓는지, 그게 편지였기에 망정이지 공개적인 글이면 어쩔 뻔했나 싶어 식은땀을 흘린 일도 있었다(톰은 위스턴 휴 오든이 그랬던 것처럼 좋아하지 않은 책은 좀처럼 서평으로 쓰지 않았다. 따라서 그의 서평은 대체로 감상문 형식을 취했다.♦ 나는 문학비평 에세이에서 드러나는 톰의 관대함과 균형감각을 좋아했는데, 특히 《시의 계기들The Occasions of Poetry》에 실린 글들을 사랑했다).

서로의 글에 대해 논평할 때는 톰이 훨씬 더 명쾌했다. 나는 톰이 쓴 거의 모든 시를 동경했기 때문에 감히 분석할 시도조차 하지 않았다. 그에 비해 톰은 내가 보내준 모든 글에서 자신이 생각하는 강점과 약점을 꼼꼼하게 짚어서 이야기해주었다. 특히 그를 알게 된 초반에는 그런 직선적인 태도가 겁날 때도 있었다. 무엇보다 내 글이 흐리멍덩

♦ 1970년 초 톰이 뉴욕으로 오기로 약속이 잡혔을 때였다. 오든이 어김없이 2월 21일에 생일파티를 연다는 소식을 알려주며 같이 가겠는지 물었더니 사양했는데 오든이 죽고 난 1973년이 되어서야 처음 그때 일 이야기를 꺼냈다(1973년 10월 2일 편지에서). "셰익스피어를 제외하면 아마도 내게 가장 심오한 영향을 미친 시인은 오든이었을 거야. 나도 글을 쓸 수 있다고, 그것이 가능할 거라고 가장 많이 생각하게 만들어준 사람이었어. 난 오든이 나를 별로 좋아하지 않았다고 생각해. 사람들이 하는 말로는 그래. 아무튼 그건 상관없어. 키츠가 나를 좋아하지 않는다고 해서 달라질 게 없는 거나 매한가지 이야기지."

하다고, 정직하지 못하다고, 재능 없다고 여길까봐, 아니 그보다 더 심하게 생각할까봐 겁이 났다. 처음에는 그의 비판을 두려워했지만 1971년 《편두통》을 보내준 뒤부터는 그의 생각을 알고 싶어 편지가 어서 오기만을 학수고대했고, 그의 의견에 의지했을 뿐 아니라 다른 어떤 사람의 의견보다 중히 여겼다.

1980년대에는 톰에게 《아내를 모자로 착각한 남자》에 수록하기 위해 쓴 에세이 여러 편의 원고를 보냈다. 그 가운데 몇 편, 특히 〈자폐증을 가진 예술가The Autist Artist〉와 〈쌍둥이 형제The Twins〉는 굉장히 마음에 들어했다. 한편 〈크리스마스Christmas〉에 대해서는 "재앙"이라고 평했다(최종적으로는 그의 의견에 동의하고 쓰레기통에다 넘겼다).

내게 가장 큰 감동을 준 반응은, 처음 만났을 때의 나와 이후의 성장한 나를 대비해서 이야기해준, 1973년에 《깨어남》을 받고 나서 쓴 편지였다.

> 《깨어남》은 아무튼 놀라운 책이야. 60년대 말 언제쯤인 듯한데 네가 쓰고 싶은 책에 대해 이야기하던 기억이 난다. 좋은 과학책인 동시에 하나의 작품으로 읽을 가치도 있는 책을 쓰고 싶다고 했지. 여기에서 그걸 확실하게 성취했어. (…) 네가 보여주곤 하던 '그레이트 다이어리'에 대해서도 생각해봤어. 대단한 재능이라고 생각했지. 그런데 한 가지 자질이 너무나 부족했어. 정말이지 가장 중요한 자질, 인간애라고 불러도 좋고 연민이라고 불러도 좋고, 그쯤 되는 것 말이야. 그리고 솔직히 네가 좋은 작가가 될 가능성이 없다고 체념했어. 그런 자질은 가르친다고 생기는 것이 아니라고 생각했거든. (…) 그 연민의 결핍이 곧 네 관찰력의 한계라고 믿었지. (…) 그때 내가 몰랐던 건 인간애라는 것이 사람이 삼십대가 될 때까지 성장이 유예되는 경우가 허다하다는 사실이야. 그때 네가 썼

던 글에서 빠져 있던 그것이 지금 《깨어남》에서 최고 지휘자 역할을 해냈어. 그것도 아주 멋지게. 네 글쓰기 스타일 자체도 인간애가 지휘하고 있어. 그랬기에 그처럼 벽이 없는, 그토록 감수성이 풍부하고 다양성이 살아 있는 글이 될 수 있었던 거야. (…) 무엇이 이런 변화를 가져온 건지 너 자신은 알려나 모르겠다. 그저 환자들과 아주 오랜 시간을 함께하다 보니 일어난 일일까, 아니면 LSD의 도움으로 사람이 열린 것일까, 아니면 누군가와 진짜로 사랑에 빠진 것일까(반하는 것하고는 반대되는 의미에서 말이야), 아니면 그 셋 다일까 ….

이 편지를 읽으면서 나는 가슴이 뛰었고, 어떻게 답해야 할지 알 수 없어 머리를 싸매기까지 했다. 나는 사랑에 빠져도 보았고 빠져나오기도 했다. 어떤 면에서는 내 환자들과 사랑에 빠졌다고 할 수 있었을 것이다(이는 사물을 꿰뚫어보는 눈을 주는 그런 종류의 사랑이었으며, 어쩌면 이것이 인간애일지 모르겠다). LSD는 상당히 두루 경험해봤지만, 이것이 내게 더 큰 세계를 열어주는 효과를 준다고는 느끼지 않았다. 톰에게는 이것이 아주 결정적인 매체였다는 것은 알고 있었지만♦(엘도파가 뇌염후 환자들에게 주는 효과가 내가 LSD나 다른 마약으로 얻었던 것과 비슷한 효과일까, 궁금한 마음이 들었던 것은 사실이다). 오히려 정신분석 치료가 내 성장에 중대한 역할을 했다고 느꼈다(나는 1966년부터 집중 분석 치료를 받아왔다).

톰은 인간애가 삼십대가 되어서야 성장한다고 했는데 어쩌면 이 이야기를 쓰면서 톰 자신에 대해서도 생각하지 않았을까 하는 생각을 떨칠 수 없었다. 특히나 톰이 서른두 살 때 출간한 시집 《나의 슬픈 지휘관들》에서 보이는 시인의 성장과 시의 변화를 떠올리면 더욱 그의 이야기로 느껴졌다. 톰은 이 시집에 대해 나중에 이렇게 이야기했다. "이 시집은 두 부분으로 나눠져. 첫 부분은 내 초기 스타일, 이성적이고 운율을 따지는 시작법의 정점을 보여주지. 하지만 어쩌면 조금씩 인간을 생각하기 시작한 시기이기도 해. 뒷부분은 인간적 욕망을 받아들이는 시들인데… 아예 다른 주제로 봐야 할 정도로 완전히 새로운 스타일로 이루어져 있어."

나는 스물다섯 살에 처음《운동의 감각》을 읽었다. 당시 그 시들의 아름다운 시상과 완벽한 율격, 그리고 니체에 가깝다 할 정도로 의지를 강조하는 점에 매혹되었다.《깨어남》을 쓰게 된 삼십대 후반의 나는 엄청나게 바뀌어 있었고 톰도 마찬가지로 바뀌어 있었다. 훨씬 더 다양한 범주의 주제와 감수성을 보여주는 그의 새 시들이 내게는 더욱 호소력 있게 다가왔으니 우리 둘 다 니체의 유물은 흔쾌히 두고 떠나온 셈이다. 1980년대에 이르면서 우리 둘 다 오십대에 접어들었고, 톰의 시는 그 까다로운 율격은 변함없으면서 훨씬 더 자유로워지고 훨씬 더 다정해졌다. 그런 변화에는 분명 가까운 이들의 죽음이 영향을 미쳤을 것이다. 톰이 보내준 〈애도Lament〉를 읽을 때 나는 그가 그동안 써온 어떤 시보다 강렬하게 가슴을 파고드는 힘을 느꼈다.

나는 톰의 시에 역사의식과 역사 속 인물들이 살아 있다는 것이 무척 마음에 들었다. 〈초서풍 시Poem After Chaucer〉(1971년 연하장으로 보내준)처럼 역사를 전면에 내세운 시도 있었지만 그보다는 함축적으로 역사를 이야기하는 시가 더 많았다. 가끔은 톰이 20세기 말 미국 샌프란시스코에 나타난 초서이자 존 던이요 허버트 경이라고 느껴질 때도

♦ 톰은 이 경험을 자전적 에세이 〈지금까지의 내 인생My Life up to Now〉에서 자세하게 이야기했다. "LSD 찬미는 한물간 유행이 되어버렸지만 나는 추호의 의심도 없이 말할 수 있다. 이것이 나에게만큼은 그 어떤 것보다 중요했음을. 한 인간으로서나 시인으로서나. (…) LSD가 주는 환각은 정형이 없으며 우리에게 무한한 가능성을 열어준다. 나는 그 무한대 너머의 세계를 못내 그리워한다."

있었다. 톰의 작품 세계에서는 선조들, 우리보다 앞선 시대를 살아간 사람들에 대한 의식이 주요한 한 부분을 차지했으며, 다른 시인이나 다른 작품을 암시하거나 빌려와 쓰는 경우도 적지 않았다. 톰은 결코 독창성이라는 개념에 집착하는 사람이 아니었지만 당연히 그가 시에서 다룬 요소들 가운데 그 형태나 성질이 창작 과정에서 그만의 것으로 바뀌지 않은 것은 없었다. 톰은 나중에 한 자전적 에세이에서 이 문제를 숙고했다.

> 글쓰기는 분명 내가 인생을 살아가는 하나의 본질적인 방식이었다. 하지만 나는 파생적 글쓰기를 꽤나 즐기는 시인이다. 내가 배울 수 있는 것이 있다면 나는 그 사람이 누가 되었건 배우고 싶어한다. 내가 다른 곳에서 읽은 것을 빈번히 빌려 쓰는 이유는 그것을 진지하게 받아들이기 때문이다. 독서는 나의 총체적 경험의 일부이며 내가 쓰는 시 대부분은 내 경험을 토대로 한 것이다. 나는 다른 작가들의 작품을 빌려오는 것을 잘못된 일이라고 생각하지 않는다. (…) 나는 나만의 시적 개성을 키우는 일을 시급한 과제로 여기지 않으며, 예술은 개성으로부터의 도피라는 엘리엇의 멋진 말에 환호를 보낸다.

오랜 친구들끼리 만날 때는 과거 이야기에서 벗어나지 못할 위험이 있다. 톰과 나는 둘 다 런던 북서부에서 성장했고, 2차 세계대전 때 둘 다 가족으로부터 '유배'되었으며, 햄스테드히스에서 뛰어놀았고 잭 스트로의 성(14세기 소작농 반란 때 지도자인 잭 스트로Jack Straw의 이름을 딴 성. 런던 북서부 햄스테드에 있는 유서 깊은 건축물로 예전에는 선술집이었으나 현재는 호화 주상복합 건물로 사용되고 있다 — 옮긴이)에서 술에 취했다. 우리 둘 다 비슷한 가족 배경과 비슷한 학교 배경, 동시대 같은 문화의 산물이었다. 이런 공통점 덕분에 우리에게는 특별한 연대의식이 형성되어 서로의 기억을 함께 나눌 수 있는 사이가 되었다. 하지만 그보다 훨씬 중요하게 작용한 것은 우리 둘 다 1960년대에 캘리포니아라는 신세계로 들어왔고, 이로써 과거의 속박으로부터 해방되었다는 사실이었다. 우리는 전혀 예측하거나 제어할 수 없는 진화와 성장의 여정에 닻을 올린 사람들이었다. 톰이 이십대에 쓴 〈온 더 무브〉에 이런 행이 나온다.

> 아무리 나빠도 우리는 움직인다. 아무리 좋아도
> 절대에 가닿지 못하는, 안식할 곳 없는 우리,
> 언제나 멈춰 있지 않아, 더 가까워진다.

톰은 칠십대가 되어서도 여전히 힘에 넘치는 멈추지 않는 삶을 살았다. 그를 마지막으로 본 2003년 11월에는 그 기세가 마흔 살 어린 젊은이보다 더하면 더했지 결코 덜하지 않은 모습이었다. 1970년대에 그는 "방금 《색 스트로의 성》이 나왔어. 다음 책은 어떤 게 될지 짐작도 못하겠어"라고 썼다. 2000년에 《큐피드 대장님Boss Cupid》이 출간되었을 때도 다음 책을 준비하고 있지만 어떤 책이 될지는 감도 잡히지 않는다고 썼다. 내가 아는 한 톰은 속도를 늦추겠다거나 멈추겠다는 생각은 해본 적 없는 사람이었다. 생의 마지막 1분까지 그는 쉼 없이 앞으로 또 앞으로 나아갔으리라.

나는 1979년 여름에 찾아간 휴런 호의 거대한 매니툴린 섬과 사랑에 빠졌다. 분통 터지는 《나는 침대에서 내 다리를 주웠다》를 어떻게든 해봐야겠다고 생각한 끝에 수영도 하고 생각도 하고 글도 쓰고 음악도 들을 수 있는 장기 휴가를 작정하고 떠난 곳이었다(가지고 간 음악이라고는 모차르트의 〈대미사 C단조〉와 〈레퀴엠〉의 카세트테이프 두 개뿐이었다. 나는 한두 곡에 꽂혀서 그것만 듣고 또 듣는 경향이 있었는데, 이 두 곡이 다섯 해 전에 쓸모없어진 다리를 끌며 느릿느릿 산을 기어 내려올 때 머릿속에서 울려 퍼졌던 음악이었다).

매니툴린 섬의 중심 마을인 고어베이 일대를 아주 많이 돌아다녔다. 평소에는 수줍기 짝이 없는 내가 여기에서는 모르는 사람들하고 스스럼없이 대화를 트고 다녔다. 심지어 이곳 공동체의 분위기를 느껴보고 싶은 마음에 일요일에는 교회까지 다녔다. 목가적이었지만 대단히 생산적이지는 못했던 여섯 주 휴가를 마무리 짓고 떠날 채비를 하고 있는데 고어베이의 노인 몇 사람이 나를 찾아와 뜻밖의 제안을 내놓았다. "여기서 지내는 모습이 무척 행복해 보이더군요. 이 섬을 진심으로 사랑하는 것 같았어요. 우리 지역 의사 선생님이 40년을 일하고 얼마 전에 은퇴했습니다. 그분 자리를 물려받아주겠습니까?" 내가 대답을 못 하고 망설이자 온타리오 주 정부가 내게 주택을 제공할 것이며 (이번에 겪어봐서 알겠지만) 여기 섬이 사람 살기에 제법 괜찮은 곳이라고 이야기했다.

그 원로들의 제안에 깊이 감동받아 어떤 섬의 주치의로 살아가는 내 모습을 상상하면서 며칠 동안 고민했다. 하지만 안타깝게도 되지 않을 일이라는 판단이 나왔다. 나는 일반의로 적합한 사람이 못 된다. 내게는 아무리 소란하다 해도 대도시가 필요하다. 다양하고 방대한 신경계 환자 인구가 있는 곳이어야 한다. 나는 눈물을 머금고 매니툴린 섬 원로들에게 말해야 했다. "고맙습니다. 하지만 안 되겠습니다."

30년이 더 지난 일이지만 지금도 가끔씩 생각하곤 한다. 그때 매니툴린 섬 노인들에게 그러겠다고 대답했다면 내 인생은 어떻게 되었을까.

◆

그해 1979년에 집을 얻었는데 매니툴린과는 아주 다른 섬이었다. 1965년 가을에 알베르트아인슈타인의대에서 일을 시작한 지 얼마 안 됐을 때 뉴욕 시의 행정구역인 시티아일랜드에 대한 이야기를 들은 적이 있었다. 면적이 가로 0.8킬로미터, 세로 2.4킬로미터밖에 되지 않는 이 작은 섬은 뉴잉글랜드의 어촌 분위기가 남아 있어 브롱크스하고는 딴 세계로 느껴지는 동네라고 했다. 알베르트아인슈타인의대에서 겨우 10분 거리여서 동료 여러 명이 그 섬에 살고 있었다. 사방으로 바다가 보이는 아름다운 경치에 해산물 레스토랑이 많아 점심시간이면 식사와 쾌적한 휴식을 즐길 수 있어 금상첨화였다. 연구가 잘 풀리지 않아 18시간 근무 체제로 돌입하는 날이면 반드시 필요한 휴식이었다.

시티아일랜드는 그들 고유의 정체성과 규칙과 전통이 있는 곳이었다. '조개잡이clam digger'라고 불리는 이 섬의 원주민은 남다른 사람을 특히 존중하는 듯했다. 어려서 소아마비를 앓은 동료 신경의, 노상 세발자전거를 타고 시티아일랜드 애버뉴를 서행하는 숌버그 박사가 그렇게 존경받는 인물이었고, 이따금씩 정신이상 증상을 보이며 소형 트럭 짐칸에 서서 지옥불을 설교하는 '미친 메리'도 이 섬사람들에게는 그저 또 한 사람의 이웃이었다. 실로 어떤 특별한 사명을 띤 여사제로 행세하는 이 여인은 지옥불로 빚은 듯한 드센 신념과 기질의 소유자였다.

베스에이브러햄병원의 아파트에서 퇴거당했을 때 마운트버넌에서 한 친절한 부부가 사는 집 꼭대기층에 세를 얻었다. 그 시절에 자전거로 시티아일랜드와 오처드비치에 자주 다녔다. 여름철에는 새벽에 자전거를 타고 해변으로 내려가 수영을 하고 나서 출근했고, 주말에는 장거리 수영을 즐겨 가끔은 여섯 시간쯤 걸려서 시티아일랜드 둘레를 한 바퀴 빙 돌았다.

그렇게 장거리 수영을 하던 1979년 어느 날, 섬 끝자락 근처에서 멋지게 생긴 전망대를 발견했다. 바로 물 밖으로 나가서 전망대에 올라 훑어보고는 슬슬 거리로 나가는데 어떤 작은 집 앞에 세워놓은 "집 팝니다" 간판이 눈에 띄었다. 문을 두드리고 물 뚝뚝 떨어지는 몸으로 주인을 만났다. 그는 알베르트아인슈타인의대의 안과의였다. 막 특별 연구 과정을 수료하고 가족하고 같이 태평양 북서부로 이사하게 되었다고 했다. 그의 안내로 집을 구경하는데(실내에 물을 떨어뜨리지 않으려고 타월을 빌렸다) 빠져나올 수가 없었다. 나는 그냥 수영복 차림에 맨발로 시티아일랜드 애버뉴를 걸어 부동산 중개업소로 가서 이 집을 구입하고 싶다고 말했다.

UCLA 시절에 토팡가캐니언에서 혼자 세 들어 살았던 것처럼 나만의 집을 갈망해온 터였다. 또 바다가 옆에 있어 언제든 수영복과 샌들만 착용하고 걸어서 바로 물로 뛰어들 수 있는 곳이기를 바랐다. 해변에서 반 블록 떨어진 호튼 스트리트의 빨간 판자를 댄 그 작은 집은 그야말로 내가 꿈꾸던 집이었다.

내 집을 소유해본 적이 없다 보니 재앙이 벌어지는 데는 그리 긴 시간이 걸리지 않았다. 그 집에서 처음 맞은 겨울에 일주일간 런던에 가느라고 집을 비웠는데, 수도관이 얼어붙는 것을 막기 위해 난방을 켜둬야 한다는 사실을 미처 생각하지 못했다. 런던에서 돌아와 현관문을 열었더니 무시무시한 광경이 나를 맞았다. 위층 수도관 하나가 터져서 홍수가 나 있고 식탁은 통째로 무너진 주방 천장에 뒤덮여 있었다. 식탁과 의자들은 완전히 망가졌고 그 밑에 깔아뒀던 카펫도 같은 꼬락서니였다.

런던에 갔을 때 아버지가 이제 집도 생겼고 하니 당신의 피아노를 가져가라고 했다. 제조 연도가 아버지의 출생 연도와 동일한 1895년으로 거슬러 올라가는 오랜 역사와 아름다움을 간직한 벡슈타인 그랜드 피아노였다. 아버지는 이 피아노를 50년 넘게 매일 연주해왔지만 팔십 대 중반에 접어들면서 관절염으로 손가락이 말을 안 들어 더이상 칠 수가 없었다. 집으로 돌아와 그 처참한 광경을 보고는 한 줄기 공포가 전신을 휘감았다. 집을 조금만 더 일찍 얻었더라면 피아노가 놓였을 자리가 바로 거기였다는 생각에 한 번 더 아찔했다.

시티아일랜드의 이웃에는 뱃사람이 많았다. 옆집에는 스킵 레인과 아내 도리스가 살았다. 스킵은 평생 대부분을 대형 상선 선장으로 일한 사람으로 집에 선박용 나침반과 나침반 가대, 타륜과 랜턴 따위가 잔뜩 있어서 흡사 선박을 옮겨다놓은 듯했고, 벽마다 그가 몰았던 선박들 사진으로 도배되다시피 했다.

스킵은 뱃사람 시절 이야기가 헤아릴 수 없이 많았고, 은퇴한 지금은 대형 선박 대신 아담한 1인용 범선을 부렸다. 이스트체스터 만은 자주 횡단하는데 맨해튼까지 나가는 것은 생각도 하지 않는다고 했다.

그는 체중이 110킬로그램은 나갈 엄청난 거구였지만 말도 못 하게 힘이 셌고 놀라울 정도로 민첩했다. 지붕에 올라가 뭔가를 고치고 있는 모습이 자주 눈에 띄었는데 높은 곳에 올라가면 기분이 좋은가 보다 생각했다. 한번은 설마 되겠느냐는 소리에 시티아일랜드 다리의 10미터 높이 쇠기둥을 타고 올라간 적도 있었다. 순전히 근육의 힘만으로 육중한 몸을 그 높이로 끌어올린 그는 대들보 위에 균형을 잃지 않고 서 있었다.

스킵과 도리스는 남의 일에 절대 참견하지 않으나 손길이 필요한 곳에는 무조건 도우러 나서는, 활력과 재미가 넘치는 이상적인 이웃이었다. 주택은 10여 채밖에 되지 않고 주민은 전부해서 서른 명 남짓한 우리 호튼 스트리트에 지도자가 있다면 그것은 이 결단력의 사나이, 스킵이었다.

1990년대 초 언젠가 대형 허리케인이 우리 동네로 다가온다는 예보가 떴다. 경찰이 동네를 돌면서 메가폰으로 전원 대피하라고 알리고 다녔다. 그러나 폭풍과 바다의 변덕에 대해 너무나 익히 알고 있으며 경찰 메가폰보다 목소리가 우렁찼던 스킵은 동의하지 않았다. "중지!" 스킵이 포효했다. "전원 제자리로!" 그는 허리케인 파티를 개최하니 주민 모두 정오에 자신의 집 현관으로 모이라고, 허리케인의 눈이 지나가는 것을 같이 구경하자고 알렸다. 정오 직전 스킵이 예측한 대로 바람은 진정되고 갑자기 고요와 적막이 내려앉았다. 그러더니 허리케인의 눈에서 태양이 빛나면서 하늘이 맑게 개고 물총새 한 마리가 나는, 마법 같은 평온이 찾아왔다. 스킵은 가끔 폭풍의 눈 속에서 새나 나비를 볼 수 있는데 강풍에 수천 킬로미터를 실려 온 녀석들이고, 심지어 아프리카에서 온 녀석들까지 있다고 말해주었다.

호턴 스트리트에는 문을 잠그고 다니는 사람이 없었다. 이웃들이 모두 서로서로 돌보고 지켜주었고 우리의 작은 해변도 함께 지켰다. 기껏해야 몇 미터밖에 안 되는 곳이었지만 우리의 해변이었으며, 매년 노동절이면 그 손바닥만 한 모래밭에서 파티를 열었고, 옆에서는 꼬챙이에 꽂힌 통돼지 한 마리가 천천히 익어갔다.

나는 이스트체스터 만으로 이웃 청년 데이비드와 함께 장거리 수영을 나가곤 했다. 내게는 없는 신중함과 분별력을 갖춘 데이비드 덕분에 대체로 안전한 수영을 즐길 수 있었다. 그럼에도 가끔은 '너무 멀리' 나가는 상황이 벌어졌다. 한번은 스로그스넥 다리까지 헤엄쳐 갔다가 지나가는 배에 몸이 결딴날 뻔했다. 내가 이 이야기를 했더니 데이비드는 까무러치게 놀라 앞으로도 계속 ("멍청하게") 해상운로로 헤엄쳐 다닐 생각이라면 최소한 등에다 밝은 주황색 부표를 매달아 눈에 띄게라도 하라고 신신당부했다.

가끔 시티아일랜드 앞바다에서 헤엄치다가 작은 해파리를 만나는 경우가 있었다. 이 녀석들이 스치고 간 자리는 조금 얼얼하기는 했지만 무시하고 넘어갔다. 하지만 1990년대 중반부터는 훨씬 큰 해파리들이 출현하기 시작했다. 키아네아 카필라타, 속명 사자갈기해파리 또는 북유령해파리라고 불리는 놈들이다("셜록 홈스" 시리즈의 마지막 단편집에 나오는 한 살인 사건의 범인인 그 해파리다). 이놈들한테 스치는 것은 결코 괜찮지 않았다. 이 해파리한테 쏘이면 피부에 몹시 고통스러운 채찍 자국과 함께 심장박동과 혈압이 무시무시하게 치솟는다. 한번은 이웃 가족의 열 살 된 아들이 이 해파리에 쏘인 뒤 치명적인 초과민반응을 일으켰다. 얼굴과 혀가 얼마나 부어올랐는지 호흡을 할 수 없는 지경에 이르렀는데 신속하게 아드레날린 주사를 놓아 간신히 목숨을 건졌다.

해파리 창궐이 극심해졌을 때는 전면 마스크까지 포함하여 스쿠버 장비를 완전 장착하고서야 수영을 했다. 유일하게 노출된 신체 부위인 입술에는 바셀린을 듬뿍 칠했다. 심지어 그렇게 하고서도 어느 날 내 한쪽 겨드랑이 사이에서 축구공 크기의 키아네아를 발견한 순간 공포에 질려버렸다. 아무 걱정 없이 즐기던 바다 수영은 이로써 끝났다.

매년 5월과 6월 보름달 기간이면 우리 해변에서는 아주 오래된 경이로운 의례가 펼쳐졌다. 미국 북동부의 모든 해변에 고생대 때부터 거의 변한 것 없는 생물종, 투구게가 연례 짝짓기를 위해 느릿느릿 갯

벌로 기어 올라왔다. 4억 년 이상을 해마다 지켜왔을 이 의례를 바라보며 나는 우리 곁에 살아 있는 지구의 아득한 시간을 오롯이 느낄 수 있었다.

시티아일랜드는 어슬렁어슬렁 정처 없이 돌아다니기 좋은 동네였다. 시티아일랜드 애버뉴의 대로를 남북으로 걷다가 동서로 난 한두 블록 길이밖에 되지 않는 차도로 중간중간 꺾어 들어가보기도 하고…. 이 섬에는 빅토리아시대로 거슬러 올라가는 유서 깊은 아름다운 박공지붕 저택이 많이 남아 있고, 조선업이 전성기를 누리던 시절의 조선소 몇 군데가 지금까지 남아 요트 선박장으로 쓰이고 있었다. 시티아일랜드 애버뉴에는 문 연 지 오래된 우아한 트와이트스 인Inn에서부터 노천 생선튀김집인 조니스리프 레스토랑까지 해산물 레스토랑이 나란히 들어서 있었다. 내가 가장 좋아한 집은 조용하고 수수한 스파우터스 인으로 벽에 고래잡이하는 그림이 걸려 있고 매주 목요일 콩수프가 나왔다. 미친 메리가 가장 좋아한 곳이기도 했다.

작은 마을 같은 분위기의 이 동네에서는 나의 내성적인 성격도 차츰 사라졌다. 스파우터스 인의 매니저와는 편하게 이름을 트고 지냈고 주유소 사장과 우체국 직원들하고도 그랬다(우체국 직원들은 평생 이렇게 편지를 많이 받는 사람은 본 적이 없다고 했는데 《아내를 모자로 착각한 남자》가 나온 뒤로 그 물량은 기하급수로 증가했다.)

이따금 집의 적막과 공허함으로 우울해질 때면 호턴 스트리트 끄트머리에 있는 이상하게 사람 없고 인기 없는 레스토랑, 넵튠을 찾아가 몇 시간씩 앉아 글을 쓰곤 했다. 내 생각이지만 그 레스토랑 사람들도 장사에 손해 끼치고 싶지 않아 반시간마다 새 음식을 주문하던 조용한 작가를 그리 싫어하지는 않았을 것 같다.

◆

1994년 초여름에 도둑고양이 한 마리를 입양했다. 어느 날 밤 시내에 갔다 오는데 현관에 녀석이 조용히 앉아 있었다. 안으로 들어가 우유를 한 접시 가지고 나왔다. 목이 말랐던지 싹싹 핥아먹었다. 그러고는 나를 보는데 이렇게 말하는 눈빛이었다. "이봐요, 고맙긴 한데요, 배도 고프단 걸 몰라요?"

이번에는 접시에 생선을 한 조각 담아다 주었다. 무언의 그러나 되돌릴 수 없는 약조가 체결되는 순간이었다. 그래, 같이 살아보자. 함께 살아갈 방도를 찾아봐야겠지만. 나는 바구니를 하나 찾아다 현관 옆 테이블에 올려놓았다. 다음 날 아침 녀석이 아직 그 자리에 있는 것을 보니 기뻤다. 나는 녀석에게 생선을 더 주고 우유도 한 대접 따라주고는 출근했다. 잘 지내라고 손 흔들어 인사했는데 내가 다시 돌아온다는 것을 이해한 것 같았다.

그날 저녁 녀석은 그 자리에서 나를 기다리고 있었다. 세상에, 나를 보고는 가르랑거리면서 등을 동그랗게 말더니 내 다리에 몸을 비비는 것이 아닌가. 녀석의 행동에 나는 이상하게 가슴이 뭉클했다. 녀석이 밥을 다 먹는 것을 보고는 나도 저녁을 먹으려고 평소에 하던 대로 현관 창가에 놓인 소파에 자리를 잡고 앉았다. 녀석은 창문 밖 현관의 자기 테이블로 뛰어 올라가더니 내가 저녁 먹는 모습을 지켜보았다.

다음 날 저녁 퇴근해서 다시 녀석이 먹을 생선을 바닥에 놓았는데 이번에는 무엇 때문인지 먹지를 않았다. 생선을 테이블 위에다 올려주었더니 뛰어 올라오기는 했다. 그러고는 내가 자기하고 같은 높이의 창가 소파에 자리를 잡고 저녁을 먹기 시작하니 비로소 자기 것을 먹기 시작했다. 우리는 그렇게 함께 저녁을 먹었다, 동시에. 나는 이 의례가(매일 저녁 반복되었는데) 참 신기했다. 나나 녀석이나 서로를 반려로 느꼈던 것 같다. 개에게서나 기대할 수 있는 일이지 고양이에게서 이런 감정을 느낀다는 건 아주 드문 일인데 말이다. 녀석은 나하고 있는 것을 좋아했고, 며칠이 지나고부터는 내가 해변 산책을 나갈 때 따라와서 벤치 옆자리에 앉아 있곤 했다.

녀석이 낮 시간에 뭘 하고 지내는지는 알 도리가 없었다. 그러던 어느 날 작은 새를 한 마리 물고 온 것을 보고 깨달았다. 그동안 사냥을 하고 지냈던 것이 분명했다. 그게 고양이들이 하는 일 아니던가. 하지만 내가 집에 있을 때는 낮이건 밤이건 그냥 현관에 있었다. 나는 이렇게 다른 두 종이 가족 같은 관계를 형성할 수 있다는 사실이 흥미롭고 재미있었다. 10만 년 전에 사람과 개가 만난 과정도 이랬을까?

9월 말, 날이 차가워지기 시작하자 나는 이 고양이(나는 녀석을 그냥 "야옹이"라고 불렀고 그러면 야옹이도 호응했다)를 친구들에게 주었고 야옹이는 그들과 7년 동안 행복하게 살았다.

◆

헬런 존스를 만난 것은 내게 큰 행운이었다. 가까운 이웃에 사는 훌륭한 요리사이자 살림꾼인 존스는 일주일에 한 번씩 집으로 찾아왔다. 존스가 오는 목요일 아침이면 장을 보러 함께 브롱크스로 나갔다. 그때마다 맨 처음으로 들르는 곳은 리딕 애버뉴의 한 생선 가게였다. 시칠리아 출신 형제가 운영하는 곳이었는데 두 사람이 어찌나 똑같이 생겼는지 쌍둥이라고 생각했다.

어렸을 때는 생선 장수가 금요일마다 아직 팔팔하게 살아 헤엄치는 잉어와 다른 물고기들이 담긴 양동이를 집으로 배달해왔다. 어머니는 그 물고기들을 한데 푹 곤 뒤 발라서 각종 양념을 넣고 다져 경단으로 빚은 게필테피시gefilte fish를 한 바구니 푸짐하게 차려놓곤 했다. 이것과 더불어 샐러드, 과일, 할라challah 빵이 조리가 금지된 안식일Sabbath(토요일)을 위한 우리 가족의 양식이었다. 리딕 애버뉴의 이 시칠리아 생선 장수 형제는 반가워하며 우리에게 잉어, 뱅어, 민물꼬치고기 따위를 내주었다. 교회에 열심히 다니는 기독교 신자인 헬런이 무슨 수로 그런 유대 진미를 만들어내는지는 알 수 없었지만, 어쨌거나 뭐든 그렇게 뚝딱 만들어내는 모습을 보면 경외감마저 들었다. 헬런의 게필테피시(그녀는 이것을 "걸러낸 생선"이라고 불렀다)는 훌륭해서 어머니가 만든 것 못지않게 맛있다는 사실을 인정하지 않을 수 없었다. 헬런의 '걸러낸 생선'은 요리를 거듭함에 따라 점점 더 순수해졌으며, 내 친구들과 이웃들은 물론 헬런의 교회 친구들도 먹어보았다. 교회 친목회에 모인 헬런의 동료 침례교도들이 유대 율법에 따라 만든 게필테피시를 게걸스럽게 먹어치우는 모습은 상상만 해도 즐거웠다.

◆

1990년대 어느 해 여름날, 퇴근하고 돌아온 나는 현관에서 기괴한 몰골과 마주쳤다. 시커먼 턱수염과 머리카락이 덥수룩하니 한 다발인 남자였다. 웬 실성한 부랑자인가 했다. 그 부랑자가 말하는 것을 듣고서야 누구인지 알았다. 옛 친구 래리였다. 아주 오랫동안 보지 못한 터라, 많은 친구가 이미 그렇게 되었듯이, 죽었거니 생각하고 있었다.

래리를 만난 것은 1966년 초, 내가 뉴욕에 온 뒤로 그 지긋지긋했던 마약중독에서 회복하기 위해 악전고투하던 기간이었다. 나는 체력을 되찾기 위해 음식을 잘 챙겨 먹고 웨스트빌리지에 있는 한 체육관에 꾸준히 다니면서 운동에 집중했다. 체육관은 토요일에는 오전 8시에 문을 열었는데 보통 내가 마수걸이를 했다. 어느 토요일, 레그프레스 기구로 연습을 시작했다. 캘리포니아에 있을 때는 대단한 스쿼터였는데 힘이 어느 정도 돌아왔는지 궁금했다. 무게를 360킬로그램으로 올려봤다. 쉬웠다. 455킬로그램으로 올렸다. 아등바등 해냈다. 590킬로그램으로 올렸다. 미친 짓이었다. 무리라고 생각은 했지만 실패를 인정하기 싫었다. 3세트 반복하고 4세트까지 했는데 5세트째에 다리에 힘이 풀려버렸다. 590킬로그램의 중력에 맥도 추지 못하고 가슴이 무릎에 짓눌린 채로 있었다. 숨조차 제대로 쉴 수 없는데 도와달라는 소리가 나올 리 만무했다. 여기서 얼마나 더 견딜 수 있으려나 하는 생각마저 들기 시작했다. 머리에서 피가 터질 것 같은 압박이 느껴졌고 뇌졸중이 임박했다는 공포가 몰려왔다. 그 순간 문이 펄렁 열리며 건장한 젊은 남자가 들어오더니 곤경에 처한 나를 보고는 역기를 치우고 일으켜 세워주었다. 그를 꼭 껴안고 말했다. "내 생명의 은인이에요."

래리는 동작은 그렇게 날쌨지만 굉장히 내성적인 사람이었다. 신체 접촉을 심하게 부담스러워했고 표정은 뭔가에 쫓기는 듯 불안해 보였으며 눈동자는 쉴 새 없이 흔들렸다. 하지만 그 접촉이 얼결에 지나가고 나니 이제는 말을 멈추기 힘들어했다. 어쩌면 내가 몇 달 만에 처음으로 만난 대화 상대였을지 모르겠다. 열아홉 살인 그는 그 전해에 정신적 불안정을 이유로 육군을 제대하고 정부에서 나오는 소액의 보조금으로 생활하고 있었다. 래리의 이야기로 판단하건대 끼니는 우유와 식빵으로 때우는 게 전부였다. 하루에 열여섯 시간씩 걸어 다니다가(시골에서 지낼 때는 달리기를 하고) 밤에는 몸 뉠 곳만 있으면 아무 데서나 잤다.

부모님에 대해서는 전혀 아는 바가 없다고 했다. 어머니는 래리가 태어날 무렵에 다발성경화증이 악화되어 아기 보살필 몸 상태가 못 되었고, 알코올중독자였던 아버지는 래리가 태어나자마자 가정을 버려 결국 이 집 저 집 보내지면서 여러 양부모 아래서 성장했다. 그런 환경에서 자란 래리가 진짜 안정이 어떤 것인지 알 수나 있었을까.

당시 나는 정신의학 용어를 아주 능숙하게 사용할 수 있었지만 그럼에도 래리의 상태에 대해 '진단'을 하고 싶지는 않았다. 성장하면서 필요한 사랑과 보살핌과 안정감, 살아가면서 필요한 존중을 그렇게 못 받고 지낸 래리가 이처럼 온전한 정신으로 살아남았다는 사실이 놀라울 따름이었다. 그는 지적 능력이 뛰어났고 시사 문제에 대해서는 나보다 훨씬 많이 알고 있었다. 옛날 신문이라도 발견하면 처음부터 끝까지 빼놓지 않고 읽었다. 그는 책으로 읽었건 남한테 들었건 절대로 곧이곧대로 믿지 않고 집요하고 치열하게 자기 머리로 따지고 생각했다.

래리는 일자리를 구할 생각이 없었는데 나는 이것이 아주 강직한 생활 태도라고 생각했다. 그는 의미 없이 바쁘게 살지 않겠다고 스스로 선택했으며, 그 얼마 되지 않는 보조금으로 생계를 꾸렸을 뿐 아니라 저축까지 할 정도로 매사에 검소하게 살았다.

래리는 낮 시간은 걸으면서 보냈다. 이스트빌리지에 있는 자신의 아파트에서 시티아일랜드에 있는 내 집까지 30킬로미터가 넘는 거리를 예사로 걸어 다녔다. 가끔은 내 집 거실 소파에서 자고 가는 날도 있었다. 그러던 어느 날 냉장고 밑에서 뭔가 묵직한 금속 덩어리를 발견했는데 금괴 여러 뭉치였다. 래리가 지난 몇 년 동안 가져다놓은 것이었다. 자기 아파트보다 안전할 것 같아서 내 집에 간수한 것이라고 했다. 그러면서 이 불안한 세상에서 사람이 믿어도 되는 유일한 재산이 금이라고 했다. 주식, 채권, 부동산, 미술품은 하룻밤새 가치가 물거품으로 변할 수 있지만 금(래리는 기특하게도 금을 "79번 원소"라고 부르곤 했다)만은 그 가치를 지킨다고. 일하지 않고도 자유롭고 독립적인 삶을 살 수 있는데 무엇을 위해 직장을 얻고 일을 해야 하는가? 나는 이렇게 말하는 래리의 용기와 솔직함이 좋았다. 그는 어떤 면에서는 내가 아는 한 가장 자유로운 영혼이었다.

래리는 성품이 투명할 정도로 정직하고 다정해서 따르는 여자가 많았다. 그는 살집 좋은 한 여성과 결혼해 이스트빌리지에서 여러 해 살았는데 어느 날 마약을 구하러 아파트에 침입한 괴한들에게 아내를 끔찍하게 잃었다. 괴한들은 아무것도 발견하지 못했지만 래리는 아내의 시체를 발견했다. 원래부터 주로 우유와 빵만 먹던 래리는 아내의 죽음으로 비탄에 빠져 이제 우유밖에 입에 대지 않았다. 그 사건 이후로 래리는 자기를 아기처럼 흔들어 재워주고 젖을 빨게 해주는 어마어마하게 몸집 큰 여성과 세계를 여행하는 판타지에 빠져 지낸다고 했다. 나는 이보다 더 원초적인 판타지는 들어보지 못했다.

래리는 때로 몇 주에서 몇 달씩 감감무소식이다가(그에게는 연락처가 없었다) 어느 날 불쑥 찾아오곤 했다.

래리 역시 자기 아버지처럼 알코올중독에 빠졌고 알코올이 그의 뇌에 해로운 효과를 미치기 시작했다. 이를 아는 그는 보통은 술을 피했다. 1960년대 말에 우리는 같이 두어 번 환각제를 복용한 적이 있었다. 또 내 모터사이클 뒤에 타는 것을 좋아해서 벅스 카운티에 사는 내 조카 캐시(사촌 알 카프의 딸)를 만나러 갈 때 래리를 태우고 가곤 했다. 캐시는 조현병을 앓았는데 두 사람은 서로에 대해 직관적으로 묘한 유대감을 느꼈다.

헬런 또한 래리를 아꼈고 내 친구들 모두가 그를 좋아했다. 래리는 진정한 의미의 독립적 인간, 일종의 현대판 소로Henry David Thoreau(1817~1862), 도시에 사는 소로였다.

뉴욕에 살면서 '내 미국인 사촌' 카프Capp(이들의 원래 이름은 카플린Caplin이며 정확하게 따지면 육촌이다) 형제들하고 가깝게 지냈다. 그중 장남이 만화가 알 카프였다. 알 밑으로 남동생 두 명(역시 만화가인 벤스와 만화가 겸 극작가인 엘리엇)과 여동생 매들린이 있었다.

처음으로 카프 가족과 함께한 1966년 유월절 만찬Seder이 기억에 생생하다. 그때 나는 서른두 살이었고 젊고 잘생긴 매들린의 남편 루이스 가드너는 마흔여덟 살이었다. 곧은 자세에 군인의 몸가짐을 갖춘 그는 예비역 대령이자 건축가였다. 루이스가 상석에서 만찬을 이끌었고, 매들린이 끝자리 그리고 이 비범한 일가의 나머지 성원인 벤스와 엘리엇, 알과 그들의 아내들이 그 중간에 앉았다. 루이스와 매들린의 아이들은 네 가지 질문을 낭독할 때와 아피코만afikomen(누룩을 넣지 않은 빵인 무교병을 세 겹으로 쌓은 뒤, 그중 가운데의 것을 반으로 잘라 아이들이 찾도록 집안에 숨겨놓는 놀이 — 옮긴이)을 찾을 때를 제외하고는 가만히 있지 못하고 이리저리 뛰어다녔다.

그때는 우리 모두에게 인생의 전성기였다. 알이 창조한 기발한 연재 풍자만화《릴 애브너Li'l Abner》(1934~1977)는 미국 전역의 독자들에게 사랑과 찬사를 받으며 여전히 연재 중이었다. 삼형제 가운데 가장 사려 깊은 엘리엇은 에세이와 희곡으로 높은 평가를 받았다. (제롬) 벤스는 창조적인 에너지로 통통 튀었고, 오빠들의 사랑을 독차지하던 매들린은 이 가족의 중심이었다. 모두가 화려한 언변에 활기 넘치는 입담꾼들이었지만, 그중에서 매들린이 가장 똑똑한 사람이라고 느낀 것이 한두 번이 아니었다. 그런 매들린을 실어증 환자로 만든 뇌졸중이 아직은 몇 년 남은 미래의 일이던 시절이었다.♦

나는 알에게서 꽤 많은 얼굴을 보았는데 1960년대 중반에 만났던 알은 알쏭달쏭했다. 알의 형제들은 1930년대에 모두 공산주의자나 그 동조자가 되었다. 그런데 1960년대 들어서 알의 정치적 색채가 이상하게 뒤집히더니 닉슨Richard Nixon과 애그뉴Spiro Agnew의 친구가 되었다(그렇다고 알이 이들에게 전적인 신뢰를 얻었으리라고는 생각하지 않는다. 권력자라면 알의 신랄한 위트와 풍자가 언제 자기를 노릴지 안심할 수 없었을 테니까).

아홉 살 때 교통사고로 한쪽 다리를 잃은 알은 사람들한테 자신의 거대한 목재 의족을 과시하곤 했다(나는《모비 딕》속 에이허브 선장의 상아색 고래뼈 의족이 떠올랐다). 그의 호전성, 지고는 못 배기는 성미, 요란한 성생활이 전부 어느 정도는 이 장애와 관련이 있었을지 모르겠다. 불구가 아님을, 못하는 게 없는 초능력적 존재임을 증명해야 할 것 같은 심리 말이다. 하지만 알이 내게는 늘 다정하고 친절해서 그런 면모를 직접 겪지는 않았다. 나는 알에게 점점 정이 들었고, 그를 창조적인 생명력과 인간적 매력이 넘치는 사람이라고 생각했다.

1970년대 초에 알은 만화 작업 이외에 대학 강연을 많이 다녔다. 청산유수의 재담가였던 그는 강연장의 총아였다. 하지만 그를 둘러싸고 좋지 않은 소문이 돌기 시작했다. 몇몇 여학생들하고 다소 지나치게 진도가 나갔다는 식의 이야기들이었다. 소문은 갈수록 흉흉해지고 비난이 일기 시작했다. 그러다가 추문이 터졌고, 평생을 손잡고 일해온 신문사들이 수백 건의 특약 연재를 취소했다. 만인에게 사랑받는 도그패치와 슈무(만화에서 도그패치는 릴 애브너가 사는 산속 도시고, 슈무는 무슨 소원이든 들어주는 서양배 모양의 상상적 동물이다 — 옮긴이)의 창조자요, 여러모로 미국 만화계의 디킨스였던 존재가 창졸간에 만인에게 욕먹는 실직자 신세로 전락한 것이다.

알은 한동안 런던으로 가 호텔에 기거하면서 이따금 기고문이나 만화를 발표했다. 하지만 그는 심신이 만신창이가 되었고 그 펄펄 뛰던

♦ 매들린은 겨우 쉰 살에 뇌졸중을 겪었다. 실어증이 찾아왔지만 매들린의 너무나 재치 있고 너무나 우아하고 너무나 독창적인 대응은 실어증에 새로운 의미를 부여했다.

생기는 더이상 남아 있지 않았다고 한다. 그는 내내 우울에서 벗어나지 못한 채 건강을 잃고 쇠약해지다가 1979년에 죽었다.

◆

가문의 신동이었던 또다른 사촌형 오브리 아바 에반. 그는 아버지의 누이, 알리다 고모의 명석한 장남이었다. 어린 시절부터 남다른 두각을 보였던 그는 쭉쭉 뻗어나가 케임브리지대학교에 진학한 뒤 학생회장에 선출되고 3개 전공에서 수석을 차지했으며 이어서 동양 언어 강사직을 맡는 등 눈부신 경력을 쌓아나갔다. 반유대 정서가 지배적이었던 1930년대 잉글랜드에서 재산이나 출신이나 인맥 하나 없이 가진 것이라곤 뛰어난 두뇌뿐인 유대인 소년이 잉글랜드에서 가장 오랜 역사를 지닌 대학교에서 최정상에 오른 것이다.

그의 열정적인 연설 능력과 능란한 기지는 스무 살 무렵에 이미 완숙한 단계였지만 이 능력이 그를 정치계로 이끌 것인지(고모인 오브리의 어머니는 1917년 밸푸어선언을 프랑스어와 러시아어로 번역했으며 오브리 자신도 어린 시절부터 헌신적인 이상적 시온주의자였다) 아니면 케임브리지대학교에 남아 학자의 삶을 추구할 것인지는 아직 불투명했다.

오브리는 나보다 스무 살 가까이 연장자였는데 1970년대 중반까지는 만날 기회가 별로 없었다. 그는 이스라엘에서 살았고 나는 잉글랜드에서 살았다가 미국으로 옮겼으며, 그는 외교관과 정치가의 인생을 살았고 나는 의사이자 과학자의 삶을 살았으니까. 그러면서 드물게 집안 결혼식이나 행사 때만 잠깐씩 보았을 뿐이었다. 오브리가 뉴욕을 방문한 일이 있기는 했지만 외무부 장관이나 이스라엘 총리 대리 자격으로 왔기 때문에 항상 경호원들한테 둘러싸여 있어서 몇 마디 나누는 이상은 접근할 기회조차 없었다.

그러던 1976년 어느 날, 매들린의 점심 초대로 오브리와 한자리에 있게 됐는데, 우리 둘의 몸짓이나 자세가 어찌나 닮았는지 그 자리에 있던 모든 사람이 입을 다물지 못했다. 자리에 앉는 동작, 가만히 있다가 갑자기 큰 몸짓으로 움직이는 것, 말하고 생각하는 방식, 모든 것이 너무나 비슷했다. 식사 도중에 식탁 양쪽 끝에 앉아 있던 우리 둘이 갑자기 동시에 벌떡 일어나 사탕무 뿌리 젤리를 잡으려다가 부딪친 일도 있었는데, 우리 둘만 좋아하지 나머지 사람들은 질색하는 음식이었다. 이렇게 둘이 동시에 움직이는 것이며 닮은 모습에 테이블에서는 웃음이 끊이지 않았다. 나는 오브리에게 이렇게 말했다. "형님과 저는 거의 만나지도 못했고 사는 환경도 서로 크게 다른데, 어쩐지 우리 세 형보다 형님과 제 유전적 유사성이 더 크다는 느낌이 듭니다." 오브리는 자신도 같은 느낌을 받았다면서 내가 어떤 면에서는 자신의 삼남매보다 더 가깝게 느껴진다고 했다.

"어떻게 이럴 수가 있을까요?" 내가 물었다. "격세유전atavism"이 그의 즉각적인 대답이었다.

"격세유전이라고요?" 내가 어리둥절해서 물었다.

"그래, 아타부스atavus(라틴어로 고조부의 아버지 또는 조상을 뜻한다 — 옮긴이), 그러니까 할아버지." 오브리가 대답했다. "너는 우리 할아버지 엘리벨바Elivelva를 모르지. 네 이름이 히브리어와 이디시어로는 할아버지의 존함과 같아. 할아버지는 네가 태어나기 전에 돌아가셨는데 우리 가족이 잉글랜드로 오기 전에는 할아버지께서 키워주셨어. 할아버지가 내게는 첫 선생님이셨지. 사람들은 할아버지하고 나하고 있는 것을 보면 웃었어. 노인하고 꼬마아이가 어떻게 그렇게 닮을 수가 있느냐고. 할아버지 세대에는 할아버지처럼 말하거나 움직이거나 생각하는 사람이 아무도 없었고 아버지 세대에도 할아버지와 닮은 사람은 아무도 없었어. 내 세대에도 할아버지하고 닮은 사람은 아무도 없었던 걸로 기억해. 그런데 네가 저 문으로 들어오는 순간 난 할아버지가 살아오신 줄 알았다니까."

"이스라엘의 목소리"로서 전 세계인의 귀를 집중시켰던 오브리에게 비극적인, 어쩌면 역설적인 현실이 닥쳐왔다. 젊은 세대에게는 열정 넘치고 세련된 그의 연설과 케임브리지 억양이 시대에 뒤떨어진 오만한 태도로 비쳤다. 한편 유창한 아랍어 실력과 아랍 문화에 대한 호의적인 지식(그의 첫 책은 이집트 작가 타우피크 알하킴(Tawfiq al-Hakim, 1898~1987)의 소설《정의의 미로Maze of Justice》번역서였다)을 갖춘 그는 갈수록 광신적 애국주의로 치닫는 사회 분위기 속에서 요주의 인물로 찍히다시피 했다. 그는 결국 정치권에서 떨어져 나와 학자이자 역사가의 삶으로 복귀했다(책과 텔레비전 방송 분야에서도 해설자로서 탁월한 역할을 해냈다). 그 상황에 대한 감회는 복잡다단했다고, 오브리는 내게 토로했다. 수십 년 동안 정치와 외교 활동에만 몰두했던 사람으로서 "공허함"이 느껴진 동시에 돌연 여태껏 느껴보지 못한 마음의 평화가 찾아왔다고. 자유를 얻은 그가 처음으로 한 일은 수영하러 간 것이었다.

오브리가 프린스턴대학교 고등연구소에 객원교수로 와 있을 때 학자로서의 삶에 얼마나 만족하느냐고 내가 물었다. 그는 동경 어린 눈빛으로 말했다. "그 각축장이 그립지." 그러나 그 각축장이 점점 더 격해지고 편협해지고 국수주의가 판을 치면서, 문화에 대한 폭넓은 감수성과 관용적인 정신을 지닌 오브리는 그리운 마음이 갈수록 식어갔다. 한번은 어떤 사람으로 기억되고 싶은지 물었다. 그는 이렇게 답했다. "사람들이 나를 교사로 기억해준다면 좋겠어."

이야기하는 것을 좋아하고 내가 자연과학에 관심이 많다는 것을 아는 오브리는 알베르트 아인슈타인과 만났던 몇 가지 일화를 들려주었다. 1952년에 이스라엘 초대 대통령 하임 바이츠만(1874~1952)이

죽자 아인슈타인을 이스라엘 차기 대통령으로 추대하려는 움직임이 일었다. 이 임무를 띠고 오브리가 대사로 파견되었다(아인슈타인은 물론 거절했다). 또 한 번은 이런 일이 있었다면서 오브리는 지긋하게 웃으며 이야기를 시작했다. 오브리와 이스라엘 영사관 동료 한 사람이 프린스턴에 있는 아인슈타인의 집을 방문했다. 아인슈타인은 두 사람을 안으로 들어오라고 청하고는 자상하게 커피를 마시겠느냐고 물었다. (조수나 가정부가 해주겠거니 생각하면서) 그러겠다고 대답했다. 그런데 아인슈타인이 총총걸음으로 친히 주방으로 들어가는 것을 보고는, 오브리의 표현으로, "공포에 질렸다". 곧이어 주방에서 컵과 주전자 딸그락거리는 소리가 들려왔고 중간중간 사기그릇 떨어지는 소리도 들렸다. 그 위대한 인물이 다소 어설프지만 그래도 호의를 다해 커피를 끓여준 것이다. 오브리는 세계에서 가장 위대한 천재의 인간적인 매력을 이보다 잘 보여주는 사례는 없을 것이라고 말했다.

1990년대에 오브리는 관료로서의 부담이나 지위의 속박에서 벗어나 훨씬 더 자유롭고 편안하게 뉴욕을 방문했고 이 시기에는 훨씬 더 자주 만났다. 때로는 형수 수지와 함께 만났고 가끔은 뉴욕에 살고 있던 여동생 카멀(1922년생으로 색스에게는 사촌 누나다 — 옮긴이)을 데려오기도 했다. 오브리와 나는 스무 살 가까운 나이 차나 하는 일이며 속한 세계의 차이가 더이상 문제 되지 않는, 진정한 친구가 되었다.

사랑스러운 괴물, 카멀! 모든 사람이, 적어도 그의 가족은 모두가 카멀이라면 이를 갈았지만 나는 이상하게 카멀한테 마음이 약했다. 카멀은 케냐 어딘가에서 배우를 했다는데 오랜 세월 신화 속 인물처럼 뚜렷하게 알려진 바는 없었다. 그러다가 1950년대에 뉴욕으로 와서 데이비드 로스라는 연출가와 결혼했고, 남편이 좋아하는 입센과 체호프 전문 소극장을 함께 설립했다(카멀 자신은 늘 셰익스피어를 선호했지만).

내가 카멀을 만난 것은 1961년 5월, 샌프란시스코에서 중고 모터사이클을 타고 출발했다가 앨라배마 주에서 퍼져버리는 바람에 히치하이킹으로 뉴욕에 도착했을 때였다. 나는 지저분하고 꾀죄죄한 행색으로 카멀의 우아한 5번가 아파트에 들어갔다. 카멀은 목욕부터 하라고 명하고는 깨끗한 옷가지를 내주고 내가 입고 온 옷은 세탁해주었다.

데이비드는 한창 잘나가고 있었다. 평단과 대중 양쪽으로부터 다 호평받은 연이은 히트작으로 큰 성공을 거두고 이제 뉴욕 연극계의 중요 인물로 부상하고 있다고, 카멀이 말해주었다. 내가 만난 데이비드는 사치를 즐기는 화려한 사람이었고 말소리는 사자의 포효처럼 쩌렁쩌렁 울렸다. 그는 우리를 고급 레스토랑 러시안티룸으로 초대해 터무니없이 값비싼 여섯 가지짜리 코스 정식을 사주었다(메뉴에 있는 모든 음식에 대여섯 종의 보드카가 곁들여 제공되었다). 그저 사치라고 치부하고 넘어가기에는 과도한 수준이었다. 나는 데이비드에게 조증의 기미가 있는 것은 아닌가 생각했다.

카멀도 꽤나 자신감에 넘쳤다. 자기가 노르웨이어와 러시아어에 숙달하지 못할 이유가 있느냐면서(자신의 언어 감각이면 몇 주면 마스터한다고) 입센과 체호프의 작품을 직접 번역해 무대에 올렸다. 런던에서 상연한 데이비드의 〈존 가브리엘 보크만John Gabriel Borkman〉(입센의 1896년 희곡)이 실패로 돌아가 막대한 금전 손실을 입은 데는 카멀의 번역도 한몫했을 것이다. 이 작품에 들어간 비용 상당 부분은 카멀이 자신의 가족을 구슬려 받아낸 것이었고, 여력이 안 되는 카멀은 한 푼도 갚지 않았다. 몇 년 후 데이비드는 뉴욕에서 (중증 우울증으로) 병원에 들어갔고 얼마 지나지 않아서 약물 과다로 사망했다. 그것이 실수였는지 자살이었는지는 밝혀지지 않았다. 카멀은 심한 충격을 받고 가족과 친구들이 있는 런던으로 돌아갔다.

◆

카멀과 다시 만난 것은 1969년, 내가 런던에서 《깨어남》의 병례사 집필을 시작했을 때였다. 《편두통》은 아직 인쇄에 들어가기 전이었다. 카멀은 내가 쓴 것을 보고 싶어했다. 《편두통》의 교정쇄를 읽은 카멀은 이렇게 말했다. "이런, 너 정말 굉장한 작가구나!" 나는 누구한테도 그런 말을 들어본 적이 없었다. 《편두통》은 페이버앤드페이버 출판사의 의학서 분과에서 담당했다. 그들은 이 책을 편두통을 다룬 의학서, 그러니까 특이한 형태의 소논문으로 간주했다. 말하자면 그들에게는 '글'이 아니었다. 게다가 《깨어남》의 병례사 초기 원고를 읽은 것은 페이버앤드페이버 출판사 말고는 없었는데 이 출판사로부터 출판할 만한 원고가 아니라고 거절당한 상태였다. 그런 내게 《편두통》은 의학계가 아니라 일반 독자에게도, 심지어 "문학" 독자들에게도 호평받을 것이라는 카멀의 말은 큰 용기를 주었다.

페이버앤드페이버 출판사가 《편두통》 출간을 미루면서 낙담이 커져만 가던 나를 본 카멀이 단호하게 끼어들었다.

"이러지 말고 에이전트를 둬야겠다. 네 입장을 대신할 사람, 네가 당하지 않도록 싸워줄 사람이 있어야 돼."

출판사에 《편두통》 출간 압력을 넣어준 출판 에이전트 이네스 로즈를 소개해준 사람이 바로 카멀이었다. 이네스가 없었더라면, 카멀이 아니었더라면, 《편두통》은 세상에 나오지 못했을지 모른다.

카멀은 1970년대 중반, 어머니가 돌아가신 뒤 뉴욕으로 돌아와 이스트 63번가에 아파트를 얻었다. 그러면서 나와 오브리의 에이전트 비슷한 일을 맡았다. 오브리는 당시 유대인의 역사에 관한 책을 집필하면서 텔레비전 프로그램에 관여하고 있었다. 하지만 에이전트 일도 배우 일도 정규직이 아니어서 갈수록 비싸지는 뉴욕 집세를 감당하기 어려워 오브리와 내가 부족분을 충당해주었고, 그후 30년 동안 그런 방식으로 도움을 주게 되었다.

이 시기에 카멀과 나는 자주 만나면서 연극을 많이 봤는데 그때 콘스탄스 커밍스가 뇌졸중을 겪은 뒤 언어를 잃은 비행사 역을 연기한 〈날개Wings〉라는 작품을 보았다. 카멀이 중간에 내 쪽으로 고개를 돌리고는 배우의 연기가 정말 감동적이지 않느냐고 물었다. 내가 아니라고 하자 펄쩍 뛰었다.

왜 아니야? 카멀이 물었다. 나는 저 배우의 발음이 실어증을 앓는 사람들이 말하는 것하고 전혀 비슷하지도 않아서 그렇다고 대답했다.

"아이고, 누가 신경과 전문의 아니랄까봐!" 카멀이 말했다. "신경학 생각은 잠시 잊고 드라마에, 연기에 몰입할 수는 없는 거니?"

"그럴 수 없어." 내가 말했다. "언어가 실어증으로 들리지 않으면 작품 전체가 진짜로 느껴지지 않는다고." 카멀은 나의 편협한 생각과 완고한 태도에 고개를 절레절레 흔들었다.♦

카멀은 《깨어남》이 할리우드에 채택되자 내가 페니 마셜(1943~, 미국의 영화감독 겸 배우. 1988년 〈빅Big〉이 아카데미 작품상 후보에 올라 명성을 얻었다 — 옮긴이)과 로버트 드니로를 만나는 거냐면서 흥분했다. 하지만 내 쉰다섯 살 생일에 카멀의 직감이 오작동하는 사건이 발생했다. 드니로는 시티아일랜드에서 열린 내 생일파티에 참석했는데 (용케 사람들 눈에 띄지 않게) 집 안으로 들어와 소리 없이 위층에 자리를 잡았다. 그때까지 아무도 그를 알아보지 못했다. 카멀에게 드니로가 왔다고 말해줬더니 엄청 큰 소리로 이렇게 말하는 것이었다. "그 사람 드니로 아니야. 스튜디오가 대역 배우를 보낸 거지. 진짜 배우가 어떻게 구는지는 내가 잘 알아. 나한테 눈길 한 번 보내지 않은 사람이 무슨." 카멀은 복식 발성법에 능해 안에 있던 모든 사람이 그 말을 들었다. 오히려 내가 긴가민가한 생각이 들어 밖으로 나가 공중전화로 드니로의 사무실에 전화를 걸었다. 그들은 난감해하면서 물론 그 사람이 드니로라고 말했다. 이 사태에 누구보다 재미있어한 사람은 드니로 본인이었다. 카멀이 복식 발성으로 뿜어내는 소리를 다 들은 것이다.

◆

사랑스러운 괴물, 카멀! 나는 카멀과 같이 다니는 것을 좋아했다(나를 격앙시키지 않을 때는). 카멀은 기발하고 재미있고 짓궂은 흉내로 사람을 웃기는 재주가 있었고, 즉흥적이고 가식 없고 무책임한 사람이었으며, 허무맹랑한 몽상가에 감정 기복 심한 히스테리 환자, 그리고 주위의 모든 사람한테서 틈만 나면 돈을 빨아가는 빈대였다. 카멀은 또(나중에 알았지만) 집주인 서재에서 고가의 미술책을 슬쩍해 중고서점에 갖다 파는 위험한 유숙객이었다. 나는 카멀을 보며 부자들에게 공갈을 쳐서 예루살렘히브리대학교 설립 자금을 기부하게 만든 리나 이모가 자주 떠올랐다. 카멀은 남한테 공갈을 일삼지는 않았지만 리나 이모하고 닮은 점이 많았다. 리나 이모 역시 가족들에게 미움받던 괴물이었지만 내게는 미워할 수 없는 사람이었다. 카멀 스스로도 자신이 리나 이모와 닮은 데가 있다는 사실을 모르지 않았다.

◆ 우리는 연극이 끝난 뒤 커밍스를 보려고 무대 뒤로 찾아갔다. 내가 커밍스에게 실어증 환자를 많이 만나보았는지 물었다. "아뇨, 한 명도요." 이렇게 대답하는 그에게 나는 아무 말도 하지 않고 속으로만 생각했다. '그래 보여요.'

카멀의 아버지는 죽으면서 자식들 가운데 가장 어렵게 산다고 판단한 카멀에게 큰 몫의 재산을 물려주었다. 나머지 형제자매가 느낀 원망과 분노는, 이제 평생 먹고살 돈이 생겼으니 무슨 바보짓이나 터무니없는 사치를 일삼지 않고 분별 있게 살기만 한다면 더이상 상습적인 절도는 없을 것이며 더이상 뒷바라지해줄 일도 없으리라는 판단으로 어느 정도 상쇄되었다. 다달이 수표를 보내줄 의무감을 더이상 느끼지 않아도 된다는 생각에 나 또한 기뻤다.

하지만 카멀에게는 다른 생각이 있었다. 카멀은 데이비드가 죽은 뒤로 연극계 생활을 그리워해왔다. 이제 돈이 생겼으니 자기가 좋아하는 작품을 제작하고 연출하고 직접 연기까지 할 수 있게 된 것이다. 그래서 선택한 것이 〈진지함의 중요성The Importance of Being Earnest〉(1895년에 초연된 오스카 와일드의 희극 — 옮긴이)이었다. 주인공 프리즘 양이 자신을 스타로 만들어줄 것이라고. 극장을 대여하고 배역을 선정하고 홍보활동을 펼쳤고 희망했던 대로 공연은 성황리에 막을 내렸다. 그런데 무슨 일이 어떻게 꼬인 것인지는 알 수 없지만 후속 공연이 나오지 않았다. 그렇듯 카멀은 단 한 번의 정신 나간 바보짓으로 아버지의 유산을 한 푼도 남김없이 날려버렸다. 가족은 격노했고 카멀은 또다시 빈털터리가 되었다.

카멀은 이 상황을 꽤나 호기롭게 받아들였다. 어떻게 보면 그 모든 과정이 30년 전 〈존 가브리엘 보크만〉 사태의 재판이었는데 말이다. 그럼에도 카멀은 예전처럼 툭툭 털고 반등하지는 못했다. 젊어 보이기는 했지만 일흔이 되었고, 본인은 개의치 않고 살았지만 당뇨 환자였고, 가족들은 (아무리 자기를 화나게 만들어도 언제나 카멀의 편에 서주던 오브리를 제외하면) 카멀과 의절했다.

오브리와 내가 매월 수표 송금을 재개했지만 카멀의 가슴속에서 무언가가 부서져버린 듯했다. 브로드웨이의 영광과 스타덤을 위한 마지막 기회가 끝나버렸다고 느꼈을까. 그 뒤로 카멀은 건강이 악화되었고 결국 요양시설로 들어갈 수밖에 없었다. 카멀은 초기 치매 증상인지 당뇨병 증상인지 아니면 둘 다인지 때때로 망상에 사로잡혔고, 가끔은 히브리요양원 근처 거리에서 다 헝클어진 채 길을 잃고 서성이다 발견되었다. 언젠가는 자기가 스티븐 스필버그 감독 영화에 톰 행크스와 주연을 맡았다고 굳게 믿기도 했다.

불우한 사건 없이 지나는 날들도 있었다. 그런 날이면 (카멀의 첫사랑이자 영원한 사랑인) 극장으로 외출하거나 히브리요양원에서 멀지 않은 웨이브힐 식물원에서 쾌적한 산책을 즐겼다. 카멀은 이즈음에 자서전을 써야겠다고 마음먹었다. 글은 술술 편안하게 써졌고 카멀의 인생에는 이색적이고 이국적인 이야기가 넘쳤다. 그러나 치매가 시나브로 진행되면서 기억이 자꾸만 끊겼고 결국 자서전 집필은 중단해야 했다.

이와 대조적으로 '무대에서 공연했던' 기억, 배우로서의 기억은 끄떡없었다. 내가 셰익스피어 작품 아무것이나 갖다 운만 띄워주면 카멀은 그 대사를 이어받아 《오셀로》의 데스데모나든 《리어 왕》의 코딜리어든 《로미오와 줄리엣》의 줄리엣이든 《햄릿》의 오필리어든 누구든, 완전히 몰입하여 그 인물이 되었다. 병들고 실성한 노파의 모습만 보아오던 간호사들은 카멀의 이런 변신에 놀라 얼이 나갔다. 카멀은 일전에 이제 자신의 정체성은 남지 않고 연기하는 인물의 정체성만 남은 것 같다고 말한 적이 있었다(이전의 카멀에게는 수많은 인격과 자아가 있었으니 과장된 소리였지만). 치매가 카멀의 본래 정체성을 걸러내버린 지금은 그 말이 문자 그대로 사실이었다. 카멀은 코딜리어나 줄리엣이 되는 순간에만 온전한 사람이 될 수 있었다.

요양원을 마지막으로 방문했을 때 카멀은 폐렴을 앓았다. 호흡이 빠르고 불규칙했고 거친 소리가 났다. 눈은 뜨고 있지만 초점이 없었다. 눈앞에다 손을 흔들어보니 눈을 깜빡이지 않았다. 그래도 아직 귀는 들려 목소리를 알아들을 수 있을 것이라고 생각했다.

"안녕, 카멀." 나는 작별 인사를 했고 카멀은 몇 분 뒤 숨을 거두었다. 카멀의 오빠 라파엘에게 전화를 걸어 사망 소식을 알리자 이렇게 답했다. "저세상에서 그 영혼 고이 잠들기를 …. 개한테 영혼이 있었다면."

1982년 초에 런던에서 소포가 하나 왔다. 극작가 해럴드 핀터(1930~2008)의 편지와 《깨어남》에 영감을 받아서 썼다는 새 희곡 〈일종의 알래스카A Kind of Alaska〉가 들어 있었다. 핀터는 1973년에 《깨어남》 초판이 나왔을 때 읽고 "굉장하다"고 느꼈다고 썼다. 이것을 연극으로 만들 수 있을까 궁리하다가 어떻게 해도 진전시킬 방도가 보이지 않아 생각을 접었는데 8년이 지나서 갑자기 이 작품이 자기를 찾아왔다고 했다. 지난해 어느 여름날 아침에 잠에서 깨어났는데 이 희곡의 첫 대사가 또렷하게 머릿속에 새겨져 있었다는 것이다. "무슨 일인가 일어나고 있어." 그리고 나머지는 이어지는 며칠 사이에 엄청난 속도로 "저절로 써졌다"고 했다.

〈일종의 알래스카〉는 어떻게 해도 접근하기 어려울 만큼 아주 기이하게 얼어붙은 상태로 29년 동안 잠들어 있던 환자 데버러의 이야기다. 어느 날 깨어난 데버러는 자기 나이도, 자신에게 무슨 일이 있었는지도 전혀 알지 못한다. 자기 곁의 머리 희끗한 여인이 사촌이거나 "한 번도 만나본 적 없는 이모"라고 생각하다가 여동생이라는 사실을 알고는 충격과 함께 자신의 현실을 깨닫는다.

핀터는 우리 환자들을 만난 적이 없고 다큐멘터리 〈어웨이크닝〉

의 화면으로도 그들을 본 적이 없었지만, 극중의 데버러는 누가 뭐래도 내 환자 로즈 R.이 모델이었다. 나는 로즈가 이 희곡을 읽고 연극을 보면서 이렇게 말하는 모습이 눈에 그려졌다. "세상에! 이 사람, 나를 꿰뚫어봤어요." 나는 핀터가 내 책에 쓴 것 이상을 간파하여 불가사의하게도 문제의 본질, 가장 심연의 진실을 관통하고 예지했다고 느꼈다.

1982년 10월 런던의 국립극장Royal National Theatre에서 첫 공연을 관람했다. 데버러 역을 맡은 주디 덴치의 연기는 위대했다. 핀터가 그려낸 핍진한 세계에 놀랐던 것처럼 덴치의 연기에도 입이 다물어지지 않았다. 핀터가 그랬던 것처럼 덴치도 뇌염후증후군 환자를 만난 적이 없었기에 더더욱 놀라웠다. 심지어 역을 준비할 때 핀터가 환자 만나는 것을 금지시켰다고 했다. 전적으로 자신이 쓴 것에서 데버러의 성격을 창조할 수 있어야 한다고(하지만 나중에는 다큐멘터리를 봤고 하일랜즈를 방문해 뇌염후증후군 환자 몇 사람을 만나보았다고 했다. 내가 느끼기에는 그러고 나서 덴치의 연기가 좀더 사실적이 되기는 했지만 사람을 빨아들이는 힘은 오히려 약해진 듯했다. 어쩌면 핀터의 생각이 옳았을지 모르겠다).

이전까지는 내 책에서 '영감'을 받거나 내 책을 '저본'으로 삼거나 '각색'하거나 아니면 다른 어떤 방식으로든 극 형식으로 만든다는 생각에 유보적인 입장이었다. 《깨어남》은 진짜 세계라는 것이 내 생각이었다. 그 밖의 어떤 것이든 '진실이 아닐' 수밖에 없다고. 환자들과 직접 접촉 없이 간접 접촉만으로 어떻게 진실을 담을 수 있겠는가? 하지만 핀터의 작품은 위대한 예술가는 현실을 재현하고 재창조할 수 있음을 보여주었다. 나는 핀터와 내가 서로 주고받았다고 느꼈다. 내가 그에게 하나의 진실을 주었고, 그가 내게 하나의 진실을 돌려주었다고.♦

◆

1986년 런던에 있을 때 작곡가 마이클 니먼이 연락을 해왔다. 《아내를 모자로 착각한 남자》의 표제 사례를 토대로 한 '실내오페라'에 대해 어떻게 생각하느냐는 이야기였다. 그런 것은 상상이 되지 않는다고 하자 그는 그럴 필요 없다고, 상상은 자기가 할 일이라고 대답했다. 실은 이미 다하고 나서 한 이야기였다. 그는 다음 날 악보를 들고 찾아와서 가극 대본 작가로 크리스토퍼 롤런스를 마음에 두고 있다고 이야기했다.

나는 크리스토퍼와 P선생에 대해 장시간 이야기를 나눈 끝에 작고한 P선생의 부인 허락 없이는 오페라에 동의해줄 수 없다고 말했다. 그러고는 크리스토퍼에게 부인을 만나서 직접 오페라 작업 가능성 여부를 조심스럽게 타진해볼 것을 제안했다(P선생 부부 모두 원래 오페라 가수였다).

크리스토퍼는 P부인과 진심에서 우러난 인간적인 관계를 형성했고, 이 오페라에서 내 책보다 부인의 비중이 훨씬 커졌다. 뉴욕에서 첫 오페라 공연이 열리던 날, 나는 몹시 긴장했다. P부인도 개막 공연에 왔는데, 나는 공연 내내 떨리는 마음으로 부인을 흘끗흘끗 보면서 부인이 짓는 모든 표정을 잘못 해석하고 있었다. 공연이 끝나자 부인은 우리 세 사람, 마이클과 크리스토퍼와 내게 와서 말했다. "여러분이 남편의 명예를 높여주었어요." 나는 부인의 논평에 기쁨을 참을 수 없었다. 그제야 우리가 P선생을 이용하거나 그의 상황을 잘못 그린 것이 아

◆ 이때 느꼈던 것을 내 책에서 영감을 얻은 다른 작품들에서도 느낄 수 있었다. 그중에서 탁월한 연출을 보여준 피터 브룩의 1993년작 〈그 남자 …L'Homme Qui…〉와 2014년작 〈놀라움의 골짜기The Valley of Astonishment〉, 그리고 《깨어남》에서 영감을 받은 발레 작품(음악 토비어스 피커)이 특히 기억에 남는다.

니라고 안도할 수 있었다.

◆

1979년에 두 젊은 영화제작자, 월터 파크스와 래리 래스커에게서 연락이 왔다. 몇 년 전 예일대학교에서 인류학 수업을 들을 때《깨어남》을 읽고 영화로 만들고 싶다는 생각을 했다고 말했다. 두 사람은 베스에이브러햄병원을 찾아가 뇌염후 환자들을 많이 만나보았고, 나도 대본 쓰는 것에 동의해주었다. 그로부터 몇 년이 지나도록 아무 소식이 없었다.

그 일에 대해서는 거의 잊고 있었는데 8년이 지나서 다시 연락이 왔다. 하는 말이, 피터 위어(1944~ ,〈죽은 시인의 사회〉〈그린카드〉〈트루먼 쇼〉 등으로 유명한 오스트레일리아의 영화감독 — 옮긴이)가《깨어남》과 거기에서 영감을 받아 쓴 대본까지 읽고는 굉장히 관심을 보이면서 감독을 맡고 싶어한다는 것이다. 그러고는 스티브 자일리언이라는 젊은 작가가 쓴 대본을 보내주었다. 대본은 1987년 할로윈에 도착했는데 피터 위어를 만나기로 한 전날이었다. 나는 그 대본이 마음에 들지 않았다. 의사가 한 환자와 사랑에 빠지는 이야기를 끼워 넣은 부분은 특히나 못마땅해서 위어를 만났을 때 돌리지 않고 말했다. 그는 당연히 깜짝 놀랐지만 내 입장을 이해한다고 했다. 몇 달 뒤 그는 자기가 살면서 '산전수전'을 다 겪었지만 이 이야기를 제대로 다룰 수 있는 사람은 아닌 것 같다면서 이 프로젝트에서 빠지겠다고 알려왔다.

이듬해에 총체적인 대본 수정 작업이 이루어졌다. 책과 환자들의 경험을 충실하게 살릴 수 있는 무언가로 만들어내기 위해 스티브와 월터와 래리가 달라붙었다. 1989년 초에 페니 마셜이 감독을 맡게 되었다는 소식이 왔고, 페니가 환자 레너드 L.을 연기할 로버트 드니로와 함께 찾아오겠다고 했다(이 극영화는 1990년 개봉했고 한국에서는〈사랑의 기적〉이라는 제목으로 1991년 상영되었다 — 옮긴이).

나는 이 대본을 어떻게 생각해야 할지 가닥이 잡히지 않았다. 실제로 일어난 일과 아주 흡사하게 재구성하는 것을 목표로 삼았으나 한편으로는 여러 토막의 줄거리를 삽입한 전적으로 새로운 이야기였다. 어쨌거나 이것이 '내' 영화라는 생각은 버려야 했다. 대본도 영화도 내 것이 아닌, 내 손에서는 한참 벗어난 작품이라고. 이렇게 받아들이는 것이 결코 쉬운 일은 아니었지만 한편으로는 일종의 해방감도 있었다. 내가 할 수 있는 일은 조언과 의견을 제시하여 의학 지식과 역사적 맥락에 정확성을 높이는 것이었다. 따라서 나는 원작과 영화의 분리 지점을 명확히 하고, 영화 자체에 대해서는 책임감을 느끼지 않기로 했다.♦

◆

로버트 드니로가 자신이 연기할 인물을 이해하기 위해 현미경으로 들여다보듯 치밀하게 조사하고 연구하는 열정적인 배우라는 사실은 전설처럼 알려져 있다. 배우가 자기 역을 연구하는 것(자신이 맡은 인물 그 자체가 되기 위한 연구 과정)을 내 눈으로 직접 본 일은 한 번도 없었다.

1989년에 이르러 베스에이브러햄병원에 있던 뇌염후 환자들은 거의가 고인이 되었지만, 런던에 있는 하일랜즈병원에는 아직 아홉

♦ 이 영화에서 뇌염후증후군 환자 역을 맡은 모든 배우가 다큐멘터리 〈어웨이크닝〉을 아주 꼼꼼하게 연구했다. 이 다큐멘터리와 내가 1969년과 1970년에 8밀리미터 비디오카메라로 촬영한 필름 및 녹음테이프가 이 극영화의 일차 시청각 자료가 되었다. 〈어웨이크닝〉은 영국에서만 방영되었는데, 할리우드 영화 개봉에 맞추어 미국의 PBS에서 방영한다면 더할 나위 없겠다고 생각했다. 하지만 컬럼비아픽처스는 다큐멘터리가 극영화의 '진정성'에 혼란을 가져올 수 있다고 주장하면서 끝까지 반대했다. 희한한 소리였다.

명의 환자가 남아 있었다. 밥(로버트 드니로의 애칭 — 옮긴이)은 그 환자들을 직접 만나는 것이 중요하겠다고 판단했고, 그래서 함께 만나러 갔다. 그는 많은 시간을 이 환자들과 대화했고 나중에 인물을 꼼꼼하게 탐구할 수 있도록 연구용 테이프를 만들었다. 나는 밥의 관찰력과 환자들에게 감정이입하는 능력이 인상 깊었고 감동받았다. 환자들 역시 이제껏 좀처럼 받아보지 못한 관심에 감동한 듯했다. "저 사람, 정말로 날카롭게 지켜봐요. 우리를 꿰뚫어봐요." 한 환자가 다음 날 내게 한 말이었다. "옛날의 퍼든 마틴 박사님 이후로 그런 사람이 아무도 없었어요. 그분은 우리가 정말로 무슨 생각을 하고 있는지 이해하려고 했죠."

우리가 뉴욕으로 돌아왔을 때 로빈 윌리엄스가 왔다. 의사, 그러니까 나를 맡게 될 배우다. 로빈은 내가 활동하는 모습, 내가 《깨어남》에서 돌보고 함께했던 환자들과 관계 맺는 모습을 보고 싶어했다. 그래서 '가난한 이들의 작은자매회'로 같이 갔다. 거기에는 내가 15년 동안 진료해온 뇌염후 환자 두 사람이 살고 있었다.

며칠 뒤 로빈은 나와 함께 브롱크스주립병원을 방문했다. 먼저 몇 분 동안 노인 병동에 머물렀는데 환자 대여섯 명이 고함을 치고 별스럽게 떠들고 있어 굉장히 소란스러웠다. 나중에 차를 몰고 병원을 빠져나갈 때였다. 로빈이 느닷없이 병동에서 있었던 일을 재현하기 시작하는데, 기가 막혔다. 그 자리에 있었던 모든 사람의 목소리와 말투를 완벽하게 흉내 내는 것이었다. 그때 들었던 제각각 다른 목소리들과 대화 전체를 '완전기억' 능력을 발휘해 통째로 암기했다가 그대로 재연해내는데, 이것은 재연이라기보다는 빙의에 가까웠다. 이렇게 즉각적으로 이해하고 즉석에서 재생하는 능력, (우스꽝스러운 흉내, 감정적인 흉내, 창의성 넘치는 흉내 등) '모방'이라는 말로는 부족한 이 능력이 로빈에게는 어마어마하게 발달해 있었다. 하지만 이날 보여준 능력이 그의 역할 탐구 작업의 첫 단계일 뿐이라는 사실은 나중에야 깨달았다.♦

머잖아 나도 이 탐구의 대상이 되고 말았다. 로빈은 우리의 첫 만남 이후로 내 습관, 자세, 걸음걸이, 말투 … 내가 지금까지 의식하지 못했던 나의 온갖 모습을 거울처럼 그대로 베끼기 시작했다. 내 모습을 이 살아 있는 거울에 비추어 본다는 것이 당황스러웠지만, 나는 로빈과 함께하는 시간이 즐거웠다. 함께 차를 타고 외식하면서 그의 속사포 같은 눈부신 유머에 눈물 나도록 웃었고 그의 방대한 지식에 감탄을 금치 못했다.

몇 주 뒤 우리가 길거리에서 잡담을 나눌 때였다. 로빈이 나와 똑같은 자세를 취하고 있다는 것을 문득 깨달았다. 그것이 내가 생각에 잠기면 나오는 자세라는 사실은 나중에 이야기해주어서 알았지만. 로빈은 나를 흉내 낸 것이 아니라 어떤 면에서는 내가 된 것이었다. 있지도 않은 일란성쌍둥이가 툭 튀어나온 기분이었다. 이 일로 우리 둘 다 마음이 조금 어수선해졌고, 로빈이 자신만의 인물(나를 토대로 하지만 어쩌면 그 삶과 성격이 완전히 새로운 인물)을 창조하려면 어느 정도 거리를 둘 필요가 있겠다고 판단했다.♦♦

◆

나는 배우들과 제작진을 베스에이브러햄병원에 여러 번 데려가

♦ 나는 로빈을 보면서 두 해 전 더스틴 호프먼이 찾아왔던 일이 떠올랐다. 호프먼은 〈레인맨〉에서 맡게 된 자폐증 환자 역을 위한 조사 작업을 하고 있었다. 우리는 브롱크스주립병원에서 내가 돌보던 어린 자폐증 환자를 만난 뒤 함께 식물원으로 산보를 나갔다. 나는 감독하고 잡담을 나누고 있었고 호프먼은 혼자 몇 미터 뒤에서 따라오고 있었다. 그런데 갑자기 내 환자가 말하는 소리가 들렸다. 놀랄 노 자였다. 퍼뜩 돌아보니 호프먼이 혼잣말하는 소리였다. 다만 자기 목소리가 아니라 방금 만났던 그 어린 자폐증 환자의 목소리와 몸짓으로.

그곳의 공기와 분위기를 익힐 수 있도록 했다. 무엇보다 20년 전 그 상황을 기억하는 환자들과 직원들을 만나보는 것이 중요하다고 생각했기 때문이다. 한번은 1969년에 뇌염후증후군 환자들과 함께했던 모든 의사, 간호사, 치료사, 사회복지사를 한자리에 초대했는데 동창회 같은 분위기였다. 개중에는 병원을 그만둔 사람도 있고 몇 해 만에 처음 보는 얼굴들도 있었다. 하지만 9월의 그날 밤, 우리는 시간 가는 줄 모르고 꼬리에 꼬리를 물고 이어지는 환자들에 얽힌 추억을 나누었다. 우리는 그해 여름이 얼마나 굉장했고 얼마나 역사적인 시간이었는지, 동시에 얼마나 유쾌하고 인간적인 시간이었는지를 새삼스레 깨달았다. 그날 밤은 웃음과 눈물, 향수의 시간, 그리고 20년이 지나 서로의 얼굴을 바라보며 얼마나 많은 세월이 흘렀는지를, 또 슬프게도 그 시절의 환자 대다수가 지금은 이 세상 사람이 아님을 깨달으며 거듭 숙연해지는 시간이었다.

다큐멘터리 〈어웨이크닝〉에서 너무나 감동적인 이야기를 들려주었던 릴리언 타이 한 사람만 빼고 전부 떠나고 없었다. 밥과 로빈과 페니와 나는 릴리언을 방문하여 그의 강인함과 유머와 진실함에, 그리

◆◆ 로빈과 나는 25년 동안 가까운 친구로 지냈다. 나는 (눈부신 위트와 순간순간 튀어나오는 폭발적인 즉흥연기 못지않게) 그의 폭넓은 독서와 지적인 깊이, 인간에 대한 애정 어린 염려를 높이 샀다.
샌프란시스코에서 강연을 할 때였다. 청중 가운데 한 남자가 이상한 질문을 던졌다.
"당신은 잉글랜드인입니까, 아니면 유대인입니까?"
"둘 다입니다." 내가 대답했다.
"둘 다라뇨? 이거든 저거든 한쪽을 택해야죠."
그날 로빈이 청중 속에 있었다. 강연이 끝나고 저녁을 먹는데 로빈이 초강력 케임브리지 억양의 영어에 이디시어 억양과 이디시어 격언을 뒤섞은 언어로 이 문제를 언급하여 어떻게 둘 다가 가능한지를 멋들어지게 보여주었다. 이 순간의 경이로운 장관을 녹화하지 못한 것이 천추의 한이다.

고 자기연민이라고는 없는 태도에 깊은 감명을 받았다. 병이 깊어지고 엘도파 반응은 예측 불가능한 상태인데도 유머감각과 삶에 대한 사랑, 원기 왕성함에는 달라진 것이 없었다.

촬영이 진행되는 몇 달 동안 영화 세트에서 많은 시간을 보냈다. 나는 배우들에게 파킨슨증 환자들이 (눈 한 번 깜박거리지 않는 가면 얼굴로 꼼짝도 하지 않고) 앉아 있는 모습이 어떤지 시범을 보여주었다. 머리는 뒤로 젖혀져 있거나 한쪽으로 비스듬히 기울어 있고 입은 헤 벌어져 있고 부글거리는 침이 약간 흘러내리기도 한다(침 흘리는 모습은 연기하기가 어려웠다. 어쩌면 영화 장면으로 담기에 너무 불편할 것 같아 이 동작은 특별히 강조하지 않았다). 또 손과 발의 일반적인 근육긴장증을 보여주었다. 떨림과 틱도 보여주었다.

아울러 파킨슨증 환자들이 서 있는 모습이나 일어서는 동작, 걷는 동작, 특히 몸이 앞으로 수그러지면서 가속이 붙어 허둥대는 모습 그리고 갑자기 멈추고는 얼어붙어 더는 앞으로 가지 못하는 모습을 보여주었다. 또 환자들의 다양한 목소리와 소리, 필체 등 파킨슨증의 모든 것을 보여주었다. 나는 배우들에게 자신이 작은 공간 안에 갇혀 있거나 접착제 통에 들러붙었다고 상상하라고 조언해주었다.

우리는 음악이나 공을 잡는 따위의 즉흥적 반응으로 파킨슨증에서 갑자기 풀려나 정상이 되는 역설운동을 훈련했다(배우들은 로빈과 연습하는 것을 좋아했다. 우리는 로빈이 연기에 투신하지 않았더라면 굉장한 야구 선수가 되었을지 모르겠다고 느꼈다). 또한 긴장증과 뇌염후증후군 카드 게임을 훈련했다. 네 환자가 꼼짝도 하지 않고 카드를 쥐고 있다가 누군가(아마 간호사)의 움직임으로 순식간에 허둥지둥 움직이는 것이다. 마비로 시작한 게임이 몇 초 만에 저절로 끝나버리는 것이다(나는 바로 이런 카드 게임 상황을 1969년에 필름으로 기록해둔 바 있었다). 이렇게 가속이 붙어 발작적으로 허둥대는 상태와 가장 근접한 것이 투렛증후군이다. 나는 젊은 투렛증후군 환자 여러 명을 촬영장으로 데려왔다. 몇 시간 연속으로 꼼짝 없이 굳은 자세로 자신을 비우거나 속도를 높이는 이런 독특한, 거의 선禪 수행 같은 훈련을 배우들은 신기해하는 동시에 공포스러워했다. 그들은 자신이 진짜로 환자가 된 것처럼 느끼기 시작했고, 실제로 영구적으로 이렇게 굳은 채로 산다는 것이 어떤 것인지 소름끼치도록 생생하게 실감했다.

신경 기능과 생리 기능이 정상으로 작동하는 배우가 극심하게 비정상적인 신경체계, 경험, 행태를 지닌 사람이 '된다'는 것이 가능할까? 한번은 밥과 로빈이 영화 속 의사가 레너드 L.의 자세반사 기능(파킨슨증 환자들에게는 이 기능이 심각하게 손상되어 있거나 아니면 아예 없을 수 있다)을 테스트하는 장면을 묘사하고 있었다. 내가 잠깐 로빈의 역을 맡아 이 테스트가 어떻게 이루어지는지를 보여주었다. 의사가 환자 뒤에 서서 환자를 아주 살짝 밀거나 잡아당겨 균형을 잃는지 잃지 않는지를 보는 것이다(정상인이라면 바로 균형을 잡지만 파킨슨증 환자나 뇌염후증후군 환자는 나가떨어질 수 있다). 내가 이 동작을 시범하자 밥은 반사 동작이라고는 전혀 없이, 아무 저항도 없이, 뒤로 자빠졌다. 나는 깜짝 놀라 조심스럽게 밥을 일으켜 세웠다. 그러자 이번에는 완전히 균형을 잃고 앞으로 휘청거렸다. 밥을 붙잡아 균형을 잡아줄 수 없었던 나는 당황하고 겁이 나서 쩔쩔맸다. 그 순간 나는 갑자기 어떤 신경학적 파국이 발생했다고 생각했다. 밥이 순간 실제로 자세반사 능력을 잃어버린 것이 아닌가 하고. 연기가 이 정도 경지가 되면 정말로 신경 상태까지 바꿔놓을 수 있는 것인지, 아무리 생각해도 알 수 없었다.

다음 날 촬영이 시작되기 전에 탈의실에서 이야기를 나누다가 밥의 오른발이 안으로 굽어 있는 것을 발견했다. 세트에서 레너드 L.을 연기할 때 묘사했던 근육긴장성 만곡증과 정확히 똑같은 형상이었다. 이 점을 지적했더니 이번에는 밥이 꽤나 놀란 모양이었다. "저는 생각하지 못했는걸요. 아마 무의식적으로 그랬나 봅니다." 밥은 자신이 맡은 인물로 몇 시간이고 며칠이고 보낼 수 있는 배우였다. 가령 저녁식사 자리에서 밥이 아닌 레너드의 말을 하는 것이, 마치 레너드의 생각과 성격의 잔여물이 아직도 그에게 붙어 있는 것처럼 보일 때가 있었다.

1990년 2월이 되자 모두 녹초가 되었다. 사전조사 작업에 들어간 몇 달은 말할 것 없고 촬영도 넉 달째 이어지고 있었으니 말이다. 하지만 한 사건으로 다들 활력을 되찾았다. 베스에이브러햄병원 최후의 뇌염후 생존자 릴리언 타이가 촬영장에 온 것이다. 밥과 함께하는 한 장면에서 릴리언이 본인으로 출연하기로 되어 있었다. 릴리언은 곁에 있는 사이비 뇌염후증후군 환자들을 어떻게 생각할까? 배우들은 무난히 합격점을 받을까? 릴리언이 세트에 들어서자 우러르는 분위기가 일었고, 모두들 다큐멘터리에서 보았던 릴리언을 알아보았다.

그날의 현장을 일기에 적었다.

배우들이 아무리 몰입하여 똑같이 그려낸들 환자의 역할을 연기하는 것뿐이다. 반면 릴리언은 나머지 인생에서도 그 인물로 살 수밖에 없다. 배우들은 자신의 역에서 빠져나올 수 있지만 릴리언은 그러지 못한다. 릴리언이 이 상황을 어떻게 생각할 것인가?(나는 로빈이 나를 연기하는 것을 어떻게 생각하는가? 그에게는 임시 역할이지만 내게는 평생인 것을?)

밥이 휠체어를 타고 들어와 레너드 L.의 얼어붙은 근육긴장증 자세를 취하자 릴리언도 꼼짝 않고 경계의 눈빛으로 꼬치꼬치 뜯어봤다. 얼어붙은 연기를 하는 밥은 바로 코앞에서 실제로 얼어붙은 릴리언을 어떻게 생각할까? 그리고 실제로 얼어붙은 릴리언은 그런 연기를 하는 밥을 어떻게 생각할까? 릴리언이 내게 한쪽 눈을 찡긋 하면서 보일락 말락 양쪽 엄지손가락을 들어 올렸는데, 이런 뜻이었다. "이 사람 됐어요. 제대로 하는군요! 이 사람, 이게 어떤 건지 정말로 알고 있어요."

여행

아버지는 처음에는 신경의 전공을 고려했다가 "더 실질적"이고 "더 재미있을" 것이라고 판단하여 일반의를 선택했다. 아버지는 사람들과 그들의 삶을 더 깊이 만날 수 있는 일을 하고 싶어했다.

사람에 대한 이처럼 강렬한 관심은 마지막까지 변함없었다. 아버지의 연세가 아흔이 가까웠을 때 데이비드 형과 나는 은퇴하시라고 간곡히 말씀드렸다. 최소한 왕진이라도 그만하시면 좋겠다고. 아버지는 환자의 가정을 방문하는 것이 의료의 "핵심"이라면서 나머지 활동은 조만간 다 정리하겠다고 답했다. 아흔부터 거의 아흔넷까지 아버지는 한 소형 택시와 계약해서 주간 방문진료 활동을 지속했다.

아버지에게는 몇 세대에 걸쳐 진료해온 가족들이 있어서 젊은 환자들이 아버지의 말을 듣고 깜짝 놀라는 일도 적지 않았다. "자네 증조부가 1919년에 아주 비슷한 문제를 겪으셨지." 아버지는 환자들의 몸 상태 못지않게 그들 내면의 사정까지 이해하려 했으며, 그렇게 속깊이 이해하지 않고는 몸도 치료할 수 없다고 믿었다(아닌 게 아니라 사람들은 아버지가 환자들 몸속만이 아니라 냉장고 속까지 훤히 꿰고 계신다는 이야기를 종종 했다).

아버지는 흔히 환자들에게 병을 치료하는 의사일 뿐 아니라 사는 이야기를 들어주는 친구가 되어주었다. 어머니도 그랬지만, 환자들의 인생사 전체에 대한 강렬한 관심이 아버지를 환상적인 이야기꾼으로 만들었다. 아버지의 병원 이야기를 어린 우리 형제들은 넋을 잃고 들었고, 이것이 마커스 형과 데이비드 형 그리고 내가 부모님의 뒤를 이어 의학의 길을 걷는 데 큰 영향을 미쳤다.

아버지는 평생에 걸쳐 음악에 깊은 열정을 기울였다. 늘상 습관처럼 음악회에 다니던 아버지가 가장 좋아한 음악당은 위그모어홀이었다. 젊었을 때 아버지가 처음으로 가본 곳이 거기였다(아직 벡스타인홀로 불리던 시절이었다). 그렇게 시작한 콘서트 관람 생활은 일주일에 두세 번씩 생애 마지막 몇 달까지 이어졌다. 아버지는 위그모어홀의 역사를 통틀어 어떤 사람보다 오래된 단골이었으며, 말년에 이르러서는 일부 연주자들과 더불어 나름의 전설이 되었다.

마이클 형은 어머니가 돌아가신 마흔다섯에 아버지와 가까워져 가끔 음악회에 같이 다녔다. 어머니가 살아 계실 때는 없던 일이었다. 여든 넘어가면서 관절염이 심해진 아버지는 마이클 형이 길동무 노릇을 해준다고 기뻐했고, 마이클 형도 의사 아버지의 환자 아들로 살던 과거의 의존적인 병자 시절보다는 아버지가 연로하고 관절염 환자가 되고 나서 아버지 대하는 일이 더 편해졌다고 느꼈다.

그로부터 10년 동안 마이클 형은 (행복하다고는 하기 어려웠지만) 그래도 상대적으로 안정감 있는 삶을 살았다. 정신증이 도지지 않으면서 역효과 또한 지나치지 않은 적정 수준의 안정제 용량을 찾아낸 것이 큰 도움이 되었다. 형은 우편배달 일을 계속했고(현세적이지만 동시에 비밀이 숨어 있는 통신이라고 형은 또다시 믿기 시작했다), 다시 런던 시내 활보하는 것을 즐겼다(《데일리 워커》며 "그딴 것들"은 이제 다 과거지사라고 말하긴 했지만). 마이클 형은 자신의 상태를 지나치게 의식했고, 기분이 심하게 가라앉았을 때는 "나는 저주받은 인간이야"라고 말하곤 했다. 이 말에서도 형의 메시아 망상의 기미가 느껴졌다. 모든 메시아가 저주받은 것처럼 자신도 "저주받은" 것이라고(한번은 친구 렌 웨슐러가 집을 방문해 안부를 물었는데, 마이클 형이 "내가 있는 곳은 안락 없는 곳Little Ease"이라고 대답했다. 렌이 난감해하자 형이 거기는 런던탑에 있는 감방이며 사람이 일어설 수도 누울 수도 없이 좁아서 절대로 편히 쉴 수 없는 곳이라고 설명해주었다).

저주를 받았건 특권을 받았건 마이클 형은 어머니가 돌아가신 뒤로 외로움에 사무쳐했다. 형과 아버지 두 사람만 남은 집은 이제 너무 컸고 (아버지가 진료실을 외부로 옮기면서) 환자들마저 오지 않게 되었다. 형에게는 친구가 아무도 없었고 동료들하고는, 심지어 수십 년을 같이 일해온 사람들하고도, 깍듯했지만 인간적인 정은 없었다. 형의 가장 큰 애착은 우리 집 복서견 부치였지만 부치도 나이를 먹고 관절염이 생겨서 더이상은 형을 따라다니지 못했다.

1984년에 마이클 형이 거의 35년을 일해온 직장의 설립자가 은퇴했다. 회사는 더 큰 기업에 매각되면서 즉각 장기근속자들을 전원 해고했다. 형은 쉰여섯 나이에 실직자 신세가 되었다. 쓸모 있는 기술을 익힌다는 것이 형에게는 쉽지 않은 일이었다. 타이핑, 속기, 부기를 열심히 배웠지만 숨 가쁘게 변해가는 세상에서 이런 전통 기술들은 갈수록 수요가 줄기만 했다. 형은 어색함을 무릅쓰고(형은 이제껏 직장을 구하려고 어딘가를 찾아가본 일이 없었다) 두세 곳에 면접을 보러 갔으나 모두 거절당했다. 이렇게 되고 나자 더이상 일할 수 있다는 희망을 접었던 것 같다. 장시간 산책도 그만두었다. 그러고는 휴게실에 멍하니 앉아

줄담배를 피우면서 몇 시간씩 보내곤 했다. 내가 1980년대 중반에 런던을 방문했을 때 찾아가면 늘 이 모습이었다. 형은 평생 처음으로, 적어도 형 스스로 인정하기는 처음으로, 환청이 들리기 시작했다. 형은 이 '디제이'(형은 "다이제이"라고 발음했다)라는 자들이 무슨 초자연적인 단파를 이용해서 자기 생각을 감독하고 그 내용을 방송에 내보내고 또 그들의 생각을 자신에게 주입하고 있다고 말했다.

이즈음 형은 지금까지 자신의 주치의를 맡아온 아버지 말고 별도의 의사를 만나고 싶어했다. 새로운 주치의는 형이 체중 미달에 혈색이 창백한 것이 단순한 대상부전(심장의 대사 기능이 떨어지는 질환 — 옮긴이) 상태가 아니라고 판단하고 간단한 검사를 몇 가지 실시했다. 그 결과 형에게 빈혈과 갑상선기능저하증이 있다는 것이 밝혀졌다. 티록신(갑상선호르몬제)과 철분, 비타민B_{12} 처방을 받아 투약을 시작하자 형은 기력을 크게 회복했고, 석 달 만에 그 "다이제이"들도 사라졌다.

◆

1990년, 아버지가 향년 94세를 일기로 돌아가셨다. 런던에 사는 데이비드 형과 형네 가족이 아버지의 말년에 마이클 형과 아버지에게 큰 힘이 되어주었다. 우리는 메이프스베리 37번지의 그 큰 집에 마이클 형 혼자 사는 것은 불가능할 것이라고 느꼈고 작은 아파트라도 어려울 것이라고 판단했다. 오랫동안 물색한 끝에 바로 윗동네 메이프스베리 7번지에서 정신질환 유대인 노인을 위한 요양원을 찾아냈다. 마이클 형이 몸 건강을 회복한 데다, 요양 시스템이 갖춰져 있고 낯선 동네도 아니고 유대교 회당, 은행, 단골 가게 따위가 다 짧은 산보 거리에 있었기에 그곳이 안성맞춤일 듯했다.

데이비드 형과 릴리 형수는 토요일 저녁마다 마이클 형을 불러 함께 안식일 만찬을 가졌고, 조카 리즈가 꼬박꼬박 삼촌을 방문해 필요한 것을 챙겼다. 마이클 형은 이 모든 변화를 의젓하고 의연하게 받아들였고, 칠십 몇 년 살도록 해본 유일한 여행이 메이프스베리 37번지에서 7번지로 이사한 것이라고 농담을 하기도 했다(형과 리즈의 관계는 형이 평생 가족 안에서 느껴본 가장 끈끈한 관계였다. 리즈는 마이클 삼촌을 음울한 강박에서 빠져나오게 하는 방법을 잘 알았고, 둘은 시시때때로 같이 웃고 떠들고 농담을 주고받는 사이였다).

일런요양원Ealon House은 기대했던 이상으로 훌륭한 환경이었다. 마이클 형은 이 안에서 사람들과 어울리는 법을 배웠고 실용적인 기술도 몇 가지 익혔다. 내가 방문하면 형이 방에서 손수 커피나 차를 끓여 대접해주었는데 그전까지는 생각할 수 없는 일이었다. 형은 또 지하실에 있는 세탁기와 건조기를 보여주었다. 빨래 한 번 직접 해보지 않았던 형이 이제 자기 것은 물론 다른 연로한 입소자들의 빨래까지 도와주는 사람이 되어 있었다. 이 작은 공동체 안에서 형은 차츰 자신의 역할을 찾아나갔고 모종의 지위도 구축했다.

형은 사실상 더이상 책을 읽지 않았지만(언젠가는 편지에 직접 표명했다. "책은 이제 그만 보내!") 다른 입소자들이 언제든 모르는 것을 묻고 의견을 청할 수 있는 걸어 다니는 백과사전으로서 평생 해온 독서의 결실을 맺고 있었다. 거의 한평생을 있어도 그만 없어도 그만인 존재로 무시당해왔다고 느꼈던 형이 이곳에서 지식인의 자리, 현자의 신분을 얻어 새로운 삶을 만끽하고 있었다.

또한 형은 평생 의사들을 믿지 않았는데, 이곳 입소자들을 보살피는 뛰어난 의사 세실 헬먼♦을 만난 뒤로 그 불신의 벽도 깨졌다. 세실과 나는 편지를 왕래하면서 신뢰와 우애를 쌓았다. 그는 편지로 마이클 형에 대한 이야기를 자주 들려주었는데 한 편지에서 이렇게 썼다.

마이클은 현재 아주 상태가 좋습니다. 직원들은 마이클의 상태에 대해 "빛이 난다"고 표현합니다. 매주 금요일 일런요양원의 안식일 기도회를 마이클이 주재하는데 누가 봐도 아주 훌륭하게 해내고 있습니다. 마이클에게 이 작은 공동체 내의 랍비 같은 역할이 주어졌어요. 저는 이것이 마이클의 자존감에 대단히 큰 도움이 되고 있다고 봅니다.

("내게 어떤 '소명'이 있다고 나는 생각해." 마이클 형은 편지에 이렇게 썼다. "소명"은 고딕체로 강조하고 "나는 생각해"에 조심스럽게 밑줄 그은 것은 스스로에 대한 아이러니, 또는 유머러스한 의구심을 보여준다.)

1992년 데이비드 형이 폐암으로 죽었을 때 마이클 형은 몹시 비통해했다. "왜 내가 아니고!" 형은 이렇게 말하고는 생전 처음으로 자살을 시도했다. 강력한 코데인 기침약을 병째 들이켠 것이다(형은 아주 긴 잠을 잤을 뿐 다른 일은 없었다).

이 일을 제외하면 마이클 형의 마지막 15년은 상대적으로 평온하게 흘러갔다. 다른 사람들을 도우면서 집에서는 가져보지 못한 정체성이 생겼다. 또 일런요양원 바깥에서도 소박한 삶이 생겼는데, 근처로 산보를 나가기도 했고 윌스던그린에서 외식을 하기도 했다(형은 저녁식사로 일런요양원의 담백한 율법식 음식보다는 햄과 달걀 요리를 선호했다). 릴리 형수와 조카 리즈는 계속해서 마이클 형과 안식일 저녁을 함께 보냈다. 우리 집이 팔린 뒤로는 런던에 갈 때면 인근 호텔에 묵으면서 마이클 형을 초대해 일요일 늦은 아침을 함께 먹곤 했다. 두어 번은 마이클 형

♦ 랍비와 의사 가족 출신인 세실 헬먼은 남아프리카공화국과 브라질의 이야기·의학·질병에 대한 비교문화 연구로 유명한 의학인류학자였다. 생각이 깊고 훌륭한 교사였던 그는 회고록《교외의 무당Suburban Shaman》에서 아파르트헤이트 치하 남아프리카공화국의 의학 교육과정에 대해 이야기했다.

이 자기 단골 식당으로 나를 초대했는데, 형은 주인 노릇을 하고 음식값을 내면서 무척이나 기뻐했다.

내가 형을 방문할 때는 항상 훈제연어 샌드위치와 담배 한 보루를 가져다달라고 했다. 샌드위치(훈제연어는 나도 아주 좋아하는 음식이었다)를 가져가는 것은 기쁜 마음으로 할 수 있었지만 담배는 그다지 기쁘지 않았다. 이제 형은 하루에 100개비 가까이 줄담배를 피우는 골초가 되었다(형의 용돈 거의 전부가 담배에 들어갔다).◆◆

이런 줄담배 습관이 마이클 형의 건강을 해쳐 만성 기침과 기관지염이 생겼을 뿐 아니라 더 심각한 문제로 다리의 많은 동맥에 동맥류가 생겼다. 2002년에는 넓적다리 동맥 하나가 막히면서 다리 아래쪽으로 피가 거의 통하지 않아 다리가 차가워지고 창백하게 변했고 말할 것도 없이 통증도 있었다. 허혈虛血(신체 조직의 부분 빈혈 상태 — 옮긴이)은 극심한 통증을 수반하기도 한다. 하지만 마이클 형은 고통을 호소한 적이 없어서 의사가 진찰할 때에야 비로소 그가 다리를 전다는 것이 발견되었다. 다행히 외과에서 손을 써준 덕분에 다리를 구할 수 있었다.

형은 "나는 저주받은 인간이야!" 하고 온 동네가 떠나가라 고래고래 소리를 질러대곤 했지만 보통 친목 자리에서는 감정을 드러내는

◆◆ 일련요양원의 많은 입소자가 줄담배를 피웠다(일반적으로 '만성'조현병 환자들에게 많이 나타나는 현상이다). 그들이 그렇게 담배를 많이 피우는 것이 따분해서인지(요양원에서는 할 수 있는 일이 많지 않았다) 아니면 니코틴의 약리적 효과 때문인지는 모르겠다. 그 효과가 각성인지 흥분인지도 모르겠고. 브롱크스주립병원에 있을 때 보았던 한 환자는 평소에는 무신경하고 웬만한 상황에서는 뒤로 빠져 있다가 담배를 몇 모금 빨고 나면 우선 생기가 돌고 그런 다음에는 투렛증후군이 아닐까 싶을 정도로 우쭐대고 과잉행동을 보이곤 했다. 그를 돌보던 간호사는 그를 "니코틴성 지킬과 하이드"라고 불렀다.

법이 거의 없는 사람이었다. 그런데 단 한 번 형의 근엄한 표정이 누그러진 적이 있었다. 조카 조너선이 열 살 된 아들 쌍둥이를 데리고 형을 방문했을 때였다. 두 쌍둥이 녀석이 난생처음 보는 종조할아버지에게 펄쩍 안겨 애교를 부리고 키스를 퍼부었다. 형은 처음에는 뻣뻣하게 굳어 있었지만 조금 지나서는 온화해졌고 그러다가 너털웃음을 터뜨리면서 종손자들을 다정하게 안아주고는 그 오랜 세월 한 번도 보인 적 없는 장난을 치기 시작했다. 1950년대에 태어나 삼촌이 '정상'인 모습을 본 적 없었던 조너선은 이 장면을 보면서 가슴 벅차했다.

2006년에는 마이클 형의 다른 쪽 다리가 동맥류로 막혔다. 형은 이번에도 통증을 호소하지 않았지만 위험성에 대해서는 충분히 인지하고 있었다. 형은 전반적으로 거동이 불편해지고 있었다. 다리를 절단하거나 기관지염이 더 심해진다면 일런요양원에서도 더이상 보살핌을 받을 수 없으리라는 것을 알고 있었다. 이런 일이 생긴다면 자율성도 정체성도 역할도 가질 수 없는 양호시설로 옮겨야만 할 것이었다. 형은 그런 환경에서 목숨을 부지한다는 것은 부질없고 견딜 수 없는 일이라고 느꼈다. 그 이야기를 들으면서 나는 형이 죽을 생각을 하는 것은 아닌가 생각했다.

마이클 형의 생애 마지막 장면은 병원 응급실에서 펼쳐졌다. 형은 수술을 기다리면서 이번에는 십중팔구 다리 하나를 잘라낼 것이라고 생각했다. 들것에 누워 있던 형이 갑자기 팔꿈치에 기대어 몸을 일으키더니 말했다. "나가서 담배 한 대 피우고 와야겠다." 그러고는 들것에서 떨어져 죽었다.

1987년 말, 나는 잉글랜드에서 자폐증 소년 스티븐 윌트셔를 만났다. 스티븐이 여섯 살부터 그리기 시작했다는 엄청나게 세밀한 건축

설계도를 보고 입이 다물어지지 않았다. 아무리 복잡한 건물이라도, 아니 도시 전체의 전경조차도 단 몇 초만 훑어보고는 모든 것을 다 기억하여 정밀하고 정확하게 그려낼 수 있었다. 이제 겨우 열세 살인데 설계도 책을 한 권 출간했다. 하지만 일상에서는 여전히 외톨이였고 사실상 벙어리였다.

시각적 장면을 즉각 '기록'하여 면밀한 세부까지 재생해내는 스티븐의 비범한 기술의 기저에 무엇이 작용하는지, 그의 마음은 어떻게 작동하는지, 스티븐은 이 세계를 어떻게 보는지, 나는 알고 싶었다. 하지만 무엇보다 보고 싶었던 것은 그의 감정 능력과 다른 사람들과 관계 맺는 능력이었다. 전통적으로 자폐증을 겪는 사람들은 철저히 혼자인 존재, 타인과 관계 맺는 능력이 없고 타인의 감정이나 생각을 지각하는 능력이 없으며, 유머나 장난, 즉흥성과 창조성이 결여된 사람(한스 아스페르거[아스퍼거증후군을 처음 보고한 오스트리아의 소아청소년과 의사 — 옮긴이]의 표현에 따르면 "지능 있는 자동인형")으로 간주되어왔다. 짧은 시간이었지만 나는 스티븐에게서 훨씬 더 친근한 인상을 받았다.

그 뒤로 2년 동안 나는 스티븐과 그의 교사이자 스승인 마거릿 휴슨과 많은 시간을 보냈다. 스티븐의 설계도 책은 세상에 나오자마자 열렬한 찬사를 받았고, 이후로는 수차례 전 세계를 두루 여행하며 건축물 그림을 그렸다. 우리는 암스테르담, 모스크바, 캘리포니아, 애리조나를 함께 여행했다.

나는 유수의 자폐증 전문가들을 만났는데 런던에서 만난 유타 프리스도 그 가운데 한 사람이었다. 우리는 스티븐을 비롯하여 특정 분야에 재능이 있는 여러 정신 장애인에 대한 이야기를 나누었다. 이야기가 끝나갈 무렵 프리스는 템플 그랜딘을 만나볼 것을 제안했다.

당시에 갓 아스퍼거증후군이라는 명칭으로 불리기 시작한 고기능 자폐증을 겪는 재능 있는 과학자라면서, 템플은 굉장한 사람이며 내가 병원이나 클리닉에서 만났던 어떤 자폐증 어린이와도 다를 것이라고 말했다. 동물행동으로 박사학위를 받았고 자서전도 나와 있다고 했다.♦ 프리스는 자폐증이라고 해서 반드시 심각한 지체장애 또는 의사소통이 불가능한 상태는 아니라는 점이 점점 더 명확하게 밝혀지고 있다고 말했다. 자폐증 환자들 가운데 발달장애를 겪거나 사회적 단서를 읽어내지 못하는 사람이 없는 것은 아니지만 그들 또한 다른 방면으로는 충분한 능력이 있으며 심지어는 고도의 재능을 발휘한다는 설명이었다.

콜로라도 주 템플의 집에서 주말을 보내기로 약속을 잡았다. 이 시간을 통해 내가 당시 스티븐에 대해 쓰고 있던 글에 흥미로운 각주를 하나 추가할 수 있지 않을까 하는 생각이었다.

템플은 손님에게 예를 다하기 위해 무던히 애를 썼다. 그럼에도 그가 다른 사람들이 무엇을 생각하고 어떻게 느끼는지를 거의 이해하지 못한다는 사실은 어떻게든 티가 났다. 템플 자신은 언어로 생각하지 않고 아주 구체적인 시각 연상으로 사고한다는 점을 강조했다. 템플은 키우는 소의 마음을 읽는 데 놀라운 능력을 보여주었으며 자신을 "소의 관점에서 보는" 사람이라고 여겼다. 이는 엔지니어로서의 탁월한 능력과 결합하여, 그녀가 소를 비롯한 여러 동물들을 위한 보다

♦ 템플의 첫 책《어느 자폐인 이야기Emergence: Labeled Autistic》(김영사, 2011)는 1986년에 출간되었는데 당시에는 아스퍼거증후군이 거의 알려져 있지 않았다. 이 책에서 템플은 자폐증이 있는 사람에게는 결코 생산적인 삶이 가능하지 않다는 것이 일반적인 인식이던 시기에 자신이 자폐증으로부터 "회복"한 이야기를 들려주었다. 나는 템플을 1993년에 만났는데 그 무렵 템플은 더이상 자폐증 '치료'가 아니라, 자폐증이 있는 사람이 보여줄 수 있는 강점과 약점에 대해 역설하고 있었다.

인도적인 시설을 설계하는 데 있어 세계적인 전문가가 되도록 이끌었다. 나는 템플의 두드러지는 지적 능력과 소통하고자 하는 열망에 깊이 감동받았다. 대인관계에 수동적이고 다른 사람들에 대해 무관심해 보이는 스티븐과는 너무나 달랐다. 템플이 작별 인사로 포옹할 때 내가 그에 대한 긴 에세이를 쓰게 되리라는 것을 알았다.

두 주 뒤 템플에 대해 쓴 원고를《뉴요커The New Yorker》로 보내고 나서 우연히 이 잡지의 새 편집자 티나 브라운을 만났다. 그때 브라운은 이런 이야기를 했다. "템플은 미국의 영웅이 될 겁니다." 그 말이 맞았다. 템플은 현재 전 세계 자폐증 공동체에서 많은 이의 영웅이자, 우리 모두에게 자폐증과 아스퍼거증후군은 신경 결손이라기보다는 그들 고유의 특질과 욕구로써 살아가는 또다른 존재 방식임을 인식하게 만들어준 위인으로 널리 존경받고 있다.

이전까지 내가 쓴 책들은 다양한 신경질환 또는 '결손'에 (때로는 독창적으로) 적응하여 살아남기 위해 분투하는 환자들의 이야기였다. 그런데 템플을 비롯하여 내가《화성의 인류학자An Anthropologist on Mars》(1995; 바다출판사, 2015)에서 다룬 사람들에게는 '질환'이 그들 삶의 근본 조건이었으며, 그것이 독창성이나 창조성의 원천이 되는 경우가 적지 않았다. 이 책에 "일곱 명의 기묘한 환자들Seven Paradoxical Tales" 이라는 부제를 붙인 것은 그 주인공들 모두가 장애를 받아들일 비범한 방법을 발견했거나 창조한 사람들이기 때문이다. 그 일곱 환자에게는 저마다 장애를 보완하는 각자의 재능이 있었다.

◆

1991년, 망막 손상과 백내장으로 아주 어려서부터 사실상 맹인이었다는 사람에게서 전화를 받았다(《화성의 인류학자》에서는 그를 버질이라는 이름으로 불렀다). 나이 쉰 살에 결혼을 하게 됐는데 약혼자가 백내장 수술을 받으라고 설득했다고 했다. 밑져야 본전이고 잘하면 시력을 얻어 새 삶을 살 수 있지 않겠느냐는 것이었다.

하지만 수술이 끝나고 붕대를 풀었을 때 버질의 입에서 ("앞이 보여요!"라는) 기적의 외침은 터져 나오지 않았다. 바로 앞에 서 있는 수술의에게 초점도 못 맞추고 어쩔 줄 몰라 멍하니 앞만 응시했다. 수술의가 "어떠세요?"라고 말했을 때 비로소 버질의 얼굴에 알아보는 듯한 표정이 스쳤다. 목소리는 얼굴에서 나온다는 것을 상기한 그는 자기가 지금 보고 있는 혼돈 상태의 빛과 그림자와 움직임이 자기를 수술한 의사의 얼굴이 분명하다고 추론했다.

나는 버질에 대해 심리학자 리처드 그레고리와 장시간 토론하면서 버질의 경험이 30년 전 리처드가 기술했던 환자 SB의 반응과 거의 동일하다는 것을 이야기했다.

리처드는 1972년 콜린 헤이크래프트의 사무실에서 만나 아는 사이였다. 콜린은 당시 《깨어남》과 리처드의 저서 《자연과 예술의 착시 Illusion in Nature and Art》(1973) 출간을 동시에 준비하고 있었다. 리처드는 나보다 머리 하나가 더 큰 장신에 심신의 에너지와 자유분방함이 흘러넘치며 천진무구하고 장난을 좋아하는 사람이었다. 그런 리처드를 보면 기운 팔팔하고 까불기 좋아하는 덩치 큰 열두 살 남자아이로 느껴지곤 했다. 나는 그의 초기 저작 《눈과 뇌Eye and Brain》(1966), 《똑똑한 눈The Intelligent Eye》(1970)에 깊이 매료되었다. 재미와 깊이를 겸비한 이 책들은 그의 열정적인 지성을 설득력 있게 보여주었다. 그의 문장은, 한 소절만 들어도 누구의 작품인지 알 수 있는 브람스의 음악처럼, 그만의 개성이 강했다.

우리 두 사람 다 부상이나 질환으로 약화되는 시지각 기능의 문제나 시각기관이 착시에 속아 넘어가는 현상 등 뇌의 시각기관에 특히 흥미가 높았다.♦ 그는 지각 작용은 감각 정보가 단순히 눈이나 귀를 통해 재생산되는 것이 아니라 뇌에 의해 '구성'되는 것이라고 보았다. 기억과 개연성과 맥락에 따른 예상이 부단히 입력되면서 뇌 안의 많은 하부 조직이 작용함으로써 그 정보가 구성된다는 것이다.

리처드는 오랫동안 활발한 연구와 저술을 통해 착시가 각종 신경 기능을 이해하는 중요 통로임을 보여주었다. 리처드에게는 지적 유희로든(그는 말장난의 명수였다) 과학적 방법론으로든 놀이가 중심 요소였다. 그는 우리의 뇌가 생각을 가지고 논다고 생각했으며, 우리가 지각이라고 부르는 것이 사실은 뇌가 구성하고 가지고 노는 "지각적 가설"이라고 주장했다.

시티아일랜드에 살 때 나는 한밤중에 일어나 텅 빈 거리를 자전거로 달리곤 했다. 그러던 어느 날 밤 희한한 현상을 발견했다. 빙글빙글 돌아가는 앞바퀴 살을 보고 있으면 바퀴살이 스냅사진으로 찍은 것처럼 멈춘 상태로 보이는 순간이 있었다. 하도 신기해서 곧장 리처드에게 전화를 걸었다. 생각해보니 잉글랜드는 아주 이른 새벽이었다. 하지만 리처드는 내 이야기를 신나서 듣고는 세 가지 즉석 가설을 제시했다. 그 '멈춤' 현상은 내 발전기에서 발생한 진동 전류가 야기한 스트로보스코프(연속 순간 촬영) 효과인가? 내 눈이 경련하듯 빠른 단속적 안구 운동을 함으로써 나타난 효과인가? 아니면 뇌가 연속으로 입력된 '스냅사진' 정보로부터 움직임에 대한 지각을 '구성'했음을 시사하

♦ 그레고리 가문은 수세대에 걸쳐 시각과 광학 분야에서 특별한 업적을 세웠다. 프랜시스 골턴은《유전하는 천재Hereditary Genius》(1869)에서 그레고리 가문의 지적 탁월함을 살피면서 뉴턴(1643~1727)과 동시대 인물인 제임스 그레고리James Gregory로 거슬러 올라갔는데, 그는 뉴턴이 발명한 반사 굴절 천체망원경의 중대한 약점을 보완하는 원리를 발표한 수학자였다. 리처드의 아버지는 왕실 천문관을 지냈다.

는가?♦

우리 둘 다 입체시stereoscopic vision에 열광했는데, 리처드는 때때로 친구들에게 입체 크리스마스카드를 보냈다. 브리스톨에 있는 그의 박물관 같은 집에는 골동품 입체경을 비롯해 온갖 낡은 광학 장비가 수두룩했다. 아주 어려서부터 입체맹stereo-blind으로 살다가 쉰 살에 입체시를 획득한 수전 배리의 이야기 〈수 배리의 입체 시각Stereo Sue〉을 쓸 때, 나는 리처드에게 자주 조언을 구했다. 입체시는 생후 초기 아주 짧은 '결정적 시기'에만 경험하는 것으로, 2~3세 사이에 획득하지 못하고 지나가면 이미 늦었다는 것이 일반적인 인식이었던 터라 수 배리의 사례는 있을 수 없는 일로 받아들여졌다.

그런데 〈수 배리의 입체 시각〉을 쓰고 나서 내 한쪽 눈의 시력 일부가 사라지기 시작하더니 결국에는 완전히 상실되었다. 나는 가끔씩 나타나는 무서운 착시 경험, 평생을 누려온 아름답고 풍요로운 입체의 세계가 하루아침에 완전한 평면으로 변해 때로는 거리와 깊이의 개념 자체가 사라져버린 듯한 혼란스러운 경험을 수시로 리처드에게 편지로 이야기했다. 리처드는 나의 무수한 질문을 무한한 인내로 받아주었으며 헤아릴 수 없으리만치 귀중한 통찰로 답해주곤 했다. 리처드는 당시 나에게 일어난 일을 이해하는 데 그 누구보다 큰 도움을 준 사람이었다.

1993년 초 케이트가 수화기를 건네며 말했다. "괌에 사는 존 스틸

♦ 나중에 나는 그런 '스냅사진' 시지각 현상에 대해 프랜시스 크릭과 토론한 뒤 에세이 〈의식의 강물에서In the River of Consciousness〉을 써서 2004년《뉴욕 리뷰 오브 북스》에 발표했다.

이라는데요."

괌이라고? 괌에서 전화가 온 적은 없었다. 아니, 괌이 어디 있는지조차 알지 못했다. 20년 전쯤 토론토에 사는 신경과 의사 존 스틸이라는 사람하고 잠깐 편지를 주고받은 적은 있는데, 그는 어린이에게 나타나는 편두통 환각을 주제로 한 어떤 논문의 공동저자였다. 현재 진행성핵상신경마비로 불리는 퇴행성 뇌질환, 스틸-리처드슨-올스제우스키증후군Steele-Richardson-Olszewski syndrome을 발견하여 이름을 얻은 그 존 스틸 말이다. 수화기를 들었더니 정말로 내가 아는 그 존 스틸이었다. 미크로네시아에 정착한 뒤 처음에는 캐롤라인 제도의 몇 군데 섬에서 살다가 지금은 괌에서 살고 있다고 했다. 그는 왜 내게 전화를 했을까? 존은 괌 원주민인 차모로 부족에게는 리티코보딕lytico-bodig이라고 부르는 특이한 풍토병이 있다고 했다.

이 병을 앓는 많은 사람의 증상이 내가 돌본 뇌염후증후군 환자들에 대한 글이나 다큐멘터리에서 본 것과 대단히 흡사하다고 했다. 내가 그런 뇌염후증후군을 직접 보고 겪은 극소수의 한 사람이니 와서 자신의 환자를 만나보고 소견을 줄 수 있겠느냐는 것이었다.

수련의 시절에 괌 지역의 이 풍토병에 대해 들은 기억이 났다. 이 병을 앓는 사람들에게 나타나는 증상이 파킨슨병이나 ALS(amyotrophic lateral sclerosis, 신경위축성경화증)나 치매의 증상과 흡사하여, 어쩌면 이 모든 질환의 비밀을 밝혀줄 수 있으리라는 기대감에 이 병은 때로 퇴행성 신경질환의 로제타석으로 불리기도 했다. 전 세계 신경학자들이 수십 년 동안 원인을 알아내겠다고 괌으로 모여들었지만 대다수가 도중에 포기했다.

몇 주 뒤 괌에 도착했다. 공항으로 마중 나온 존은 군중들 사이에서 단연코 눈에 띄는 인물이었다. 푹푹 찌는 날씨여서 다들 알록달록한 티셔츠에 반바지 차림인데 존만 여름용 소모사 정장에 넥타이를 매고 밀짚모자를 쓰고 있었다. "올리버!" 존이 소리쳤다. "정말로 잘 오셨습니다!"

그는 빨간 컨버터블에 우리를 태우고 달리며 괌의 역사를 들려주었다. 또 도로변에 늘어선 소철나무를 가리키면서 괌 지역 전체가 원래는 이 원시 식물의 숲이었다고 했다. 그는 내가 소철을 비롯한 원시 식물에 관심이 많다는 것을 알고 있었다. 아닌 게 아니라 그는 먼젓번 전화했을 때 내가 괌에 "소철학적 신경학자"로서 올 수도 있고 "신경학적 소철학자"로서 올 수도 있다고 했다. 차모로 부족 사람들이 즐겨 먹는 소철 씨앗을 갈아 만든 가루가 이 지역에서 유행하는 그 기이한 질병의 원인이라는 견해가 많기 때문이라고.

처음 며칠 동안 존의 왕진에 동행했다. 그가 환자들을 진료하는 모습을 보면서 어린 시절 아버지가 왕진 갈 때 따라가던 일이 떠올랐다. 그러면서 존이 돌보는 많은 환자를 만났는데 그 가운데 몇 사람은 정말로 내 《깨어남》 환자들하고 비슷했다. 나는 좀더 긴 일정으로 괌을 다시 찾기로, 이번에는 카메라를 가져와 이들 특별한 환자들을 찍기로 결정했다.

괌 방문은 인간적 차원에서도 아주 중요하다고 느꼈다. 뇌염후증후군 환자들이 수십 년 동안 병원에 방치되어 살아가고 가족에게 버림받은 경우도 적지 않은 데 반해, 리티코보딕 환자들은 끝가지 가족과 공동체의 일원으로 함께 살아가고 있었다. 이들의 모습을 보면서 묻지 않을 수 없었다. 몸이나 정신이 병든 이들을 보이지 않는 곳에 보내놓고 없는 척하며 살려는 우리 '문명' 세계의 의학, 우리 사회의 관습은 얼마나 야만적인가?

◆

괌에서 하루는 나의 또다른 관심사에 대해 이야기를 하게 되었다. 오래전부터 깊이 관심 가져온 주제, 색맹이었다. 최근에 평생 색을 보고 살다가 사고를 당한 뒤 색각을 상실한 화가 I씨를 만난 적이 있었다. 그는 자신이 무엇을 잃어버렸는지 알았다. 반면에 날 때부터 색을 지각하는 능력이 없는 사람이라면 색에 대한 개념 자체가 아예 없을 것이다. '색맹'으로 분류되는 사람 대다수가 사실은 '색각 결여'로, 일부 구분하기 힘든 색을 제외한 나머지 색은 쉽게 알아볼 수 있다. 아무 색도 볼 수 없는 완전색맹은 극히 드물어서 3만 명에 한 명 꼴이다. 다른 사람들에게는, 그리고 조류와 포유류에게는 온갖 정보와 단서로 가득한 색의 세계를 그렇게 완전한 색맹인 사람들은 어떻게 살아갈까? 완전색맹도 청각이 없는 사람처럼 그 능력을 보완하는 다른 특별한 기술과 전략을 기를 수 있을까? 그들도 청각장애인처럼 그들만의 공동체와 문화를 이루어 살아갈 수 있을까?

나는 존에게 완전색맹인 사람들만 모여 사는 외딴 골짜기가 있다는 소문(어쩌면 낭만적인 전설)을 들은 적이 있다고 이야기했다. 존이 말했다. "네, 저도 거기 압니다. 정확히 말하자면 골짜기는 아니에요. 하지만 아주 외딴 곳은 맞아요, 아주 작은 산호섬입니다. 괌에서 가까운 편이죠. 2,000킬로미터도 안 떨어진 곳이니까요." 그 섬 핀지랩은 존이 몇 년간 일했던 커다란 화산섬 폰페이에서 멀지 않았다. 그는 폰페이에서 핀지랩 환자 몇 사람을 진료한 일이 있다면서 핀지랩 인구의 10퍼센트가량이 완전색맹이라고 알고 있다고 했다.

◆

몇 달 뒤, 마이클 니먼의 오페라 〈아내를 모자로 착각한 남자〉의 대본을 쓴 크리스토퍼 롤런스가 BBC 다큐멘터리 시리즈를 같이 해보지 않겠느냐고 제안해왔다.♦ 그렇게 해서 1994년에 내 안과의 친구 밥 와서먼과 완전색맹인 노르웨이의 심리학자 크누트 노르드뷔와 함께 미크로네시아로 돌아왔다. 크리스토퍼와 촬영팀이 전세 낸 불안정한 소형 비행기로 핀지랩에 들어간 밥과 크누트와 나는 이곳 섬 지역의 독특한 문화와 역사에 매혹되었다. 우리는 환자들을 만났고 의사, 식물학자, 과학자와 이야기를 나누었으며 열대우림을 거닐었고 바다 속으로 잠수하여 산호초를 둘러보았고 사람을 취하게 만드는 식물인 사카우sakau 표본을 수집했다.

1995년 여름이 되어서야 이들 섬에서 경험한 것을 글로 옮기기 시작했다. 처음에 계획했던 것은 한 쌍의 여행 이야기로, 핀지랩에 관한 "색맹의 섬The Island of the Colorblind"과 괌의 기이한 풍토병을 다룬 "소철 섬Cycad Island"을 하나로 묶은 책이었다(여기에다 지질학적 개념인 '아득한 시간deep time'과 내가 가장 좋아하는 고대 식물인 소철에 관한 이야기를 종결부로 덧붙였다).

나는 이 책에서 비신경학적 주제에서 신경학적 주제까지 제한 없이 자유로이 탐구했으며 60쪽이 넘어가는 각주를 붙였다. 많은 각주가 그 자체로 식물이나 수학, 역사에 대한 짧은 에세이였다. 이렇듯《색맹의 섬》(1997; 알마, 2015)은 전작들과는 아주 다른 더 서정적이고 더 개인적인 책이었으며, 여러 면에서 내가 가장 아끼는 책이었고 지금까지

♦ 〈마음의 여행자The Mind Traveller〉라는 제목으로 방영된 이 시리즈는 내가 오랫동안 관심을 가져왔던 여러 주제를 탐구했는데, 거기에는 투렛증후군과 자폐증도 들어갔다. 이 다큐멘터리를 제작하는 과정에서 윌리엄스증후군Williams syndrome 환자들(이들에 대해서는 나중에《뮤지코필리아》에서 다루었다), 시청각장애인들이 모여 사는 케이준Cajun 공동체, 언어를 상실한 다수의 청각장애인 등 몇 가지 새로운 세계도 처음 접했다.

도 그렇다.

1993년에는 새로운 모험이 시작되고 미크로네시아를 비롯하여 다른 많은 지역으로 향하는 새로운 모험과 여행을 시작했을 뿐 아니라 또 하나의 여정에 착수했다. 바로 나의 유년기를 지배했던 열정과 추억을 회상하고 돌아보는 일종의 정신적 시간여행이었다.

《뉴욕 리뷰 오브 북스》의 밥 실버스가 화학자 험프리 데이비의 새 자서전 서평을 맡아주겠는지 물었다. 가슴 떨리는 제안이었다. 데이비는 어린 시절 내 우상이었다. 그의 19세기 초 화학실험 이야기를 읽고 내 소박한 실험실에서 그대로 따라 해보기를 좋아했다. 나는 화학의 역사 속으로 다시 빠져들었고, 화학자 로알드 호프만(1937~ , 1981년 노벨화학상을 수상한 폴란드 출신의 미국 화학자 — 옮긴이)을 알게 되었다.

몇 년 뒤 로알드가 어린 시절에 내가 화학을 좋아했다는 것을 알고 소포를 보내주었다. 그 안에는 각 원소의 사진이 담긴 대형 주기율표 포스터와 화학물질 목록집이 있었고, 굉장히 밀도 높은 잿빛 금속 막대도 있었는데, 나는 보자마자 그것이 텅스텐임을 알아보았다. 로알드는 추측한 것이었겠지만 이 선물이 텅스텐 막대를 생산하고 텅스텐 필라멘트가 들어가는 전구를 제조하는 공장을 운영했던 삼촌에 대한 기억을 이끌어냈다. 내게는 그 텅스텐 막대가 기억의 실타래를 건드린 '마들렌 과자'였다.

나는 2차 세계대전이 발발하기 전의 유년기와 전쟁이 벌어지는 동안 대피했던 가학적인 기숙학교의 유배 생활에 대해 썼다. 또 절대적이고 확실한 세계인 수와 원소에 대한 열정에서 불변성을 발견한 이야기, 어떤 화학반응도 나타낼 수 있는 방정식의 아름다움을 발견한 이야기를 적어 내려갔다. 이것은 일종의 화학사가 어우러진 회고록으로 나로서는 써본 적 없는 새로운 유형이었다. 1999년 말까지 쓴 분량이 수십만 단어가 넘어갔지만 그것이 한 권의 책으로 어우러지는 느낌은 들지 않았다.

◆

나는 19세기 자연사 탐방기를 좋아했는데 그런 여행기에는 항상 개인적인 이야기와 과학적인 이야기가 섞여 있었다. 특히 월러스의 《말레이 제도The Malay Archipelago》(1869), 베이츠의 《아마존 강의 박물학자 The Naturalist on the River Amazons》(1863), 스프루스의 《어느 식물학자의 수첩Notes of a Botanist》(1908), 그리고 이들 모두(와 다윈)에게 영감을 주었던 알렉산더 폰 훔볼트의 《나의 이야기Personal Narrative》(1819~1829)가 그랬다. 월러스, 베이츠, 스프루스가 모두 1849년의 같은 시기에 아마존의 같은 지역에서 서로 앞서거니 뒤서거니 하며 스쳐 지나갔다는 사실, 그리고 그들 모두가 좋은 친구 사이였다는 사실을 생각하면 기분이 좋았다(이 세 사람은 평생 서신을 주고받았으며, 월러스는 스프루스가 세상을 떠난 뒤 《어느 식물학자의 수첩》 출판을 맡았다).

그들은 모두 어떤 의미에서 아마추어였다. 모두 독학으로 공부했고, 어떤 기관에 소속되거나 고용된 것이 아니라 스스로의 이유와 목표를 갖고 탐험에 나섰다는 점에서 그랬다. 나는 이 세 사람이 일종의 에덴동산 같은 행복한 세계에 살았던 것 아닌가 하는 생각이 가끔 들었다. 그들이 속해 있던 분야가 점점 더 전문화되면서 거의 살인적인 경쟁이 벌어지게 되지만(H. G. 웰스의 단편소설 〈나방The Moth〉에 이런 경쟁관계가 생생하게 묘사되어 있다), 그들 세 사람의 세상은 아직 그런 소란과 고민에 휩쓸리지 않은 상태였다.

이기심이나 명예욕보다 모험심과 경이의 지배를 받는 이 달콤하고 순수한, 전문화 이전의 분위기가 지금도 여기저기 일부 박물학 연구 모임이나 아마추어 천문학자와 고고학자 모임 같은 곳에 살아 있는 것 같기는 하다. 조용하지만 반드시 필요한 그들의 존재가 비록 일반인에게는 거의 알려져 있지 않지만 말이다. 그런 아마추어 모임의 하나가 미국양치류연구회다. 그들은 매달 모임을 가지며 양치류 탐방 여행 같은 현장답사 활동도 자주 하고 있다.

2000년 1월, 《엉클 텅스텐》을 어떻게 마무리해야 할지 답이 나지 않아 씨름하던 와중에 양치류연구회 회원 20여 명과 함께 멕시코 오악사카로 향했다. 오악사카는 700종 이상의 양치류가 발견되어 기술된 곳이었다. 이 탐방여행의 모든 것을 상세하게 일기에 적어야겠다는 계획은 없었다. 하지만 그 여행이 풍요롭고도 놀라운 모험으로 느껴져 열흘간의 여정 내내 나는 거의 쉬지 않고 일기를 썼다.◆

《엉클 텅스텐》에서 꽉 막혀 있던 생각이 오악사카 한복판에서 뚫렸다. 시내 광장에서 호텔로 돌아가는 셔틀버스에 올라타던 순간이었다. 내 맞은편 좌석에 앉아 시가를 피우는 남자와 그 아내가 스위스식 독일어를 쓰고 있었다. 호텔의 셔틀버스와 이 부부의 언어가 겹치면서 나는 갑자기 1946년으로 돌아갔다. 그 기억을 《오악사카 저널》(2002; 김승옥 옮김, 알마, 2013)에 이렇게 썼다.

> 전쟁이 끝난 직후인 그해에 우리 부모님은 유럽에서 유일하게 "망가지지 않은" 나라인 스위스에 가보기로 했다. 루체른의 슈바이처호프호텔

◆ 여행에서 돌아온 뒤에 이 일기를 옮겨 적었다. 그로부터 얼마 뒤 이 원고를 《내셔널지오그래픽National Geographic》 여행 시리즈의 한 권으로 출간하자는 요청을 받았다. 《오악사카 저널Oaxaca Journal》(2002; 알마, 2013)에는 내가 손으로 쓴 일기와 동일한 내용이 전편 수록되었고, 이 여행에서 깊은 인상을 받았던 몇 가지(초콜릿과 칠리, 메스칼과 코치닐, 중앙아메리카의 문화와 신대륙의 환각제)를 더 조사해 실어 내용을 풍성하게 만들었다.

에는 40년 전부터 한결같이 조용하고 아름답게 움직이는 전차가 있었다. 당시 열세 살로 사춘기 직전이던 나의 달콤하면서도 고통스러운 추억이 갑자기 떠오른다. 그때 나는 세상을 얼마나 신선하고 날카로운 눈으로 바라보았는지. 부모님은 겨우 쉰 살로 젊고 활기찬 모습이었다.

뉴욕으로 돌아온 뒤 어린 시절의 기억이 계속해서 나를 찾아왔고《엉클 텅스텐》의 나머지 이야기도 그 뒤를 따라 나왔다. 내 개인 이야기가 역사 이야기와 화학 이야기 속으로 저절로 짜깁기되는 듯한 과정이었다. 그리하여 전혀 다른 두 종류의 이야기와 목소리가 그럭저럭 어우러져 맞물린 책이 세상에 나왔다.

자연사와 과학사에 나만큼 깊은 애정을 지닌 사람이 스티븐 제이 굴드였다.

나는 굴드의《개체발생과 계통발생Ontogeny and Phylogeny》(1977)과 잡지《자연사Natural History》에 매달 실리던 많은 글을 읽었다. 내가 특별히 좋아한 것은 1989년 저서《생명, 그 경이로움에 대하여Wonderful Life: The Burgess Shale and the Nature of History》(경문사, 2004)였는데, 동물종이 되었건 식물종이 되었건 진화에서 어떤 결정적인 역할을 수행하느냐 마느냐는 (행운이든 악운이든) 순전히 운에 달린 일이라는 놀라운 깨달음을 준 책이었다. 굴드는 우리가 진화를 "재경주"할 수 있다면 번번이 완전히 다른 결과가 나오리라는 데는 의심의 여지가 없다고 이야기한다. 호모사피엔스는 우리를 만들어낸 우발적 요소들이 특정한 방식으로 조합된 결과였으며, 그는 이를 "장엄한 우연"이라고 불렀다.

나는 진화에 대한 굴드의 견해에 몹시 흥분해서 잉글랜드의 한 신문이 1990년 한 해 동안 가장 감명 깊게 읽은 책이 무엇인지 물었을 때《생명, 그 경이로움에 대하여》를 꼽았다. 추천의 변으로 5억 년도 더 된 '캄브리아기의 대폭발'(약 5억 4200만 년 전 대부분의 주요 동물 문門이 출현한 지질학적 대사건 — 옮긴이)이 낳은 놀라운 범주의 생명체들(캐나다 로키 산맥의 버지스 산 이판암에 아름답게 보존되어 있다)을 생생하게 재현했으며, 이 생명체들이 어떻게 경쟁과 천재지변 또는 그저 불운에 굴복했는지를 상세하게 이야기한 책이라고 썼다.

스티브(스티븐 제이 굴드의 애칭 — 옮긴이)는 이 짧은 서평을 읽고는 책 한 부를 또 보내주었다. 내가 뇌염후증후군 환자들에서 발견했던 본질적으로 예측 불가능한 우발성을 "지질학 버전"으로 풀어쓴 것이《생명, 그 경이로움에 대하여》라는 너그러운 헌사를 곁들여서. 고마운 마음에 내가 편지하자 스티브는 특유의 에너지와 활기 그리고 스타일이 넘쳐나는 답장을 보내왔다. 그 편지는 이렇게 시작한다.

친애하는 색스 박사님,

박사님의 편지를 받고 가슴이 뛰었습니다. 지적인 영웅으로 우러르던 분이 필자 자신이 정성 들인 결과물을 좋게 읽어주었다는 사실을 아는 것보다 짜릿한 일이 우리 인생에 얼마나 더 있겠습니까. 저는 어떠한 협의도 없었으나 일련의 연대의식 속에서 우발성 이론에 뿌리를 둔 공동의 목표를 위해 노력을 경주하는 몇 사람이 있다고 생각합니다. 박사님의 병례사 작업은 분명 제럴드 에덜먼의 신경학, 카오스이론 일반, 제임스 맥퍼슨James M. McPherson의 남북전쟁 연구, 그리고 제가 하는 생명의 역사 작업과 궤를 같이 하고 있습니다. 물론 우발성 그 자체에는 새롭다 할 것이 전혀 없습니다. 그런데도 이 주제에 대해서는 으레 과학에서 벗어난 무언가("역사 나부랭이")로 여기는 인식이 주를 이뤄왔을 뿐 아니라, 더 심한 경우에는 비과학적인 유심론을 불러 모으는 집결지나 대리자 취급을 받기도 합니다. 요는 우발성을 강조하자는 것이 아니라 우발성이 환원 불가능한 개체의 특이성을 기반으로 하는 진정한 과학의 중요 주제임을 인정하자는 것입니다. 저는 이것이 과학에 반하는 어떤 것이 아니라 우리가 자연법이라고 일컫는 범주에 들어가는, 따라서 과학의 기초 자료 그 자체로 받아들여지기를 기대합니다.

그는 몇 가지 다른 주제를 언급한 뒤 이렇게 맺었다.

참 재밌죠. 그렇게 오랫동안 만나고 싶어했던 분인데, 일단 말문을 트고 나니 토론해보고 싶은 얘깃거리가 사방천지에서 튀어나온단 말입니다.

진심을 담아,

스티븐 제이 굴드

하지만 우리가 직접 만난 것은 2년 뒤 한 네덜란드의 방송국 기자가 인터뷰 시리즈 건으로 연락해왔을 때였다. 피디가 내게 스티브를 아느냐고 물었을 때 나는 이렇게 대답했다. "직접 만난 적은 없지만 편지를 주고받아왔습니다. 아무튼 친형제처럼 생각하는 사람입니다."

스티브는 피디에게 편지로 이렇게 답했다고 한다. "올리버 색스 박사님을 만나고 싶은 마음이 간절합니다. 저는 색스 박사님을 친형처럼 생각하고 있습니다. 실제로 만나뵌 적은 없지만 말입니다."

인터뷰 시리즈에는 프리먼 다이슨, 스티븐 툴민, 대니얼 데닛, 루퍼트 셸드레이크, 스티브, 나, 이렇게 여섯 사람이 등장했다. 먼저 여섯 명의 개별 인터뷰가 있었고, 몇 달 뒤 암스테르담으로 모였다. 묵은 곳은 각기 다른 호텔이었지만. 우리는 서로 만난 적이 없어 여섯 사람이

한자리에 모이는 어떤 근사한(그리고 어쩌면 격렬한) 폭발의 기회가 있기를 희망했다. 〈어떤 장엄한 우연A Glorious Accident〉이라는 제목의 이열세 시간짜리 텔레비전 프로그램은 네덜란드에서 인기리에 방영되었고, 방송을 채록한 책은 베스트셀러가 되었다.

이 방송 프로그램에 대한 스티브의 반응은 그답게 삐딱했다. 그는 이렇게 썼다. "그 더치 시리즈가 그렇게 높은 시청률이 나오다니 깜짝 놀랐습니다. 여러 선생님들과 만날 수 있었던 것은 좋았습니다만, 글쎄요, 저라면 요즘처럼 '정치적 올바름'을 강조하는 시절에 으레 '죽은 백인 유럽 남성들(서구 학계의 남성중심주의를 풍자하는 표현 — 옮긴이)'로 통칭되는 사람들이 모여 떠드는 프로를 몇 시간씩 붙어서 시청하고 싶은 생각이 들었겠나 싶습니다."

스티브는 하버드대학교에서 가르쳤지만 자택은 뉴욕 시내에 있어서 가까운 이웃이었다. 그에게는 너무나 많은 면이 있었고 너무나 많은 열정이 있었다. 그는 걷는 것을 사랑했고, 뉴욕 시의 건축에 대해 그리고 한 세기 전 뉴욕의 모습에 대해 방대한 지식을 갖추고 있었다(진화의 은유로 삼각소간spandrel〔돔을 받쳐주기 위해 설치한 아치와 아치 사이에 생겨난 역삼각형 공간을 의미하는 건축학 용어 — 옮긴이〕이라는 개념을 도입하는 것은 스티브처럼 건축 양식에 고도로 민감한 사람만이 할 수 있는 일이었다). 그는 또 열렬한 음악 애호가였다. 보스턴의 한 합창단 단원이었고, 길버트와 설리번(19세기부터 20세기 초까지 활약했던 극작가 윌리엄 슈벵크 길버트William Schwenck Gilbert와 작곡가 아서 설리번Arthur Sullivan 명콤비 — 옮긴이)을 사랑했다. 스티브는 길버트와 설리번의 모든 곡을 다 암기했던 것 같다. 한번은 같이 롱아일랜드에 사는 친구를 방문한 일이 있었다. 스티브는 세 시간 동안 온수 욕조에 몸을 담그고 일광욕을 하면서 처음부터 끝까지 길버트와 설리번의 노래만 불렀는데 단 한 곡도 두 번 되풀이하지 않았다. 또

양차 세계대전 시기의 유행가 레퍼토리도 방대했다.

스티브와 그의 아내 론다는 충동적으로 사람들에게 베푸는 친구들이었고 또 생일파티 열어주는 것을 좋아했다. 스티브는 어머니의 조리법으로 생일 케이크를 구웠고, 언제나 시를 써서 낭송해주곤 했다. 그는 시를 아주 잘 썼다. 언젠가는 경이로운 버전의 난센스 시('재버워키Jabberwocky'[루이스 캐럴의 《거울 나라의 앨리스》에 나오는 난센스 시 — 옮긴이])를 지었는데, 이를 다른 해 생일파티에서 낭송했다.

올리버의 생일에 바쳐, 1997년

소철과 사랑에 빠진 이 남자
오토바이 광고의 주인공이 되어도 좋았을 이 남자
다중다양성multidiversity의 왕
힙! 해피 버스-아이-데이birth-i-day
프로이트 옹이 해낸 것을, 그의 정신과 심리를, 능가한 당신.

한쪽 다리로 서고 편두통 앓고 색을 잃고
화성에서 깨어나 모자를 생각한
올리버 색스
여전히 인생을 극한까지 밀고 나가는 이 남자
당신이 헤엄쳐 간 자리에는 돌고래들이 뒤를 따르고.

내가 주기율표에 탐닉한다는 것을 아는 스티브와 론다는 어느 해 생일에 초대 손님 전원에게 각각 특정 원소로 차려입고 오라고 주문했다. 나는 사람 이름이나 얼굴은 잘 기억하지 못하지만 원소는 잊어버리는 법이 없다(한 남자가 내 젊은 시절 친구 캐럴 버넷과 함께 파티에 왔다. 그의 이름도 얼굴도 기억나지 않지만 그가 희유기체 아르곤이었다는 것은 지금까지도 기억한다). 스티브는 또 하나의 희유기체, 원소번호 54번 크세논이었다.

◆

나는 매달《자연사》에 연재되던 스티브의 에세이를 부지런히 챙겨 읽고, 종종 그가 다룬 주제에 대해 편지로 의견을 보내곤 했다. 우리는 환자의 반응에서 우발성이 나타나는 지점에서부터 우리 공통의 박물관 사랑(특히 진열장 유형의 구식 박물관에 열광했으며, 경이로운 인체 표본으로 가득한 필라델피아 무터박물관의 보존 문제에 둘 다 한목소리로 발언했다)까지 별별 이야기를 다 나누었다.

내게는 또 해양생물학에 몰두하던 시절로 거슬러 올라가는 오래된 열정이 있었다. 나는 늘 원시 생물들의 신경계와 행동에 대해 더 알고 싶어했다. 생물의 세계에서 진화와 우연과 우발성을 고려하지 않고 해명되는 것은 아무것도 없음을 끊임없이 상기시켜준 스티브가 이 열정에 지대한 영향을 미쳤다. 그는 만물을 유구한 진화적 시간의 맥락에서 바라보았다.

버뮤다와 네덜란드 안틸레스의 육상달팽이 진화를 연구한 스티브는, 태곳적에 진화된 구조와 온갖 메커니즘에서 새로운 용도를 찾아내는 자연의 독창성과 창의력이 어느 정도인지는 척추동물보다 무척추동물이 훨씬 더 방대하게 보여준다고 보았다(그는 이를 "굴절적응 exaptation"이라고 불렀다). 이렇듯 우리는 '하등' 생물 사랑에서도 한마음이었다.

1993년 나는 스티브에게 보내는 편지에서 보편성과 특이성을 접합하는 글쓰기 방식에 대해 이야기했다(내 경우에는 환자들의 임상 사례에 신경과학을 결합하는 문제였다). 그러자 스티브는 이렇게 답했다. "저 역시 바로 그 문제로 오랫동안 갈등이 있었습니다만, 대체로 개체들에게서 얻는 기쁨은 에세이 형식의 글로 풀고 보편성에 대한 관심은 좀더 전문적인 장르의 글로 푸는 방식으로 해결해왔습니다. 제가 버지스 이판암 작업을 그토록 좋아했던 건 이 책을 쓸 때 이 두 요소를 융합할 수 있었기 때문입니다."

스티브는 친절하게도 《색맹의 섬》 원고를 읽어주었는데, 찬찬히 꼼꼼하게 보면서 많은 오류를 바로잡아주었다.

끝으로 우리에게 또 하나의 공통된 관심사는 자폐증이었다. 스티브는 이런 편지를 썼다. "제가 경의를 표하는 데는 여러 가지 이유가 있지만 어느 정도는 개인적인 이유도 있습니다. 제게는 자폐증을 겪는 아들이 있습니다. 수천 년 이상의 날수나 날짜를 눈 깜짝할 새 계산해내는 녀석이지요. 계산 천재 쌍둥이에 대해 쓰신 에세이가 제가 평생 읽은 어떤 것보다 감동적인 글이었습니다."

그는 자폐증 아들 제시에 대해 가슴 찡한 에세이를 썼다. 이 글은 나중에 《새로운 천년에 대한 질문Questioning the Millennium》(1997; 생각의나무, 1998)에 수록했다.

> 사람은 발군의 이야기 본능을 타고난 동물입니다. 우리는 자신이 살아가는 세계를 이야기의 무대로 설정합니다. 그렇다면, 이야기를 이해하지 못하거나 이야기의 의도를 짐작하지 못하는 사람은 그 혼란스럽기만 한 주위 환경을 이해할 수 있을까요? 수많은 역사 속 영웅 이야기를 읽었지만, 모두가 타고나는 가장 기본적인 능력을 박탈당한 불운한 사람들이 이를 보완할 방도를 찾아 실행하기 위해 안간힘 쓰는 이야기보다 더 숭고한 주제는 없다고 생각합니다.

스티브는 나와 만나기 전, 마흔 살 무렵에 죽음의 고비를 한 차례 넘긴 바 있었다. 아주 희귀한 악성 종양인 중피종中皮腫이었다. 하지만 결연한 의지로 방사능 치료와 항암 약물요법의 도움을 받아 이 치명적인 암을 이기고 살아남은 아주 운 좋은 소수의 한 사람이 되었다. 스티브는 원래부터 굉장한 정력가였지만 암과 투병하며 죽음에 직면한 이후에는 인생의 단 1분도 낭비하지 않는, 그 어느 때보다 더 기운차고 왕성한 삶을 살았다. 하지만 그 뒤에 무엇이 기다리고 있는 줄 누가 알았으랴?

20년이 흘러 예순 살이 된 스티브에게서 언뜻 보기에는 무관한 듯한 암(간과 뇌로 전이된 가슴 부위의 폐암)이 발견되었다. 그러나 스티브가 이 암으로 인해 유일하게 양보한 것은 서서 하던 강의를 앉아서 하기로 한 것뿐이었다. 그는 굳은 의지로 대작《진화이론의 구조The Structure of Evolutionary Theory》를 완성했다. 이 책은 2002년 봄에 출간되었는데,《개체발생과 계통발생》출간 25주년이 되는 해였다.

그로부터 몇 달이 지나서 스티브는 하버드대학교의 마지막 강의를 마친 뒤 혼수상태에 빠져 세상을 떠났다. 마치 순전히 의지의 힘으로 버티다가 강의 첫 학기가 끝나고 마지막 책이 출판되는 것을 보고는, 이제 모든 것을 놓아버릴 준비가 되었다는 듯이 말이다. 스티브는 자택 서재에서, 살아생전 그토록 사랑했던 책들에 둘러싸여 눈을 감았다.

뇌와 의식의 재발견

1986년 3월 초《아내를 모자로 착각한 남자》가 출간된 직후 롱아일랜드에 사는 화가 I씨에게서 편지를 받았다. 이런 이야기였다.

> 저는 성공한 축에 드는 예순다섯 살의 화가입니다. 올 1월 2일에 운전을 하다가 소형 트럭에 조수석을 받히는 사고를 당했습니다. 인근 병원 응급실로 갔더니 뇌진탕이라고 하더군요. 그런데 안과 검사를 받다 보니 글자나 색을 구분할 수 없는 겁니다. 글자를 아무리 들여다봐도 도통 이해를 할 수가 없었습니다. 주위가 온통 흑백TV 화면 같았습니다. 하지만 며칠 뒤부터 글자를 읽을 수 있게 되면서 제 시력은 독수리처럼 변했습니다. 한 블록 떨어진 곳에서 꿈틀거리는 벌레가 어찌나 또렷하게 보이는지 놀라울 정도였습니다. 그런데 문제는 '완전한 색맹이 되었다'는 겁니다. 여러 안과에서 진찰을 받았지만 이런 경우는 처음이라는 이야기만 들었습니다. 신경과도 찾아가봤지만 소용없었습니다. 저는 이제 최면에 걸려도 색깔을 구분하지 못합니다. 별의별 검사를 다 받았지만….

집에서 키우는 갈색 개가 짙은 회색으로 보입니다. 토마토주스는 검은색 입니다. 컬러TV는 뒤범벅입니다.

I씨는 지금 자신이 살고 있는 "납으로 빚은" 칙칙한 흑백의 세계에서는 사람이 흉하게 보이고 그림 그리는 일이 불가능하다고 호소했다. 이런 경우를 본 적 있으신지? 이렇게 된 이유가 무엇인지 알 수 있으신지? 혹시 도움을 줄 수 있으신지?

나는 후천적으로 완전색맹이 된 사례가 있다는 이야기를 들어본 적은 있지만 직접 만나본 적은 없다고 답장했다. 도움을 줄 수 있을지 확신은 들지 않으나 직접 만나서 이야기하자며 건너오시라고 했다. I씨는 65년 동안 아무 문제 없이 색깔을 정상으로 보다가 "주위가 온통 흑백TV 화면"처럼 보이는 '완전한' 색맹이 된 것이다. 망막의 원추세포가 서서히 나빠진 것이라면 이런 식으로 갑자기 증상이 나타날 리 없었다. 그러니까 이 경우에는 뇌에서 색채 지각을 담당하는 부분이 아주 심각하게 훼손되었음을 시사했다.

게다가 I씨는 색을 보는 능력만이 아니라 색을 상상하는 능력까지 상실한 것이 분명해졌다. 이제 꿈도 흑백으로 꾸었고 편두통 전조 증상에서마저 색이 빠져버렸다.

몇 달 전 《아내를 모자로 착각한 남자》 출간을 맞아 런던으로 갔을 때 한 동료가 퀸스스퀘어의 국립병원에서 열리는 학회에 같이 가자면서 이렇게 이야기했다. "세미르 제키의 강연이 있을 겁니다. 현재 색채 지각 연구의 일인자죠."

제키는 신경생리학적 접근법으로 색각을 연구했는데, 원숭이의 시각피질에 마이크로 전극을 삽입해 전위를 측정하여 색체 구성을 전담하는 것으로 보이는 조그마한 부위(V4)를 발견했다. 그는 사람의 뇌에도 이에 해당하는 부위가 있을 것이라고 보았다. 나는 제키의 강연에 매료되었는데, 색채 지각 작용을 '구성'이라는 어휘로 설명하는 것이 특히 인상 깊었다.

제키의 작업은 내게 새로운 사고의 방향을 제시해주는 듯했다. 이때부터 나는 의식의 신경 기반에 대해 이제까지는 고려해보지 못한 가능성을 생각하기 시작했다. 그리고 눈부시게 발전하는 뇌영상 신기술, 그리고 산 사람의 의식이 살아 있는 뇌 속 개별 신경세포들의 활동을 기록할 수 있는 신기술을 이용하면 어쩌면 우리의 각종 감각 경험이 어디에서 어떻게 '구성'되는지를 지도로 그려볼 수 있을 것이라는 생각도 들었다. 생각만으로 가슴 뛰는 일이었다. 내가 의대생이던 1950년대 초에는 의식이 깨어 있고 지각 기능이 살아 있어 활발하게 돌아가는 뇌 안의 개별 신경세포들을 따로따로 기록한다는 것은 상상조차 하기 힘든 영역이었으니, 그 사이에 신경생리학이 얼마나 비약적으로 발전했는지 실감이 났다.

◆

이 무렵 카네기홀에서 열리는 한 음악회에 갔다. 프로그램에는 모차르트의 〈대미사 C단조〉가 있었고 휴식 시간을 가진 후 모차르트의 〈레퀴엠〉이 이어졌다. 그날 젊은 신경생리학자 랠프 시걸(1957~2011)이 우연히 내 뒷줄에 앉아 있었다. 전년도에 소크연구소Salk Institute를 방문했을 때 잠깐 본 적 있었는데, 그 연구소에 재직 중인 프랜시스 크릭의 촉망받는 제자였다. 내가 무릎 위에 수첩을 놓고 음악회 내내 쉴 새 없이 뭔가를 적고 있을 때 랠프는 자기 앞에 앉은 덩치 큰 사람이 나라는 것을 알아보았다. 음악회가 끝나자 다가와 자기소개를 하는 랠프를 나는 즉각 알아보았다. 얼굴이 아니라(대다수 사람들의 얼굴이 내게는 똑같이 보인다) 불타는 듯한 빨간 머리와 활기차다 못해 경솔하게 느껴지는 태도를 보고서.

랠프는 궁금한 것이 많았다. 콘서트 내내 무엇을 그렇게 쓰고 있었는지? 음악은 아예 듣지 않은 건지? 그렇지 않다, 나는 음악을 듣고 있었을 뿐 아니라 배경음악으로 들은 것도 아니었다고 답했다. 음악회에 앉아서 글 쓰는 경우가 많았던 니체를 인용했다. 작곡가 조르주 비제를 사랑한 니체는 이런 말을 한 적이 있다고. "비제가 나를 더 나은 철학자로 만들어준다."

나는 모차르트가 나를 더 나은 신경의로 만들어준다고 느끼며, 음악회 중에는 내가 진료하는 색맹 화가 환자에 대해 쓰고 있었다고 말했다. 랠프는 흥분해서 I씨 이야기는 들어본 적 있다고, 프랜시스 크릭이 연초에 그 사람 이야기를 해주었다고 말했다. 랠프는 자신은 원숭이의 시각기관 연구 작업을 하고 있다면서 I씨를 만나보고 싶다고 했다. 자신의 피험자인 원숭이들과 달리 I씨는 무엇이 보이는지(또는 보이지 않는지) 정확하게 말로 설명해줄 수 있지 않겠느냐면서. 그러면서 이 화가의 뇌 안에서 색이 구성되는 어떤 단계가 망가진 것인지를 정확하게 짚어내기 위해 실시할 간단하지만 결정적인 대여섯 종의 검사에 대해 간략하게 설명해주었다.

◆

랠프는 언제나 생리학의 측면에서 심층적으로 사고했다. 보통 나를 포함한 신경의들은 뇌 질환이나 뇌 손상을 접할 때면 겉으로 드러나는 현상을 확인하는 것에서 만족한다. 거기에 수반되는 정확한 메커니즘에 대해서는 거의 생각하지 않으며, 환자의 경험과 의식이 뇌의 작용에서는 어떻게 나타나느냐 하는 궁극 문제에 대해서는 전혀 생각하지 못한다. 그가 원숭이의 뇌에서 탐구하는 모든 문제와 그토록 끈기 있게 하나하나 축적해온 모든 통찰이, 랠프에게서는 뇌와 정신의 관계라는 궁극의 물음으로 수렴했다.

내 환자들이 겪는 일에 대해 들려줄 때마다 랠프는 이야기를 바로바로 생리학적 토론으로 끌고 갔다. 뇌의 어떤 부위들이 결부되었는가? 무슨 일이 벌어지는가? 그 현상을 컴퓨터로 모의실험 해볼 수 있는가? 수학 재능을 타고난 데다 물리학으로 학위를 받은 랠프는 계산신경과학을 좋아하여 신경계 모델을 구축해 모의실험 하는 것을 즐겨 했다.♦

그 뒤로 20년 동안 랠프와 나는 아주 절친한 사이로 지냈다. 그는 여름을 소크연구소에서 보냈고, 나는 종종 그를 방문했다. 과학에 임하는 자세가 직전석이고 기탄없이 의견을 내놓으며 타협을 모르는 학자였지만, 개인으로 돌아가면 쾌활하고 즉흥적이고 장난기 넘치는 사람이었다. 또한 아내를 사랑하는 남편이자 쌍둥이 자녀의 아버지 노릇을 좋아했다. 일종의 대부로서 나도 그의 가족과 종종 함께했다. 우리 둘 다 라호야 시를 좋아해서 함께 장시간 산책이나 자전거 라이딩을 즐겼다. 또 깎아지른 절벽 위를 나는 패러글라이더들을 구경하거나 작은 만에서 수영을 즐기곤 했다. 라호야 시는 소크연구소와 스크립스연구소The Scripps Research Institute에 제럴드 에덜먼의 신경과학연구소Neurosciences Institute와 연결된 캘리포니아대학교 샌디에이고UCSD까

♦ 랠프는 편두통 전조 증상을 겪는 환자들에게 보일 수 있는 복잡한 패턴(육각형과 프랙탈 패턴을 비롯한 다양한 모양의 기하학 무늬)을 보여주자 눈을 떼지 못했다. 그는 이 기본 패턴들을 신경망에서 모의실험 할 수 있었고, 1992년 우리는 이 작업을《편두통》개정판에 부록으로 실었다. 랠프는 수학적 통찰과 물리학적 통찰에 근거하여 혼돈chaos과 자기조직화self-organization가 양자역학에서 신경과학까지 모든 과학 분야와 관련된 모든 유형의 자연현상에서 중심 요소가 될 수 있다고 보았다. 이러한 생각에서 우리는 또다른 공동 작업을 진행했으며, 그 결과물은《깨어남》의 1990년 개정판에 부록으로 수록되었다.

지 가세하면서 1995년에 이르면 세계 신경과학계의 수도가 되었다. 랠프가 소크연구소에서 일하는 여러 신경과학자들에게 나를 소개해주면서 나 또한 이 엄청나게 다양하고 독창적인 공동체에 일련의 소속감을 느끼게 되었다.

랠프는 2011년, 쉰둘이라는 너무나 아까운 나이에 악성 뇌종양으로 세상을 떠났다. 나는 그가 무척이나 그립지만, 나의 많은 친구들과 멘토들이 그렇듯, 그의 목소리는 나의 관점과 생각에 없어서는 안 될 자리를 차지하고 있다.

◆

1953년 옥스퍼드대학교 의대생 시절에 나는《네이처Nature》에 실린 왓슨과 크릭의 유명한 편지, "이중나선double helix"을 읽었다. 그 글을 읽자마자 어마어마한 가치를 알아보았다고 말할 수 있으면 얼마나 좋으련만 그러지 못했다. 당시에는 사실 대부분의 사람들이 나와 마찬가지였다.

1962년 크릭이 샌프란시스코에 와서 마운트시온병원에서 강연할 때야 비로소 이중나선의 엄청난 의미를 깨닫기 시작했다. 크릭의 강연은 DNA의 분자구조에 관한 것이 아니라 분자생물학자 시드니 브레너와 함께 해온 연구에 관한 것으로, DNA 염기 서열이 단백질 아미노산 서열을 지정하는 과정을 밝혀내는 작업이었다. 그들은 4년간의 맹렬한 연구 끝에 이 '번역translation'에는 3개의 염기가 하나의 조합을 이루는 코드가 필요하다는 것을 발견했다. 이것은 이중나선 못지않게 중대한 발견이었다.

그런데 크릭은 이미 다른 작업으로 넘어간 것이 분명했다. 강연 중에 장차 중대한 두 가지 연구 프로젝트에 대한 언질이 있었다. 하나는 생명의 기원과 본질에 대한 이해를 위한 연구, 또 하나는 뇌와 정신의 관계(특히 의식의 생물학적 기반)에 대한 이해를 위한 연구가 되리라는 암시였다. 이 1962년 강연에서 넌지시 비친 것은, 그 분자생물학 연구를 '해결'한 뒤에, 아니 적어도 다른 연구자들에게 위임할 수 있을 단계까지 끌어올린 뒤에 자신이 직접 이 두 주제에 본격적으로 뛰어들겠다는 뜻이었을까?

1979년 크릭은《사이언티픽 아메리칸》에 논문〈뇌를 생각하며 Thinking About the Brain〉를 발표했는데, 어떻게 보면 이 글을 통해 의식을 신경과학의 영역에서 다룰 수 있게 되었다고 해도 과언이 아니다. 이전까지는 의식이란 어떻게 해볼 수 없는 주관적인 문제이며 따라서 과학적 방법론을 적용할 수 없는 영역으로 치부되고 있었기 때문이다.

크릭을 다시 만난 것은 몇 년이 지난 1986년 샌디에이고에서였다. 엄청난 청중이 모이고 수많은 신경과학자가 참석했는데, 만찬 시간에 크릭이 내 어깨를 붙들고는 자신의 옆자리에 앉히고 말했다. "이야기를 들려줘요!" 그는 무엇보다 뇌 질환이나 손상으로 시지각에 변화를 겪은 환자들 이야기를 듣고 싶어했다.

식사 때 뭐를 먹었는지 그 시간에 다른 무슨 일이 있었는지는 기억이 나지 않는다. 기억에 남은 것은 오직 내가 많은 환자들 이야기를 했고, 그 사례들에서 온갖 가설이 터져 나왔고, 그리고 크릭이 여러 가지 심층 조사와 연구를 제안했다는 사실뿐이다. 며칠 뒤 나는 그날의 경험에 대해 "무슨 지적 원자로 옆에 앉아 있는 기분"이었다고 편지에 써 보냈다. "그렇게 이글거리는 기분을 느껴본 것은 제 생전에 처음이었습니다." 그는 I씨 이야기에 매료되었다. 그리고 내 환자들이 편두통 전조 증상을 겪는 몇 분 동안 경험하는, 시지각이 정상적으로 이어지는 것이 아니라 마치 영화 필름이 아주 천천히 돌아가듯 정지된 화면들이 섬광처럼 찰칵찰칵 바뀌는 현상에 대해서도 관심을 보였다. 그는 내가 '시네마토그래피 비전cinematic vision'이라고 명명한 이 시각 경험이 영구적으로 치료될 수 없는 상태인지, 아니면 일정한 방식으로 유도해서 검사를 하고 정상 상태로 돌아갈 수 있는 것인지 물었다(나는 거기에 대해서는 모른다고 대답했다).

◆

1986년에 나는 I씨와 상당히 많은 시간을 보냈고, 1987년 1월에 크릭에게 편지를 썼다. "I씨에 대한 장편의 보고서를 방금 다 썼습니다. (…) 이 보고서를 쓰다가 비로소 과연 색이 (대뇌와 의식에서) 구성되는 것일 수도 있겠다는 데 생각이 미쳤습니다."

의사로 일해온 대부분의 시간 동안 나는 '소박한 실재론(외적 세계를 지각하는 그대로 받아들이므로 주관적 경험과 객관적 현실 사이에는 어떤 왜곡도 없다고 믿는 사고 경향 — 옮긴이)적' 사고방식에 단단히 붙들려 있었다. 가령 시지각은 단순히 망막에 들어오는 이미지가 뇌의 시각기관으로 옮겨지는 것이라고 여겼다. 옥스퍼드대학교 의대생 시절에는 이런 '실증주의적' 관점이 지배적이었다. 하지만 I씨를 진료해온 지금 이 사고방식은 힘을 잃고 뇌와 정신의 관계를 전혀 다른 관점으로 바라보게 되었다. 그것은 바로 감각 정보가 뇌에서 구성 또는 창조된다는 관점이었다. 그리고 운동 지각까지 포함하여 모든 지각 작용이 마찬가지로 뇌에서 구성되는 것은 아닌가 하는 점을 고민하기 시작했다는 이야기도 편지에 덧붙였다.◆

나는 편지에서 I씨 사례를 안과의 친구 밥 와서먼 그리고 랠프 시걸과 공동으로 작업하고 있다고 언급했다. 시걸은 I씨 사례를 위한 다양한 정신물리학 실험을 설계하고 수행했다. 나는 또 세미르 제키도 I씨를 만나서 검사를 실시했다는 이야기를 전했다.

1987년 10월 말에 밥 와서먼과 공동 저술하여 《뉴욕 리뷰 오브 북스》에 발표한 논문 〈색맹 화가 사례The Case of the Colorblind Painter〉를 크릭에게 보냈는데, 1988년 1월 초에 크릭한테서 답장을 받았다. 그야말로 입이 딱 벌어지는 편지였다. 행간을 띄우지 않은 빽빽한 타이핑으로 다섯 장을 꽉 채운 이 편지는 "제멋대로 한 추측"이라면서 밀도 높은 논증과 함께 다양한 생각과 주장을 제기하고 있었다.

> 색맹 화가에 대한 멋진 논문 고마워요. 아주 잘 읽었어요…. 선생이 편지에서도 강조했다시피, 이 글은 엄밀하게 과학적 논문은 아니지만 그럼에도 이곳의 내 동료들과 과학자, 철학자 친구들 사이에서 굉장한 주목을 받고 있습니다. 이 논문에 대해 집단 토론회를 두어 차례 열었고, 몇몇 사람과는 따로 더 심층적인 대화 자리를 몇 차례 가졌어요.

그는 또 논문 복사본과 편지를 데이비드 휴벨에게 보내주었다고 이야기했다. 휴벨은 토르스텐 비셀과 공동으로 시각피질의 신경 메커니즘을 밝혀낸 선구적 신경생리학자다. 나는 크릭이 우리의 논문, 우

◆ 며칠 뒤 크릭에게서 내 편두통 환자들과 1983년 요제프 질의 공저 논문에 기술된 한 인상적인 환자의 차이를 상세하게 설명한 답장을 받았다. 질의 환자는 예를 들면 잔에 차를 따를 수 없었다. 차가 주전자 입구에 '빙하'처럼 얼어붙어 있는 것으로 보였기 때문이다. 내 편두통 환자들 중 일부도 그런 '정지 화면'이 엄청나게 빠른 속도로 연속되는 경험을 했지만, 뇌졸중이 일어난 뒤 동작맹motion blindness이 생긴 질의 환자에게는 이 정지 화면이 훨씬 더 오래, 길게는 몇 초씩 지속되었다. 크릭은 특히 내 환자들이 경험하는 연속적인 정지 화면이 안구 운동 사이사이에 일어나는 것인지 아니면 안구 운동 동안에만 일어나는 것인지를 알고 싶어했다. "이 문제를 선생하고 꼭 토론해보고 싶군요." 그는 이렇게 썼다. "'색을 대뇌와 의식에서 구성되는 것으로 본다'는 촌평도 더 이야기해보면 하고요."
나는 크릭에게 답장을 쓰면서 내 편두통 환자들과 질의 운동맹 여성 환자의 중대한 차이점에 대해 상세하게 설명했다.

리의 '사례'를 이런 방식으로 공론화하고 있다는 소식에 몹시 들떴다. 이 일로 과학이란 공동체의 사업이며 과학자들은 서로의 연구를 공유하고 함께 고민하는, 국경을 초월한 공동체의 동지들임을 깊이 실감할 수 있었고, 내가 이 신경과학계에 속한 모든 이와 닿아 있다는 느낌을 받았다.

크릭은 "물론 가장 흥미로운 점은" 다음과 같다고 썼다.

> I씨가 주관적인 색채 지각을 상실했을 뿐 아니라 직관적인 상상과 꿈에서조차 색이 사라졌다는 사실입니다. 이 점은 상상과 꿈에 필요한 기관의 결정적인 부분이 색지각에도 필요함을 시사합니다. 이와 동시에 색의 이름과 색과 관련한 연상 이미지에 대한 기억은 전혀 손상되지 않고 온전히 보존되었다는 사실에도 주목해야겠죠.

그는 마거릿 리빙스턴과 데이비드 휴벨의 공동 논문 여러 편을 신중하게 요약하여 두 사람의 초기 시각 처리 3단계 이론을 개괄적으로 설명하면서, I씨가 이 세 단계 가운데 한 단계(일차 시각피질인 V1 내의 '방울 영역(색 지각을 담당하는 세포를 함유한 부분 — 옮긴이) 체계blob system')에서 손상을 입은 것이 아닌가 추측했다. 이 단계는 세포가 특히 산소 결핍(경미한 뇌졸중이나 심지어 일산화탄소 중독으로도 유발되는)에 아주 민감한 상태다.

"편지가 이렇게 길어진 것, 너그럽게 이해해주기 바랍니다." 그는 이렇게 편지를 맺었다. "시간을 넉넉히 두고 이 편지를 충분히 소화한 뒤에 전화로 이야기를 나눌 수 있다면 더욱 좋겠군요."

크릭의 편지에 밥과 랠프와 나, 세 사람 다 혼이 빠져버렸다. 읽으면 읽을수록 심오하게 느껴졌고 새로 읽을 때마다 새로운 시사점을 발견하면서 우리는 크릭이 이 편지에서 쏟아낸 질문과 제안을 다 따라잡으려면 10년 또는 그 이상의 시간이 필요하지 않겠는가, 결론지었다.

크릭은 몇 주 뒤 다시 편지를 보내와 안토니오 다마지오의 두 사례를 언급했다. 그중 한 환자는 색채 심상을 상실했는데도 꿈은 여전히 컬러로 꾼다고 했다(이 환자는 나중에 색각을 회복했다).

그러고는 이렇게 썼다.

> 선생이 I씨에 대해 후속 연구를 계획하고 있다는 소식을 듣고 무척 반가웠습니다. 선생이 언급한 모든 것이 다 중요하지만 특히 스캔은 더욱 중요합니다. (…) I씨와 같은 뇌성완전색맹 환자의 경우에 무엇이 손상되었는가에 관해 내 동료들 사이에서는 일치된 의견이 나오지 않고 있어요. 하지만 나는 (아주 조심스럽기는 하지만) V1의 방울 영역 체계 손상에다가 이로 인해 상위 단계에서도 일부 기능에 문제가 생겼을 것이라고 봅니다. 하지만 이것은 스캔으로도 거의 나타나지 않겠지요(V4의 세포 상당수가 파괴됐다면 스캔에 분명하게 나타납니다). 데이비드 휴벨은 V4 손상 쪽에 손을 들어주겠지만 아직은 초보적인 견해일 뿐이라고 말하는군요. 데이비드 밴 에센은 더 상위 쪽의 문제일 것으로 의심한다고 말합니다.

"이 모든 것에서 우리가 내릴 수 있는 결론은, [그런] 환자에 대한 신중하고 광범위한 정신물리학적 검증이 필요할 뿐 아니라 손상된 부위를 정확하게 찾아내는 것만이 도움이 된다는 사실뿐입니다(지금까지는 원숭이의 시각적 심상과 꿈을 어떻게 연구해야 하는지조차 알아내지 못한 상황이지요)." 크릭은 이렇게 편지를 맺었다.

◆

1989년 8월, 크릭이 편지를 보내왔다. "지금 시감각 의식을 붙들고 씨름 중인데 아직까지는 여간 좌절스러운 것이 아닙니다." 그는 칼테크(캘리포니아공과대학교)의 크리스토프 코흐와 공동 작업의 첫 결과물 가운데 한 논문인 〈의식의 신경생물학 이론 정립을 위하여Towards a Neurobiological Theory of Consciousness〉 원고를 동봉했다. 내가 이 원고를 볼 수 있다는 것이 엄청난 특권처럼 느껴졌다. 도저히 답이 나지 않을 것으로 보이는 이 주제에 접근하는 하나의 이상적인 방법은 시지각장애 탐구가 될 것이라고 주장하면서 치밀한 논거를 전개했다는 점에서 더더욱 감격스러웠다.

크릭과 코흐의 논문은 신경과학자들을 독자로 상정했기에 많지 않은 지면에 방대한 범위의 문제를 다루느라 더러 이해가 어려운 부분도 있는, 아주 전문적인 문헌이었다. 그러나 크릭은 누구나 읽을 수 있는 재치 넘치는 개인 이야기도 쓸 줄 아는 저자인데, 초기 저서 《생명 그 자체Life Itself》(1981; 김영사, 2015)와 《인간과 분자Of Molecules and Men》(1967; 궁리, 2010)가 그 실례다. 그랬기에 나는 의식의 신경물리학 이론 역시 임상과 일상에서 풍부한 사례로 풀어 설명해주는 이해하기 쉽고 대중적인 책으로 내주기를 기대했다(내 기대는 그의 1994년 저서 《놀라운 가설: 영혼에 관한 과학적 탐구The Astonishing Hypothesis: The Scientific Search for the Soul》(궁리, 2015)로 실현되었다).

◆

1994년 6월, 랠프와 나는 뉴욕에서 크릭과 만나 저녁식사를 했다. 우리의 이야기는 전방위로 진행됐다. 랠프는 원숭이의 시지각에 대한 현재 작업, 신경세포 수준에서 혼돈(카오스)의 근본 역할에 대한 생각을 이야기했고, 크릭은 크리스토프 코흐와 하고 있는 공동 연구의 심화 방향, 그리고 신경망과 의식의 관계에 관한 최근의 이론에 대해 이야기했다. 나는 주민의 10퍼센트 가량이 완전색맹으로 태어나는 섬, 핀지랩 방문 계획에 대해 이야기했다. 이 여행에는 밥 와서먼과 노르웨이의 인지심리학자 크누트 노르드뷔가 함께 가는데, 크누트는 핀지랩 주민들처럼 망막에 색 수용체가 없이 태어난 사람이라고.

1995년 2월 크릭에게 《화성의 인류학자》 한 부를 보냈다. 당시 갓 출간된 이 책에는 〈색맹 화가 사례〉 확장판이 수록되었는데, 크릭과 한 토론이 큰 부분 기여했다. 또한 핀지랩 여행에서 경험한 일과, 크누트의 뇌가 완전색맹이라는 조건에 어떻게 변화했을지를 함께 요모조모 가정해본 이야기를 크릭에게 편지로 전했다. 망막에 색 수용체가 전혀 없다는 조건으로 인해 그의 뇌 색 구성 중추가 위축되었을까? 그 중추는 다른 시지각 기능을 수행하도록 재할당되었을까? 아니 어쩌면 여전히 어떤 정보의 입력을 기다리는 상태일까? 그렇다면 망막에 직접 전기나 자기 자극으로 정보를 입력해볼 수 있을까? 만약 이것이 가능하다면 크누트가 생애 처음으로 색을 볼 수 있을까? 색을 본다면 그것이 색인지 인식할까, 아니면 이 시각 경험이 너무 새롭고 당혹스러워서 색으로 분류하지 못할까? 이런 물음들이 크릭에게도 흥미로우리라는 것을 나는 알았다.

크릭과 나는 그 밖에도 다양한 주제로 계속해서 서신을 교환했다. 나는 평생을 맹인으로 살다가 수술로 시력을 얻은 환자 버질에 대해 장문의 편지를 썼고, 수화에 대해 그리고 수화를 사용하는 청각장애인의 청각피질이 다른 기능에 재할당되는 것에 대해 썼다. 그뿐 아니라 시지각이나 시감각 의식에 관해 조금이라도 궁금한 문제가 생길 때면 마음속으로 크릭과 대화를 주고받곤 했다. 크릭이라면 이 문제를 어떻게 생각할까? 그라면 이 문제를 어떻게 설명할까? 그라면 어떻게 연구할까?

◆

크릭의 지칠 줄 모르는 창조성을 지켜보면서 이 사람은 불사의 존재가 아닌가 생각하곤 했다. 1986년에 처음 만났을 때 느꼈던 그 이글거리는 열정은 시간이 흘러도 사그라질 줄 몰랐다. 항상 앞을 내다보며 사고하는 그는 늘 자신의 작업은 물론 다른 이들이 하는 작업의 수년, 수십 년 미래를 예견하는 사람이었다. 실로 팔순에 접어들고도 탁월하고 도발적인 논문을 끊임없이 쏟아내면서 피로나 감퇴, 자기반복의 기미조차 보이지 않는 노익장을 과시했다. 그런 까닭에 2003년 초에 그에게 심각한 건강상 문제가 생겼다는 소식을 접했을 때 여러 모로 충격이 컸다. 2003년 5월에 그에게 편지를 쓸 때 이 일이 마음 한구석에 자리하고 있었을지 모르겠지만, 그것이 다시 편지를 쓰고 싶었던 주된 이유는 아니었다.

나도 모르게 많이 생각하는 주제가 시간이었다. 시간과 지각, 시간과 의식, 시간과 기억, 시간과 음악, 시간과 운동…. 특히 시간의 흐름과 함께 우리 눈에 연속된 움직임으로 주어지는 것이 하나의 착각은 아닌가 하는 질문으로 생각이 계속해서 돌아갔다. 우리의 시각 경험이 사실은 시간을 초월한 끝없는 '순간들'로 이루어져 있는데, 그것이 뇌에서 일어나는 어떤 고차원적 메커니즘에 의해 한데 합쳐지는 것은 아닌가 하는 의문 말이다. 이런 생각을 할 때면 늘 편두통 환자들이 내게 묘사한, 정지된 장면들이 연속으로 보이는 '시네마토그래픽 비전'이 떠올랐다. 이 시각 경험은 내게도 이따금씩 일어났는데, 특히 미크로네시아에서 사카우를 마시고 취했을 때는 황홀한 시각적 환영과 함께 다른 감각들은 마비되는 강렬한 경험이 있었다.

내가 이 의문에 대해 글을 쓰기 시작했다고 말하자 랠프가 이런 이야기를 해주었다. "크릭과 코흐의 최신 논문을 꼭 읽어보셔야 해요. 그 논문에서 시감각 의식이 사실은 스냅사진의 연속물로 이루어져 있다는 주장을 제기했거든요. 전부 일맥상통하는 생각들이죠."

나는 크릭에게 편지를 썼다. 시간에 대한 에세이 원고를 동봉하고, 덤으로 최근 책《엉클 텅스텐》과 우리가 즐겨 토론하던 시지각에 관한 최근 에세이 몇 편도 함께 부쳤다. 2003년 6월 5일, 크릭이 아픈 사람이라는 것을 전혀 느낄 수 없는 지적 불꽃과 쾌활함으로 넘쳐나는 장문의 편지를 보내왔다. 이런 편지였다.

> 선생의 어린 시절 이야기를 기분 좋게 읽었어요. 나도 어릴 때 화학과 유리 불기의 세계로 이끌어준 삼촌이 계셨지요. 하지만 선생처럼 금속에 매혹된 적은 없었답니다. 나도 선생처럼 주기율표와 원자의 구조에 대한 가설들을 깊이 파고들었더랬죠. 사실 밀힐(학교) 졸업 학년에는 닐스 보어의 원자 모형과 양자역학으로 어떻게 주기율표가 설명되는가로 연설도 했어요. 내가 정말로 그걸 다 이해하고 이야기한 건지는 잘 모르겠지만요.

나는《엉클 텅스텐》에 대해 크릭이 한 이야기에 호기심이 일어 다시 편지를 썼다. 보어의 원자 모형을 이야기하던 밀힐의 십대 소년에서 물리학자로서 '이중나선' 모형의 주역이 되고 이어서 현재에 이르기까지 각 단계의 자신에게 얼마나 '연속성'이 있다고 느끼는지 물었다. 그러면서 프로이트가 1924년(당시 예순여덟 살) 카를 아브라함(1877~1925, 프로이트가 '최고 제자'라고 부른 독일의 정신분석학자 — 옮긴이)에게 보낸 편지를 인용했다. "바다칠성장어의 척수신경절에 관한 논문의 저자와 내가 동일인이라고 생각한다는 게 억지스럽게 느껴지긴 하지만, 그럼에도 사실은 사실이지요."

크릭의 경우에는 단절성이 훨씬 더 크게 느껴질 법했다. 프로이트의 경우 초창기 관심사는 원시 생물의 신경계 해부였다 해도 원래 생물학자로 출발했던 인물이다. 반면에 크릭은 학부에서는 물리학을 전공했고 전쟁 중에는 자기磁氣 기뢰 연구에 종사한 뒤 물리화학으로 박사학위를 받았다. 그러고는 (대다수 연구자들이 이미 자기 전공에 몰두하고 있을) 삼십대에 들어서 크릭 스스로 말하는 "다시 태어나는 것과 같은 과정"을 거쳐 생물학을 시작했다. 그는 자서전《열광의 탐구What Mad Pursuit》(1988; 김영사, 2011)에서 물리학과 생물학의 차이에 대해 이렇게 말한다.

> 자연선택 과정은 대부분 과거에 일어났던 것 위에 쌓아올린 것이다. (…) 생물체는 진화 과정을 거쳐 아주 복잡해지기 때문에 이해하기 어렵게 된다. 물리학의 기본 법칙은 보통 정확한 수학식으로 표현될 수 있으며, 그 법칙은 아마도 우주 전체에 통용될 것이다. 이와는 대조적으로 생물학의 법칙은 대체적인 일반론일 뿐인데 그것은 그 법칙들이 수십 억 년 동안 진화 과정을 거쳐 이루어진 정교한 (화학적) 메커니즘을 기술하는 것이기 때문이다. (…) 나 자신도 30세가 넘을 때까지는 상식적인 수준으로밖에는 생물학을 알지 못했다. 나의 학부 때 전공이 물리학이었기 때문이다. 내가 생물학에서 필요한 사고방식에 익숙해지는 데는 제법 많은 시간이 걸렸다. 그것은 마치 사람이 다시 태어나는 것과 같은 과정이었다.

2003년 중반에 이르면서 병환이 암운을 드리우기 시작했다. 당시 일주일에 5, 6일을 크릭 곁에서 보내던 크리스토프 코흐가 편지를 보내기 시작했다. 두 사람의 유대가 얼마나 긴밀한지 생각 자체가 대화체로 이루어지는 듯이 느껴졌고, 크리스토프가 내게 쓴 편지에는 크릭과 주고받은 이야기인 양 두 사람의 생각이 응축되어 있었다. 편지글의 많은 문장이 이렇게 시작되었다. "크릭과 저는 선생님께서 직접 겪으신 일에 대해 몇 가지 더 궁금한 문제가 있습니다. (…) 크릭은 이렇게 생각합니다만, (…) 저 자신은 잘 모르겠습니다", 이런 식이었다.

시간에 관한 내 논문(나중에 《뉴욕 리뷰 오브 북스》에 실리는 〈의식의 강물〉)을 읽은 크릭은 편두통 전조 증상을 겪을 때 정지 화면이 점멸하는 속도에 대해 이것저것 질문했다. 우리가 15년 전 처음 만났을 때 토론했던 주제였지만 우리 둘 다 까맣게 잊어버린 듯했다. 초반에 주고받은 편지를 보면 분명히 두 사람 다 당시 토론에 대해 다시 언급하지 않았다. 1986년에는 크릭 쪽에서도 내 쪽에서도 답이 나오지 않자 보류 상태로 '망각'하고 무의식 속에 묻어두었는데 그것이 15년 동안 무르익어 다시 떠오른 것 같았다. 크릭과 나는 우리를 좌절시켰던 한 문제에 집중해서 매달렸고 이제 답이 멀지 않은 듯했다. 2003년 8월, 답이 가까웠다는 느낌이 너무나 강렬해 라호야로 찾아가 크릭을 직접 보고 이야기해야 할 것 같았다.

나는 라호야에 일주일간 머물렀고, 다시 소크연구소에 합류한 랠프도 수시로 방문했다. 소크연구소는 연구자들 간 분위기가 경쟁적이기보다는 우호적으로 느껴지는 편안한 곳이었다(잠깐 방문한 외부자인 내게는 그렇게 느껴졌다). 1970년대 중반 소크에 처음 들어왔을 때 크릭이 그토록 기뻐했던 그 분위기는 그가 이곳을 떠나지 않고 계속 머물면서 더욱 강해졌다. 크릭은 고령에도 불구하고 여전히 소크의 중심인물이었다. 랠프가 크릭의 차를 가리켜서 보니 차량번호판에는 'A T G C'(DNA를 구성하는 네 염기〔뉴클레오티드〕) 네 글자만 박혀 있었다. 나는 늘

씬한 장신의 크릭이 비록 지팡이에 의지해 느릿느릿 걷지만 여전히 정정한 자세로 연구소로 들어서는 모습을 볼 수 있어서 기뻤다.

어느 날 오후 강연을 맡아서 막 이야기를 시작하는데 크릭이 들어와 조용히 뒷자리에 앉았다. 강연 내내 거의 눈이 감겨 있기에 잠들었다고 생각했다. 그런데 강연이 끝나자 정곡을 찌르는 질문을 몇 가지 던지는 것을 보고 한 마디도 놓치지 않고 들었다는 것을 알 수 있었다. 사람들은 내게 크릭의 눈 감은 모습에 속아 넘어간 방문 강연자가 한둘이 아니었다면서, 된통 혼쭐이 나고서야 뒤늦게 깨닫는다고 말해주었다. 그 감긴 눈이 어디에서도 만나기 어려울 가장 예리한 주시력, 가장 명징하고 심오한 지성을 숨기는 베일임을.

라호야에서 보내는 마지막 날 크리스토프가 패서디나(칼텍이 위치한 도시 — 옮긴이)에서 와 있었는데, 프랜시스와 오딜 크릭 부부로부터 점심식사 같이하러 모두들 집으로 올라오라는 명이 떨어졌다. "올라오라"는 말은 허투루 한 소리가 아니었다. 말굽 모양 굽잇길을 하나 돌면 또다른 굽잇길이 나오는, 끝나지 않을 듯한 오르막을 차를 타고 올라가고 또 올라가자 마침내 크릭 부부의 자택이 나왔다. 눈부시게 쾌청한 캘리포니아의 날씨였다. 다들 수영장 앞에 놓인 식탁에 자리를 잡았다(수영장 물이 눈을 찌를 듯이 새파랬다. 크릭은 수영장 바닥의 페인트칠이나 하늘 빛깔 탓이 아니라 이 동네 물에 먼지처럼 빛을 회절시키는 미세한 성분이 있기 때문이라고 설명해주었다). 오딜이 (연어와 새우, 아스파라거스 등) 갖가지 진미와 항암 치료를 받는 크릭은 못 먹는 몇 가지 특별 요리까지 내왔다. 화가인 오딜은 대화에 참여하지는 않았지만 크릭의 모든 작업에 긴밀하게 함께해온 동료였다. 저 유명한 1953년 논문에 들어간 이중나선 삽화을 그린 사람이 바로 오딜이었을 뿐 아니라, 50년 뒤 나를 그토록 흥분하게 만들었던 2003년 논문의 스냅사진 가설에 첨부된 달리다가 얼어붙은 사람의 삽화 역시 그녀의 작품이었다.

크릭 옆자리에 앉으니 원래 짙던 눈썹이 더 세고 더 무성해진 것이 눈에 띄었다. 이 하얗고 풍성한 눈썹이 그의 현자 같은 풍모를 한결 더 강하게 만들어주었다. 그렇지만 이 고덕한 이미지는 그의 장난기로 반짝이는 눈빛과 짓궂은 유머감각과 끊임없이 어긋났다. 랠프는 자신의 최근 작업에 대해 이야기하고 싶어했다. 랠프가 매진하고 있는 신기술은 생체 뇌를 거의 분자 단위 구조까지 보여줄 수 있는 광학영상술이었는데 이전까지는 뇌의 구조와 활동을 이런 규모로 시각화하는 것이 불가능했다. 크릭과 제럴드 에덜먼이, 두 사람의 차이가 무엇이 되었건 간에, 당시 뇌 신경망의 기능적 구조를 분석한 것이 바로 이 랠프의 '메조meso' 규모였다.

크릭은 랠프가 말하는 신기술과 그가 보여준 영상에 몹시 열광했지만 동시에 예리한 질문을 퍼붓고 다그치고 탐문했다. 하지만 그것은 주도면밀하면서도 건설적인 공격이었다.

크릭과 가장 가까운 사람은 오딜을 제외하면 누가 뭐래도 그의 '학문적 아들'인 크리스토프였다. 마흔 살이 넘는 나이 차와 너무나 다른 기질과 배경을 지닌 두 사람이 그렇게 서로를 깊이 존경하고 아끼는 모습은 사뭇 감동적이었다(크리스토프는 낭만적이고 대담하달 정도로 살가운 성격에 위험한 암벽 등반을 즐기고 현란한 원색 셔츠를 즐겨 입는 사람이었다. 반면에 크릭은 거의 금욕적으로 지적 활동에만 임하는 사람으로, 감정에 치우치거나 감정적인 고려에 휘둘리지 않는 크릭의 사고를 크리스토프는 셜록 홈스에 비유하곤 했다). 크릭은 조만간 출간될 크리스토프의 저서《의식의 탐구The Quest for Consciousness》(2004; 시그마프레스, 2006)와 "이 책이 나온 뒤 우리가 하게 될 모든 연구"에 대해 말하면서 자부심이 넘쳐났는데, 흡사 아들에게서 긍지를 느끼는 아버지의 모습이었다. 그는 10여 가지 연구에 대해 개괄적으로 설명해주었다. 특히 분자생물학과 계통신경과학의 융합을 통해 이루어질 이 연구들은 앞으로 수년에 걸쳐 진행될 과제였다. 나는 크리스토프의 생각이 궁금했다. 랠프의 생각도 마찬가지였고. 크릭의 건강이 눈에 띄게 악화되고 있다는 사실, 크릭 자신은 이 거대한 연구 계획이 시작되는 것 이상은 볼 수 없으리라는 사실이 우리 모두에게(어쩌면 크릭 자신에게도) 너무나 자명하지 않은가 말이다. 크릭에게서 죽음에 대한 두려움은 느껴지지 않았다. 그렇지만 이를 받아들이는 심경에서는 어느 정도일지 상상이 어려우리만치 경이로울 21세기의 과학적 성과를 자신이 살아서 보지 못하리라는 슬픔이 스며났다. 의식과 의식의 신경생물학적 기반의 핵심 문제는 2030년 전에 "풀려" 완전하게 해명되리라는 것이 그의 예상이었다. "자네는 그 날을 보게 될 것이네." 랠프에게 자주 하던 이야기였다. "물론 올리버 선생도 볼 수 있을 겁니다. 내 나이까지 산다면 말이죠."

2004년 1월, 크릭에게서 마지막 편지를 받았다. 〈의식의 강물〉을 읽고서 쓴 편지였다. "아주 잘 읽히는 글입니다. 제목을 '의식은 강물인가?'로 하는 것이 더 낫지 않았겠나 하는 생각은 들지만 말이죠. 이 논문의 요점은 '그렇지 않을 것이다'가 아니겠어요?"(나는 그의 견해에 동의했다.)

"언제 한번 와서 점심 또 같이 해요." 그의 편지는 이렇게 맺었다.

내가 의대생이던 1950년대 중반에는 학과에서 배우는 신경생리학과 신경질환을 겪는 환자들의 현실 사이에 메울 수 없을 간극이 존재하는 듯했다. 신경학은 한 세기 전 브로카 (1824~1880, 프랑스의 내과의·외과의·해부의 — 옮긴이)가 정립한 임상해부학적 방법론을 그대로 따르고 있었다. 뇌에서 손상 부위를 찾아 그 영역과 증상의 상관관계를 밝히는 이 방법론에 따르면 가령 언어장애는 브로카언어영역의 손상과 상관관계가 있으며, 마비는 운동영역의 손상과 상관관계가 있는 식이다. 뇌는, 각각 특정 기능을 담당하지만 어떤 식으로든 상호 연결돼 있는 작은 부위들의 집합체 또는 모자이크로 여겨졌다. 뇌가 하나의 총체로서 어떻게 작용하는지에 대해서는 거의 알려진 바가 없었다. 내가 《아내를 모자로 착각한 남자》를 쓰던 1980년대 초반에는 나의 사고 역시 이 모델을 기반으로 했고, 따라서 신경계는 기능별로 고정불변의 영역이 '사전에 할당'되어 있는 것으로 간주했다.

이 모델은 예컨대 실어증을 겪는 사람의 손상 부위를 찾아내는 데는 유용하게 쓰였다. 하지만 이 모델로 학습과 훈련의 효과는 어떻게 설명할 것인가? 평생에 걸쳐 재구성되고 개정되는 기억은 어떻게 설명할 수 있는가? 적응 과정의 신경 가소성은 어떻게 설명이 되는가? 의식은 또 어떻게 설명할 것인가? 그 풍부함은? 그 일체성은? 끊임없이 변화하는 그 흐름은? 그리고 수많은 의식의 장애에 대해서는? 사람 개개인의 개성과 자아는 또 어떻게 설명할 것인가?

신경과학은 1970년대와 1980년대를 거쳐 비약적으로 발전했지만, 그 발전에는 요컨대 일종의 개념적 위기 또는 개념적 공백이 존재했다. 신경학에서 아동발달, 언어학, 정신분석에 이르기까지 다기한 분야에서 축적해온 방대한 데이터와 관찰 기록의 의미를 이해할 수 있는 일반이론이 없었던 것이다.

◆

1986년에 《뉴욕 리뷰 오브 북스》에서 제럴드 M. 에덜먼의 혁명적 연구와 관점을 논하는 이즈리얼 로젠필드의 인상적인 논문을 읽었다. 에덜먼은 대담함 그 자체였다. 그는 "우리는 신경과학의 혁명이 시작되는 지점에 서 있다"라고 썼다. "그 끝에서 우리는 정신이 어떻게 작동하는지, 무엇이 우리의 본성을 관장하는지, 우리는 세계를 어떻게 이해하는지를 알게 될 것이다."

몇 달 뒤 로젠필드와 함께 그 주인공을 만날 약속을 잡았다. 장소는 당시 에덜먼의 신경과학연구소가 있던 록펠러대학교 근처의 한 회의실이었다.

에덜먼은 성큼성큼 걸어들어와 가볍게 인사하더니 20분에서 30분을 쉬지 않고 말하면서 자신의 이론을 설파했다. 로젠필드나 나나 감히 끼어들 엄두를 내지 못했다. 에덜먼은 자기 얘기가 끝나자 벌떡 일어나 나갔다. 창밖을 내다보니 에덜먼이 고개 한 번 돌리지 않고 요크애버뉴를 빠른 걸음으로 내려가는 모습이 보였다. "저게 천재의 걸음이구나. 외골수의 걸음 …." 나는 혼잣말했다. "뭔가에 씐 사람 같아." 외경의 감정이 드는 동시에 선망을 느꼈다. 내게도 저렇게 맹렬한 집중력이 있다면 얼마나 좋을까 하고. 하지만 그런 뇌로 살아간다는 것이 그렇게 좋기만 한 것은 아닐지 모른다는 생각이 들었다. 아닌 게 아니라 에덜먼은 쉬는 날 없이 잠도 자는 둥 마는 둥 하면서 끊임없이 생각에 골몰하며 스스로를 혹사하는 것이 일상인 사람이었다. 그러다가 한밤중에 로젠필드에게 전화를 걸어 깨우는 것 또한 드물지 않은 일이라고. 나한테는 어쩌면 내게 주어진 이 조촐한 자질로 살아가는 편이 나을 듯했다.

1987년, 에덜먼은 새로운 시대의 획을 긋는 저서 《신경다윈주의Neural Darwinism》를 출간했다. 스스로 신경세포집단선택설theory of neuronal group selection이라고, 또는 확 와닿게 신경다윈주의라고 명명한 아주 급진적인 주장을 설명하고 그 주장의 추이와 영향을 탐구하는 삼부작의 첫 권이었다. 이 책은 곳곳에서 이해가 되지 않아 고전을 면치 못했다. 어느 정도는 에덜먼의 주장이 새로웠기 때문일 것이며 또 어느 정도는 구체적 사례 없는 추상적 논증이라는 이유도 작용했을 것이다. 다윈은《종의 기원》전체가 "하나의 긴 주장"이라고 말한 바 있지만, 그는 자연(과 인위)선택의 무수한 사례로 자신의 주장을 뒷받침했을 뿐 아니라 소설가에 버금가는 문학적 재능으로 읽는 이를 행복하게 해주었다. 이와 대조적으로《신경다윈주의》는 전권이 주장으로 이루어져 있었다. 처음부터 끝까지 오로지 진지하고 지적인 논증 일변도로. 이 책을 어려워한 독자는 나 하나만이 아니었다. 난해함과 대담함, 독창성으로 언어의 한계마저 시험하는 듯한 이 저작은 위압적으로 느껴질 정도였다.

나는 내《신경다윈주의》책에다 해당되는 환자 사례를 주석으로 달면서, 그 자신 신경의와 정신의로 훈련받았던 에덜먼이 이렇게 해주었으면 좋겠다고 마음속으로 빌어보았다.

◆

1988년 피렌체에서 열린 기억술 학회에서 발표자로 참여하면서 역시 발표자로 온 제리(제럴드 에덜먼의 애칭 — 옮긴이)와 다시 만날 수 있었다.♦ 학회가 끝난 뒤 함께 저녁식사 자리를 가졌는데 처음 만났을 때 외골수로 느꼈던 것과는 상당히 달라진 모습이었다. 그는 10년에 걸쳐 해온 밀도 높은 생각을 단 몇 분으로 압축해서 말할 줄 알았고, 이번에는 나의 느림을 더 느긋하게 참아줄 줄 알았다. 말투도 편안한 대화체로 바뀌어 있었다. 제리는 내가 환자들을 진료하면서 경험한 것을 적극적으로 알고 싶어하면서 자신의 생각과 관계가 있을 수 있는 경험,

♦ 제리의 강연에 청중은 몰입하고 환호했다. 하지만 "마음은 컴퓨터가 아니며 세계는 테이프 조각이 아닙니다"라고 말했는데 "세계는 케이크 조각이 아닙니다"로 잘못 알아들은 이탈리아 청중들이 고개를 갸웃거렸다. 그 바람에 복도에서는 저 위대한 미국인 교수의 이 오묘한 명제가 무엇을 의미하는지를 놓고 열띤 토론이 벌어졌다.

뇌와 의식의 작동에 관한 그의 이론과 들어맞을 수 있는 임상 사례를 들려달라고 했다. 신경과학연구소 생활은, 소크연구소에서 크릭이 그랬던 것처럼, 임상 현장과는 동떨어진 면이 없지 않았고, 두 사람 다 임상 데이터에 목말라했다.

우리가 앉은 테이블에는 종이 식탁보가 씌워져 있었다. 우리는 논점이 분명하지 않을 때는 그 의미가 충분히 파헤쳐질 때까지 식탁보 위에다 다이어그램을 그려가며 설명했다. 식사가 끝날 무렵, 나는 신경세포집단선택설이 무엇인지 이해가 되었다고 느꼈다. 완전히는 못 되었을지라도. 신경세포집단선택설은 신경학과 생리학 분야의 방대한 지식을 하나의 검증 가능한 타당한 지각·기억·학습 모델을 통해 조명하고, 신경세포 집단의 선택적 상호작용 메커니즘을 통해 사람이 의식을 획득하여 고유의 개성을 지닌 개인이 되는 과정을 조명하는 이론으로 보였다.

◆

크릭(의 연구진)이 유전암호genetic code(간략하게 말하자면, 단백질을 구성하는 유전자 지침들의 집합체)를 풀었을 때 에덜먼은 유전암호는 체내 모든 단일 세포의 운명을 특정하거나 제어하지 못하며, 특히 신경계의 세포 발달은 온갖 유형의 우발성에 종속된다는 것을 일찌감치 알아보았다. 신경세포들은 죽을 수도 있고, 이주할 수도 있고(에덜먼은 그렇게 이주하는 세포를 "집시"라고 불렀다), 예측할 수 없는 모종의 방식으로 서로 뭉칠 수도 있다. 따라서 일란성쌍둥이라도 서로 상당히 다른 신경망을 가지고 태어나며, 이들은 주어진 상황에 각기 다른 방식으로 대응하는 각기 다른 두 개인이다.

다윈은 크릭이나 에덜먼보다 한 세기 전에 만각류의 형태를 연구하면서 같은 종 안에서 완전히 동일한 따개비는 없음을 발견했고, 생물 집단은 복제된 동일 개체가 아니라 서로 다른 특징을 지닌 개체들로 구성된다고 기술했다. 이와 같은 이형들의 집단 안에서 자연선택이 일어나면서 후손을 남겨 보존되는 종족이 있는가 하면 멸종이 선고되는 종족이 생기는 것이다(에덜먼은 자연선택을 "무지막지한 죽음의 장치"라고 부르곤 했다). 에덜먼은 연구를 시작하던 거의 초기부터 자연선택과 유사한 처리 과정이 개체의 생애 과정에 (고등동물일수록 더) 중대하게 작용할 수 있다는 가설을 두고 있었다. 개체가 살아가는 과정에서 특정 신경세포들의 연결망 또는 집합은 강화시키고 다른 신경세포 집합들은 약화시키거나 소멸시킨다고 본 것이다.♦

에덜먼은 선택과 변화의 기본 단위를 단일 신경세포가 아니라 50개에서 1,000개에 이르는 상호 연결된 신경세포들의 집단으로 생각했다. 그리하여 이 가설을 신경세포집단선택설이라고 불렀다. 그는 자신의 연구로써 다윈의 사명이 완결되었다고 보면서, 자연선택이 수세대에 걸쳐 이루어지는 것이라면 신경세포 집단선택은 한 개체가 살아가는 동안 세포 단위에서 완성되는 것임을 덧붙였다.

우리의 유전자 설계에 타고난 편향이나 기질이 존재하는 것은 분명하다. 그렇지 않다면 신생아에게는 어떤 성향도 없을 것이며 무엇을 하거나 무엇을 구하기 위해 또는 살아남기 위해 움직이려 들지도 않을 것이다. 이런 기본적인(예를 들면 음식, 온기, 타인과의 접촉과 관련한) 성향이 생명체가 태어났을 때 취하는 움직임과 안간힘을 지시하는 것이다.

기본 생리학적 차원에서도 다양한 감각 작용과 운동 작용을 타

♦ 에덜먼은 면역체계와 관련한 선택이론 연구를 선도하여 이 작업으로 노벨상을 받았다. 그런 뒤 1970년대 중반에 유사한 개념을 신경계에 적용한 연구를 시작했다.

고난다. 자동으로 나타나는 반사 행동(예를 들면 통증에 대한 반응)에서부터 뇌 신경계의 내재적 메커니즘(예를 들면 호흡 조절 작용과 자율신경계의 기능)까지.

하지만 에덜먼은 그 나머지는 선천적 설계 또는 장착된 것이 거의 없다고 본다. 새끼 거북이는 알에서 까고 나오자마자 살아갈 준비가 되어 있다. 사람의 아기는 준비가 되어 있지 않아서 지각 기능을 포함해 여타 범주의 모든 것을 형성하고 훈련해야 세상을 살아갈 수 있다. 한 명의 개인으로 자신의 세계를 세우고 그 세계에서 살아갈 방도를 찾는 것 말이다. 여기에서는 경험과 실험이 결정적으로 중요한 요소가 된다. 신경다윈주의는 본질적으로 경험선택이다.

에덜먼은, 뇌에서 기능을 수행하는 진짜 '기관'은 수백만 개 신경세포들이 뭉친 신경세포 집단으로 구성되며 그것이 더 큰 단위 또는 '지도'로 배열된다고 본다. 이 지도들이 상상할 수 없이 복잡하나 언제나 어떠한 의미를 담은 패턴으로 끊임없이 대화를 주고받으면서 분 단위 또는 초 단위로 변화한다. 여기에서 C. S. 셰링턴(1857~1952, 노벨 생리의학상을 수상한 영국의 신경생리학자 — 옮긴이)의 시적인 은유 "요술 베틀enchanted loom"이 떠오른다. 우리의 뇌는 "수백만 개의 번쩍이는 북들이 녹아드는 무늬, 언제나 의미가 담겨 있는 무늬의 직물을 짠다. 그 직물의 무늬는 결코 고정되어 있지 않으며 끊임없이 조화롭게 변화한다".

일정한 범주(예를 들면 시각 세계에서는 움직임이나 색깔)에 선택적으로 반응하는 지도가 형성되는 과정에는 수천 개 신경세포 집단들의 활동에 광범위한 동기화가 발생할 수 있다. 그런 지도 가운데는 대뇌피질의 사전 할당된 부위에 자동으로 고정되어 형성되는 것도 있는데, 색 지각 영역이 그런 경우다. 색은 V4라고 불리는 영역에서 주로 생성된다. 하지만 대뇌피질의 대부분은 가소성 있는 다기능성 '부동산'으로, 필요한 어떤 기능이든 (한도 내에서) 수행할 수 있다. 따라서 일반인에게 청각피질에 해당하는 부위가 선천성 청각장애인에게는 시각적 목적으로 재할당될 수 있으며, 일반인에게 시각피질에 해당하는 부위가 선천성 시각장애인에게는 다른 감각 기능에 사용될 수 있다.

랠프 시걸은 시각 과제를 수행하는 원숭이의 신경세포 활동을 기록하는 작업을 하면서 전극을 단 한 개의 신경세포에 삽입해 뇌파를 기록하는 '마이크로' 기법과 뇌 전체 영역의 반응을 보여주는 '매크로' 기법(기능적자기공명영상 fMRI, 양전자방출단층촬영PET 스캔 등)만으로는 포착되지 않는 지점이 있음을 절감했다. 그 간극을 메워줄 무언가가 필요하다는 인식에서 그는 10개 또는 100개 단위의 신경세포들이 신호를 주고받고 동기화하는 현장을 실시간으로 보여주는 아주 독창적인 '메조' 영상 기법을 창시했다. 그는 이 메조 기법을 이용해서 원숭이가 다른 감각 정보를 학습하거나 그 정보에 적응했을 때 단 몇 초 만에 신경세포 연결망 또는 지도가 바뀐다는 사실을 발견했다(처음에는 예상하지 못한 결과라서 당황스러워했다). 이것은 에덜먼의 신경세포집단선택설에 상당히 부합하는 결과였기에 랠프와 나는 그 가설의 함의에 대해 상당히 긴 시간 토론을 했고, 에덜먼과도 이야기를 나누었다. 에덜먼은 크릭이 그랬던 것처럼 랠프의 연구 결과에 무척이나 흥미를 보였다.

사물이나 사건의 지각에 관한 한 에덜먼은, 세계에는 식별 "꼬리표가 붙어 있지" 않다고, 세계는 "사물이나 사건 별로 사전에 분류된 상태로" 이루어져 있는 곳이 아니라고 말한다. 우리는 각자의 범주화를 통해 각자의 지각 능력을 형성한다. "모든 지각 행위가 창조의 행위"라고 에덜먼이 말했듯이 말이다. 우리가 성장하고 살아가는 과정에서 각자의 감각기관들은 세계의 표본을 수집하며 이것으로부터 뇌에서 지도가 형성된다. 그런 다음 성공적인 지각 활동에 해당하는 지도들이 선택적으로 강화되는 과정이 진행된다. 이때 성공적이라 함은 '실재'를 건설하는 데 가장 유용하고 효과적인 것으로 증명되었다는 뜻이다.

에덜먼은 여기에서 더 복잡한 신경계에서만 나타나는 통합 활동에 대해 논하는데, 그는 이를 "재입력 신호법reentrant signaling"이라고 명명했다. 그의 설명을 풀어쓰자면, 가령 의자를 지각하는 행위에는 우선 활성화된 신경세포 집단들이 동기화되면서 하나의 '지도'가 만들어지고, 그런 다음 시각피질 전 영역에 흩어져 있던 다수의 지도들이 한 번 더 동기화된다. 즉 의자의 지각 범주(크기, 모양, 색깔, "다리의 형태", 그리고 안락의자, 흔들의자, 아기 의자 같은 다른 의자들과의 관계 등)에 따른 지도화가 이루어지는 것이다. 이렇게 해서 '의자의 특성'에 대한 풍부하고 유연한 지각이 획득됨으로써 우리는 수많은 종류의 의자를 보면 즉각 의자라고 알아볼 수 있게 된다. 이러한 지각 일반화는 수시로 업데이트되는 역동적인 활동이며, 이 활동은 무수한 세부 정보를 쉬지 않고 능동적으로 통합시키는 능력이 좌우한다.

이처럼 뇌의 여러 영역에서 두루 일어나는 신경세포 발화의 상호작용과 동기화를 가능케 하는 것이 바로 뇌 지도들 간의 무수한 연결점(시냅스synapse)이다. 양방향으로 신호를 전달하도록 연결된 시냅스는 수많은 신경섬유로 이루어지는데 많으면 수백만 가닥이 되기도 한다. 어떤 의자를 손으로 만졌을 때 오는 자극이 한 세트의 지도에 작용한다면, 의자를 눈으로 보았을 때 오는 자극은 다른 세트에 작용한다. 한 의자의 지각 처리 과정에서 이들 지도 세트 사이에서 신호 재입력이 일어난다.

범주화는 뇌가 수행하는 주요 과제인데, 신호 재입력은 뇌가 기존 범주들의 범주를 분류하고 이를 재범주화하게 해주며, 이러한 재범주화는 지속적으로 일어나는 과정이다. 이런 처리 과정이 거대한 상승 회로의 출발점으로, 이를 통해 사고와 의식이라는 고차원의 활동에 도달할 수 있다.

신호 재입력은 일종의 신경세포들의 유엔으로 비유해서 설명할 수 있을 것이다. 10여 개국의 목소리가 발언하는데, 한편에서는 외부 세계로부터 쉴 새 없이 다양한 보고가 들어온다. 이 모든 것이 한데 모여 하나의 큰 그림이 그려지면서 새로운 정보가 상관관계를 갖게 되고 새로운 통찰이 출현하는 것이다.

한때 바이올린 연주자를 꿈꾸었던 에덜먼은 음악적 은유도 곧잘 사용했다. BBC 라디오 인터뷰에서 그는 이렇게 말했다.

> 생각해보십시오. 연주자들 네 명에게 수십만 줄의 현을 무작위로 연결한 현악 4중주단이 있습니다. (흔히 연주자들이 연주 중에 청중 눈에 띄지 않게 비언어적 약속을 주고받는 것처럼) 연주자들이 서로 말은 하지 않지만 온갖 방법으로 몰래 신호를 교환해서 네 악기에서 나오는 소리를 조화로운 앙상블로 만들어주는 겁니다. 이것이 우리 뇌 안의 지도들이 재입력 섬유들과 연결되어 작동하는 원리입니다.

연주자들은 서로 연결되어 있다. 각 연주자는 각자 자기 방식으로 음악을 해석하면서 동시에 부단히 다른 연주자들에 맞추어 조절하고 서로에 의해 조절된다. 궁극의 또는 '우두머리의' 해석은 없다. 음악은 집단적으로 만들어지며, 매회 공연이 다 유일하다. 이것이 에덜먼이 그리는 뇌의 그림이다. 오케스트라이자 앙상블로서의 뇌. 다만 지휘자 없이, 스스로 음악을 만들어가는 오케스트라.

◆

그날 저녁, 제리와의 저녁식사를 마치고 걸어서 호텔로 돌아가는 길, 나는 황홀경 같은 기쁨에 빠져 있었다. 아르노 강 위에 떠 있는 달이 세상에서 가장 아름다운 것으로 느껴졌다. 몇 십 년 동안 갇혀 있던 인식론적 절망감에서 해방된 기분이었다. 피상적이고 부적절한 컴퓨터 비유의 세계로부터 풍성한 생물학적 의미로 충만한 세계, 뇌와 마음의 실재와 부합하는 세계로. 에덜먼의 가설은 마음과 의식을 최초로 전면적으로 아우른 이론이자, 개체와 자율성을 말하는 최초의 생물학적 이론이었다.

"살아서 이 이론을 들을 수 있다니 이 얼마나 감사한 일인가." 1859년《종의 기원》이 나왔을 때 지금 나처럼 느낀 사람은 또 얼마나 많았겠는가. 자연선택이라는 개념은 놀라운 발상이었지만 생각해보면 또 명백하기 짝이 없는 이야기였다. 마찬가지로 에덜먼이 그날 저녁 이야기한 것을 이해하고 나니 뒤늦게 생각이 들었다. "이 생각을 왜 나는 하지 못한 것인가! 나는 대체 얼마나 멍청한가!" 토머스 헉슬리(1825~1895, 영국의 생물학자. 올더스 헉슬리의 할아버지 ─ 옮긴이)가《종의 기원》을 읽은 뒤에 했던 이 말이 바로 내 생각이었다. 갑자기 모든 것이 그렇게 쉬워 보일 수가 없었다.

피렌체에서 돌아온 지 몇 주 뒤 또다른 깨달음의 순간이 찾아왔다. 이번에는 있을 성싶지 않은 우스꽝스러운 상황이었다. 차로 제퍼슨 호수를 찾아가는 길, 설리번 카운티의 우거진 시골길을 지나면서 잔잔한 들판과 산울타리를 감상하는데 느닷없이 시야에 들어온 암소 한 마리! 그러나 암소는 암소이되 새로 장착한 에덜먼의 관점으로 변모한 암소였다. 자신의 모든 지각과 움직임을 끊임없이 지도화하는 암소, 범주화와 지도화로 구성되는 내적 존재를 가진 암소, 신경세포 집단들이 엄청난 속도로 발화하며 신호를 주고받는 암소, 1차적 의식primary consciousness이라는 기적으로 충만한, 에덜먼의 젖소. "저렇게 멋진 동물이라니!" 나는 생각했다. "어떻게 이제껏 암소를 이런 관점에서 보지 못했을까…."

자연선택이 암소가 어떻게 하나의 종으로서 암소가 되었는지를 말해준다면, 이 특정 암소가 어떤 개체인지를 이해하기 위해서는 신경다윈주의적 접근법이 필요하다. 뇌에서 특정 신경세포 집단들을 선택하여 그 활동을 강화시키는 경험들이 이 암소를 특정한 암소로 만들어주는 것이다.

에덜먼은 '1차적 의식', 즉 심상을 형성하여 끊임없이 변화하는 복잡한 환경에 적응하게 해주는 능력을 가진 동물은 포유류와 조류, 일부 파충류일 것이라고 추측했다. 이 능력의 획득 여부는 진화 과정에서 어떤 "초월적 순간"에 새로운 유형의 신경회로가 출현했느냐 아니냐에 달려 있다는 것이 에덜먼의 생각이다. 이 새로운 유형의 신경회로는 신경세포 지도들이 대규모로, 병행하여, 양방향으로 연결될 수 있도록 해주며, 또한 전면적 지도화가 한창 진행 중일 때 새로운 경험들을 통합하여 범주들을 재범주화하는, 즉 신호 재입력 처리가 가능하게 해주는 회로다.

진화 과정의 두 번째 초월적 순간에 고차원적인 신호 재입력 처리 과정에 의해 사람(그리고 어쩌면 다른 영장류와 돌고래 등 몇몇 다른 종들)에게 "고차원적 의식higher-order consciousness"이 발달할 수 있었다고 에덜먼은 주장한다. 고차원적 의식으로 일반화와 성찰, 그리고 과거를 기억하고 미래를 예측하는 전례 없는 능력을 획득함으로써 마침내 우리는 자의식을 갖게 되며 세계 안에 존재하는 자기의 의미를 자각하게 된다.

◆

1992년, 나는 제리와 함께 케임브리지대학교 지저스칼리지에서 열린 의식에 관한 학회에 참석했다. 제리의 책은 흔히 읽기가 쉽지 않지만, 그의 실물을 보면서 이야기를 듣는 강연에서는 많은 청중이 개안을 경험한다.

그 학회에서 (어떻게 하다가 그 대화가 나왔는지는 잊었지만) 제리가 내게 말했다. "선생은 이론가가 아니잖소."

"알고 있습니다." 내가 말했다. "저는 현장에서 일하는 사람이지요. 하지만 제가 하는 현장 작업에 선생님의 이론 작업이 필요하듯이, 선생님의 이론 작업에는 제가 하는 현장 작업이 필요합니다." 제리는 내 이야기에 수긍했다.

◆

신경의 일을 하다 보면 고전적인 신경학 이론으로는 도저히 해명되지 않아 근본적으로 다른 유형의 설명이 절실히 필요한 상황을 적지 않게 만난다. 그런데 그런 많은 현상이, 에덜먼의 이론에 따라, 신경 손상 또는 신경질환으로 인해 국소적 지도 또는 고차원적 지도가 붕괴된 것이라고 하면 설명이 된다.

내가 노르웨이에서 사고로 부상을 당해 꼼짝 못 하고 있을 때, 왼쪽 다리가 '낯선 것'이 되었을 때 내 신경학 지식은 도움이 되지 않았다. 고전적인 신경학은 감각과 의식과 자기의 관계에 대해서는 아무것도 알려주지 않았다. 신경계에서 정보가 유입되는 회로에 손상이 일어났을 경우, 어떻게 의식과 자기가 다리의 존재를 잃어버리는, 즉 "자기 것으로 인정하지 않는" 상태가 될 수 있는지도, 어떻게 신체에서 그 다리를 제외한 나머지 모든 부위에 대한 신속한 재지도화가 일어날 수 있는지도, 아무것도.

뇌의 우반구에서 감각 영역(두정엽)에 심한 손상을 입은 환자에게는 질병실인증이 나타날 수 있다. 좌반신이 감각을 상실하거나 마비가 됐는데도 뭔가가 잘못됐다는 사실을 인식하지 못하는 상태가 되는 것이다. 질병실인증 환자들은 자기 몸의 왼쪽이 '다른 사람' 것이라고 우기는 경우도 종종 있다. 이런 환자들은 자기네가 사는 공간과 세계가, 주관적으로, 완전하다고 느낀다. 실제로는 절반짜리 세계를 살고 있지만 말이다. 질병실인증은 오랫동안 기이한 신경증적 징후로 오인받아왔다. 고전적 신경학으로는 이해할 수 없는 현상이었기 때문이다. 에덜먼은 그런 이상을 한쪽 반구에서 고차원적 재입력 신호 체계와 지도화가 완전히 붕괴된 결과 의식이 극단적으로 재조직된, 일종의 "의식의 질환"으로 본다.

때로는 신경에 손상을 입은 뒤 기억과 의식 사이에 해리解離가 일어나 암묵지식(비서술지식)이나 암묵기억(비서술기억)〔행위나 기술 및 조작에 대한 지식 또는 기억으로, 언어로 서술하기 어려워 수행을 통해 보여줘야 하는 기억 — 옮긴이〕만 남는 경우도 있다. 기억상실증이 일어난 내 뱃사람 환자 지미에게는 케네디 암살에 대한 외현기억(서술기억)〔사실이나 사건에 대한 기억 — 옮긴이〕이 전혀 남아 있지 않아 내가 20세기에 암살된 대통령이 있느냐고 물었을 때 이렇게 대답했다. "아니요, 제가 아는 바로는 없습니다." 하지만 내가 "가정을 해보죠. 어쩌다가 나는 알지 못했지만 대통령 암살 사건이 발생했다면, 그 장소는 어디였을까 한번 추측해보시겠어요? 뉴욕, 시카고, 댈러스, 뉴올리언스, 샌프란시스코, 이 가운데 어디일까요?" 하고 물으면 한 번도 틀리지 않고 댈러스라고 '추측'할 수 있었다.

마찬가지로 뇌 안의 일차 시각피질(V1)이 큰 범위로 손상되어 완전피질맹total cortical blindness이 된 환자들은 아무것도 보이지 않는다고 주장하겠지만, 그러면서도 불가사의하게 앞에 있는 것이 무엇인지는 정확하게 '짐작'하는 경우가 있다(맹시blindsight라고 하는 현상이다). 이런 환자들은 지각 능력과 지각 범주화는 그대로 보존되어 있지만 고차원적 의식의 연결이 끊긴 상태다.

개인의 특질은 처음부터 신경세포 차원에서 우리 안에 깊이 새겨져 있다. 이 점은 운동신경에서도 드러나는데, 아기가 걸음마를 배우거나 무언가를 잡으려 할 때 일률적인 패턴을 따르지 않는다는 것은 이미 많은 연구자들이 밝혀냈다. 아기들은 저마다의 방식으로 물건을 잡는 실험을 하며, 여러 달에 걸쳐서 자기만의 운동 해법을 발견 또는 선택한다. 이처럼 개인에 따라 각기 다른 학습의 신경 기반을 마음속에 그려보고자 한다면, 우리는 운동들(과 그것들의 신경 상관체neural correlate)의 '모집단母集團'이 경험에 의해 강화되거나 제거되는 것을 상상해 보면 될 듯하다.

뇌졸중이나 여타 부상에서 회복하고 재활하는 활동 또한 이와 비슷하게 이해할 수 있다. 여기에는 어떤 규칙도 없다. 미리 정해진 길도 없다. 모든 환자가 각자 자신의 운동 패턴과 지각 패턴을 발견하거나 만들어내야 하며, 직면한 문제에 대해 스스로 해법을 찾아내야 한다. 여기에 도움을 주는 것이 바로 섬세한 치료사의 역할이다.

넓은 의미에서 볼 때 신경다윈주의는, 우리 스스로 원하건 원하지 않건, 저마다 독자적으로 자기를 계발하며 평생에 걸쳐 각자의 특성에 맞는 길을 개척하며 살아가는 것이 우리의 운명임을 암시한다.

◆

나는《신경다윈주의》를 읽으면서, 다윈의 진화론이 생물학의 지평을 바꿔놓았듯이, 이 책이 신경과학의 지평을 바꿔놓지 않을까 생각했다. 불충분하나마 짧게 답을 하자면, 그렇지 못했다. 비록 수많은 과학자들이 에덜먼의 많은 주장을 당연한 것으로 받아들이면서도 그것이 에덜먼의 생각이라는 사실을 인정하지 않거나 심지어 그 사실조차 알지 못하는 것이 오늘날의 현실이지만 말이다. 이런 면에서 에덜먼의 이론은, 명시적으로 인정받지는 못할지언정, 신경과학의 지반을 빠른 속도로 바꿔왔다.

1980년대에는 에덜먼의 이론이 너무 새로워 기존의 어떤 신경과학 이론 모형이나 패러다임과도 잘 맞지 않았다. 나는 그의 이론이 널리 받아들여지는 못한 데는 (때로 밀도 높고 난해한 에덜먼의 글쓰기 방식과 더불어) 이런 배경이 작용했을 것이라고 생각한다. 에덜먼의 이론은 시대를 너무 앞서갔다. 1980년대 당시로는 너무 복잡하고 급진적인 사고의 전환을 요하는 주장이었기에 저항에 부딪치거나 무시당했다. 하지만 그로부터 20~30년이 지난 현재, 그동안 꾸준히 발전해온 신기술에 힘입어 신경다윈주의의 면면을 입증 또는 반증하는 것이 어렵지 않은 일이 되었다. 내게 신경다윈주의는 우리 인간이, 우리의 뇌가, 어떻게 저마다 고유한 자아와 세계를 구축해가는지를 설명해주는, 그 어떤 것보다 강력하고 우아한 이론이다.

집

가끔은 내가 잉글랜드를 떠나온 것이 정당하고 떳떳하지 못했다는 생각을 한다. 나는 영국 최고의 교육을 받고 최고의 영어 어법과 산문을 익히고 천년 역사의 전통과 관습을 접하고 배웠다. 그러고는 "고맙습니다"라거나 "안녕히 계세요"란 인사 한마디 없이 그 귀중한 정신적 자산을, 내게 투자된 모든 것을 고스란히 싸들고서 나라를 떠나버린 것 아닌가.

그럼에도 마음속에서는 언제나 잉글랜드가 집이었다. 될 수 있는 한 자주 돌아왔고, 두 발이 고국 땅에 닿을 때마다 그 마음은 더 강해졌다. 글도 더 좋아졌고. 잉글랜드에 있는 친척들과 친구들, 동료들하고 늘 연락을 주고받으며 가깝게 지냈다. 미국에서 10년, 20년, 30년을 살았지만 그 시간은 연장된 비자 기간일 뿐, 언제고 집으로 돌아간다는 것이 내 신조였다.

1990년, 잉글랜드를 '집'으로 느끼던 마음에 금이 갔다. 그해 아버지가 돌아가신 뒤, 내가 나고 자란 곳, 잉글랜드로 돌아올 때면 꼭 다시 찾고 자주 묵었던 메이프스베리 로드의 우리 집이 팔렸을 때였다. 구석구석 어느 한군데 희로애락의 추억이 흘러넘치지 않는 곳이 없는 정든 우리 집이 남한테 팔린 것이다. 그날 이후로 내게 돌아갈 곳이 있다는 그 마음이 더는 느껴지지 않았다. 잉글랜드를 찾는 일은 방문일 뿐 내 나라, 내 사람들에게 돌아온다는 기분은 들지 않았다.

그렇지만 영국 여권에 대해서는 이상하게 자부심이 있었다. 크고 빳빳한 마분지 재질에 금박 글자가 찍힌(2000년도 이전) 영국 여권은 대다수 국가에서 발행하는 얄팍하고 볼품없는 물건하고는 비교도 할 수 없이 아름다웠다. 미국 시민권을 받아야겠다는 생각은 없었고, '거류 외국인'으로 기재되는 영주권이 있는 것으로 충분히 만족했다. 예외적인 경우가 없는 것은 아니지만 이 신분이 내게는 잘 맞았다. 주위에서 일어나는 모든 일을 우호적인 입장에서 주시하나 투표와 배심원 임무 같은 시민으로서의 책무라든가 국가 시책이나 정치적 상황에 관여할 필요는 없는, 이방인. 나는 내가 (템플 그랜딘이 스스로에 대해 말했던 것처럼) 화성의 인류학자 같다는 느낌을 자주 받았다(캘리포니아에 살던 시절에는 이런 느낌이 훨씬 덜했다. 서부 야생의 산과 숲, 사막과 일체감을 느꼈던 까닭이리라).

그런 내게 2008년 6월 놀라운 소식이 왔다. 내 이름이 여왕 탄생일에 발표되는 수훈자 명단에 올라갔다는, 내가 대영제국 커맨더 훈장Commander of the Order of the British Empire 수령자가 될 거라는 소식이었다. '사령관commander'이라는 칭호는 좀 간지러웠지만(구축함이나 전함의 함교에 선 내 모습은 도무지 상상이 되지 않았다) 내게 이런 영예가 주어진다는 사실이 신기했고 진심으로 감개무량했다.

정장이나 여타의 격식을 좋아하지 않는 편이어서 평상시에는 낡고 후줄근한 옷차림으로 다니고 양복도 단벌이었지만, 버킹엄 궁전의 법도를 배우는 일은 즐거웠다. 절하는 법, 여왕 앞에서 뒷걸음으로 물러나는 법, 여왕이 악수를 청하거나 말을 걸 때까지 기다리고 있어야 한다는 것 등등(왕족에게는 요청받기 전에 먼저 신체를 접촉하거나 말을 걸지 않는 것이 왕실의 예법이었다). 졸도한다거나 여왕 면전에서 방귀를 뀐다거나 하는 불쾌한 실수라도 저지르지 않을까 걱정했지만 무사히 끝났다. 수훈식이 치러지는 동안 여왕의 체력을 보면서 깊은 인상을 받았다. 내가 호명될 때까지 여왕은 꼬박 두 시간을 부축 없이 자세 한 번 흐트러지지 않고 꼿꼿이 서 있었다(그날 수훈자는 총 200명이었다). 여왕은 짧지만 다정하게 내 현재 작업에 대해 물었다. 내가 느낀 여왕은 아주 기품 있으면서 유머감각을 갖춘 친화력 있는 사람이었다. 여왕이(그리고 잉글랜드가) 내게 이렇게 말해주는 듯했다. "그대, 세상을 이롭게 할 명예로운 일을 했노라. 다 용서했으니 집으로 돌아오라."

《목소리를 보았네》나 《색맹의 섬》이나 《엉클 텅스텐》을 집필하는 동안에도 환자를 만나고 돌보는 의사 활동을 중단하는 일은 없었다. 나는 베스에이브러햄병원과 작은자매회, 그 밖의 곳에서 계속 환자들을 진료했다.

2005년 여름, 조너선 밀러의 1986년 다큐멘터리 영화 〈의식 속에 갇힌 사람Prisoner of Consciousness〉의 주인공인 놀라운 기억상실증 음악가 클라이브 웨어링을 만나기 위해 잉글랜드를 방문했다. 클라이브의 아내 데버러와 오랫동안 서신을 왕래해왔는데, 클라이브의 삶을 돌아본 감동적인 책이 얼마 전에 출간되었다면서 내게 그 재앙과도 같은 뇌염을 앓은 지 20년이 지난 남편의 현재 상태를 봐주면 좋겠다고 했다. 클라이브는 성인이 되어서 일어난 일은 아무것도 기억하지 못하고 새로 겪은 일에 대해 기억할 수 있는 시간은 단 몇 초에 불과했다.

그럼에도 악기를 연주하고 합창단을 지휘하는 일은 직업 음악가 시절 못지않게 해낼 수 있었다. 클라이브는 음악의 특별한 힘과 음악 기억력에 대해 여러 가지 예를 들어가면서 설명해주었다. 나는 그가 들려준 이야기를 글로 쓰고 싶었다. 이 일과 다른 많은 '신경음악적' 사례를 생각하다 보니 음악과 뇌에 관한 이야기를 책으로 써봐야겠다는 마음이 들었다.

그 결과물로 나온 것이 《뮤지코필리아Musicophilia》(2007; 알마, 2010)다. 시작은 소박한 프로젝트였다. 나는 대략 세 개 챕터로 이루어진 작은 책이 되지 않을까 생각했다. 하지만 음악적 공감각을 지닌 사람들, 음악을 음악으로 인식하지 못하는 증상인 실음악증을 겪는 사람들, 전측두엽 치매로 갑자기 놀라운 음악적 재능과 열정을 보이는 사람들, 음악 간질 즉 음악으로 유발되는 간질을 겪는 사람들, '뇌리에 박힌 음악'이나 반복되는 음악적 심상 또는 음악적 환각에 사로잡힌 사람들을 생각하면서 처음 계획보다 훨씬 큰 책이 되었다.

더군다나 40년 전에 뇌염후증후군 환자들에게서, 심지어 그들이 엘도파로 깨어나기 전에, 음악의 놀라운 치료 효과를 확인하고 매료된 바 있었다. 그때부터 줄곧 음악이 다른 질환에 큰 도움이 된다는 사실을 목격해왔는데, 기억상실증과 실어증은 물론 우울증에다 치매에까지 놀라운 효험을 보였다.

1985년 《아내를 모자로 착각한 남자》 초판이 나온 뒤로 독자 편지가 갈수록 늘어갔고, 그중에는 자신의 경험을 이야기하는 편지도 적지 않았다. 독자 편지를 통해 의사로서 내 영역은 말하자면 진료실이라는 테두리를 뛰어넘어 크게 확장되었다. 《뮤지코필리아》는 연구자들과 가졌던 서신 왕래와 만남에 못지않게 이렇게 독자 편지나 전화로 접한 이야기들로 아주 풍부해질 수 있었다(이후의 《환각》도 그랬다).

《뮤지코필리아》에서는 새로운 환자들과 주인공들의 사례를 많이 다루었지만 이전 책에 등장했던 환자들도 다수 새로이 다루었다. 이번에는 음악에 대한 반응에 초점을 맞추었으며, 새로운 뇌 영상 기법을 활용하고 뇌-마음이 구조와 범주를 어떻게 만들어내는가 하는 개념에 비추어 그들을 살폈다.

◆

나는 칠십대에 들어서도 훌륭한 건강 상태를 유지했다. 몇 가지 정형외과적 문제는 겪고 있었지만 심각하거나 생명에 위협이 될 것은 없었다. 친형 세 명을 모두 잃고 많은 친구와 동시대인이 세상을 떠났어도 병이나 죽음에 대해서는 진지하게 생각해보지 않았다.

그러던 2005년 12월, 내 인생에 갑자기 암이 등장해 극적으로 그 정체를 드러냈다. 시야 한 부분이 갑자기 하얘지더니 반맹이 되어버린 오른쪽 눈. 진단은 흑색종이었다. 그것은 아마도 얼마간에 걸쳐 서서히 자라나서, 이 시점에 시각이 가장 예리한 망막 중앙의 작은 부위인 중심와中心窩 가까이까지 잠식했으리라. 흑색종이 워낙 악명 높은 병인지라 진단이 나오는 순간 나는 사형선고로 받아들였다. 그러나 안구 흑색종은 상대적으로 양성인 편이라고 의사가 바로 이어서 말해주었다. 전이되는 경우도 드물고 완치율도 높다고.

방사선요법에 이어서 레이저 치료까지 수차례 받았다. 일부 부위가 계속 재발했기 때문이다. 18개월 지속된 1차 치료 기간 동안 오른쪽 눈의 시력은 거의 하루 단위로 실명 상태에서 정상 시력 상태를 오락가락하며 요동쳤고, 그럴 때마다 공포에 사로잡혔다가 안도했다가는 다시 공포에 사로잡히는 감정의 극단을 오갔다.

이런 요동치는 증상을 그나마 견딜 수 있었던 것은 망막(과 시력)이 종양과 레이저 광선에 조금씩 갉아 먹히면서 일어난 다양한 시각 현상에 매료된 덕분이었다(그러지 않았다면 일상생활은 더더욱 힘들었을 것이다). 레이저요법과 더불어 일어나는 극심한 위상학적 일그러짐, 색깔의 왜곡 현상, 암점blind spot이 영리하게도 자동적으로 채워지는 현상, 걷잡을 수 없이 확산되는 색과 형태, 눈을 감은 뒤에도 사물과 장면이 계속 지각되는 현상, 그리고 그중에서도 특히 (흑색종으로 인해) 점점 커져가는 암점 속에 출몰하는 갖가지 환각들 …. 필시 나의 뇌 또한 내 오른쪽 눈 못지않게 분주했으리라.

앞을 볼 수 없다는 것도 두려웠지만 그보다 더 두려운 것은 죽음이었다. 그래서 흑색종하고 일종의 흥정을 했다. 꼭 그래야겠다면 눈을 가져가라. 하지만 나머지는 남겨다오.

2009년 9월, 항암 치료를 받은 지 3년 반 만에 방사선에 약해진 오른쪽 눈 망막에서 출혈이 일어나 완전히 시력을 상실했다. 혈액을 제거해도 망막에서 곧바로 다시 출혈이 시작되었기 때문에 소용없는 노릇이었다. 양안시兩眼視를 상실하고 나니 각종 새로운 불편과 곤란에 직면했다. 물론 흥미진진한 현상을 만나면 조사와 연구에 돌입하기도 했다. 입체시를 잃는다는 것은 열렬한 입체광인 내게는 슬픈 일이었고, 나아가 위험한 일이기도 했다. 입체 지각 능력이 없으니 층계와 굽잇길이 그냥 땅 위에 난 직선처럼 보였고, 멀리 있는 사물이 가까이 있는 사물과 동일선상에 보였다. 오른쪽 눈의 시야를 잃은 뒤로 사람이나 물건이 불쑥 눈앞에 나타나는 바람에 걸핏하면 충돌 사고가 일어났다. 게다가 나는 물리적으로 시각을 상실했을 뿐 아니라 정신적으로도 앞이 보이지 않았다. 오른쪽이 말이다. 더이상 그곳에 있는 무엇을 볼 수 없는지 상상조차 하지 못하게 된 것이다. 신경학에서 '반측무시'라고 부르는 이 증상은 대개 뇌졸중이나 대뇌의 시각 영역 또는 두정엽 부위에 종양이 생겼을 때 나타난다. 신경의인 내게는 이 현상이 무엇보다 흥미로웠는데, 감각기관에 입력된 정보가 모자라거나 비정상일 때 뇌가 작동하는(또는 오작동하거나 작동하지 못하는) 각종 방식을 한눈에 보여주었기 때문이다. 나는 이 모든 현상을 상세하게 기록하고(내 흑색종 일기는 9만 단어에 이르렀다) 각종 지각 실험을 통해 연구했다. 그 모든 과정이 지난 '다리' 경험 때와 마찬가지로 나 자신을 데리고 하는, 나 자신을 대상으로 삼은 생체실험이 되었다.

눈 손상이 가져온 시지각 증상은 비옥한 탐구의 터전이 되어 마치 신기한 현상으로 가득한 신세계를 발견한 기분이었다. 나와 같은 문제를 겪은 모든 환자가 이미 나와 같은 유형의 시지각 현상을 경험했으리라는 생각이 분명 들었지만 말이다. 내 경험을 글로 쓰는 것은 그 모든 환자들을 대신해서 쓰는 글이 될 테고. 그럼에도 무언가를 발견했다는 신나는 생각에 나는 그 상황을 뚫고 나갈 수 있었던 듯하다. 그런 들뜬 기분이 아니었다면, 나는 두려움에 떨면서 의기소침한 나날을 보내야 했을 것이고, 환자를 진료하고 집필을 이어갈 힘 또한 얻지 못했으리라.

◆

새 책《마음의 눈The Mind's Eye》(2010; 알마, 2013) 집필에 열중하던 시기에 불운한 사고와 수술이 줄줄이 강타했다. 2009년 9월, 오른쪽 눈에 출혈이 일어난 직후에는 왼쪽 인공 무릎관절 수술(슬관절 전치환술)을 받아야 했다(이 경험도 물론 상당 분량의 일기를 낳았다). 수술진은 수술 후 8주가량의 기간을 제시하면서, 그 안에 무릎을 완전하게 움직일 수 있어야 할 것이며 그렇지 못할 시에는 여생을 뻣뻣한 다리로 살아가야 할 것이라고 이야기했다. 무릎 재활 운동은 반흔 조직을 파열시키는 극도로 고통스러운 과정이 될 것이라면서. "객기 부리시면 안 됩니다." 수술의가 말했다. "진통제는 필요한 만큼 얼마든 드십시오." 물리치료사들은 한술 더 떠서 그 통증에 대해 연인 사이에나 할 법한 표현을 써가며 설명했다. 통증은 "기꺼이 안아줄 수 있어야 한다"는 둥, "그 안에 빠져드시라"는 둥. 내게 주어진 그 짧은 기간 안에 완전한 유연성을 회복하려거든 자신을 극한까지 밀어붙이는 것이 절대적으로 필요한 만큼, "착한 통증"이라고 그들은 힘주어 말했다.

재활 운동을 성실히 수행하면서 하루가 다르게 움직임과 힘의 폭을 키워가고 있었는데, 그 와중에 달갑지 않은 또다른 문제가 터졌다. 오랜 세월 싸웠던 좌골신경통이 재발한 것이다. 처음에는 스멀스멀 느리게 진행되더니 한순간에 내가 상상해보지 못한 통증으로 치달았다.

그래도 재활운동은 멈출 수 없어 이 악물고 버텼지만 좌골신경통의 통증에 무릎을 꿇을 수밖에 없었고, 12월에 들어 결국 몸져누웠다. 무릎관절 수술 때의 모르핀이 아직 다량 남아 있었지만('착한' 무릎 통증에는 이루 헤아릴 수 없이 큰 도움을 주었다) 척수신경 압박 손상에 전형적으로 나타나는 신경 통증에는 사실상 쓸모가 없었다(모든 '신경' 통증에 쓸모가 없다). 자리에서 일어나 앉는 것 자체가 완전히 불가능해졌다. 단 1초도.

앉을 수가 없으니 피아노도 칠 수 없었는데, 일흔다섯 살이 되면서 다시 피아노와 음악 교습을 받기 시작한 터라(노령이어도 새로운 기술을 습득할 수 있다는 글을 써온 사람인데, 이제 나 스스로 내가 했던 조언을 실행할 때가 되었다고 느꼈다) 울화가 치밀었다. 서서 피아노를 쳐보려고 했지만 불가능했다.

글쓰기는 가능해서 전부 서서 했다. 집필 책상 위에다 《옥스퍼드 영어사전》 열 권을 쌓아 특별 받침대를 설치했더니 되었다. 글쓰기에 집중하는 것이 거의 모르핀만큼 효과가 있을뿐더러 부작용마저 없었다. 침대에 누워 있는 것도 싫었고 누워서 지옥 같은 통증을 고스란히 느끼는 것도 싫어서 내가 즉흥적으로 설치한 직립용 책상에서 되도록 많은 시간을 보냈다.

이 시기에 내가 많이 생각하고 쓰고 읽은 것은 아닌 게 아니라 고통에 관한 것이었다. 지금까지는 한 번도 진지하게 생각해본 적 없는 주제였다. 최근 두 달 동안 직접 경험을 통해 세상에는 근본적으로 다른, 적어도 두 종류의 통증이 있다는 결론을 내렸다. 무릎 수술에서 온 통증은 철저하게 국소적이었다. 무릎 부위 너머로는 절대 퍼지지 않는 이 통증의 지속 여부는 전적으로 수술로 인해 수축된 흉터 조직을 내가 얼마나 스트레칭해주느냐에 달려 있는 문제였다. 이 통증의 강도는 10점 만점 척도로 쉽게 재량할 수 있었고, 무엇보다 물리치료사들의 말마따나 기꺼이 안아줄 수 있고 훈련으로 이겨내고 정복할 수 있는 "착한 통증"이었다.

좌골신경통의 (이 명칭으로는 도저히 다 전달되지 않는) 통증은 성질이 전혀 달랐다. 이 통증은 국소적이기는커녕 처음부터 오른쪽 5번 허리뼈 신경근의 압박 부위를 크게 넘어서는 범위로 퍼져나갔다. 무릎 통증과 달리 스트레칭할 때마다 반응이 달랐다. 게다가 예측할 수 없이 갑자기 시작되는 발작성 통증이어서 미리 어금니 물고 대비할 수도 없는 노릇이었다. 그 강도는 눈금으로 잰다는 것 자체가 불가능한, 한마디로 감당할 수 없는 통증이었다.

거기에서 그치지 않는다. 이런 종류의 통증에는 고통이라고 해야 할까, 고난이라고 해야 할까, 공포라고 해야 할까, 적확하게 표현하기는 어렵지만 그 자체에 불쾌한 감정의 요소까지 포함되어 있다. 아니, 어떤 말로도 그 정수가 포착되지 않는 통증이다. 신경통은 결코 '기꺼이 안을' 수 없으며 그렇다고 맞서 싸울 수도 그냥 적응할 수도 없는 통증, 사람을 으스러뜨려 영혼이 빠져나가도록 곤죽으로 만들어버리는 통증이다. 강철 같은 의지도, 인간적 존엄성도, 그런 통증의 공격을 받으면 산산이 바스라지고 만다.

나는 헨리 헤드의 위대한 저작《신경학 연구Studies in Neurology》(1920)를 다시 읽었다. 그는 거기에서 '식별성 감각'(정확하게 해당 부위로 국한되는 차별성을 가지며 자극에 비례하는 감각)과 '원발성 감각'(확산적이고 감정을 혹사시키며 발작적인 감각)을 대비했다. 이 이분법은 내가 경험한 두 종류의 통증과 잘 부합하는 것으로 보였다. 나는 내가 직접 경험한 통증을 다루면서 오랫동안 잊혔던 헤드의 용어와 개념을 되살리는 작은 책이나 에세이를 써볼까 궁리해보았다(친구들과 동료들에게 이 생각에 대해 잔뜩 이야기해놨지만 쓰고 싶었던 에세이는 완결을 보지 못했다).

12월에 들어서자 좌골신경통이 도저히 감당할 수 없는 상태로 악화되어 더이상 책을 읽을 수도 생각에 집중할 수도 글을 쓸 수도 없었고, 평생 처음으로 자살에 대해 생각했다.♦*

척추 수술 날짜가 12월 8일로 잡혔다. 이 무렵에는 엄청난 양의 모르핀을 투약하고 있었는데, 수술의는 수술이 끝난 뒤로 두 주 정도는 부종으로 인해 통증이 더 심해질 수도 있다고 말했다(그리고 그 경고는 현실이 되었다). 2009년 12월의 나머지 시간은 계속해서 우울한 나날이었다. 어쩌면 통증을 진정하기 위한 강한 약물이 당시 내게 드는 모든 감정을 고조시켜서 그런 것인지, 급격한 감정 기복을 겪으면서 희망과 공포를 오락가락하는 일이 잦았다.

아무리 싫어도 하루 스물네 시간을 침대에 누워 있어야 하는 병원 규정을 견딜 수 없어서 (한 손으로는 지팡이를 짚고 다른 손으로는 케이트의 팔을 잡고) 사무실로 나가기 시작했다. 편지 구술과 전화를 받는 정도는 할 수 있어서 마음만은 업무로 복귀한 척할 수 있었다. 비록 사무실 소파에 누워서 하는 일이었지만.

2008년 일흔다섯 번째 생일을 맞은 지 얼마 안 되어 마음에 드는 사람을 만났다. 샌프란시스코에 살다가 막 뉴욕으로 옮긴 작가, 빌리와 저녁식사를 함께하기 시작했다. 평생을 소심하게 감정을 자제하면서 살아온 나였기에, 우리 사이에 우정과 친밀한 감정이 자라는 것을 느끼기는 했지만 그 깊이가 어느 정도인지는 확실하게 알지 못했던 것 같다. 2009년 12월이 되어서야, 무릎과 척추 수술에서 아직 완전히 회복하지 못하고 통증과 씨름하던 와중에, 비로소 얼마나 깊은 감정이었는지 깨달았다.

빌리는 가족과 크리스마스를 보내기 위해 시애틀로 떠나는 길에 잠시 나를 보러 와서는 (빌리 특유의 진지하고 조심스러운 태도로) 말했다. "저는 당신을 향한 깊은 사랑을 잉태했습니다." 그의 말이 떨어지는 순간 내가 미처 깨닫지 못했던 것, 아니 어쩌면 나 자신에게도 숨겨왔던 것을 깨달았다. 나 역시 그를 향한 깊은 사랑을 잉태했음을. 내 두 눈에 눈물이 고였다. 빌리는 내게 키스했고, 바로 떠났다.

빌리가 떠나 있는 내내 끊임없이 그를 생각했지만 가족과 함께 있는 시간을 방해하고 싶지 않아서 이제나저제나 전화가 걸려오기만을 기다렸다. 간절히, 떨리는 마음으로. 늘 통화하던 시각에 전화가 오

♦ 친구이자 동료인 피터 자네타(UCLA에서 레지던트 생활을 함께했다)가 한 가지 기법(미세혈관감압술. 압박받는 뇌혈관과 신경을 떨어뜨려 증상을 치료하는 머리뼈 절개술—옮긴이)을 발견했다. 이 기법 덕분에 삼차신경통으로 고통받는 사람들의 삶이 완전히 뒤바뀔 수 있었고, 목숨을 구한 경우도 적지 않았다. 눈과 안면에 급격한 발작적 통증이 반복되는 이 신경통에 (피터의 연구가 있기 전에는) 치료법이 없어서 "견딜 수 없는" 통증에 자살을 택하는 환자가 드물지 않았다.

지 않는 날에는 교통사고로 몸을 못 쓰게 된 건 아닌지, 설마 죽은 건 아니겠지, 걱정이 되어 덜덜 떨었고 한두 시간 뒤에 전화가 오면 안도감에 흐느낄 뻔하기를 한두 번이 아니었다.

감수성은 또 얼마나 예민해졌는지, 좋아하는 음악이나 늦은 오후 길게 늘어지는 황금빛 태양에도 눈물이 터지곤 했다. 무엇 때문에 그렇게 눈물이 나는지 알 수 없으면서도 가슴에는 사랑과 죽음, 무상함이 한데 뒤엉킨 어떤 강렬한 감정이 북받쳐 올랐다.

나는 침대에 누워 내게 찾아온 모든 감정을 공책에 적어 내려갔다. "사랑에 빠진 마음"에 바치는 공책이었다. 12월 31일 밤늦게 빌리가 샴페인 한 병을 들고 돌아왔다. 빌리가 병을 땄고, 우리는 서로에게 "당신을 위하여" 건배했고, 찾아온 새해에 건배했다.

◆

12월의 마지막 주에 접어들면서 신경통이 완화되기 시작했다. 수술 후 부종이 가라앉기 시작했기 때문이었을까? 아니면 (나도 모르게 자꾸 떠오르는 가설인데) 사랑에 빠진 기쁨이 신경통과 맞서서 딜라우디드Dilaudid나 펜타닐fentanyl만큼이나 강력한 진통 효과를 낸 것일까? 사랑에 빠진 상태가 체내에 아편제나 칸나비노이드cannabinoid(대마초에 들어 있는 환각 물질 — 옮긴이)를 흘러넘치게 만들기라도 한 것인가?

1월에 들어서면서 내가 급조한 《옥스퍼드 영어사전》 작업 책상으로 복귀했고, 서 있는 것이 가능한 날에는 이제 외출도 조금씩 할 수 있었다. 음악당과 강당에서는 맨 뒤에 서서 들었고, 서서 먹을 수 있는 바가 있는 식당에서 외식도 했고, 정신과 상담도 재개했다. 상담의와 정면으로 마주하고 선 채로 분석을 받아야 했지만 말이다. 그리고 꼼짝없이 누워 지내야 하는 동안 책상 위에 방치해뒀던 《마음의 눈》 원고를 다시 시작했다.

◆

가끔 돌아보면 내 인생이 일상의 즐거움하고는 다소 거리가 있다고 느껴지곤 했는데, 이것이 빌리와 사랑에 빠지면서 달라졌다. 스무 살에 처음 리처드 셀리그와 사랑에 빠졌고, 스물일곱 살 때는 멜을 만나 애만 태웠고, 서른두 살에 만났던 카를과의 관계는 정체가 불분명했고, 그리고 지금 나는 (맙소사!) 일흔일곱 살이 되었다.

지각변동에 가까운, 근본적인 변화가 일어나야 했다. 내 경우에는 평생을 홀로 살아오면서 몸에 밴 습관들, 자기중심적인 생활 태도, 주위를 돌아볼 필요 없이 자기 일에만 몰두하면 되었던 생활, 이 모든 게 바뀌어야 했다. 새로운 관계에는 새로운 욕구, 새로운 두려움도 둥지를 틀게 된다. 상대방에 대한 욕구, 버려짐에 대한 두려움이. 새로운 관계에는 서로에 대한 이해와 적응의 시간이 필요하다.

빌리와 내게는 공통된 관심사와 활동 덕분에 이런 변화가 수월하게 이루어졌다. 우리 둘 다 글을 쓰는 사람들이었고, 실은 이것이 우리가 만난 계기이기도 했다. 빌리의 책《해부학자The Anatomist》의 교정쇄를 읽고 깊이 감명받아 혹시 동부에 올 일이 있거든 만나고 싶다는 편지를 보냈는데, 2008년 9월에 빌리가 뉴욕에 오면서 정말로 나를 찾아온 것이다. 나는 진중하면서도 밝은 빌리의 사고방식이 마음에 들었다. 그는 타인의 감성을 읽고 공감하는 능력이 뛰어나고 솔직함과 섬세함이 잘 조화를 이룬 사람이었다. 누군가의 품에 안겨 이야기를 나눈다거나 같이 음악을 듣는다거나 같이 말없이 가만히 있는 것이 내게는 새로운 경험이었다. 우리는 요리를 배우고 건강한 식사를 함께 먹었다. 이날 이때까지 나는 시리얼이나 정어리 통조림으로 연명해왔다고 해도 과언이 아니었다. 그것도 자리에 앉지도 않고 깡통째로 30초 만에 뚝딱 해치우는 식이었다. 우리는 같이 외출을 다니기 시작했다.

(내가 좋아하는) 음악회에 갈 때도 있고 (빌리가 좋아하는) 미술관에 갈 때도 있고, 뉴욕식물원에도 자주 갔다. 40년 넘도록 홀로 정처 없이 터벅터벅 걸어 다니던 그곳을. 여행도 함께 다니기 시작했다. 나의 도시 런던으로 갈 때면 내가 친구들과 집안사람들에게 빌리를 소개했고, 그의 도시 샌프란시스코로 가면 빌리의 많은 친구들과 어울렸다. 우리 둘의 공통된 열망이었던 아이슬란드에도 갔다.

집에 있을 때나 여행 갔을 때나 우리는 수영을 자주 다닌다. 가끔 작업 중인 원고를 서로에게 읽어주기도 하지만, 대부분의 시간은 다른 연인들이 그러듯이 지금 읽는 책에 대해 논하거나 텔레비전에서 나오는 옛날 영화를 보거나 함께 노을을 바라보거나 점심 샌드위치를 나눠 먹는, 그런 나날이다. 빌리와 나는 많은 차원에서 일상을 함께하며 평온한 하루하루를 보낸다. 일평생 거리를 두고 살아온 이 일상의 행복은 노년의 내게 뜻밖에 찾아온 근사한 선물이다.

어렸을 때 사람들은 나를 보고 먹물쟁이라고 했는데, 잉크로 얼룩져 있기는 지금이나 70년 전이나 별반 달라진 것이 없다.

열네 살 때부터 쓰기 시작한 일기장이 현재 1,000권에 육박한다. 늘 들고 다니는 작은 수첩형 일기장에서 큰 책만 한 것까지 모양도 크기도 가지각색이다. 나는 꿈속이나 밤중에 생각이 떠오를 경우를 대비해 항상 머리맡에 공책을 놔두고, 수영장이나 호숫가, 해변에도 웬만하면 한 권 놔둔다. 수영은 생각이 굉장히 활발해지는 활동이어서 특히 완성된 문장이나 단락으로 떠오르면 곧바로 나가서 써놔야 하기 때문인데, 이렇게 글을 완성하는 경우가 드문 일은 아니었다.

《나는 침대에서 내 다리를 주웠다》는 1974년 환자 신세가 되는 바람에 병상에서 아주 꼼꼼하게 기록했던 일기의 상당 부분이 원고로 발췌되었다. 《오악사카 저널》도 마찬가지로 손으로 적은 일기장에 크게 의존했다. 이런 경우를 제외하면 내가 지난 일기장을 다시 들여다보는 일은 아주 드물었다. 글쓰기라는 행위 자체로 충분했다. 글을 쓰다 보면 생각과 감정이 분명하게 정리된다. 내게 글쓰기는 정신생활에 없어서는 안 될 절대적 요소다. 생각이 떠오르고 그 생각이 꼴을 갖추어가는 과정 전체가 글쓰기를 통해 이루어지는 까닭이다.

내가 쓰는 일기는 남에게 보여주기 위한 것이 아닐뿐더러 나 스스로 지난 일기를 꺼내 읽는 것 또한 좀처럼 없는 일이다. 오히려 일기는 내가 자신과 단둘이 대화하기 위해 필요한, 자신과의 대화에 필수적인 형식의 글이라고 하는 편이 맞다.

종이 위에서 생각한다고 꼭 공책이 있어야 하는 것은 아니다. 편지봉투 뒷면도 되고 메뉴판도 되고, 손에 잡히는 아무 종이에든 쓰면 그만이다. 나는 마음에 드는 글귀가 나오면 밝은색 색종이에 옮겨 적거나 타이핑해서 게시판에 압정으로 꽂아놓기가 다반사였다. 시티아일랜드에 살 때는 그렇게 베껴놓은 글귀가 첩첩이 쌓여 바인더 링에다 꿰어 사무실 책상 위 커튼 봉에 주렁주렁 매달아놓기도 했다.

편지 역시 내 인생에서 큰 자리를 차지한다. 편지는 쓰는 것도 받는 것도 다 좋아한다. 편지는 사람들, 중요한 사람들과 교류하는 매개체다. 글쓰기가 잘 안 될 때도 편지 쓰기는 무리 없이 잘되는 경우가 많다. '글'이라는 게 무엇을 의미하든지 간에 말이다. 나는 내가 받은 모든 편지를 보관했고 내가 보낸 편지는 사본으로 보관한다. 내 인생의 많은 부분(가령 처음 미국에 와서 많은 중대한 사건을 겪었던 1960년대)을 재구성하는 작업을 위해 오래된 편지들을 다시 읽노라니, 이 편지들이 내 인생의 보물임을 새삼 깨닫는다. 잘못된 기억과 변덕스러운 기분으로 착각했던 온갖 오류를 바로잡아주기도 하고.

내 글쓰기 작업에서 방대한 분량(과 숱한 세월)이 할애된 것은 임상일지다. 베스에이브러햄병원의 환자 500명, 작은자매회의 입소자 300명, 브롱크스주립병원의 입원 및 재래 환자 1,000명을 진료하면서 수십 년 동안 1,000권이 넘는 공책을 썼는데, 내가 무척이나 좋아한 일이었다. 나는 진료한 환자들에 대해 길고 자세한 일지를 적었고, 이를 읽는 사람들은 소설처럼 읽힌다고 말하곤 했다.

나는 이야기꾼이다. 좋든 나쁘든, 그렇다. 이야기를 좋아하는 경향, 서사를 좋아하는 경향은 언어 능력, 자의식, 자전기억autobiographical memory과 더불어 인류의 보편적 특성이 아닐까 생각한다.

글쓰기는 잘될 때는 만족감과 희열을 가져다준다. 그 어떤 것에서도 얻지 못할 기쁨이다. 글쓰기는 주제가 무엇이든 상관없이 나를 어딘가 다른 곳으로 데려간다. 잡념이나 근심 걱정 다 잊고, 아니 시간의 흐름조차 잊은 채 오로지 글쓰기 행위에 몰입하는 곳으로. 좀처럼 얻기 힘든 그 황홀한 경지에 들어서면 그야말로 쉼 없이 써내려간다. 그러다 종이가 바닥나면 그제야 깨닫는다. 날이 저물도록, 하루 온종일 멈추지 않고 글을 쓰고 있었음을.

평생에 걸쳐 내가 써온 글을 다 합하면 수백만 단어 분량에 이르지만, 글쓰기는 해도 해도 새롭기만 하며 변함없이 재미나다. 처음 글쓰기를 시작하던 거의 70년 전의 그날 느꼈던 그 마음처럼.

감사의 말

이 자서전을 묶어내는 일은 케이트 에드거 없이는 불가능했을 것이다. 케이트 에드거는 개인 비서이자 편집자요 협력자인 동시에 친구로서 내 인생에서 독보적인 역할을 수행해왔다. 30년이 넘는 세월이었다(그녀에게 최근 책 《환각》을 헌정했다). 에드거는 이 자서전에서도 헌신적인 조수 할리 파커와 헤일리 보이칙의 도움을 받아 발표작과 미발표작을 포함해 나의 모든 초창기 저술은 물론 1950년대로 거슬러 올라가는 일기와 편지를 조사하고 거르는 일을 맡아주었다.

친구이자 동료 신경의 오린 데빈스키에게 특별한 신세를 졌다. 나는 오린과 의사 대 의사로서뿐 아니라 친구 대 친구로서 20년 동안 대화를 해왔다. 오린은 이 책의 이론 부분과 임상 부분을 비판적인 안목으로 읽어주었으며, 다른 저서들에도 큰 도움을 주었다(나는 《뮤지코필리아》를 오린에게 헌정했다).

크노프Knopf 출판사의 편집자 댄 프랭크가 이 책의 여러 버전 원고를 읽으면서 단계마다 소중한 조언과 통찰력 있는 견해를 제시해주었다.

나의 소중한 벗(이자 동료 작가) 빌리 헤이스가 이 책의 구상 단계에서부터 집필 과정과 후반 작업까지 모든 과정에 가까이에서 관여했다. 이 책을 그에게 바친다.

길고 파란만장했던 인생 여정에서 귀하고 소중한 수많은 사람을 만났지만, 이 책에는 그 가운데 겨우 몇 분밖에 언급하지 못했다. 다른 분들은 내가 그분들을 잊은 게 아님을 알아주시기를. 나의 기억과 사랑 안에 그분들이 계실 것이다. 내가 숨을 거두는 그날까지.

찾아보기

용어

ㄱ

ㄴ

인명

지명

서명과 작품명

신문과 잡지

사진 출처

아래에 밝힌 것을 제외한 모든 사진은 저자의 소유다.

150쪽 위: 데이비드 드레이진David Drazin
151쪽 위: 찰스 코언Charles Cohen
156쪽 아래: 로버트 로드먼Rodman
162쪽: 더글러스 화이트Douglas White
165쪽 모두: 로웰 핸들러Lowell Handler
320쪽 위: 로웰 핸들러
　아래: 빌 헤이스Bill Hayes
321쪽: 로웰 핸들러
322쪽 아래: 로웰 핸들러
323쪽 위: 크리스 롤런스Chris Rawlence
　아래: 로절리 위너드Rosalie Winard
326쪽 아래: 로웰 핸들러
329쪽 위: 케이트 에드거Kate Edgar
　아래: 로웰 핸들러
330쪽 위: 조이스 래비드 Joyce Ravid
331쪽 모두 : 니콜러스 네일러릴랜드Nicholas Naylor-Leland
332쪽 위: 마샤 그레이시스 윌리엄스Marsha Garces Williams
　아래: 로레인 넬슨Lorraine Nelson, 팬 아쿠아Pan Aqua
333쪽 아래: 빌 헤이스
334쪽: 헨리 콜Henri Cole
335쪽: 케이트 에드거

온 더 무브

개정판 1쇄 펴냄 2017년 12월 22일
개정판 6쇄 펴냄 2024년 5월 10일

지은이 올리버 색스
옮긴이 이민아
펴낸이 안지미
표지그림 이정호

펴낸곳 (주)알마
출판등록 2006년 6월 22일 제2013-000266호
주소 04056 서울시 마포구 신촌로4길 5-13, 3층
전화 02.324.3800 판매 02.324.7863 편집
전송 02.324.1144

전자우편 alma@almabook.by-works.com
페이스북 /almabooks
트위터 @alma_books
인스타그램 @alma_books

ISBN 979-11-5992-131-5 03400

알마출판사는 다양한 장르간 협업을 통해 실험적이고 아름다운 책을 펴냅니다.
삶과 세계의 통로, 책book으로 구석구석nook을 잇겠습니다.